文科高等数学基础教程

（第三版）

周明儒

编著

1　计算机访问 http://abook.hep.com.cn/1229055，或手机扫描二维码、下载并安装 Abook 应用。

2　注册并登录，进入"我的课程"。

3　输入封底数字课程账号（20 位密码，刮开涂层可见），或通过 Abook 应用扫描封底数字课程账号二维码，完成课程绑定。

4　单击"进入课程"按钮，开始本数字课程的学习。

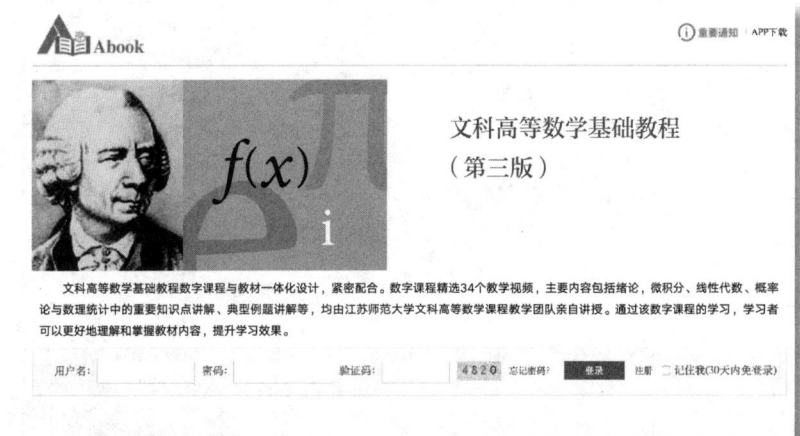

课程绑定后一年为数字课程使用有效期。受硬件限制，部分内容无法在手机端显示，请按提示通过计算机访问学习。

如有使用问题，请发邮件至 abook@hep.com.cn。

扫描二维码
下载 Abook 应用

第三版前言

本书第二版作为普通高等教育"十一五"国家级规划教材于 2009 年 1 月出版,九年来,以本书作为教材的江苏师范大学"文科高等数学"课程取得了丰硕的成果。2009 年 10 月该课程被评为国家精品课程,2013 年 12 月入选第三批国家级精品资源共享课立项项目,2014 年 12 月在"爱课程"网上线,2016 年 6 月被教育部审定为第一批国家精品资源共享课,2017 年 9 月该课程在中国大学 MOOC 平台开课。

经过我们教学团队近十年来的教学实践,考虑到我国高校文科高等数学课程大都为 36 或 54 课时的实际,为了更加有利于教与学,本书第三版除未改变第二版的框架结构外,对全书做了全面认真的修订,有不少补充、重写或删节;为了加深读者对数学概念和思想方法的理解,增加了一些注释或说明;改写了绪论、假设检验;对行列式做了新的处理;例题习题也有少量增删,一些稍难的习题用 * 号标示。

本次修订结合教学过程中的重点难点,录制了 34 个讲解视频,并在教材的相应位置处做了标识,读者可登录 Abook 平台进行学习参考。这些视频的主讲人均为江苏师范大学文科高等数学教学团队的教师,他们是周明儒、苏简兵、刘笑颖、陈彬、朱元泽、刘菡、孙莉、李月玲、刘江、王秀荣十位老师。

根据教学实践,讲授本书基本内容约需 72 课时,可以安排绪论 2 课时,一元微积分 32 课时,小结 2 课时,概率统计初步 18 课时,线性代数简介 8 课时,数学科学精神与思想方法 10 课时。教材中用楷体字排印的内容是供教师选讲和学生选学的。任课老师可根据本校教学大纲规定的教学总时数安排教学。对于教学计划为 54 课时的学校,建议能够讲解概率统计初步,而不是通过将一元微积分的知识和例题、习题加多加深来完成本课程的教学。

衷心感谢江苏师范大学文科高等数学教学团队的 17 位老师,感谢他们十多年来的支持、帮助以及在课程建设中所做的大量工作,在本书的修订过程中,我吸收、采纳了他们在教学中的经验和提出的建议。也衷心感谢高等教育出版社于丽娜、贾翠萍等编辑的辛勤付出。

本书虽经多次修改, 问题仍在所难免, 敬请批评指正。

周明儒

2017 年 12 月

第二版前言

本书第一版受到教师、学生以及其他读者和专家们的欢迎与好评，2007 年被评为江苏省高等学校精品教材，第二版被列入普通高等教育"十一五"国家级规划教材。编者根据三年多的教学实践，并吸收了讲授此书或读过此书的同志们的意见和建议，对原书作了较大的修改，主要是：

1. 在对原书体系和基本内容不作太大改变的前提下，尽可能将数学基本知识与数学科学精神及思想方法更好地结合起来，同时使教材更便于教和学。为此，将第一版数学概览中的一些内容融入了基本知识部分，增列了 11 个阅读材料，并根据本人的教学实践，增加了绪论。

2. 原书上篇基本知识内容有减有增。按照文科类大学生素质教育的要求，适当降低了数学的难度。基本内容用宋体字排印，供教师选教和学生选学的内容则用楷体字排印；原书上篇中一些较难的证明、例题和习题，有的被删去，有的改用楷体字排印。另一方面，根据同行们的希望，增加了线性代数知识。这样原书的上篇增改为现在的前三篇，即：第一篇，一元微积分；第二篇，概率统计初步；第三篇，线性代数简介。

3. 尽可能压缩教材篇幅。对全书文字作了认真修改，力求精练、准确，数学概览部分作了精简，删去了一些涉及较多数学、物理知识的内容，相对次要的人与事的介绍和第十三章数学国际。原书下篇精简为现在的第四篇，集中介绍数学科学精神与思想方法。附录中的不定积分表也删去，因为需要时可以利用数学软件 Maple。

4. 根据同行建议，增加了习题答案。但为控制全书篇幅，删去了人名索引。

根据编者的实践，讲授本教材约需 70 课时，其中绪论 2 课时，第一篇 28 课时，第二篇 18 课时，第三篇 8 课时，第四篇 14 课时。由于文科的不同专业对数学的要求不同，目前我国高校对文科高等数学教学的认识和要求也不尽相同，教师可以根据学校的要求、专业的特点和学生的情况，酌情处理。

　　衷心感谢审稿专家和陈利国、苗正科、刘笑颖、陈彬等教授对书稿提出的宝贵意见。因本人水平所限,书中不妥之处,敬请批评指正。

周明儒

2008 年 8 月

第一版前言

这本教材是为大学文科类学生开设高等数学课程而编写的。给文科类专业的大学生介绍高等数学的基础知识,并揭示数学科学的精神实质和思想方法,是加强文理渗透,提高学生素质的需要,也是时代的要求。

人类社会已进入信息化时代,科学技术迅猛发展,全球经济一体化进程急剧加快,国际间综合国力竞争日趋激烈,我们每一个人都面临着更多的机遇与挑战,多一点真才实学就多一分主动权。数学是现代科学技术的基础,随着计算机的出现和迅速发展,数学的研究领域、研究方法与手段已发生深刻的变化,其应用范围也有了空前的拓广。 1971 年 2 月,卡尔·多伊奇 (K.Deutsch) 等在《科学》杂志上发表了一项研究报告,列举了世界上 1900—1965 年间社会科学方面的 62 项重大成就,其中有三分之二是数学化的定量研究,而在 1930 年以后作出的重大成就中,定量研究占六分之五。自 1969 年颁发诺贝尔经济学奖以来,因成功地将数学方法运用于经济研究领域而获奖的工作占了三分之二。联合国教科文组织 1992 年在巴西里约热内卢发表的宣言中指出"纯粹数学与应用数学是理解世界及其发展的一把主要钥匙",并宣布世纪之交的 2000 年是"世界数学年"。如今,不仅是自然科学和工程技术离不开数学,人文社会科学的许多领域也已发展到不懂数学的人望尘莫及的阶段。

经济学中数学的广泛应用,产生了数理经济学、计量经济学、经济控制论和经济预测等新兴分支,形成了**数理经济学科群** (参看 §12.2)。数学也已经渗透到语言学的各个分支,诸如形态学、句法学、词汇学、语音学、文字学及语义学等,形成了**数理语言学**这一新兴交叉学科; 人们运用数学方法,结合计算机的运用,取得了许多出人意料而又令人叹服的成果 (参看 §12.1)。**定量社会学**已发展成高度数学化、高度统计化的社会学学科。**计量史学**突破了传统历史研究的手段和方法,开辟了许多过去不为人重视或未很好利用的历史资料的新领域。**军事运筹学、数理战术学、计算机作战模拟**等已经成为当代军事指挥员必须掌握的知识与技能。**哲学**与数学历来就密不可分,古今很多哲学家具有很高的数学素养,近代笛卡儿 (R.Descartes, 1596—1650)、莱布尼茨 (G.W.Leibniz, 1646—1716)、庞加莱 (J.H.Poincaré, 1854—1912) 等人就既是杰出的哲学家又是伟大的数学家。革命导师马克思 (K.Marx, 1818—1883) 和恩格斯 (F.Engels, 1820—1895), 既是伟大的哲学家,也有很深的数学造诣。马克思的《数学手稿》、恩格斯的《自然辩证法》和《反杜林论》都闪耀着数学和哲学智慧的光芒，而马克思所说"任何科学只有在数学得以成功地应用于其中时才能被认为是完美的科学"，则已成为至理名言。

数学和哲学一样，都是自然科学和人文社会科学共有的工具，也是人们应当掌握的一种思维方法和文化精神。数学不仅提供了诸如建立模型、符号化、抽象化、公理化、最优化、逻辑推理、数据分析等独具特色的思想方法，也蕴含着严谨求实、实事求是、尽善尽美、一丝不苟的科学精神，学习数学，学好数学，不仅可以提高自身认识世界、服务社会的能力，也可培养自己踏实勤奋、求真务实的品质。

当前，我国中小学的数学课程正在进行深刻的改革。新的教材体系更加贴近学生的生活实际和社会需求，注重培养学生分析问题、解决问题的能力。教学内容也有更新，从小学一年级起就逐步介绍统计与概率的知识，简单微积分已纳入高中教材。

作为一名新世纪的文科大学生，只懂得中学所学的数学知识是不够的。而且，已学过的知识也未必能灵活运用于实际。我们来看下面四个问题：

问题一：由载重量不同的两种卡车来装运水泥，试问应如何安排顺序，才能使卡车等候装载的时间总和为最少？

问题二：一条地下水管出现故障，如何尽快查找？

问题三：第 29 届夏季奥运会定于 2008 年 8 月 8 日在北京开幕，试问该日是星期几？

问题四：10 名学生只有 2 张报告会入场券，用 10 人按序"抓阄"的方法决定谁去，是否合理？

上述问题，用不到高等数学知识就可解决，而下面一些问题就需要进一步学习高等数学的知识：

问题五：当 $x \to 0$ 时，$(1+x)^{10} \to 1$，$(1+x)^{\frac{1}{x}}$ 是否有极限？

问题六：给出方程 $16x^3 - 20x^2 - 4x + 5 = 0$ 的三个根的近似值，使相应的误差均不超过 $\frac{1}{2}$。

问题七：给出圆的面积和球的体积公式的证明。

问题八：一条公交线正常运行需要 10 辆公交车，已知公交车抛锚的概率是 0.05，试问需要几辆备用车，才能有 99% 的把握保证这条公交线正常运行？

这些问题，在学习本门课程后都将迎刃而解。

根据当前文科大学生的实际情况和编者多次给文、理科学生讲授高等数学，特别是近几年给文科学生讲授高等数学的体会，我们认为，给文科学生开设这门课程，既要介绍高等数学最基础的知识，又要开阔学生的眼界，尽可能使学生对近现代数学的概貌有一个粗略的了解，并着力揭示数学科学的精神实质和思想方法，这样才可能使学生终生受益。传授知识和揭示实质二者不可偏废。没有必要的知识基础，无法领会精神实质；不能领会精神实质，则既不可能灵活运用所学知识，也难以提高自身素质。

基于上述考虑，本教材分上、下两篇。上篇介绍研究确定性现象和随机现象的数学理论的基础知识：一元微积分和概率统计初步。这部分内容虽与现有的教科书大同小异，但在内容的取舍、结构的安排、概念的叙述和定理的证明上，我们力求简捷明了，同时尽可能注意系统性和严谨性。考虑到数学基础不同和学习目的不同的学生的需要，其中一些内容、证明和习题用*号标出，供有兴趣的同学自己研读。教师也可视情况决定是否讲解。下篇介绍数学科学的精神、思想和方法，数学促进社会进步，数学与其他学科的交叉和发展趋势，以及国际数学界的组织与活动。这部分内容在现有数学教材中是鲜见的。我们认为这正是以往教学中做得不够而应当着力加强的。考虑到教学目的、要求和有限的学时，我们既力求多角度、全方位地向学生展示数学科学的全貌，也尽可能地做到概括和浅显。我们觉得，从宏观上对数学有所了解，不仅对文科学生有益，对于理科学生来说也是必要的、有益的。下篇的内容，学生大都可以自己阅读，教师只需有选择地介绍 (例如第十章，§9.2 ~ §9.5，§11.1，§12.3，§12.4)。讲授本教材，上篇约需50学时，下篇约需20学时。

在本书编写过程中，2003 年 9 月底，教育部高等学校数学与统计学教学指导委员会数学专业分委员会在中南大学召开工作会议，笔者有幸将本书的上篇书稿，以及下篇的写作提纲和部分手稿向中国科学院院士、复旦大学李大潜教授，南开大学顾沛教授和北京师范大学王昆扬教授请教，他们给予了热情的指导和帮助。特别是李先生就编写的指导思想、注意事项等提出了极其宝贵的意见。此后他又始终关心本书的编写，给予了热情的鼓励和帮助，并对书稿的修改提了非常重要的指导意见。在此谨向他们致以最诚挚的感谢！

本书的出版，得到了高等教育出版社徐刚、李艳馥、李蕊、马丽和张冰峰的大力支持和帮助，在此一并表示感谢。

这本教材虽在我校试用后修改定稿，但因本人水平所限，特别是下篇的取材和表述较难把握，书中不少观点，是编者在 40 多年教学、科研工作中形成的对数学科学的一些认识，其中难免有不妥之处，恳请读者们批评指正。

周明儒

2004 年 5 月

目　　录

第二篇　概率统计初步

第三篇　线性代数简介

第四篇　数学科学精神与思想方法

绪论　学习高等数学应成为自觉需求

　　文科大学生为什么还要学习高等数学, 而且还应当成为一种自觉的需求? 学数学应当学什么? 怎样学? 要回答这些问题, 需要对数学有进一步的了解和认识.

一、重新认识数学

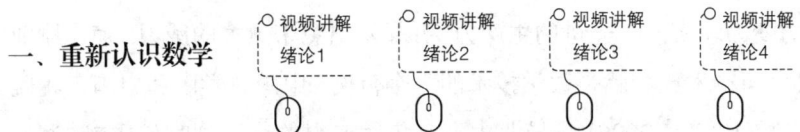

　　第一, "数学"的内涵随人类社会的进步而发展, 数学不能简单地划归为自然科学, 而是和哲学相对于人文社会科学的地位和作用相像, 数学是自然科学共有的基础.

　　数学和哲学都是最古老的学科. "数学"是一个历史的概念, 其内涵随着人类社会的进步而不断充实、发展. 在公元前 6 世纪之前, 数学主要是关于"数"的研究, 几何学可看作是应用算术. 此后, 古希腊数学突出了对"形"的研究, 逐步形成了以算术、代数、几何、三角等分支构成的"初等数学". 欧洲文艺复兴时期, 理性回归, 随着资本主义生产方式的出现和发展, 17、18 世纪的数学家们关注的焦点是运动与变化, 解析几何、微积分应运而生, 数学成为研究数、形及其运动与变化的学问. 由于在微积分创立初期, 一些基本概念 (例如实数) 尚不清楚, 一些推理运算在逻辑上存在漏洞, 促使 19 世纪的数学家们更多地关注数学内部的需要, 研究数学本身的抽象世界, 由此发展了现代意义下的纯粹数学. 20 世纪, 在世界人民奋起抗击法西斯的斗争中, 大批数学家也投身其中, 为最终胜利作出了重要贡献, 同时大大推动了应用数学的发展. 从此纯粹数学和应用数学各扬所长, 形成互补.

　　当代数学的发展有一些重要的特点和趋势: **首先, 数学学科日益走向综合, 已经形成一个庞大的科学体系.** 数学的各个分支之间交叉渗透, 彼此的界限已经逐渐模糊. 像解析数论、代数几何、代数拓扑、微分拓扑、随机微分方程等, 已将传统的代数、几何、分析、拓扑、随机分析方法, 相互渗透、交融在一起, 取长补短, 相得益彰. 时至今日, 数学学科的所有分支都或多或少地存在联系, 形成了一个包含上百个分支学科, 相互渗透、交融的科学体系, 充分显示了数学学科的统一性. **其次, 数学与其他学科之间交叉渗透, 以及计算机技术的运用, 一系列崭新的边缘学科迅速崛起, 蓬勃发展.** 例如非线性科学 (研究自然界和社会生活中各种各样的非线性问题)、现代数学物理、生物数学、经济数学、定量社会学、数理语言学、计量史学、军事运筹学等. **再者, 随着"数学技术"的迅速兴起, 数学对促进**

社会进步的作用已从幕后走向台前. 高精至航天飞行、太空探测, 普通到网络视频、洗衣、看病, 都离不开数学的帮助. 例如, 模糊控制的洗衣机用到模糊数学的原理, CT 扫描和核磁共振成像技术与数学思想方法密切相关, 数字电视、智能手机等, 均与数学密不可分. 数学已前所未有地深入到人类生活的各个领域和各个层面. 电子计算机的迅速发展和普及, 不仅为数学提供了强大的技术手段, 也极大地改变着数学的研究方法和传统思维模式. 过去作为"科学"的"数学", 其思想和方法与当代计算机技术相结合形成了一种高级的、可实现的"技术", 即"数学技术". 这种技术的关键部分是数学, 拿掉它就只剩下一个空壳; 而且这种技术借助计算机技术又是可以即时实现的. 数学的思想和方法一旦成为数学技术, 就由潜在的生产力变为现实的、先进的生产力, 并显示出愈来愈大的威力. 使印刷业告别了"铅与火"的汉字印刷术革命就是数学技术的一个范例. 中国科学院和中国工程院院士、北京大学教授王选 (1937— 2006) 领导北大方正集团取得的这一划时代成就, 渊源于他深厚的数学功底. 王选 1958 年毕业于北京大学数学系, 1975 年他在研究处理汉字信息数字存储的激光照排系统时, 因为汉字字形信息量太大, 数字化的困难是西方文字无法相比的. 王选说: "由于我是数学系毕业, 所以很容易想到信息压缩, 即用轮廓描述和参数描述相结合的方法描述字形, 并于 1976 年设计出一套把汉字轮廓快速复原成点阵的算法". 进而, 王选发明了高分辨率字形的高倍率信息压缩和复原技术, 并设计了专用的超大规模集成电路实行复原算法, 显著改善了激光照排系统的性能价格比, 取得了领先国际水平的技术成就. 他领导研制的华光和方正系统被全国的报社和出版社使用, 并迅速风靡全球. 1995 年 11 月 6 日王选荣获联合国教科文组织科学奖, 2001 年又荣获我国最高科学技术奖.

19 世纪, 恩格斯曾精辟地指出"**纯数学的对象是现实世界的空间形式和数量关系**". 随着数学科学的不断发展, 人们对数学科学内涵的认识也在不断深化. 1990 年, 美国国家研究委员会编写了一本书: 《振兴美国数学—— 90 年代的计划》, 书中把数学称作"**模式的科学, 其目的是要揭示人们从自然界和数学本身的抽象世界中所观察到的结构和对称性**". 这里的"模式 (pattern)"有着极广泛的内涵, 包括数的模式、形的模式、运动与变化的模式、推理的模式、行为的模式等. 这些模式可以是现实的, 也可以是想象的; 可以是定量的, 也可以是定性的. 人的思维和社会行为成为数学研究的对象, 表明数学已经深入到人文社会科学的广阔领域.

时至今日, 可以看到, 数学是研究现实世界和数学的抽象世界中的数量关系、空间形式、运动变化、思维模式、社会行为等的科学.

通常人们说数学是自然科学, 其实, 数学不能简单地划归为自然科学的范畴, 而是和哲学相对于人文社会科学的地位和作用相像, 数学是自然科学共有的基础. 从古到今, 哲学家们都看到了并高度肯定了数学在科学中、在人类认识世界中的崇高地位. 古希腊哲学家和数学家毕达哥拉斯 (Pythagoras, 约公元前 580—约前 500) 认为 "自然数是万物之母". 伽利略 (G. Galileo, 1564— 1642) 说: "数学是自然的语言". 马克思更深刻地指出: "**一门科学, 只有当它成功地运用数学时, 才能达到真正完善的地步.** " 恩格斯也指出: "**要辩证而又唯物地了解自然, 就必须熟悉数学.** " 1992 年, 联合国教科文组织在巴西里约热内卢发表的宣言中也指出: "**纯粹数学与应用数学是理解世界及其发展的一把主要钥匙**".

　　第二, 数学是一种精确的语言和有力的工具, 人文社会科学也已离不开数学.

　　早在 2000 多年前, 由柏拉图 (Plato, 公元前 427—前 347) 创办的古希腊最高学府柏拉图学院的大门上就有 "不懂几何者莫入" 的箴言, 昭示人们不懂得数学是难登大雅之堂的. 时至今日, 作为一种精确的语言和有力的工具, 不仅自然科学和工程技术离不开数学已是世人的共识, 而且人文社会科学的许多领域也已发展到不懂数学的人望尘莫及的阶段.

　　数学与艺术自古至今密不可分. 数学本身具有艺术的特征, 即对美的追求.

　　莱布尼茨曾指出: 音乐, 就它的基础来说是数学的, 就它的出现来说, 是直觉的. 音乐和数学的联系源远流长. 音乐实践提出了大量的数学问题, 诸如乐器设计、管口校正、音律制定、数制换算、声学原理等, 促进了数学的研究, 数学的成果又指导了音乐的实践和帮助了音乐理论的发展. 在古代中国和其他文明古国, 都很早就发现声音的高低与发声体和长度、大小有关. 中国至少在商朝晚期 (公元前 1250 年左右) 就已经出现了完整的七声音阶, 记录春秋时期齐相管仲 (公元前?—前 645) 及其学派思想言行的《管子》一书中, 阐明了用数学来确定音律的三分损益法; 毕达哥拉斯在数学上的第一个发现就是整数与音调的关系: 当弦长之比为 1 : 2, 2 : 3, 3 : 4 时声音就和谐、悦耳, 并运用数学创立了音律的五度相生法. 当今钢琴和所有键盘乐器采用的十二平均律也源自数学. 十二平均律的英文为 Twelve Tone Equal Temperament, 也有译为十二等程律, 其生律法是把八度 (例如, 高音 i(do) 比低音 1(do) 高八度) 分成 12 个半音, 这些半音的频率构成一个公比为 $\sqrt[12]{2}$ 的等比数列, 从而其相邻两律的音程相等, 都是 100 音分. 十二平均律是中国明代 "百科全书式的学者"、世界历史文化名人朱载堉 (1536— 1611) 首创的. 他在 1581 年阐述了十二平均律的计算方法, 他把 $\sqrt[12]{2}$ 的值称为 "密率", 用自制的 81 档双排位大算盘进行开平方和开立方计算, 算得 $\sqrt[12]{2}$ 为 1.059 463 094 359 295 264 561 825, 并且十二个音律值都准确到 25 位数. 在 17 世纪后的 200 多年里, 借助于蓬勃发展的高等数学, 学者们进一步阐明了声学的基础, 揭示了乐音的本质, 为音乐的远距离传播打开了大门, 并揭示了乐音形成的奥秘 (参看主要参考书 [18]).

　　因创作了《最后的晚餐》《蒙娜·丽莎》等作品而被世人皆知、永垂史册的达·芬奇 (Leonardo da Vinci,1452— 1519), 其实不仅是精通绘画艺术的旷世奇才, 还是一个精通数学、音乐、建筑学、机械学、人体解剖学的杰出学者. 他说过: "欣赏我的作品的人, 没有一个不是数学家". 事实上, 一般人看不出或者并不理解他的画中所包含的诸如黄金分割、透视原理、对称等数学内涵. 20 世纪 70 年代诞生的数学分支混沌动力学和分形几何学, 更是很快就被人们运用到音乐、美术创作中去, 数学迭代在计算机的帮助下绘出五彩缤纷、绚丽无比的混沌、分形图像. 分形理论与技术还应用于证券市场中的价格波动研究、语言学与情报学研究、装饰图案设计、影视特技制作等领域. 电子计算机与分形几何学的结合, 已经产生了一门崭新的艺术——分形艺术 (参看 § 12.6).

社会学和政治学自古就与数学相关. 在中国唐代, 科举考试中设立了"明算科", 十部算经成为学子们的数学教科书. 西方的社会学家和政治学家们, 在 18 世纪就运用数学中的公理体系方法来阐述自己的观点; 到 19 世纪则进一步运用数学分析和数理统计的方法来剖析社会政治经济问题. 如今, 定量社会学更已发展成高度数学化、高度统计化的社会学学科.

传统史学是对历史资料作定性分析, 通过研究事物的性质来考察历史、探寻规律. 19 世纪末, 欧洲的一些历史学者开始运用数学方法对历史资料进行定量分析, 通过研究事物的数量关系来考察历史、探寻规律, 产生了一门新的历史学科——计量史学. 20 世纪 50 年代以后, 计量史学的研究重心从欧洲转向北美, 应用范围也从经济史和人口史扩大到政治史、社会史和文化史等领域, 形成了新经济史、新政治史、新人口史、新社会史等一系列新的历史学科. 历史计量研究的方法涉及概率论、统计学、模糊数学、博弈论、对策论、拓扑学等数学分支, 计算机已成为欧美历史学家不可缺少的工具, 电脑的应用和高等数学的学习成为高校历史系学生的基础训练.

语言文字学和数学都是最古老的学科, 它们有着深刻的内在联系. 一般语言和数学语言都是由符号组成, 都遵循一定的规则和结构, 而语言符号所具有的许多特点和数学的思想方法有着内在的关联. 1916 年, 瑞士著名语言学家索绪尔 (Ferdinand de Saussure, 1857— 1913) 在其名著《普通语言学教程》中指出, 语言学好比一个几何系统, "它可以归结为一些待证的定理". 1904 年, 波兰语言学家库尔特内认为, 语言学家不仅应该掌握初等数学, 而且还有必要掌握高等数学. 他相信语言学将日益接近精密科学, 将根据数学的模式, 一方面"更多地扩展量的概念", 一方面"将发展新的演绎思想的方法". 早在 19 世纪中叶, 西方学者就运用概率统计方法研究语言, 并逐步形成了语言计算风格学, 20 世纪 70 年代关于世界名著《静静的顿河》的作者的考证, 20 世纪 80 年代我国数学家对《红楼梦》的作者的研究就是两个突出的例子. 从 1955 年起, 数理语言学就开始成为欧美国家高校 (哈佛大学、麻省理工学院、密歇根大学、加利福尼亚大学; 波恩大学; 莫斯科大学、高尔基大学、列宁格勒大学等) 的课程, 1982 年, 北京大学中文系也给汉语专业学生开设了

"语言学中的数学问题" 选修课 (参看阅读材料 7).

经济学在其发展过程中始终离不开数学工具和数学方法的使用. 19 世纪中叶以后, 经济学研究领域已经开始运用微积分的思想方法. 瑞士经济学家瓦尔拉斯 (Walras, 1834—1910) 和英国经济学家杰文斯 (Jevons, 1835—1882) 提出了 "边际效用理论", 杰文斯还指出经济学的本性是数学的, 数学方法是使经济学进步的必要条件. 瓦尔拉斯在 1874 年提出了著名的 "一般经济均衡论", 但这一理论的关键问题: 证明存在使得供需平衡的商品价格, 直到 1954 年才被美国学者阿罗 (K.J.Arrow,1921—2017) 和德布鲁 (G.Debreu,1921—2004) 运用不动点定理给出了严格的数学证明. 从 20 世纪 30 年代起, 数学与经济学的交叉渗透沿着两个方向加速发展并取得了巨大成就. 一个方向是运用数理统计方法来研究经济统计数据, 促使了计量经济学的诞生和发展; 另一个方向是运用现代数学方法促使经济学研究方法的数学化, 数理经济学异军突起并迅速发展. 如今, 数学的各种方法和几乎所有的数学分支, 都已经被应用到经济学的研究之中, 迄今诺贝尔经济学奖的获得者, 大都有极好的数学功底, 有些就是数学家兼经济学家 (参看阅读材料 10).

管理学与数学也密切相关. 要做好管理工作就要有客观准确的形势分析, 顾近及远的统筹规划, 切实有效的宏观调控, 严格合理的绩效考核. 而要做到这些, 就必须做好调查研究、数据分析、最优决策; 寻求最大效益; 制定并实施科学的评估体系和激励政策; 注意并做到合理分配等. 离开了数学, 这一切都很难做好.

在现代教育学、心理学、体育学等学科的研究中, 也已大量地运用数理统计等高等数学工具和方法.

1992 年, 联合国教科文组织宣布 2000 年是 "世界数学年". 有位学者认为: "一个国家的科学的进步可以用它消耗的数学来度量", 这正是当代社会的客观事实.

第三, 数学科学具有极高的人文价值.

1. 数学提供了一种典范的理性思维方式

数学不仅是一种工具和方法, 而且提供了一系列独具特色的思想方法, 例如抽象化、符号化、公理化、最优化; 建立模型, 形数结合, 变换转化, 归纳类比, 演绎推理; 计算论证, 数据分析, 统计推断等. 数学思维被认为是人类思维的一种典范. 掌握了数学思维, 思考问题会严谨缜密, 善于洞察真伪; 在工作学习和生活中, 计划性强, 心中有数, 有条不紊, 讲究效率, 注重实际; 掌握数学思维、品行端正的人, 实事求是, 不讲空话大话, 有一是一.

掌握数学思想方法是我国国家公务员应具备的能力基础. 例如 2013 年以来国家公务员考试中的行政能力测试题, 包括常识判断、言语理解与表达、数量关系、判断推理 (图形推理、定义判断、类比推理、逻辑判断) 以及资料分析共五大类 135 题, 其中 75 题与数学有关, 占 55.56%.

2. 数学科学体现了一种文化精神

所谓"文化"，并非人们通常理解的就是文学艺术，就是政府文化部门所管辖的领域. "文化"一词的含义，主要是指"人类在社会历史发展过程中所创造的物质财富和精神财富的总和，特指精神财富. 如文学、艺术、教育、科学等. "（引自《现代汉语词典》，商务印书馆，1996. ）为什么说数学还体现了一种文化精神？什么是数学科学的精神？对此，过去人们谈得不多，也不深入.

我们认为所谓数学科学精神，是指在 5 000 年数学发展的历史中孕育形成的，数学科学本身所具有的人文社会价值的本质特征；以及一代代数学家在探索数学科学奥秘、推动数学科学发展的过程中，所集中体现的具有人文社会价值的科学态度和科学精神. 这主要有以下几个方面.

首先，数学作为一门科学，它具有各个科学分支所共有的**实事求是、锲而不舍地追求真理的科学精神.** 但由于数学本身的特点，它还具有其他学科所没有的一些独特的精神.

数学科学具有一种特有的**揭示真理到尽善尽美的精神.** 数学研究的对象涵盖了整个物质世界和人类社会的各个方面，只要有数、有形、有运动和变化、有相互关系，就有数学. 但数学并非就事论事，而是将客观世界中的种种现象加以抽象、概括，舍弃了物质的具体形态和属性，纯粹从数量关系和空间形式的角度来寻求其内在的规律，并且最大限度地探求一般的模式和算法，从而具有其他学科所不及的**高度的抽象性**，因此它在应用时就具有了**极大的普适性**. 而且，数学在最大限度地探求一般的模式和一般的算法时，追求的是高度的简洁和形式的完美，这是一种更深层次更为广延的美. 正如罗素所说：数学不仅拥有真理，而且还拥有至高的美——一种冷峻而严肃的美，正像雕塑所具有的美一样.

数学不同于实验学科. 实验学科需要借助于仪器、仪表等物质手段的支撑，而数学主要依靠逻辑论证和理性思维，数学成果也可以在物质条件困难的国度和环境里诞生. 因此**数学具有特别强的生命力并且能够自我完善.** 对于实验学科而言，一些论断可以在经过若干次的验证后而得到公认，但数学不行. 对于某个数学论断，即使你具体验证了上百万次都是正确的，也不能算作证明. 数学对似乎"正确"的命题决不轻易下结论，必须经过严格证明而且不达目的决不罢休. 数学科学具有其他学科所不如的**特别严谨的一丝不苟的精神.**

数学不同于人文社会科学. 数学的结论很少有"公说公有理，婆说婆有理"的情形. 这是因为数学推理遵循的原则是科学、严密的形式逻辑，数学的真理性有它客观的、世人公认的标准. 因此，数学成果的认定比较客观，较少争议，数学家们的相处也相对和谐. 数学的推理模式赋予了数学具有其他学科所不能比拟的**高度精确性**和**数学真理的客观性**. 也正因为此，数学的思维方法才会成为人类思维方法的一种典范.

数学是一门**创新**的学科. 重复别人结果的写作称不上是数学论文. 但数学又是一门历

史性或者说**累积性很强**的学科. 由于数学真理的客观性, 重大的数学理论总能在继承和发展原有理论的基础上建立起来, 它们不是推翻原有的理论, 而是在更高层次上包容了原先的理论, 将相对真理向绝对真理逐步推进. 例如, 数由自然数—整数—有理数—实数—复数的扩张, 每一次扩张后, 原来的运算规则仍然有效. 在数学的进化过程中, 几乎没有发生彻底推翻前人建立的理论的情况, 数学具有一种**科学的包容精神**. 与此形成鲜明对照的是: 亚里士多德 (Aristotle, 公元前 384—前 322) 提出的 "地球中心说" 被哥白尼 (N.Copernicus, 1473— 1543) 的 "日心说" 彻底推翻; 17 世纪为解释光的传播媒质而提出的 "以太说", 在爱因斯坦 (A.Einstein, 1879— 1955) 提出相对论后被抛弃; 18 世纪流行的可燃物质中存在 "燃素" 的理论, 被科学的氧化理论所取代; 20 世纪电子管电路被晶体管电路取代又被集成电路取代. 类似这样的情况, 在人文社会科学中更为常见. 正如德国数学家汉克尔 (H.Hankel, 1839— 1873) 所说: "在大多数科学里, 一代人要推倒另一代人所修筑的东西, 一个人所树立的另一个人要加以摧毁. 只有数学, 每一代人都能在旧建筑上增添一层楼. "

一代代数学家不仅给后人留下了浩瀚的数学遗产, 也留下了宝贵的精神财富. 如身残志坚、最多产的伟大数学家欧拉 (L.Euler, 1707— 1783); 向命运挑战的杰出女数学家热尔曼 (S.Germain, 1776— 1831); 刚正不阿的数学泰斗希尔伯特 (D.Hilbert, 1862— 1943); 自学成才鞠躬尽瘁的数学大师华罗庚(1910— 1985); 情系桑梓的微分几何世界级领袖陈省身 (1911— 2004) 等, 他们所集中体现的自强不息、百折不挠、公平正直、热爱祖国的精神, 也是数学科学精神的重要组成部分, 是后人学习的光辉榜样.

总之, 概括地讲, 数学科学的精神是: **实事求是、锲而不舍地追求真理, 并且务求尽善尽美的精神; 特别严谨、一丝不苟且能自我完善的精神; 不断创新和科学的包容精神; 自强不息、百折不挠、公平正直、热爱祖国的精神.**

数学科学精神是人类文明的宝贵财富, 我们做人、做事、做学问, 都应当发扬这种精神. 数学科学精神应当作为数学教育的有机内容, 并通过数学教育教学活动向学生们灌输、传播, 使之成为社会的文明风尚, 并弘扬光大, 代代相传.

综上所述可以看到: 学习高等数学是时代的要求; 是提高自身素质, 增强自身能力, 为国家的兴盛和人民的幸福多作贡献的需要; 也是为今后进一步学习数学并用来开展人文科学研究打下必要的基础, 以更好地实现自身价值的需要. 总之, 学习高等数学应当成为新时代文科大学生的自觉需求.

二、重要的是理解数学的精神实质与思想方法

学数学, 究竟应当学什么? 爱因斯坦赞同这样的观点: **教育就是当一个人把在学校所学全部忘光之后剩下的东西.** 学数学当然要学数学的知识、技能、技巧, 要掌握基本的概念、定理、公式, 但是, 更重要的是应当在学习的整个过程中, 用心去学习和体会数学的思想方法, 认真地学习和体会数学科学的精神. 只有这样, 才能使我们在今后的岁月里, 即使把一些具体的数学定理、公式忘掉了, 但数学科学的精神、思想和方法仍然在指导、帮助和改进我们的学习、工作和生活.

三、学习本课程的几点建议

本课程包括一元微积分、概率统计初步、线性代数简介以及数学科学精神与思想方法. 基本要求是: 1. 掌握最基本的概念和最基本的运算; 2. 了解最基本的运用并能够解决一些简单的应用问题; 3. 理解微积分、概率统计和线性代数的基本思想方法; 4. 领会数学科学精神, 培养进一步学习高等数学的兴趣.

高等数学与初等数学, 在研究对象、解决问题的方法和使用的工具等方面有显著区别. 在学习中, 希望注意以下几点:

(1) 根据个人具体情况, 认真复习高中学过的数学知识, 特别是幂函数、指数函数、对数函数、三角函数的定义域、值域、图形、主要性质和主要公式.

(2) 养成正确的学习方法, 改变为了"应试"而学的习惯, 走出"学习数学就是解题"的认识误区. 不是说不要解题, 而是不能只是就题解题, 更不能搞"题海战术, 对号入座". 解题后最好能够想一想: 这道题的本质是什么? 如果学有余力, 可以进一步想想: 有无规律? 可否引申?

(3) 必须深刻理解最基本的概念. 学概念不是背定义, 要从正反两个方面真正弄清概念, 脑中要有正面和反面的例子.

(4) 要细心体会数学研究问题、解决问题的思想方法. 例如, 在中学已经学过的形数结合、变换转化、归纳演绎; 我们将要学习的以不变求变, 以有限求无限, 以部分推断整体; 以及在第十二章中还要介绍的一些思想方法.

在今后的学习中, 经常会碰到数学问题中的矛盾, 如: 不变与变, 有限与无限, 部分与整体, 具体与抽象, 确定与不确定, 精确与近似, 离散与连续等, 要特别注意矛盾转化的条件和途径.

5. 养成良好的学习习惯. 课前简单预习, 课后认真作业; 及时复习, 注意总结; 不懂要问, 搞清为止.

6. 注意书中阅读材料的学习和思考, 并且学会查阅参考资料, 善于利用网络等媒体自觉地积极主动地学习.

第一篇

一元微积分

数学中的转折点是笛卡儿的变数. 有了变数, 运动进入了数学; 有了变数, 辩证法进入了数学; 有了变数, 微分和积分也就立刻成为必要的了.

恩格斯

微积分学, 或者数学分析, 是人类思维的伟大成果之一, 它处于自然科学与人文科学之间的地位, 使它成为高等教育的一种特别有效的工具.

柯朗

中、小学里介绍的算术、代数、几何和三角知识, 大多是人类在公元前 5 世纪左右到 17 世纪这 2 000 多年里取得的成果, 这些成果共同的特征是: 所涉及的量在讨论的过程中是不变的, 因此叫做常量数学, 也称为初等数学. 所谓高等数学是变量的数学. 17 世纪, 随着航海业的发展, 要求精确地测定经纬度, 描绘船体的曲线、曲面, 计算不同形体的面积、体积, 确定物体的重心; 资本主义工场手工业的迅速发展, 机械运动、天体力学和军事等方面的研究, 需要确定运动物体的瞬时速度、运动的方向 (曲线的切线)、运动的路程 (曲线的弧长) 等, 亦即研究变动的量及它们之间的关系, 变量数学应运而生, 其标志是笛卡儿和费马 (P.Fermat, 1601—1665) 的解析几何, 以及牛顿 (I.Newton, 1643—1727) 和莱布尼茨的微积分.

解析几何借助坐标法将 "形" 与 "数" 统一起来, 运用解析的 (代数的) 方法来研究几何对象, 其平面部分是高中学生应该掌握的知识. 微积分学运用极限方法来研究函数的变化 (微分学); 寻求一类特殊形式的和的极限 (积分学); 并揭示微分与积分之间的联系.

本篇介绍一元函数微积分学的基本知识, 包括极限与连续, 导数与微分, 不定积分与定积分, 无穷级数.

第一章 极限与连续

§1.1 初等函数

在高中我们已经知道映射与函数的概念:

设 A, B 是两个非空集合, 如果按照某种对应法则 f, 对于 A 中的每个元素 a, 在 B 中都有唯一确定的元素 b 与它对应, 则称这样的对应为集合 A 到集合 B 的**映射**, 记作

$$f : A \longrightarrow B,$$

并称元素 b 为 a 的像, 元素 a 为 b 的原像, $f : a \mapsto b$.

数集 A 到数集 B 的映射 $f : A \longrightarrow B$ 也称为 A 到 B 的**函数**. A 称为函数的定义域, 与 A 中元素 a 对应的 B 中元素 b 构成的集合称为函数的值域. a 称为自变量, b 称为因变量, 记作

$$b = f(a).$$

在微积分中讨论的函数是定义域和值域均为实数集的函数, 这类函数称为实变量的实值函数, 简称为**实函数**.

变量也称为变元. 只有一个自变量的函数称为**一元函数**. 自变量多于一个的函数称为**多元函数**.

对应于自变量, 因变量的值 "唯一确定" 的函数称为**单值函数**, 否则称为**多值函数**. 我们只讨论单值函数.

给定函数 $y = f(x)(x \in X, y \in Y)$. 如果对于 Y 中的每一个值 $y = y_0$, 都有 X 中的唯一的一个值 $x = x_0$, 使得 $f(x_0) = y_0$, 则称在 Y 上确定了 $y = f(x)$ 的**反函数**, 记作

$$x = f^{-1}(y), \quad y \in Y.$$

通常称 $y = f(x)$ 是直接函数. 反函数的定义域和值域恰好是直接函数的值域和定义域, 即若 $f: X \longrightarrow Y$, 则 $f^{-1}: Y \longrightarrow X$. 显然, f 与 f^{-1} 二者互为反函数.

因为习惯上用 x 表示自变量, 用 y 表示因变量, 所以常把函数 $y = f(x)$ 的反函数写成 $y = f^{-1}(x)$ 的形式, 这样, 在 xy 平面上, 直接函数与其反函数的图形关于直线 $y = x$ 对称. 例如 $x \geqslant 0$, $y = x^2$ 与 $y = \sqrt{x}$ 的图形.

在中学里介绍了一些重要的反函数:

指数函数 $y = a^x$ $(a > 0, 且\, a \neq 1)$ 的反函数是对数函数 $y = \log_a x$ $(x > 0, a > 0, 且\, a \neq 1)$;

正弦函数 $y = \sin x$ $\left(x \in \left[-\dfrac{\pi}{2}, \dfrac{\pi}{2}\right]\right)$ 的反函数是反正弦函数 $y = \arcsin x (x \in [-1, 1])$;

正切函数 $y = \tan x$ $\left(x \in \left(-\dfrac{\pi}{2}, \dfrac{\pi}{2}\right)\right)$ 的反函数是反正切函数 $y = \arctan x$ $(x \in \mathbf{R})$.

在高等数学里常用的指数函数以 e 为底, 即

$$y = e^x,$$

其反函数记为

$$y = \ln x,$$

称为**自然对数函数**.

函数 $y = \cos\sqrt{x}$ 可以看成是将函数 $u = \sqrt{x}$ 代入函数 $y = \cos u$ 之中而得到的, 或者说是将这两个函数"复合"而成的. 一般地, 有下面的定义:

定义 1.1 设 $y = f(u)$ $(u \in U), u = g(x)$ $(x \in X, u \in U_1)$, 若 $U_1 \subset U$, 则称 $y = f[g(x)]$ $(x \in X)$ 为 $y = f(u)$ 与 $u = g(x)$ 的**复合函数**, 称 u 为中间变量.

复合函数 $y = \cos\sqrt{x}$ 的定义域是 $x \in [0, +\infty)$.

复合函数 $y = e^{\sqrt{x^2-1}}$ 可以看成是由 $y = e^u$, $u = \sqrt{v}$, $v = x^2 - 1$ 复合而成, 其定义域为 $|x| \geqslant 1$, 或记为 $x \in (-\infty, -1] \bigcup [1, +\infty)$.

通常称常数函数、幂函数、指数函数、对数函数、三角函数和反三角函数为**基本初等函数**. 基本初等函数经过有限次加、减、乘、除、复合运算得到的函数, 称为**初等函数**.

今后我们还会遇到所谓**分段函数**, 即定义域分成几段, 在每一段上分别给出定义的函数. 例如本节习题第 2 题中的符号函数.

补充材料
几个基本初等函数提要

习　题　1.1

1. 复习回顾基本初等函数的定义域、值域和它们的图形. 并在同一个坐标系里绘出函数 $y = x, y = x^2, y = 10^x$ 和 $y = \lg x$ 的图形.

2. 作出下列函数的图形:

(1) $y = |x|$;

(2) 符号函数 $y = \operatorname{sgn} x = \begin{cases} -1, & x < 0, \\ 0, & x = 0, \\ 1, & x > 0; \end{cases}$

* (3) $y = [x], x \in [-2, 2]$. $[x]$ 表示不超过 x 的最大整数 (也称为 x 的整数部分), 例如, $[0.5] = 0$, $[1.5] = 1$, $[-0.5] = [-1 + 0.5] = -1$ 等.

3. 说明下列函数可以由哪些函数复合而成:

(1) $\sin(\cos x)$;　(2) $\ln \cos(x^2 + 1)$;　(3) $e^{2x^2 + 1}$.

§1.2　极限的概念与运算法则

一、数列极限

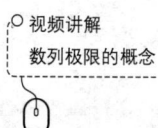

视频讲解

数列极限的概念

中国战国时期思想家 "辩者" 惠施 (约公元前 370—前 310) 有 "一尺之棰, 日取其半, 万世不竭" (《庄子·天下篇》) 的精彩论述. 一尺之棰, 日取其半, 则所剩下的部分将是

$$\frac{1}{2}, \frac{1}{4}, \cdots, \frac{1}{2^n}, \cdots$$

显然, 这一数列当 $n \to \infty$ 时会无限接近于 0, 但永远不会等于 0. 用数学的语言来讲, 就是数列 $\left\{\dfrac{1}{2^n}\right\}$ 当 $n \to \infty$ 时以零为极限, 记作

$$\lim_{n \to \infty} \frac{1}{2^n} = 0.$$

再如, 当 $n \to \infty$ 时, $\dfrac{n}{n+1}$ 可以任意地接近 1, 即这时数列 $\left\{\dfrac{n}{n+1}\right\}$ 以 1 为极限, 记作

$$\lim_{n \to \infty} \frac{n}{n+1} = 1 .$$

上面这种 "任意接近" 和 "无限接近" 的描述方法在中学里已经介绍过. 但是, 只有进一步用数学的语言来表达这些直观描述, 才可能进行严格的演绎推理. 注意到 $\dfrac{1}{2^n}$ 可以无限

接近于 0, 也就是 $\left|\dfrac{1}{2^n}-0\right|$ 可以任意地小; $\dfrac{n}{n+1}$ 可以任意地接近于 1, 也就是 $\left|\dfrac{n}{n+1}-1\right|$ 可以任意地小, 条件是只要 n 充分大. 因此, 上面描述的两个极限, 用更为精确的数学语言来刻画, 就是:

任意给定一个正数 ε, 不管它多么小, 只要 n 充分大, 就可以使得

$$\left|\frac{1}{2^n}-0\right|<\varepsilon, \quad \text{或者} \quad \left|\frac{n}{n+1}-1\right|<\varepsilon.$$

事实上, 要使

$$\left|\frac{n}{n+1}-1\right|=\frac{1}{n+1}<\varepsilon$$

成立, 只需 $n>\dfrac{1}{\varepsilon}-1$ 就可以了. 要使

$$\left|\frac{1}{2^n}-0\right|=\frac{1}{2^n}<\varepsilon$$

成立, 只需 $2^n>\dfrac{1}{\varepsilon}$, 也就是 $n\lg 2>-\lg\varepsilon$, 即 $n>-\dfrac{\lg\varepsilon}{\lg 2}$ 就可以了.

一般地, 我们有下述定义.

定义 1.2($\varepsilon-N$ 定义)　设 $\{a_n\}$ 是一个数列, a 是一个有限数, 若对任意给定的正数 ε, 总存在一个正整数 N, 使得当 $n>N$ 时, 总有

$$|a_n-a|<\varepsilon \tag{1}$$

成立, 则称数列 $\{a_n\}$ **收敛**于 a, 或 $\{a_n\}$ 以 a 为**极限**, 记作

$$\lim_{n\to\infty}a_n=a,$$

或

$$a_n\to a(n\to\infty).$$

若数列 $\{a_n\}$ 没有极限, 则称它是**发散**的. 例如数列 $\{2^n\}$ 与 $\{(-1)^n\}$ 都是发散的.

注 1.1　定义中的正数 ε 是任意给定的, 且不管它多么小, 总相应的有一个 N, 例如对于数列 $\left\{\dfrac{1}{2^n}\right\}$, 只需取 $N\geqslant-\dfrac{\lg\varepsilon}{\lg 2}$; 对于 $\left\{\dfrac{n}{n+1}\right\}$,

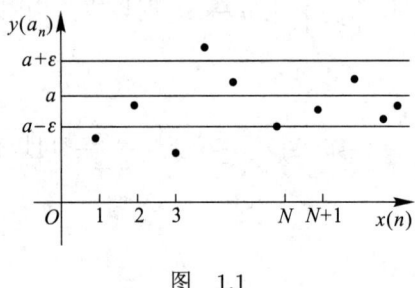

图　1.1

只需取 $N\geqslant\dfrac{1}{\varepsilon}-1$. 而只要 $n>N$, 就有 (1) 式成立, 亦即有 $a-\varepsilon<a_n<a+\varepsilon$. 从几何上看, 如图 1.1 所示, 在 n 无限增大的过程中, 总有一个 N, 在此之后, 数列中的点都夹在两条平行线 $y=a-\varepsilon$ 和 $y=a+\varepsilon$ 之间.

注 1.2　收敛数列的极限是**唯一**的. 因为在 n 无限增大的过程中, a_n 不可能同时任意靠近两个不同的数.

注 1.3 收敛数列有**保号性**. 即若 $n \to \infty$ 时 $a_n \to a$, $a > 0$(或 $a < 0$), 则一定存在 N, 当 $n > N$ 时, 恒有 $a_n > 0$(或 $a_n < 0$). 因为可取 $\varepsilon = \dfrac{a}{2}$, 存在 N, 当 $n > N$ 时, 有 $|a_n - a| < \dfrac{a}{2}$, 故 $a_n > a - \dfrac{a}{2} = \dfrac{a}{2} > 0$. 当 $a < 0$ 时的证明留作习题.

注 1.4 在高等数学中常用全称量词 $\forall$ 表示"一切"或"任给", 用存在量词 $\exists$ 表示 "存在"或"找到". 这样, 上述定义 1.2 可以简单地表述为:

若 $\forall \varepsilon > 0, \exists N$, 使得当 $n > N$ 时, 恒有 $|a_n - a| < \varepsilon$, 则称 $\{a_n\}$ 以 a 为极限.

收敛数列可以进行四则运算, 并有以下性质:

若当 $n \to \infty$ 时, $a_n \to a$, $b_n \to b$, 则有

$$a_n \pm b_n \to a \pm b;$$

$$a_n b_n \to ab; \quad ca_n \to ca (c \text{为常数});$$

$$\frac{a_n}{b_n} \to \frac{a}{b} (\text{当} b \neq 0).$$

即两个收敛数列和、差、积、商的极限, 等于它们极限的和、差、积、商.

例 1.1 求 $\dfrac{2n^2 - n - 1}{3n^2 + 4}$ 当 $n \to \infty$ 时的极限.

解 将分子分母同除以 n^2, 得

$$\frac{2n^2 - n - 1}{3n^2 + 4} = \frac{2 - \dfrac{1}{n} - \dfrac{1}{n^2}}{3 + \dfrac{4}{n^2}} \to \frac{2}{3} \quad (n \to \infty).$$

例 1.2 计算 $\lim\limits_{n \to \infty} \dfrac{1^2 + 2^2 + \cdots + n^2}{n^3}$.

解 因为 (参看例 12.5)

$$\frac{1^2 + 2^2 + \cdots + n^2}{n^3} = \frac{n(n+1)(2n+1)}{6n^3} = \frac{1}{6}\left(1 + \frac{1}{n}\right)\left(2 + \frac{1}{n}\right),$$

所以,

$$\text{原式} = \lim_{n \to \infty} \frac{1}{6}\left(1 + \frac{1}{n}\right)\left(2 + \frac{1}{n}\right)$$

$$= \frac{1}{6} \lim_{n \to \infty}\left(1 + \frac{1}{n}\right) \cdot \lim_{n \to \infty}\left(2 + \frac{1}{n}\right) = \frac{1}{6} \cdot 1 \cdot 2 = \frac{1}{3}.$$

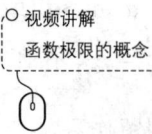
视频讲解
函数极限的概念

二、函数极限

数列 $\{a_n\}$ 可以看作是定义在正整数集上的函数, 它的极限是一种特殊的函数的极限. 下面讨论一般的实函数 $y = f(x)$ 的极限的概念和运算法则.

1. $x \to \infty$ 时函数的极限

考察函数 $f_1(x) = \dfrac{1}{x}$, 它的定义域是非零实数. 当 $x \to +\infty$ 时, $\dfrac{1}{x}$ 会无限变小趋近于 0. 这时称 0 为函数 $f_1(x)$ 当 $x \to +\infty$ 时的极限.

容易看出, 当 $x \to +\infty$ 时, 函数 $f_2(x) = \mathrm{e}^{-x}$ 的极限也是 0; 而当 $x \to +\infty$ 时, 函数 $f_3(x) = \cos \dfrac{1}{x}$ 的极限为 1.

类似于数列极限的定义, 设 A 为一常数, 如果 $\forall \varepsilon > 0, \exists M > 0$, 使得当 $x > M$ 时, 恒有

$$|f(x) - A| < \varepsilon$$

成立, 则称 A 为 $f(x)$ 当 $x \to +\infty$ 时的极限.

与数列极限不同的是, 实数 x 也可趋向于 $-\infty$ 或趋向于某个确定的值.

容易看出, 当 $x \to -\infty$ 时, $\left| \dfrac{1}{x} \right|$ 也会无限变小趋于 0, 因此 $f_1(x)$ 当 $x \to -\infty$ 时的极限也是 0. 当 $x \to -\infty$ 时, $f_3(x)$ 也有极限 1, 而 $f_2(x)$ 则无极限.

以 $x \to \infty$ 表示 x 可正可负且 $|x| \to +\infty$, 则有下述定义:

定义 1.3 设 A 为一常数, 若对任意给定的正数 ε, 总存在一个正数 M, 使得对于满足不等式 $|x| > M$ 的一切 x, 均有

$$|f(x) - A| < \varepsilon$$

成立, 则称 A 为 $f(x)$ 当 $x \to \infty$ 时的极限, 记作

$$\lim_{x \to \infty} f(x) = A, \quad \text{或} \quad f(x) \to A(x \to \infty).$$

由上面的讨论知,

$$\lim_{x \to \infty} \frac{1}{x} = 0, \quad \lim_{x \to \infty} \cos \frac{1}{x} = 1, \quad \lim_{x \to +\infty} \mathrm{e}^{-x} = 0,$$

而 $\lim\limits_{x \to -\infty} \mathrm{e}^{-x}$ 和 $\lim\limits_{x \to \infty} \cos x$ 不存在.

2. 当 a 是有限数, $x \to a$ 时函数的极限

考虑函数 $f_4(x) = x + 1$ 和 $f_5(x) = \dfrac{x^2 - 1}{x - 1}$, 前者定义域是实数集, 后者为 $x \neq 1$. 当 $x \to 1$ 即 x 可以任意接近 1 而不等于 1 时, 可以看到

$$f_4(x) \to 2,$$

$$f_5(x) = \frac{x^2 - 1}{x - 1} = x + 1 \to 2.$$

注意到

$$|f_4(x) - 2| = |x + 1 - 2| = |x - 1|,$$

$$|f_5(x) - 2| = \left| \frac{x^2 - 1}{x - 1} - 2 \right| = |x + 1 - 2| = |x - 1|.$$

因此, $\forall \varepsilon > 0$, 只要 x 充分接近 1 而不等于 1, 使得

$$0 < |x - 1| < \varepsilon$$

时, 就有

$$|f_4(x) - 2| < \varepsilon$$

和

$$|f_5(x) - 2| < \varepsilon.$$

这时, 我们就说 $f_4(x)$ 与 $f_5(x)$ 当 $x \to 1$ 时都有极限 2. 虽然 $f_5(x)$ 在 $x = 1$ 处没有定义, 但并不妨碍它当 $x \to 1$ 时存在极限.

我们再考察函数 $f_6(x) = x \sin \frac{1}{x}$ 当 $x \to 0$ 时的性态. 点 $x = 0$ 不在 $f_6(x)$ 的定义域内, 当 $x \to 0$ 时, $x \neq 0$. 由于

$$\left| \sin \frac{1}{x} \right| \leqslant 1,$$

所以

$$0 \leqslant \left| x \sin \frac{1}{x} \right| \leqslant |x|.$$

因此当 $x \to 0$ 时, $f_6(x) \to 0$, 即以 0 为极限.

$x \to a$, 即 "x 充分接近点 a 而不等于 a", 可以用绝对值不等式

$$0 < |x - a| < \delta$$

来表示, 其中 δ 是一个充分小的正数. 这一不等式表示实数轴上所有异于 a 而与 a 相距小于 δ 的点的集合, 通常也称为点 a 的 δ **空心邻域**, 记为 $N_\delta^0(a)$ 或 $N_\delta(\bar{a})$. 而

$$|x - a| < \delta$$

则表示点 a 的 δ **邻域** (neighborhood) , 其中包含点 a, 记为 $N_\delta(a)$. δ 称为邻域的半径. 下面给出当 $x \to a$ 时函数极限的定义.

定义 1.4($\varepsilon - \delta$ **定义**) 设函数 $f(x)$ 在点 a 的某个空心邻域内有定义, A 是一确定的数. 若对任给正数 ε, 总存在某个正数 δ, 使得对于满足条件 $0 < |x - a| < \delta$ 的一切 x, 都有

$$|f(x) - A| < \varepsilon,$$

则称当 $x \to a$ 时, $f(x)$ 以 A 为极限, 记作

$$\lim_{x \to a} f(x) = A, \quad \text{或} \quad f(x) \to A \ (x \to a).$$

上述定义可简述为

若 $\forall \varepsilon > 0, \exists \delta > 0$, 使得当 $0 < |x - a| < \delta$ 时, 恒有 $|f(x) - A| < \varepsilon$, 则称 $f(x)$ 当 $x \to a$ 时有极限 A.

由前面的讨论可知

$$\lim_{x \to 1}(x + 1) = 2, \qquad \lim_{x \to 1}\frac{x^2 - 1}{x - 1} = 2, \qquad \lim_{x \to 0} x \sin \frac{1}{x} = 0.$$

总之, $f(x)$ 在点 a 处有无极限与它本身在该点处有无定义无关. 点 a 可以任意逼近, 但不是最终达到. 李白《黄鹤楼送孟浩然之广陵》诗中"孤帆远影碧空尽, 唯见长江天际流"刻画了一种极限的意境; 刘徽创立"割圆术", 从圆内接正六边形出发, 将边数逐次加倍去逼近圆, 并说: "割之弥细, 所失弥少, 割之又割, 以至于不可割, 则与圆合体而无所失矣." 则深刻地体现了极限的思想.

上述极限概念的几何意义是: 两条平行线 $y = A - \varepsilon$ 和 $y = A + \varepsilon$ 之间的距离不论多么小, 总有一个空心邻域 $N_\delta^0(a)$, 使得曲线 $y = f(x)$ 当 $x \in N_\delta^0(a)$ 时, 恒被夹在这两条平行线之间.

与数列极限一样, 函数极限也有唯一性和保号性.

应当注意, 在上述定义中, $x \to a$ 是既可以从点 a 的右侧 $(x > a)$, 也可以从点 a 的左侧 $(x < a)$ 趋于 a, 也就是所谓"双侧极限". 但有时还需要考虑仅从点 a 的一侧趋于 a 时函数的极限. 例如函数 $y = \sqrt{x - 1}$, 在点 $x = 1$ 处, 只能考虑当 $x > 1$ 而趋于 1 时的极限, 这时称其极限值 0 为"右极限".

3. 右极限和左极限

一般地, 若当 x 从点 a 的右侧 $(x > a)$ 趋于 a 时, $f(x)$ 有极限值 A, 则称 A 为 $f(x)$ 当 x 趋于 a 时的**右极限**, 记作

$$\lim_{x \to a+0} f(x) = A, \quad \text{或} \quad \lim_{x \to a^+} f(x) = A,$$

也可记为

$$f(x) \to A \ (x \to a + 0), \text{或} \quad f(a + 0) = A.$$

同样可考虑 $f(x)$ 当 x 趋于 a 时的**左极限** $f(a - 0)$:

$$\lim_{x\to a-0} f(x) = A, \quad \text{或} \quad \lim_{x\to a^-} f(x) = A.$$

左极限与右极限都是"单侧极限". **极限存在的充要条件是两个单侧极限存在且相等**, 即

$$\lim_{x\to a} f(x) = A \iff f(a-0) = A = f(a+0).$$

例 1.3 判断符号函数 (又称正负号函数)

$$f(x) = \operatorname{sgn} x = \begin{cases} -1, & x < 0, \\ 0, & x = 0, \\ 1, & x > 0 \end{cases}$$

在点 $x = 0$ 处有无极限.

解 因为

$$\lim_{x\to 0+0} \operatorname{sgn} x = \lim_{x\to 0+0} 1 = 1,$$

$$\lim_{x\to 0-0} \operatorname{sgn} x = \lim_{x\to 0-0} (-1) = -1,$$

左右极限不相等, 所以 $\operatorname{sgn} x$ 在点 $x = 0$ 处极限不存在

例 1.4 函数

$$f(x) = \begin{cases} |x|, & x \neq 0, \\ 1, & x = 0 \end{cases}$$

在点 $x = 0$ 处是否存在极限? 若存在, 应是多少?(参看图 1.2)

解 因为

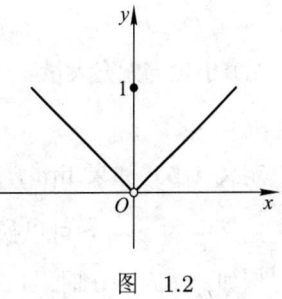

图 1.2

$$\lim_{x\to 0+0} f(x) = \lim_{x\to 0+0} x = 0, \quad \lim_{x\to 0-0} f(x) = \lim_{x\to 0-0} (-x) = 0,$$

$f(0+0) = f(0-0)$, 所以 $\lim\limits_{x\to 0} f(x) = 0$. 注意这里 $\lim\limits_{x\to 0} f(x) \neq f(0) = 1$.

4. 极限的运算法则

和数列极限的运算法则相同, 如果

$$\lim_{x\to a} f(x) = A, \qquad \lim_{x\to a} g(x) = B,$$

则有

(1) $\lim\limits_{x\to a} [f(x) \pm g(x)] = A \pm B$;

(2) $\lim\limits_{x\to a} [f(x) \cdot g(x)] = A \cdot B$,

$\lim\limits_{x\to a} cf(x) = c \lim\limits_{x\to a} f(x)$ (c为常数) ;

(3) $\lim\limits_{x \to a} \dfrac{f(x)}{g(x)} = \dfrac{A}{B}$ $(B \neq 0)$.

上述法则 (1)、(2) 可推广到任意有限多个函数相加减与相乘的情形.

此外, 上面的极限过程 $x \to a$ 也可换成 $x \to a - 0, x \to a + 0, x \to +\infty,$ $x \to -\infty, x \to \infty$.

例 1.5　求 $\lim\limits_{x \to 1} \dfrac{x^2 - 3x + 2}{x^2 - 1}$.

解

$$
\begin{aligned}
\lim_{x \to 1} \frac{x^2 - 3x + 2}{x^2 - 1} &= \lim_{x \to 1} \frac{(x-1)(x-2)}{(x-1)(x+1)} \\
&= \frac{\lim\limits_{x \to 1}(x-2)}{\lim\limits_{x \to 1}(x+1)} = -\frac{1}{2}.
\end{aligned}
$$

例 1.6　求 $\lim\limits_{x \to +\infty} (\sqrt{x+1} - \sqrt{x})$.

解

$$
\begin{aligned}
原式 &= \lim_{x \to +\infty} \frac{(\sqrt{x+1} - \sqrt{x})(\sqrt{x+1} + \sqrt{x})}{\sqrt{x+1} + \sqrt{x}} \\
&= \lim_{x \to +\infty} \frac{x+1-x}{\sqrt{x+1} + \sqrt{x}} \\
&= \lim_{x \to +\infty} \frac{1}{\sqrt{x+1} + \sqrt{x}} = 0 .
\end{aligned}
$$

三、无穷小量与无穷大量

定义 1.5　如果 $\lim\limits_{x \to a} f(x) = 0,$ 则称 $f(x)$ 当 $x \to a$ 时为无穷小量.

定义中的 $x \to a$ 可以换成 $x \to \infty$ 等.

例如, 当 $x \to 0$ 时, $\sin x$ 是无穷小量, 而当 $x \to \dfrac{\pi}{3}$ 时, $\sin x$ 不是无穷小量;

当 $x \to 1$ 时, $x^2 - 1$ 是无穷小量;

当 $x \to \infty$ 时, x^{-2}, x^{-3} 都是无穷小量;

当 $x \to -\infty$ 时, e^x 为无穷小量;

当 $n \to \infty$ 时, 数列 $\left\{\dfrac{1}{n}\right\}$ 为无穷小量.

定义 1.6　当 $x \to a$ 时, 若 $|f(x)| \to +\infty$, 则称 $f(x)$ 当 $x \to a$ 时为无穷大量, 记作

$$
\lim_{x \to a} f(x) = \infty.
$$

类似地可以定义 $\lim\limits_{x \to a} f(x) = +\infty, \lim\limits_{x \to a} f(x) = -\infty.$　此外, 上述定义中的 $x \to a$ 也可换成 $x \to \infty$ 等.

例如, 当 $x \to 1$ 时, $\dfrac{1}{x-1}$ 是无穷大量; 再如

$$\lim_{x \to 0} \frac{1}{\sin x} = \infty, \qquad \lim_{x \to +\infty} \ln x = +\infty, \qquad \lim_{x \to 0+0} \ln x = -\infty.$$

显然, 当 $x \to a$ 时, 若 $f(x)$ 是无穷大量, 则 $\dfrac{1}{f(x)}$ 为无穷小量; 若 $f(x)$ 是无穷小量, 且 $f(x) \neq 0$, 则 $\dfrac{1}{f(x)}$ 为无穷大量.

应当注意的是, 无穷小量不能说成是一个很小的量, 而是一个以零为极限的变量; 无穷大量不能说成是绝对值可以任意大的量 (这时称之为无界量), 而是在极限过程中其绝对值可以恒大于任意给定的正数. 例如数列 $\left\{\dfrac{1}{2}[1 + (-1)^n]n\right\}$, 亦即 $\{0, 2, 0, 4, 0, 6, \cdots\}$, 当 $n \to \infty$ 时就不是无穷大量, 而是无界量.

注 1.5　如果当 $x \to a$ 时 α 和 β 都是无穷小量, 并且 $\lim\limits_{x \to a} \dfrac{\alpha}{\beta} = k$ (k 为有限数), 则当 $k \neq 0$ 时称 α 和 β 是同阶无穷小量. 特别地, 当 $k = 1$ 时称 α 和 β 是等价无穷小量, 记为 $\alpha \sim \beta$; 当 $k = 0$ 时称 α 是比 β 高阶的无穷小量, 记作 $\alpha = o(\beta)$. 例如. 当 $x \to 0$ 时, x^3 是比 x^2 高阶的无穷小量.

习　题　1.2

1. 考察数列 $\{a_n\}$ 的极限是否存在? 如存在, 极限是什么?

(1)　$a_n = 1 + (-1)^n$;　　　　　(2) $a_n = 1 + \dfrac{(-1)^n}{n}$;

(3)　$a_n = (-1)^n + (-1)^{n+1}$;　　(4) $a_n = [1 + (-1)^n]n$.

*2. 已知 $\{a_n\}$ 和 $\{b_n\}$ 的极限都不存在, 能否断定 $\{a_n + b_n\}$ 和 $\{a_n b_n\}$ 的极限一定不存在.

*3. 设 $\{a_n\}$ 的极限 $a < 0$, 试证明一定存在正整数 N, 当 $n > N$ 时, 恒有 $a_n < 0$.

4. 求下列极限:

(1)　$\lim\limits_{n \to \infty} \dfrac{2n^2 + 1}{3n^2 - 4}$;　　　　(2)　$\lim\limits_{n \to \infty} \dfrac{1 + 2 + \cdots + n}{n^2}$.

*5. 求极限　$\lim\limits_{n \to \infty} \left(1 - \dfrac{1}{2^2}\right)\left(1 - \dfrac{1}{3^2}\right) \cdots \left(1 - \dfrac{1}{n^2}\right)$.

6. 下列函数在点 $x = 0$ 处的极限是否存在, 为什么?

(1)　$f(x) = \begin{cases} 1 - x, & x \leqslant 0, \\ 1 + x, & x > 0; \end{cases}$　　(2)　$f(x) = \dfrac{|x|}{x}$.

7. 在体育运动和日常生活中人们所说的 "挑战极限""超越极限" 与数学中的极限概念是否相同?

8. 求下列极限:

(1) $\lim\limits_{x \to 2} \dfrac{x-3}{x^2+1}$;

(2) $\lim\limits_{x \to 2} \dfrac{x^2-4}{x^2-3x+2}$;

(3) $\lim\limits_{x \to +\infty} \dfrac{\sqrt{x+2}-\sqrt{3}}{x-1}$;

(4) $\lim\limits_{\Delta x \to 0} \dfrac{\sqrt{x+\Delta x}-\sqrt{x}}{\Delta x}$.

9. 已知 $f(x)=x^3$, 求 $\lim\limits_{x \to 1} \dfrac{f(x)-f(1)}{x-1}$.

§1.3 极限存在准则与两个重要极限

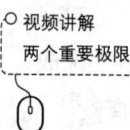

视频讲解
两个重要极限

前面介绍了极限的概念和一些简单的计算, 但对于一些比较复杂的极限问题, 常常需要先判断其极限是否存在, 如果存在, 再设法求其极限值. 下面介绍两个常用的判断极限存在的准则, 并给出两个十分重要的极限.

极限存在准则 1(两边夹定理或迫敛定理) 设

(1) $f(x) \leqslant g(x) \leqslant h(x)$ $(0 < |x-a| < \delta_0)$;

(2) $\lim\limits_{x \to a} f(x) = \lim\limits_{x \to a} h(x) = A$,

则

$$\lim_{x \to a} g(x) = A .$$

这个定理从直观上是容易理解的: 大、小两边都趋于同一个值, 夹在中间的也只好如此. 运用 $\varepsilon - \delta$ 语言, 可将这种"意会"严格证明, 有兴趣的同学可以阅读、比较、思考. 由条件 (2), $\forall \varepsilon > 0, \exists \delta_1 > 0$, 使得当 $0 < |x-a| < \delta_1$ 时同时成立不等式

$$|f(x) - A| < \varepsilon, \quad |h(x) - A| < \varepsilon.$$

故有

$$-\varepsilon < f(x) - A, \qquad h(x) - A < \varepsilon.$$

再由条件 (1), 取 $\delta = \min\{\delta_0, \delta_1\}$, 则当 $0 < |x-a| < \delta$ 时有

$$-\varepsilon < f(x) - A \leqslant g(x) - A \leqslant h(x) - A < \varepsilon,$$

所以

$$|g(x) - A| < \varepsilon,$$

故

$$\lim_{x \to a} g(x) = A .$$

注 1.6 $\min\{\cdots\}$ 表示 $\cdots$ 中的最小者, $\max\{\cdots\}$ 表示 $\cdots$ 中的最大者.

注 1.7 对于数列也有类似的准则: 设当 $n \geqslant N_0$ 时恒有

$$a_n \leqslant b_n \leqslant c_n, \quad \text{且} \lim_{n\to\infty} a_n = \lim_{n\to\infty} c_n = A,$$

则

$$\lim_{n\to\infty} b_n = A.$$

极限存在准则 2(单调有界定理) 单调有界数列必有极限.

准则 2 可以这样理解: 设数列 $\{a_n\}$ 单调递增有上界 M. 则在数轴上, 点 a_n 随着 n 的增大而向右移动, 但是永远不会越过点 M, 所以它们必定会趋近于某个点 a (可能是 M, 也可能在 M 的左方), a 就是 $\{a_n\}$ 的极限.

下面利用这两个准则来研究两个重要极限.

重要极限 1 $\qquad\qquad \lim_{x\to 0} \dfrac{\sin x}{x} = 1.$ $\qquad\qquad\qquad\qquad$ (1)

从直观上可以看到, 当 $x \to 0$ 时, $\sin x \to 0, \cos x \to 1$.

$x = 0$ 不属于函数 $\dfrac{\sin x}{x}$ 的定义域, 我们在 $x = 0$ 的空心邻域内来考察.

当 $0 < x < \dfrac{\pi}{2}$ 时, 如图 1.3 所示, $OA = OB = 1, \angle AOB = x, BC = \sin x, AD = \tan x,$ $\overset{\frown}{AB} = x.$ 由

△AOB 的面积 < 扇形 AOB 的面积 < △AOD 的面积,

即

$$\frac{1}{2}\sin x < \frac{1}{2}x < \frac{1}{2}\tan x,$$

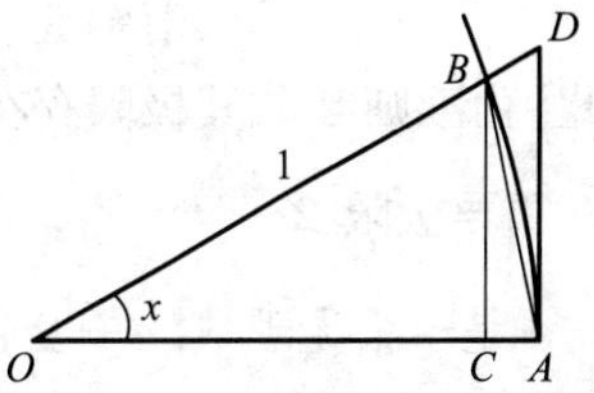

从而有

图 1.3

$$\cos x < \frac{\sin x}{x} < 1 \quad \left(0 < x < \frac{\pi}{2}\right).$$ $\qquad$ (2)

由于 $\cos x$ 和 $\dfrac{\sin x}{x}$ 都是偶函数, 故 (2) 式当 $-\dfrac{\pi}{2} < x < 0$ 时也成立, 从而有

$$\cos x < \frac{\sin x}{x} < 1 \quad \left(0 < |x| < \frac{\pi}{2}\right).$$ $\qquad$ (3)

因为当 $x \to 0$ 时, 上式两边都以 1 为极限, 所以由准则 1 知 (1) 式成立. 即当 $x \to 0$ 时, $\sin x$ 和 x 是等价无穷小量.

例 1.7 求 $\lim\limits_{x\to 0} \dfrac{\tan x}{x}$.

解
$$\lim_{x \to 0} \frac{\tan x}{x} = \lim_{x \to 0} \left(\frac{\sin x}{x} \cdot \frac{1}{\cos x} \right) = \lim_{x \to 0} \frac{\sin x}{x} \cdot \lim_{x \to 0} \frac{1}{\cos x} = 1 .$$

例 1.8   求 $\lim\limits_{x \to 0} \dfrac{\sin 2x}{x}$.

解
$$\lim_{x \to 0} \frac{\sin 2x}{x} = \lim_{x \to 0} \frac{\sin 2x}{2x} \cdot 2 = 2 \lim_{2x \to 0} \frac{\sin 2x}{2x} = 2 .$$

例 1.9   求 $\lim\limits_{x \to 0} \dfrac{1 - \cos x}{x^2}$.

解

$$\lim_{x \to 0} \frac{1 - \cos x}{x^2} = \lim_{x \to 0} \frac{2 \sin^2 \frac{x}{2}}{x^2} = \lim_{x \to 0} \frac{1}{2} \left(\frac{\sin \frac{x}{2}}{\frac{x}{2}} \right)^2$$

$$= \frac{1}{2} \left(\lim_{x \to 0} \frac{\sin \frac{x}{2}}{\frac{x}{2}} \right)^2 = \frac{1}{2} \cdot 1^2 = \frac{1}{2} .$$

不难证明, 数列 $\left\{ \left(1 + \dfrac{1}{n} \right)^n \right\}$ 单调递增且有界 (有兴趣的同学可看本节最后的注 1.8).
因此, 由准则 2 知其极限存在, 通常以 e 表示该极限值, 即有

重要极限 2 $\lim\limits_{n \to \infty} \left(1 + \dfrac{1}{n} \right)^n = \mathrm{e}.$ (4)

e 是一个无理数, e = 2.718 281 828 459 045 $\cdots$.

在 (4) 式中, 将正整数换成实数也是成立的. 亦即有公式

$$\lim_{x \to \infty} \left(1 + \frac{1}{x} \right)^x = \mathrm{e}. \tag{5}$$

如记 $\alpha = \dfrac{1}{x}$, 则 (5) 式可改写为

$$\lim_{\alpha \to 0} (1 + \alpha)^{\frac{1}{\alpha}} = \mathrm{e} . \tag{6}$$

例 1.10   求 $\lim\limits_{n \to \infty} \left(1 + \dfrac{1}{n} \right)^{-n}$.

解

$$\lim_{n \to \infty} \left(1 + \frac{1}{n} \right)^{-n} = \lim_{n \to \infty} \left[\left(1 + \frac{1}{n} \right)^n \right]^{-1} = \left[\lim_{n \to \infty} \left(1 + \frac{1}{n} \right)^n \right]^{-1} = \mathrm{e}^{-1}.$$

例 1.11   求 $\lim\limits_{n \to \infty} \left(1 - \dfrac{1}{n} \right)^n$.

解 令 $\alpha = -\dfrac{1}{n}$, 则有

$$\lim_{n\to\infty}\left(1-\frac{1}{n}\right)^n = \lim_{\alpha\to 0}(1+\alpha)^{-\frac{1}{\alpha}} = \lim_{\alpha\to 0}\left[(1+\alpha)^{\frac{1}{\alpha}}\right]^{-1} = \mathrm{e}^{-1}.$$

例 1.12 求 $\lim\limits_{x\to\infty}\left(1+\dfrac{2}{x}\right)^x$.

解

$$\lim_{x\to\infty}\left(1+\frac{2}{x}\right)^x = \lim_{x\to\infty}\left(1+\frac{2}{x}\right)^{\frac{x}{2}\cdot 2} = \mathrm{e}^2.$$

例 1.13 连续复利问题

在银行存款, 如果本金为 A, 存期 k 年, 年利率为 r_0, 则每期利率为 $r = kr_0$. 第一个存期结束时, 本利和

$$A_1 = 本金A + 利息Ar = A(1+r).$$

如果"预约续存", 则到期后利息将计入本金, 即计"复利". 这样, 在第二个存期结束时的本利和为

$$A_2 = [A(1+r)](1+r) = A(1+r)^2,$$

第 t 个存期结束时的本利和为

$$A_t = A(1+r)^t.$$

如果上述年利率不变, 而改为一年结算 m 次, 则每次利率为 $\dfrac{r}{m}$, t 期内共结算 mt 次, 第 t 个存期结束时的本利和为

$$A\left(1+\frac{r}{m}\right)^{mt}. \tag{7}$$

如果 $m \to \infty$, 即按照每个瞬间"即存即算"来计算本利和时, 则归结为求极限

$$\lim_{m\to\infty}A\left(1+\frac{r}{m}\right)^{mt}. \tag{8}$$

令 $n = \dfrac{m}{r}$, 则当 $m \to \infty$ 时, $n \to \infty$. 从而得到

$$\lim_{m\to\infty}A\left(1+\frac{r}{m}\right)^{mt} = \lim_{n\to\infty}A\left(1+\frac{1}{n}\right)^{nrt} = A\mathrm{e}^{rt}.$$

即本利和将按照指数规律增长.

现实世界中不少现象的数学模型是 (7) 式或 (8) 式, 如细胞的繁殖、放射元素的衰变、树木的生长等.

注 1.8 数列 $a_n = \left(1+\dfrac{1}{n}\right)^n$ 的单调递增有界性可证明如下:

$$a_n = 1 + n\cdot\frac{1}{n} + \frac{n(n-1)}{2!}\cdot\frac{1}{n^2} + \frac{n(n-1)(n-2)}{3!}\cdot\frac{1}{n^3} + \cdots +$$

$$\frac{n(n-1)\cdots 3\cdot 2\cdot 1}{n!}\cdot\frac{1}{n^n}$$

$$=1+1+\frac{1}{2!}\left(1-\frac{1}{n}\right)+\frac{1}{3!}\left(1-\frac{1}{n}\right)\left(1-\frac{2}{n}\right)+\cdots+$$

$$\frac{1}{n!}\left(1-\frac{1}{n}\right)\left(1-\frac{2}{n}\right)\cdots\left(1-\frac{n-1}{n}\right),$$

$$a_{n+1}=1+1+\frac{1}{2!}\left(1-\frac{1}{n+1}\right)+\frac{1}{3!}\left(1-\frac{1}{n+1}\right)\left(1-\frac{2}{n+1}\right)+\cdots+$$

$$\frac{1}{n!}\left(1-\frac{1}{n+1}\right)\left(1-\frac{2}{n+1}\right)\cdots\left(1-\frac{n-1}{n+1}\right)+$$

$$\frac{1}{(n+1)!}\left(1-\frac{1}{n+1}\right)\left(1-\frac{2}{n+1}\right)\cdots\left(1-\frac{n}{n+1}\right).$$

将 a_n 与 a_{n+1} 的各项依次比较, 显然, 从第三项起前者都比后者要小, 而且 a_{n+1} 还多最后一项且它显然大于零. 因此 $a_n<a_{n+1}$, 即 $\{a_n\}$ 是单调递增数列.

又, 注意到 a_n 展开式中括号内的每个因子均小于 1, 所以

$$a_n<1+1+\frac{1}{2!}+\frac{1}{3!}+\cdots+\frac{1}{n!}$$

$$<1+1+\frac{1}{1\cdot 2}+\frac{1}{2\cdot 3}+\cdots+\frac{1}{(n-1)n}$$

$$=1+1+\left(1-\frac{1}{2}\right)+\left(\frac{1}{2}-\frac{1}{3}\right)+\cdots+\left(\frac{1}{n-1}-\frac{1}{n}\right)$$

$$=1+1+1-\frac{1}{n}<3.$$

即 $\{a_n\}$ 有上界 3 .

习 题 1.3

求下列极限:

1. $\lim\limits_{x\to 0}\dfrac{\sin 2x}{\sin 3x}$;

2. $\lim\limits_{x\to 0}\dfrac{\tan 2x}{\sin 3x}$;

3. $\lim\limits_{x\to 0+0}\dfrac{\sqrt{1-\cos x}}{\sin x}$;

4. $\lim\limits_{x\to\infty}x\sin\dfrac{1}{x}$;

5. $\lim\limits_{n\to\infty}\left(1+\dfrac{2}{n}\right)^{2n}$;

6. $\lim\limits_{x\to 0}(1+2x^2)^{\frac{1}{x^2}}$;

7. $\lim\limits_{x\to\infty}\left(\dfrac{x}{1+x}\right)^x$;

8. $\lim\limits_{x\to\infty}\left(1-\dfrac{1}{x}\right)^{\frac{x}{3}}$.

*9. $\lim\limits_{x\to\pi}\dfrac{\sin x}{\pi-x}$;

*10. $\lim\limits_{x\to 0}\dfrac{\ln(1+2x)}{\tan 3x}$.

§1.4 函数的连续性

一、连续与间断

视频讲解
函数连续的概念

在现实生活中常常遇到连续变化的量, 例如空气的温度、车辆的行程、橡皮的形变等. 也会遇到出现间断的量, 例如物价的涨、落, 多级火箭发射中当第一级火箭燃料燃尽而外壳自行脱落时火箭质量的变化等.

连续变化的量反映到几何图形上是连续不断的曲线, 而在某一点处出现断点的曲线只有三种情况:

(1) 函数在该点处无定义, 如 $y = \dfrac{1}{x}$ 在 $x = 0$ 处;

(2) 函数在该点处无极限, 如 $y = \mathrm{sgn}\,x$ 在 $x = 0$ 处 (例 1.3);

(3) 函数在该点处有极限, 但极限值与该点函数值不相等, 如例 1.4 中的 $y = \begin{cases} |x|, x \neq 0, \\ 1, x = 0 \end{cases}$ 在点 $x = 0$ 处.

排除上述三种情形, 亦即 (1) $f(x)$ 在 x_0 处有定义; (2) $x \to x_0$ 时 $f(x)$ 有极限; (3) 极限值等于 $f(x_0)$, 则称函数 $f(x)$ 在点 x_0 处连续. 这三个条件可以表示为 $\lim\limits_{x \to x_0} f(x) = f(x_0)$. 从而有下面的定义.

定义 1.7 如果 $\lim\limits_{x \to x_0} f(x) = f(x_0)$, 则称 $f(x)$ 在点 x_0 处**连续**, 点 x_0 称为 $f(x)$ 的**连续点**. 否则, 称 $f(x)$ 在点 x_0 处**间断**, 而 x_0 则称为 $f(x)$ 的**间断点**.

函数在点 x_0 处连续的定义还有一种表述方式:

记 $\Delta x = x - x_0$, 称为自变量 (在点 x_0) 的**改变量**. 显然 Δx 可正可负. 当自变量由 x_0 变为 $x = x_0 + \Delta x$ 时, 相应地, 函数 $y = f(x)$ 有**改变量**

$$\Delta y = f(x_0 + \Delta x) - f(x_0) = f(x) - f(x_0),$$

因此,

$$x \to x_0 \text{ 时}, \quad f(x) \to f(x_0) \Longleftrightarrow \Delta x \to 0 \text{ 时}, \quad \Delta y \to 0.$$

也就是说, 如果函数在某点处自变量的改变量趋于 0 时, 相应的函数的改变量也趋于 0, 则它在该点处连续.

如果右极限 $f(x_0 + 0) = f(x_0)$, 则称 $f(x)$ 在点 x_0 处**右连续**;

如果左极限 $f(x_0 - 0) = f(x_0)$, 则称 $f(x)$ 在点 x_0 处**左连续**.

函数在一点处连续的充要条件是它在该点处既右连续又左连续.

如果 $f(x)$ 在开区间 (a,b) 内的每一点处都连续, 则称 $f(x)$ 在 (a,b) 内连续; 如果 $f(x)$ 在 (a,b) 内连续, 并且在左端点 $x=a$ 处右连续, 而在右端点 $x=b$ 处左连续, 则称 $f(x)$ 在闭区间 $[a,b]$ 上连续.

如果函数 $f(x)$ 在它的定义域上的每一点都是连续的, 则称它是**连续函数**. 可以证明, **基本初等函数在其定义域内都是连续的.**

二、连续函数的运算法则

根据极限的运算法则, 容易知道连续函数的运算有下面的法则.

定理 1.1   若 $f(x)$ 与 $g(x)$ 都在点 $x=x_0$ 处连续, 则 $f(x) \pm g(x)$, $f(x) \cdot g(x)$, $f(x)/g(x)$ $[g(x_0) \neq 0]$ 在点 x_0 处也是连续的.

加减与相乘可以推广到有限多个函数的情形.

定理 1.2(复合函数的连续性)   若 $u = g(x)$ 在点 x_0 处连续, 而 $y = f(u)$ 在点 $u_0 = g(x_0)$ 处连续, 则复合函数 $y = f[g(x)]$ 在点 x_0 处连续. 亦即连续函数的复合函数仍是连续函数.

事实上, 因 $g(x)$ 在 x_0 处连续, 所以当 $x \to x_0$ 时, $g(x) \to g(x_0)$, 亦即 $u \to u_0$. 然 $f(u)$ 在 u_0 处连续, 从而有 $f(u) \to f(u_0)$, 亦即 $f[g(x)] \to f[g(x_0)]$. 综上所述, 知当 $x \to x_0$ 时, 有 $f[g(x)] \to f[g(x_0)]$, 即 $f[g(x)]$ 在点 x_0 处连续.

上述结论可以写成

$$\lim_{x \to x_0} f[g(x)] = f[g(x_0)] = f[\lim_{x \to x_0} g(x)]. \tag{1}$$

也就是说, 当 $f(u)$ 和 $g(x)$ 连续时, 极限号 $\lim\limits_{x \to x_0}$ 可以和函数符号 f 互换位置.

由于基本初等函数在其定义域内都是连续的, 而初等函数是由基本初等函数经过四则运算或复合运算得到的, 所以, 根据定理 1.1 和定理 1.2 可知, **所有初等函数在其定义域内都是连续的.**

根据初等函数的连续性, 利用 (1) 式可以比较方便地计算它们的极限.

例 1.14   求 $\lim\limits_{x \to 1} \cos \sqrt{2-x}$.

解

$$\lim_{x \to 1} \cos \sqrt{2-x} = \cos \lim_{x \to 1} \sqrt{2-x} = \cos \sqrt{2-1} = \cos 1 \ .$$

例 1.15   求 $\lim\limits_{x \to 0} \dfrac{\ln(1+x)}{x}$.

解

$$原式 = \lim_{x \to 0} \ln(1+x)^{\frac{1}{x}} = \ln \lim_{x \to 0} (1+x)^{\frac{1}{x}} = \ln e = 1 .$$

三、闭区间上连续函数的性质

闭区间上的连续函数有一些重要的性质, 我们不加证明地介绍其中的两个, 它们有很多应用.

定理 1.3(最大最小值定理)　若函数 $f(x)$ 在 $[a,b]$ 上连续, 则 $f(x)$ 一定有最大值与最小值, 即 $\exists x_1, x_2 \in [a,b], \forall x \in [a,b]$, 有

$$f(x) \leqslant f(x_1) = \max_{a \leqslant x \leqslant b} f(x) ,$$

$$f(x) \geqslant f(x_2) = \min_{a \leqslant x \leqslant b} f(x) .$$

x_1, x_2 分别称为函数 $f(x)$ 的最大值点与最小值点.

上述性质从几何上看, 就是定义在一个闭区间上的连续曲线必定有最高点和最低点. 但对于开区间上的连续函数则未必有此性质. 例如 $y = \ln x$ 在 $(0,1)$ 上连续, 但在此区间上它既无最大值也无最小值; $y = |x|$ 在 $(-1,1)$ 上有最小值 0, 但无最大值; 而 $y = \sin x$ 在 $(0, 2\pi)$ 上则既有最大值 1, 也有最小值 -1.

定理 1.4(介值定理)　若函数 $f(x)$ 在 $[a,b]$ 上连续, 且 $f(a) \neq f(b), \eta$ 为介于 $f(a)$ 与 $f(b)$ 之间的任意一个值, 则至少存在一点 $c \in (a,b)$, 使得 $f(c) = \eta$.

定理的几何意义就是直线 $y = \eta$ 必与连续曲线 $y = f(x)$ 相交 (参看图 1.4).

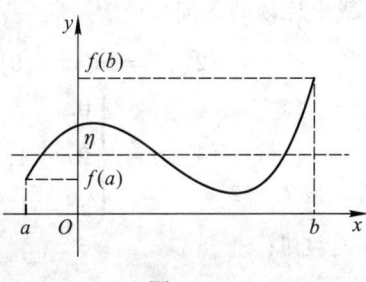

图　1.4

特别地, 当 $f(a)$ 与 $f(b)$ 异号时, $y = f(x)$ 必与 x 轴相交, 即有

推论 1.1(根的存在定理)　若函数 $f(x)$ 在 $[a,b]$ 上连续, 且 $f(a)$ 与 $f(b)$ 异号, 则至少存在一点 $c \in (a,b)$, 使得 $f(c) = 0$.

例 1.16　证明方程 $x - 2\sin x = 0$ 在区间 $\left(\dfrac{\pi}{2}, \pi\right)$ 内至少有一个根.

证　函数 $f(x) = x - 2\sin x$ 在 $\left[\dfrac{\pi}{2}, \pi\right]$ 上连续, 又

$$f\left(\frac{\pi}{2}\right) = \frac{\pi}{2} - 2 < 0, \quad f(\pi) = \pi > 0,$$

从而至少有一点 $c \in \left(\dfrac{\pi}{2}, \pi\right)$, 使得 $f(c) = 0$, 即 $x - 2\sin x = 0$ 在 $\left(\dfrac{\pi}{2}, \pi\right)$ 内至少有一个根.

例 1.17(第一版前言中的问题六)　给出方程 $16x^3 - 20x^2 - 4x + 5 = 0$ 的三个根的近似值, 使相应的误差均不超过 $\dfrac{1}{2}$.

解　函数 $f(x) = 16x^3 - 20x^2 - 4x + 5$ 在 $(-\infty, +\infty)$ 内连续, 且 $f(-1) < 0, f(0) > 0, f(1) < 0, f(2) > 0$, 所以方程 $f(x) = 0$ 在区间 $(-1, 0), (0, 1)$ 和 $(1, 2)$ 内分别有一个根. 如果我们近似地取这些根为 $-\dfrac{1}{2}, \dfrac{1}{2}$ 和 $\dfrac{3}{2}$, 则显然它们与真根的误差均不会超过 $\dfrac{1}{2}$. $\Big[$事实上, $f(x) = \left(x^2 - \dfrac{1}{4}\right)(16x - 20) = 0$ 的根为 $\pm\dfrac{1}{2}$ 和 $\dfrac{5}{4}$. $\Big]$

推论 1.2　在闭区间上连续的函数必可取到其最大值与最小值之间的一切值.

事实上, 设 $f(x)$ 在 $[a, b]$ 上最大值为 M, 最小值为 $m, M \neq m$, 且 $f(x_1) = M, f(x_2) = m, x_1 < x_2$, 在 $[x_1, x_2]$ 上应用介值定理即可知该推论成立.

习　题　1.4

1. 讨论下列函数在点 $x = 0$ 处的连续性:

(1) $y = \dfrac{1}{x^2}$;

(2) $y = |\sin x|$;

(3) $y = \begin{cases} \dfrac{\sin x}{x}, & x \neq 0, \\ 1, & x = 0; \end{cases}$

(4) $y = \begin{cases} x^2 + 1, & x \geqslant 0, \\ -1, & x < 0. \end{cases}$

2. 求出下列函数在其定义域中连续的区间:

(1) $y = \sqrt{x - 2}$;

(2) $y = \ln(x^2 - 9)$;

(3) $y = \begin{cases} 2, & x = 1, \\ \dfrac{1}{1-x}, & x \neq 1; \end{cases}$

(4) $y = \begin{cases} 0, & 0 < x < 1, \\ 2x + 1, & 1 \leqslant x < 2, \\ x^2 + 1, & x \geqslant 2. \end{cases}$

3. 利用函数的连续性求下列极限:

(1) $\lim\limits_{x \to 5} \left(x + \sqrt{x^2 - 9}\right)$;

(2) $\lim\limits_{x \to 1} \arcsin(2x - 1)$;

(3) $\lim\limits_{x \to \infty} \cos \dfrac{1 - x}{1 + x}$;

(4) $\lim\limits_{x \to 1} \left(\dfrac{x}{2 + x}\right)^{1 + \sqrt{x}}$.

4. 证明方程 $x^4 - 3x^2 + 7x - 10 = 0$ 在区间 $(1, 2)$ 内至少有一个根.

*5. 设 $f(x) = \mathrm{e}^x - 2$, 求证在区间 $(0, 2)$ 内至少有一点 x_0, 使 $f(x_0) = x_0$.

阅读材料 1　欧拉与数 e

一、身残志坚、最多产的伟大数学家欧拉

数 e 是欧拉首先发现并以其姓氏的第一个字母命名的.

欧拉是有史以来最多产的伟大数学家, 他身前得以保存下来的书籍和论文共有 886 件之多, 瑞士自然科学协会于 1911 年开始出版《欧拉全集》, 现已出版 80 卷, 计划出齐 84 卷.

1707 年 4 月 15 日, 欧拉出生在瑞士一个牧师家庭, 13 岁时父亲送他进巴塞尔大学学习神学, 他却迷上了约翰·伯努利 (Johann Bernoulli, 1667—1748) 的数学讲座. 欧拉在数学上的天赋也引起了伯努利的关注, 他指导欧拉看一些数学书并可以在每周六下午单独给他答疑. 名师的精心指导, 使欧拉突飞猛进. 19 岁时, 欧拉关于海船桅杆问题的论文获得了巴黎科学院奖, 从而在欧洲数学界崭露头角.

欧拉

1727 年, 圣彼得堡科学院向欧拉发出了邀请. 1731 年, 他成为物理教授, 1933 年, 成为圣彼得堡科学院数学部领导人. 欧拉的卓越工作促进了俄国数学的发展.

1741 年, 欧拉应腓特烈大帝的邀请来到柏林科学院, 1746 年任数学部领导人, 1759 年主持科学院工作, 直到 1766 年离开. 柏林科学院在他的带领下成为欧洲最有影响的科学院之一.

1766 年, 欧拉在叶卡捷琳娜女皇的热情邀请下, 重回圣彼得堡, 直到 1783 年逝世. 欧拉在圣彼得堡科学院一共工作了 32 年, 深受俄国人民爱戴.

由于过度工作, 1738 年, 欧拉 31 岁时就右眼失明. 重回圣彼得堡后, 严寒和劳累使他患有白内障的左眼视力迅速恶化, 1771 年动手术失败后完全失明. 祸不单行的是, 1771 年夏天, 街区民房大火又殃及欧拉的住宅, 仆人冒着生命危险将他从大火中背了出来, 可是欧拉的书库、大量的文稿和研究成果却化为灰烬. 沉重的打击, 并没有使欧拉屈服. 当他右眼失明时, 他说: "现在我将更少分心了"; 而在他意识到自己的左眼也难保时, 就开始练习闭上眼睛进行书写, 因此在他完全失明后, 一度仍能自己工作. 后来则通过口述让子女记下他的研究成果. 在生命的最后 10 多年里, 他以惊人的毅力与黑暗作斗争, 凭着超常的记忆

力和非凡的心算能力, 竟完成了 400 多篇数学论文, 并令人难以置信地用他的方法, 将用牛顿的方法得到的月球位置表确定航船位置 160 km 的误差减少到 30 km.

欧拉被誉为 "分析学的化身". 牛顿和莱布尼茨创造了微积分的基本方法, 但要让更多的人掌握它, 需要排除从研究常量的数学过渡到研究变量的数学的重重障碍. 为此, 欧拉在 20 多年间出版了微积分史上三部里程碑式的经典著作: 《无穷小分析引论》 (1748)、《微分学》 (1755)、《积分学》 (1768—1770, 共 3 卷). 这些著作包含了欧拉本人的大量创造, 同时引进了一批标准的数学符号, 对分析表述的规范化起了重要作用, 长期被当作分析课本的典范. 拉格朗日 (J.L.Lagrange, 1736—1813)、拉普拉斯 (P.S.Laplace, 1749—1827)、高斯 (C.F.Gauss, 1777—1855)、柯西 (A.L.Cauchy, 1789—1857)、黎曼 (G.F.B.Riemann, 1826—1866) 等大数学家都从欧拉的著作中获益.

欧拉是复变函数论、变分法的先驱, 而 1770 年出版的《代数学完整引论》则是欧洲几代人的教科书. 他在微积分、微分方程、函数理论、变分法、无穷级数、坐标几何、微分几何以及数论等领域都留下了永恒的成就. 欧拉的名字几乎出现在数学的各个分支, 如最常见的数学常数 e; 联系三角函数和指数函数的欧拉公式; 关于简单凸多面体面、顶、棱的欧拉公式; 数论中的欧拉函数和欧拉定理; 微积分中的欧拉变换; 概率论中的欧拉积分; 微分方程、变分法中的欧拉方程等. 在其他学科中也有很多以他名字命名的术语.

欧拉创造了许多数学符号, 例如 $f(x)$ (1734 年), π(1736 年), e(1748 年), i (1777 年), sin 和 cos (1748 年), tan (1753 年), Δx(1755 年), $\sum$(1755 年), 以及用 a, b, c 表示三角形的边; 用 A, B, C 表示它们的对角等.

他还有大量关于天文学、物理学、建筑学、弹道学, 以及哲学、音乐和神学的著作. 他对化学、地质学、制图学也有兴趣, 他还画了一张俄国地图. 欧拉的文学修养深厚, 其文笔生动优美, 被誉为 "数学界的莎士比亚".

与有些学者不同, 欧拉大量的科学研究并没有牺牲自己的天伦之乐. 他非常喜欢孩子, 常常一边怀抱婴儿一边写他的论文, 大一点的孩子们则在他身边嬉戏. 他亲自布置和检查子女们的作业, 还编了许多数学趣题启发他们的思考.

1783 年 9 月 18 日下午, 欧拉与朋友讨论新发现的天王星和它的轨道的计算, 然后喝茶, 在逗孙子玩的时候, 突然中风, 烟斗从他的手上掉了下来, 他停止了计算, 也停止了生命.

欧拉为科学增添了无限的光彩, 高斯说: "对欧拉工作的研究, 是科学中不同领域的最好学校, 没有任何别的可以代替", "学习欧拉的著作乃是认识数学的最好途径." 拉普拉斯也说: "读读欧拉, 读读欧拉, 他是我们大家的老师." 欧拉虽然没有直接给学生讲课, 但他的书产生了深远的影响. 在他晚年, 欧洲几乎所有的数学家都尊称他为老师.

欧拉的卓越贡献和高尚品质为世人敬仰. 拉格朗日学习欧拉的著作开始研究变分法,

19 岁时他把自己关于变分问题的研究寄给欧拉, 欧拉立刻看出了它们的价值, 鼓励这个才气焕发的年轻人继续做下去. 当四年后, 拉格朗日写信把解决等周问题的纯解析方法告诉欧拉时, 欧拉回信称赞说新方法使他得以克服了困难, 因为在这以前, 欧拉使用的是半解析半几何的方法. 但欧拉一直等到拉格朗日发表其成果之后才发表自己寻求已久的解答, 用欧拉自己的话说: "这样做就不会剥夺你所理应享有的全部光荣." 而且在论文中强调说他是怎样被困难挡住了, 在拉格朗日指出克服困难的途径之前, 它们是难以越过的障碍. 这使得拉格朗日的工作引起了欧洲数学界的注意. 在他的举荐下, 1756 年, 20 岁的拉格朗日被任命为柏林科学院通讯院士, 不久被选为副院士. 欧拉高尚的品质、博大的胸怀和对年轻人才的举荐成为数学史上隽永的美谈.

　　人们以各种方式纪念着欧拉, 在流通广泛的 10 瑞士法郎纸币上印有欧拉的肖像, 能够享有如此殊荣的数学家还有英国的牛顿、德国的高斯、法国的笛卡儿、挪威的阿贝尔 (N.H.Abel, 1802—1829) 等.

二、欧拉是如何得到数 e 的

　　在研究如何才能使得对数计算比较方便的过程中, 人们遇到了求极限

$$\lim_{n\to\infty}\left(1+\frac{1}{n}\right)^n$$

的问题. 根据二项式定理, 对于正整数 n 有

$$\left(1+\frac{1}{n}\right)^n=1+\frac{n}{1!}\cdot\frac{1}{n}+\frac{n(n-1)}{2!}\cdot\frac{1}{n^2}+\cdots+\frac{n!}{n!}\cdot\frac{1}{n^n}. \tag{1}$$

欧拉注意到上式右端从第二项起, 每一项中有如下规律:

$$\frac{n}{n}=1,\quad \frac{n(n-1)}{n^2}=\frac{n}{n}\cdot\frac{n-1}{n}=1\cdot\left(1-\frac{1}{n}\right),$$
$$\frac{n(n-1)(n-2)}{n^3}=1\cdot\left(1-\frac{1}{n}\right)\left(1-\frac{2}{n}\right),\quad\cdots$$

如果令 $n\to\infty$, 它们都趋于 1. 因此, 如果对 (1) 式右端的每一项取极限, 则它的前 $n+1$ 项成为

$$1+\frac{1}{1!}+\frac{1}{2!}+\cdots+\frac{1}{n!}.$$

再令项数 n 趋于无穷, 就有

$$\lim_{n\to\infty}\left(1+\frac{1}{n}\right)^n=1+\frac{1}{1!}+\frac{1}{2!}+\cdots+\frac{1}{n!}+\cdots. \tag{2}$$

欧拉手算得到 (2) 式的右端近似等于 2.718 281 828 459 045 235 360 28, 他在 1748 年出版的《无穷小分析引论》一书中说: "为简单计, 我们用符号 e 表示此数: e=

2.718 281 828 459···. 它是自然对数或称双曲对数的底. ······" 欧拉特别用自己姓氏的小写字母 e 来表示这一结果, 可见他对这一发现的满意和珍爱.

他还用类似的方法处理 $\left(1+\dfrac{1}{n}\right)^{nt}$, 得到了 (本书 §4.3(4) 式)

$$e^t = 1 + \frac{t}{1!} + \frac{t^2}{2!} + \cdots + \frac{t^n}{n!} + \cdots. \tag{3}$$

当然, 在现在看来上述处理是不严格的, 也是无法接受的, 但他得到的结果却是正确的. 在欧拉所处的时代, 人们对无穷多个数相加是否一定有一个确定的和的问题还不当回事, 真正严肃地注意到这一问题的数学家是高斯和阿贝尔, 那已是 19 世纪初的事了. 欧拉的伟大在于他对数学公式推演的非凡才能和对正确结论的超乎常人的洞察力.

第二章　导数与微分

§2.1　导数的概念

一、两个基本问题

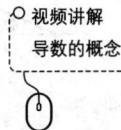

视频讲解
导数的概念

1.　求变速直线运动的瞬时速度

在日常生活中我们所说的速度通常是指平均速度, 例如 560 km 路程, 火车运行了 2 h, 速度为 280 km/h.

考虑变速直线运动, 路程 s 是时间 t 的函数

$$s = s(t),$$

它在时段 $[t_0, t_0 + \Delta t]$ 内的平均速度为

$$\bar{v} = \frac{s(t_0 + \Delta t) - s(t_0)}{\Delta t} = \frac{\Delta s}{\Delta t}.$$

当 Δt 比较小时, 我们可以用平均速度 $\bar{v}$ 来近似地作为物体在时刻 t_0 的速度, 即瞬时速度. 但不论 Δt 多么小, 只要它是一个确定的值, 所求得的 $\bar{v}$ 仍然只是瞬时速度的近似值, 而当 $\Delta t \to 0$ 时, 相应的 $\dfrac{\Delta s}{\Delta t}$ 的极限才能转化为瞬时速度 $v(t_0)$, 亦即

$$v(t_0) = \lim_{\Delta t \to 0} \frac{\Delta s}{\Delta t} = \lim_{\Delta t \to 0} \frac{s(t_0 + \Delta t) - s(t_0)}{\Delta t}.$$

例如, 自由落体运动的规律为

$$s = \frac{1}{2}gt^2, \quad t \in [0, T].$$

它在时刻 $t_0 \in (0, T)$ 的速度为

$$v(t_0) = \lim_{\Delta t \to 0} \frac{\frac{1}{2}g(t_0 + \Delta t)^2 - \frac{1}{2}gt_0^2}{\Delta t} = \lim_{\Delta t \to 0} \left(gt_0 + \frac{1}{2}g\Delta t \right) = gt_0.$$

2. 求曲线的切线

古希腊学者曾进行过作曲线切线的尝试, 但都是把切线看成是与曲线只有一个交点且不穿过曲线的 "切触线". 切线是静态的, 与运动变化无关, 作切线只能用欧几里得几何的办法. 笛卡儿的坐标法使得求切线的问题可以从运动的观点借助于解析的办法来解决.

设点 $M(x_0, y_0)$ 在曲线 $y = f(x)$ 上, 该曲线在点 M 处的切线, 可以看成是动点 P 沿曲线趋于点 M 时, 割线 MP 的极限位置 (参看图 2.1).

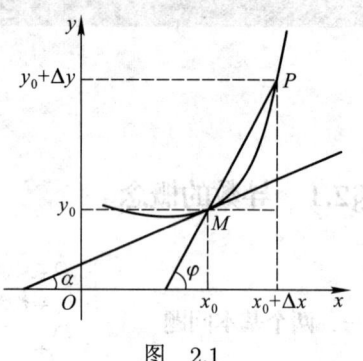

要确定曲线在点 M 处的切线, 只需确定该切线的斜率. 设点 P 的坐标为 $(x_0 + \Delta x, y_0 + \Delta y)$, 割线 MP 的倾角为 φ, 则 MP 的斜率为

$$\tan \varphi = \frac{\Delta y}{\Delta x}.$$

图　2.1

设切线的倾角为 α, 则有

$$\tan \alpha = \lim_{\Delta x \to 0} \tan \varphi = \lim_{\Delta x \to 0} \frac{\Delta y}{\Delta x} = \lim_{\Delta x \to 0} \frac{f(x_0 + \Delta x) - f(x_0)}{\Delta x}.$$

例如, 曲线 $y = 2x^2$ 在点 $M(1, 2)$ 处的切线的斜率为

$$\begin{aligned}
k &= \lim_{\Delta x \to 0} \frac{y(1 + \Delta x) - y(1)}{\Delta x} \\
&= \lim_{\Delta x \to 0} \frac{2(1 + \Delta x)^2 - 2}{\Delta x} \\
&= \lim_{\Delta x \to 0} (4 + 2\Delta x) = 4,
\end{aligned}$$

从而该曲线在点 $M(1, 2)$ 处的切线方程为

$$y - 2 = 4(x - 1) \quad \text{或} \quad y = 4x - 2.$$

上述两个基本问题的共同特征是, 求一个变量相对于另一个变量的变化率, 也就是求函数的改变量与自变量的改变量之比当后者趋于零时的极限, 这种特殊的极限就叫做函数的导数.

二、导数的定义

定义 2.1　设函数 $y = f(x)$ 在点 x_0 的某个邻域 $N(x_0)$ 内有定义, 给 x_0 一个改变量 $\Delta x, x_0 + \Delta x \in N(x_0)$, 函数 $y = f(x)$ 相应地有改变量 $\Delta y = f(x_0 + \Delta x) - f(x_0)$. 如果极限

$$\lim_{\Delta x \to 0} \frac{\Delta y}{\Delta x} = \lim_{\Delta x \to 0} \frac{f(x_0 + \Delta x) - f(x_0)}{\Delta x} \tag{1}$$

存在, 则称函数 $y = f(x)$ 在点 x_0 处**可导**, 称此极限为函数 $f(x)$ 在点 x_0 的**导数** (或微商), 记作

$$f'(x_0), \quad y'|_{x=x_0}, \quad \frac{\mathrm{d}y}{\mathrm{d}x}\bigg|_{x=x_0} \quad \text{或} \quad \frac{\mathrm{d}f}{\mathrm{d}x}\bigg|_{x=x_0}.$$

如果极限 (1) 不存在, 则称函数 $f(x)$ 在点 x_0 **不可导**.

由前面的讨论可知, 导数的物理意义是变速直线运动的瞬时速度, 几何意义是曲线在相应点处切线的斜率.

应当注意, 如果记 $x = x_0 + \Delta x$, 则 $\Delta x \to 0$ 相当于 $x \to x_0$, 从而也可写成

$$f'(x_0) = \lim_{\Delta x \to 0} \frac{f(x_0 + \Delta x) - f(x_0)}{\Delta x} = \lim_{x \to x_0} \frac{f(x) - f(x_0)}{x - x_0}. \tag{2}$$

如果函数 $y = f(x)$ 在区间 (a,b) 内的每一点处都可导, 则称 $f(x)$ 在区间 (a,b) 内**可导**. 这时, 对于 (a,b) 内的每一点 x 都有一个导数 $f'(x)$ 与它对应, 从而定义了一个新的函数, 称为函数 $y = f(x)$ 的 **导函数**, 为了方便起见, 也简称为**导数**, 记作

$$f'(x), \quad y', \quad \frac{\mathrm{d}y}{\mathrm{d}x}, \quad \frac{\mathrm{d}f}{\mathrm{d}x} \quad \text{或} \quad \frac{\mathrm{d}}{\mathrm{d}x}f(x).$$

在 (1) 式中, 如果限定 $\Delta x \to 0+0$ 或 $\Delta x \to 0-0$, 则得到单侧导数的定义.

定义 2.2　如果极限

$$\lim_{\Delta x \to 0+0} \frac{\Delta y}{\Delta x} \quad \left(\text{或} \quad \lim_{\Delta x \to 0-0} \frac{\Delta y}{\Delta x}\right)$$

存在, 则称函数 $y = f(x)$ 在点 x_0 处**右可导** (或**左可导**), 其极限称为函数 $f(x)$ 在点 x_0 的**右导数** (或**左导数**), 记为 $f'_+(x_0)$ (或 $f'_-(x_0)$).

函数 $y = f(x)$ 在点 x_0 可导的充要条件是 $f'_+(x_0)$ 与 $f'_-(x_0)$ 存在且相等.

所谓函数 $f(x)$ 在闭区间 $[a,b]$ 上可导, 是指 $f(x)$ 在 (a,b) 内可导, 并且 $f'_+(a)$ 与 $f'_-(b)$ 均存在.

例 2.1　考察函数 $y = |x|$ 在 $x = 0$ 处的可导性.

解　因 $\Delta y = |0 + \Delta x| - |0| = |\Delta x|$,

$\Delta x \to 0 + 0$ 时, $\dfrac{\Delta y}{\Delta x} = \dfrac{\Delta x}{\Delta x} = 1$, 故 $y'_+(0) = 1$.

$\Delta x \to 0 - 0$ 时, $\dfrac{\Delta y}{\Delta x} = \dfrac{-\Delta x}{\Delta x} = -1$, 故 $y'_-(0) = -1$.

$y'_+(0) \neq y'_-(0)$, 故 $y = |x|$ 在点 $x = 0$ 处不可导.

三、可导与连续的关系

我们看到, 函数 $y = |x|$ 在点 $x = 0$ 处连续但不可导. 但是, 如果 $y = f(x)$ 在点 x_0 处可导, 则当 $\Delta x \to 0$ 时, 有

$$\frac{\Delta y}{\Delta x} \to f'(x_0),$$

从而

$$\Delta y = \frac{\Delta y}{\Delta x} \cdot \Delta x \to f'(x_0) \cdot 0 = 0.$$

也就是说函数 $y = f(x)$ 在点 x_0 处连续. 因此有下述定理.

定理 2.1　若函数 $y = f(x)$ 在点 x_0 处可导, 则它在 x_0 处连续. 反之不真.

四、几个基本初等函数的导数

1. 常数函数

$$y = c \ \ (c \text{ 为常数}); \ c' = 0.$$

证　此因 $\Delta y = c - c \equiv 0$, 故

$$\lim_{\Delta x \to 0} \frac{\Delta y}{\Delta x} = 0 \ .$$

2. 幂函数

$$y = x^n \ \ (n \text{ 为正整数}); \ \ (x^n)' = nx^{n-1}.$$

证　因为对任一实数 x_0, 由 (2) 式知

$$y'(x_0) = \lim_{x \to x_0} \frac{x^n - x_0^n}{x - x_0}$$

$$= \lim_{x \to x_0} (x^{n-1} + x^{n-2}x_0 + \cdots + x_0^{n-1}) = nx_0^{n-1},$$

故　　　　　　　　　　$$(x^n)' = nx^{n-1}.$$

特别地, 当 $n = 1$ 时, 有 $x' = 1$.

下一节我们将证明, 当 α 为任一实数时, 也有

$$(x^{\alpha})' = \alpha x^{\alpha-1}.$$

例如, $(\sqrt{x})' = (x^{\frac{1}{2}})' = \frac{1}{2}x^{-\frac{1}{2}} = \frac{1}{2\sqrt{x}}$; $\left(\dfrac{1}{x}\right)' = (x^{-1})' = -x^{-2} = -\dfrac{1}{x^2}$.

3. 正弦函数

$$y = \sin x; \quad (\sin x)' = \cos x.$$

证
$$\Delta y = \sin(x + \Delta x) - \sin x = 2\cos\left(x + \frac{\Delta x}{2}\right)\sin\frac{\Delta x}{2},$$

$$\frac{\Delta y}{\Delta x} = \cos\left(x + \frac{\Delta x}{2}\right)\frac{\sin\dfrac{\Delta x}{2}}{\dfrac{\Delta x}{2}},$$

$$\lim_{\Delta x \to 0}\frac{\Delta y}{\Delta x} = \cos x.$$

故

$$(\sin x)' = \cos x.$$

同法可证

$$(\cos x)' = -\sin x.$$

我们看到, $(\sin x)' = \cos x$ 这一简明的结果是建立在重要极限 $\lim\limits_{x \to 0}\dfrac{\sin x}{x} = 1$ 的基础上的, 而后者又是基于正弦函数的自变量 x 采用弧度制. 如果 x 用 "度" 作单位, 图 1.3 中的 $\overset{\frown}{AB}$ 的弧长就不等于 x 而是 $\dfrac{\pi}{180}x$. 这样将会导致什么样的结果呢? 有兴趣的同学可以思考.

4. 对数函数

$$y = \log_a x \ (a > 0, a \neq 1, x > 0); \ (\log_a x)' = \frac{1}{x\ln a}.$$

证

$$\Delta y = \log_a(x + \Delta x) - \log_a x = \log_a\left(1 + \frac{\Delta x}{x}\right),$$

$$\frac{\Delta y}{\Delta x} = \frac{1}{\Delta x}\log_a\left(1 + \frac{\Delta x}{x}\right) = \frac{1}{x}\log_a\left(1 + \frac{\Delta x}{x}\right)^{\frac{x}{\Delta x}},$$

$$\lim_{\Delta x \to 0}\frac{\Delta y}{\Delta x} = \frac{1}{x}\lim_{\Delta x \to 0}\log_a\left(1 + \frac{\Delta x}{x}\right)^{\frac{x}{\Delta x}}$$

$$= \frac{1}{x}\log_a e = \frac{1}{x\ln a}.$$

即

$$(\log_a x)' = \frac{1}{x \ln a}.$$

特别地, 当 $a = e$ 时, 即对于自然对数函数, 有

$$(\ln x)' = \frac{1}{x}.$$

五、高阶导数

函数 $y = f(x)$ 的导函数 $y' = f'(x)$ 如果仍可对 x 求导, 则它的导数称为函数 $y = f(x)$ 的二阶导数, 记作

$$y'', \quad f''(x), \quad \frac{\mathrm{d}^2 y}{\mathrm{d} x^2} \quad 或 \quad \frac{\mathrm{d}^2 f}{\mathrm{d} x^2}.$$

例如, $y = \sin x, \ y' = \cos x, \ y'' = -\sin x$ 等.

这一过程如果仍可继续下去, 就可以求出:

三阶导数,　记作 $y''', \ f'''(x), \ \dfrac{\mathrm{d}^3 y}{\mathrm{d} x^3} \ 或 \ \dfrac{\mathrm{d}^3 f}{\mathrm{d} x^3}$;

$n(\geqslant 4)$ 阶导数,　记作 $y^{(n)}, \ f^{(n)}(x), \ \dfrac{\mathrm{d}^n y}{\mathrm{d} x^n} \ 或 \ \dfrac{\mathrm{d}^n f}{\mathrm{d} x^n}.$

n 阶导数的导数称为 $n+1$ 阶导数. 二阶及二阶以上的导数称为**高阶导数**.

我们知道, 路程对时间的导数 $\dfrac{\mathrm{d} s}{\mathrm{d} t}$ 是速度 v, 而速度对时间的导数 $\dfrac{\mathrm{d} v}{\mathrm{d} t} = \dfrac{\mathrm{d}^2 s}{\mathrm{d} t^2}$ 则是加速度 a.

习　题　2.1

1. 根据导数的定义求函数 $y = x^2 - 1$ 的导数.

2. 自变量 x 取哪些值时, 曲线 $y = x^2$ 与 $y = x^3$ 的切线平行?

3. 求曲线 $y = \sqrt[3]{x}$ 在点 $(1, 1)$ 处的切线方程和法线方程.

4. 函数 $f(x) = \begin{cases} x, & x \leqslant 0, \\ \sin x, & x > 0 \end{cases}$ 在点 $x = 0$ 处是否连续? 是否可导?

5. 函数 $y = \begin{cases} x^2, & 0 < x \leqslant 1, \\ x, & 1 < x < 2 \end{cases}$ 在点 $x = 1$ 处是否连续? 是否可导?

6. 求函数 $y = \ln x$ 的二阶导数.

7. 试说明: 从数学上看, "产值下降" 和 "产值增幅下降" 有什么区别?

§2.2 求导法则

和求极限一样, 求函数的导数也有规律可循, 利用它们可以简化计算.

一、导数的四则运算法则

定理 2.2 若函数 $u = u(x)$ 和 $v = v(x)$ 在点 x 处可导, 则它们的和、差、积、商 $(v(x) \neq 0)$ 在该点处也分别可导, 并且有

(1) $[u(x) \pm v(x)]' = u'(x) \pm v'(x);$ (1)

(2) $[u(x) \cdot v(x)]' = u'(x)v(x) + u(x)v'(x);$ (2)

特别地, $[cu(x)]' = cu'(x)$ (c 为常数);

(3) $\left[\dfrac{u(x)}{v(x)}\right]' = \dfrac{u'(x)v(x) - u(x)v'(x)}{[v(x)]^2}, v(x) \neq 0;$ (3)

特别地, $\left[\dfrac{1}{v(x)}\right]' = -\dfrac{v'(x)}{[v(x)]^2}.$

证 为证公式 (1) , 令 $y = u(x) + v(x)$, 则有

$$\begin{aligned}
\Delta y &= [u(x + \Delta x) + v(x + \Delta x)] - [u(x) + v(x)] \\
&= [u(x + \Delta x) - u(x)] + [v(x + \Delta x) - v(x)] \\
&= \Delta u + \Delta v,
\end{aligned}$$

故

$$\begin{aligned}
\lim_{\Delta x \to 0} \frac{\Delta y}{\Delta x} &= \lim_{\Delta x \to 0} \left(\frac{\Delta u}{\Delta x} + \frac{\Delta v}{\Delta x}\right) \\
&= \lim_{\Delta x \to 0} \frac{\Delta u}{\Delta x} + \lim_{\Delta x \to 0} \frac{\Delta v}{\Delta x} \\
&= u'(x) + v'(x),
\end{aligned}$$

即

$$[u(x) + v(x)]' = u'(x) + v'(x).$$

同样可证

$$[u(x) - v(x)]' = u'(x) - v'(x).$$

现证公式 (2). 令 $y = u(x)v(x)$, 则

$$\Delta y = u(x+\Delta x)v(x+\Delta x) - u(x)v(x)$$
$$= [u(x+\Delta x)v(x+\Delta x) - u(x+\Delta x)v(x)] + [u(x+\Delta x)v(x) - u(x)v(x)]$$
$$= u(x+\Delta x)[v(x+\Delta x) - v(x)] + v(x)[u(x+\Delta x) - u(x)]$$
$$= u(x+\Delta x)\Delta v + v(x)\Delta u\ ,$$

$$\lim_{\Delta x \to 0} \frac{\Delta y}{\Delta x} = \lim_{\Delta x \to 0} u(x+\Delta x) \cdot \lim_{\Delta x \to 0} \frac{\Delta v}{\Delta x} + \lim_{\Delta x \to 0} \frac{\Delta u}{\Delta x} \cdot v(x)$$
$$= u(x)v'(x) + u'(x)v(x)\ ,$$

从而公式 (2) 成立. 证明时在 Δy 的表达式中插入 $u(x+\Delta x)v(x)$ 作为过渡, 这种 "加一项再减一项" 的技巧是常见的.

公式 (3) 可以类似地证明. 计算 Δy 时, 先通分, 再在分子中插入 $u(x)v(x)$ 作为过渡. 有兴趣的同学可以自己练习.

公式 (1) 和 (2) 可以推广到有限多个函数, 即

$$\left[\sum_{k=1}^{n} u_k(x) \right]' = \sum_{k=1}^{n} u'_k(x).$$

$$(u_1 u_2 \cdots u_n)' = u'_1 u_2 \cdots u_n + u_1 u'_2 \cdots u_n + \cdots + u_1 u_2 \cdots u'_n.$$

例 2.2　求 $y = x^5 + \cos x - \dfrac{1}{x} - 2$ 的导数.

解
$$y' = (x^5)' + (\cos x)' - \left(\frac{1}{x} \right)' - (2)'$$
$$= 5x^4 - \sin x + \frac{1}{x^2}\ .$$

例 2.3　设 $y = \sin x \ \ln x$, 求 $y'|_{x=\pi}$.

解
$$y' = (\sin x)' \ln x + \sin x (\ln x)'$$
$$= \cos x \ln x + \frac{\sin x}{x}\ ,$$
$$y'|_{x=\pi} = -\ln \pi.$$

例 2.4　证明 $(\tan x)' = \sec^2 x$.

证
$$(\tan x)' = \left(\frac{\sin x}{\cos x} \right)' = \frac{(\sin x)' \cos x - \sin x (\cos x)'}{\cos^2 x}$$

$$= \frac{\cos^2 x + \sin^2 x}{\cos^2 x} = \frac{1}{\cos^2 x} = \sec^2 x.$$

例 2.5　证明 $(\sec x)' = \sec x \tan x$.

证
$$(\sec x)' = \left(\frac{1}{\cos x} \right)' = -\frac{(\cos x)'}{\cos^2 x}$$

$$= \frac{\sin x}{\cos^2 x} = \frac{1}{\cos x} \cdot \frac{\sin x}{\cos x}$$
$$= \sec x \tan x .$$

类似地, 可得

$$(\cot x)' = -\csc^2 x, \quad (\csc x)' = -\csc x \cot x.$$

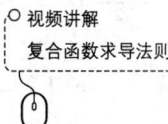
视频讲解
复合函数求导法则

二、复合函数求导法则

定理 2.3 若函数 $u = g(x)$ 在点 x 处可导, 函数 $y = f(u)$ 在对应点 u 处可导, 则复合函数 $y = f[g(x)]$ 在点 x 处也可导, 并且

$$\frac{\mathrm{d}y}{\mathrm{d}x} = \frac{\mathrm{d}y}{\mathrm{d}u} \cdot \frac{\mathrm{d}u}{\mathrm{d}x} \quad \text{或} \quad y'_x = y'_u \cdot u'_x = f'(u)g'(x) . \tag{4}$$

也就是说, 复合函数 y 对自变量 x 的导数等于 y 对中间变量 u 的导数乘中间变量 u 对自变量 x 的导数.

求导公式 (4) 可粗略地证明如下:

设 x 的改变量为 Δx , 相应地函数的改变量为 Δy , 当 $\Delta u \neq 0$ 时, 有

$$\frac{\Delta y}{\Delta x} = \frac{\Delta y}{\Delta u} \cdot \frac{\Delta u}{\Delta x} .$$

因为 $u = g(x)$ 可导从而连续, 故当 $\Delta x \to 0$ 时, $\Delta u \to 0$. 将上式两边令 $\Delta x \to 0$ 取极限, 即得

$$\frac{\mathrm{d}y}{\mathrm{d}x} = \frac{\mathrm{d}y}{\mathrm{d}u} \cdot \frac{\mathrm{d}u}{\mathrm{d}x}.$$

例 2.6 求 $y = (1 + 2x^3)^8$ 的导数.

解 设 $y = u^8, u = 1 + 2x^3$, 则有

$$y'_x = y'_u \cdot u'_x = (u^8)'_u \cdot (1 + 2x^3)'_x$$
$$= 8u^7 \cdot 6x^2 = 48x^2 (1 + 2x^3)^7.$$

例 2.7 求 $y = \ln \sin x$ 的导数.

解 设 $y = \ln u, \quad u = \sin x$, 则有

$$y'_x = (\ln u)'_u \cdot (\sin x)'_x = \frac{1}{u} \cdot \cos x = \frac{\cos x}{\sin x} = \cot x.$$

公式 (4) 可以推广到有多个中间变量的情形, 只需由外而内逐步求导, 像是一个环环相扣的链条, 因此也称**链导法**. 在用链导法求复合函数的导数时, 也可不将中间变量写出来, 而默记在心中, 只是必须注意将复合函数一层一层地求导而不可漏掉. 链导法十分重要, 必须正确运用, 并熟练掌握.

例 2.8   求 $y = \sin(\cos x^3)$ 的导数.

解
$$y' = \cos(\cos x^3) \cdot (\cos x^3)' = \cos(\cos x^3)(-\sin x^3) \cdot (x^3)'$$
$$= \cos(\cos x^3)(-\sin x^3) \cdot 3x^2 = -3x^2 \sin x^3 \cdot \cos(\cos x^3).$$

例 2.9   求 $y = \tan\left(\dfrac{x+1}{x^2}\right)^n$ 的导数.

解
$$y' = \sec^2\left(\frac{x+1}{x^2}\right)^n \cdot n\left(\frac{x+1}{x^2}\right)^{n-1} \cdot \frac{x^2 - 2x(x+1)}{x^4}$$
$$= -\frac{n(x+2)}{x^3}\left(\frac{x+1}{x^2}\right)^{n-1} \sec^2\left(\frac{x+1}{x^2}\right)^n.$$

例 2.10   证明 $(\ln|x|)' = \dfrac{1}{x}$, $x \neq 0$.

证   当 $x > 0$ 时,
$$(\ln|x|)' = (\ln x)' = \frac{1}{x};$$

当 $x < 0$ 时 ,
$$(\ln|x|)' = [\ln(-x)]' = \frac{1}{-x}(-x)' = \frac{1}{x}.$$

总之, 当 $x \neq 0$ 时恒有
$$(\ln|x|)' = \frac{1}{x} .$$

三、隐函数的导数

对于函数 $y = f(x)$, 由于因变量 y 已写成自变量 x 的明显表达式, 因此称之为**显函数**. 如果 x 与 y 之间的函数关系没有明显给出来, 而是由某个方程 $F(x, y) = 0$ 确定时, 则称为**隐函数**. 例如
$$x^2 + y^2 - 4 = 0 \tag{5}$$
所确定的函数就是一个隐函数.

我们可以用复合函数的求导法来求隐函数的导数. 现以 (5) 式为例. 设方程 (5) 确定 y 是 x 的隐函数 $y = y(x)$, 为了求 y 对 x 的导数, 可以将 (5) 式两边对 x 求导, 注意其中 $y^2 = [y(x)]^2$ 是 $u = y^2$ 和 $y = y(x)$ 的复合函数, 从而有
$$2x + 2y\frac{\mathrm{d}y}{\mathrm{d}x} = 0,$$
解得
$$\frac{\mathrm{d}y}{\mathrm{d}x} = -\frac{x}{y}.$$

例 2.11   求由方程 $x^2 + xy + y^2 = 4$ 所确定的曲线 $y = y(x)$ 在点 $P(2, -2)$ 处的切线方程.

解 将方程两边对 x 求导, 得

$$2x + y + xy' + 2yy' = 0,$$

整理得
$$y' = -\frac{2x+y}{x+2y}.$$

则
$$y'|_P = \left(-\frac{2x+y}{x+2y} \right)\Bigg|_{\substack{x=2\\y=-2}} = 1 .$$

故曲线过点 P 的切线方程为

$$y - (-2) = 1 \cdot (x-2),$$

即
$$y = x - 4.$$

四、对数求导法

因为取对数可将乘除运算变成加减运算, 所以在涉及乘除、乘方、开方和幂指函数的求导时, 采用下面介绍的对数求导法往往比较方便.

例 2.12 求 $y = \dfrac{(x+3)^2(x-4)^{\frac{1}{3}}}{(x+2)^5(x+4)^{\frac{1}{2}}}$ $(x > 4)$ 的导数.

解 将等式两边取对数, 得到

$$\ln y = 2\ln(x+3) + \frac{1}{3}\ln(x-4) - 5\ln(x+2) - \frac{1}{2}\ln(x+4),$$

两边对 x 求导, 得

$$\frac{1}{y}\,y' = \frac{2}{x+3} + \frac{1}{3(x-4)} - \frac{5}{x+2} - \frac{1}{2(x+4)} ,$$

所以

$$y' = \frac{(x+3)^2(x-4)^{\frac{1}{3}}}{(x+2)^5(x+4)^{\frac{1}{2}}} \left[\frac{2}{x+3} + \frac{1}{3(x-4)} - \frac{5}{x+2} - \frac{1}{2(x+4)} \right] .$$

例 2.13 证明指数函数的导数公式 $(a^x)' = a^x \ln a (a > 0, a \neq 1)$.

证 设 $y = a^x$, 两边取对数, 得

$$\ln y = x\ln a,$$

两边对 x 求导, 得

$$\frac{1}{y}\cdot y' = \ln a ,$$

所以

$$y' = y\ln a = a^x \ln a,$$

即

$$(a^x)' = a^x \ln a.$$

特别地, 当 $a = \mathrm{e}$ 时, 有

$$(\mathrm{e}^x)' = \mathrm{e}^x.$$

例 2.14   设 α 为任意实数, 试证明

$$(x^\alpha)' = \alpha x^{\alpha-1} \quad (x > 0) .$$

证   记 $y = x^\alpha$, 则有

$$\ln y = \alpha \ln x,$$

两边对 x 求导, 得

$$\frac{1}{y} \cdot y' = \alpha \frac{1}{x},$$

所以

$$(x^\alpha)' = y' = x^\alpha \cdot \alpha \frac{1}{x} = \alpha x^{\alpha-1} .$$

例 2.15   求幂指函数 $y = x^x (x > 0)$ 的导数.

解 $$\ln y = x \ln x ,$$

两边对 x 求导, 得

$$\frac{1}{y} \cdot y' = \ln x + x \cdot \frac{1}{x} ,$$

所以

$$y' = x^x(\ln x + 1).$$

利用复合函数求导法则可以证明下列反三角函数的导数公式:

$$(\arcsin x)' = \frac{1}{\sqrt{1-x^2}} \;\; ;$$

$$(\arccos x)' = -\frac{1}{\sqrt{1-x^2}} \;\; ;$$

$$(\arctan x)' = \frac{1}{1+x^2} \;\; ;$$

$$(\mathrm{arccot}\ x)' = -\frac{1}{1+x^2} \;\; .$$

现证第一式, 其余三式可类似地证明.

$y = \arcsin x \quad (|x| < 1)$ 等价于 $x = \sin y \ \left(|y| < \dfrac{\pi}{2}\right)$, 将后一方程两边对 x 求导, 有

$$1 = \cos y \cdot \frac{\mathrm{d}y}{\mathrm{d}x} .$$

由于当 $|y| < \dfrac{\pi}{2}$ 时 $\cos y > 0$, 所以

$$\cos y = \sqrt{1 - \sin^2 y} = \sqrt{1 - x^2}.$$

最后得

$$(\arcsin x)' = \frac{\mathrm{d}y}{\mathrm{d}x} = \frac{1}{\cos y} = \frac{1}{\sqrt{1 - x^2}}.$$

五、基本求导公式与求导法则

为了便于查阅, 现将已介绍的基本求导公式与求导法则列举如下, 这些公式和法则应当熟记.

1. 基本初等函数的求导公式

(1) $(c)' = 0$　　(c 为常数).

(2) $(x^\alpha)' = \alpha x^{\alpha-1}$　　(α 为实数).

(3) $(a^x)' = a^x \ln a$, $\qquad\qquad\qquad (\mathrm{e}^x)' = \mathrm{e}^x.$

(4) $(\log_a x)' = \dfrac{1}{x \ln a}$, $\qquad\qquad (\ln x)' = \dfrac{1}{x}.$

(5) $(\sin x)' = \cos x$, $\qquad\qquad\quad (\cos x)' = -\sin x$,

$\quad\;\; (\tan x)' = \sec^2 x$, $\qquad\qquad (\cot x)' = -\csc^2 x$,

$\quad\;\; (\sec x)' = \sec x \tan x$, $\qquad\; (\csc x)' = -\csc x \cot x.$

(6) $(\arcsin x)' = \dfrac{1}{\sqrt{1 - x^2}}$, $\qquad (\arccos x)' = -\dfrac{1}{\sqrt{1 - x^2}}$,

$\quad\;\; (\arctan x)' = \dfrac{1}{1 + x^2}$, $\qquad\; (\mathrm{arccot}\, x)' = -\dfrac{1}{1 + x^2}.$

2. 基本求导法则

(1) $(u \pm v)' = u' \pm v'$;

(2) $(uv)' = u'v + uv'$, $\qquad\qquad (cu)' = cu'$　(c为常数);

(3) $\left(\dfrac{u}{v}\right)' = \dfrac{u'v - uv'}{v^2}$, $\qquad\quad \left(\dfrac{1}{v}\right)' = -\dfrac{v'}{v^2}$;

(4) 若 $y = f(u), u = g(x)$, 则

$$\frac{\mathrm{d}y}{\mathrm{d}x} = \frac{\mathrm{d}y}{\mathrm{d}u} \cdot \frac{\mathrm{d}u}{\mathrm{d}x} = f'(u) \cdot g'(x).$$

习　题　2.2

1. 求下列函数的导数:

(1) $y = x^4 + \sqrt[3]{x^4} - x^{-2}$; $\qquad\quad$ (2) $y = \sin x - \cos x$;

(3) $y = 2^x \ln x$; $\qquad\qquad\qquad\quad$ (4) $y = \sec x \tan x$;

(5) $y = \dfrac{1 + x^2}{1 - x^2}$; $\qquad\qquad\qquad$ (6) $y = \dfrac{\mathrm{e}^x}{\sin x}$;

(7) $y = \arctan 2x$; $\qquad\qquad\qquad$ (8) $y = \sqrt{2 - x^2}$;

(9) $y = \ln(1 + x^2)$; $\qquad\qquad\quad$ (10) $y = \arcsin x^2$;

(11)　　$y = (\ln x)^x \quad (x > 1)$;

(12)　　$y = x\sqrt{\dfrac{1-x}{1+x}} \quad (-1 < x < 1)$;

(13)　　$y = e^{2x} \sin x \cos x$;

(14)　　$y = x^2 \sin^2 x \ln x$.

2. 抛物线 $y = x^2 - 2x + 2$ 上哪一点处的切线与直线 $y = 2x$ 平行? 哪一点处的法线与直线 $y = 2x$ 平行?

§2.3　中值定理

视频讲解
中值定理

导数刻画了函数在一点处的变化率, 为了能够进一步应用导数来研究函数本身的性质, 如增减性、极值等, 需要介绍几个重要的定理.

在中学里我们已经知道了函数极值的概念. 设函数 $f(x)$ 在 $N_\delta(x_0)$ 内有定义, 若 $\forall x \in N_\delta(x_0)$, 恒有 $f(x_0) \geqslant f(x)$ (或 $f(x_0) \leqslant f(x)$), 则称 $f(x_0)$ 为函数 $f(x)$ 的 **极大值** (或**极小值**), 称点 x_0 为 **极大值点** (或**极小值点**). 极大值和极小值统称为**极值**, 极大值点和极小值点统称为**极值点**.

从图 2.2 可以看到, 如果 $f(x)$ 在极值点 x_0 处可导, 则过点 $(x_0, f(x_0))$ 的切线与 x 轴平行, 其斜率为 0, 亦即 $f'(x_0) = 0$. 这就是下面的费马定理.

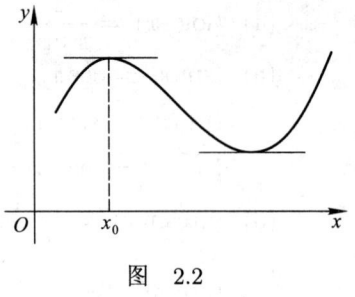
图　2.2

费马定理　若函数 $f(x)$ 在点 x_0 处取得极值, 且在 x_0 处可导, 则有

$$f'(x_0) = 0.$$

通常称使导函数 $f'(x)$ 等于零的点为 $f(x)$ 的**驻点**或**稳定点**. 费马定理指出, 可导函数的极值点一定是驻点. 但驻点不一定是极值点, 例如 $x = 0$ 是函数 $y = x^3$ 的驻点, 但不是极值点.

利用费马定理可以证明下面的罗尔 (M.Rolle, 1652— 1719) 定理.

罗尔定理　若函数 $f(x)$ 满足:

(1) 在闭区间 $[a,b]$ 上连续;

(2) 在开区间 (a,b) 内可导;

(3) $f(a) = f(b)$,

则在 (a,b) 内至少存在一点 ξ, 使得

$$f'(\xi) = 0 .$$

罗尔定理表明, 一条曲线, 只要它在每点处都存在切线, 并且两个端点等高, 则在该曲线上至少有一点处的切线与 x 轴平行, 亦即与曲线两个端点的连线平行 (参看图 2.3).

应当注意, 罗尔定理中的三个条件, 只要缺少一个就不能保证结论成立. 例如, 函数

$$y = \begin{cases} x, & 0 \leqslant x < 1, \\ 0, & x = 1 \end{cases}$$

满足条件 (2)、(3) 但不满足条件 (1); 函数

$$y = |x|, \quad -1 \leqslant x \leqslant 1$$

满足条件 (1)、(3) 但不满足条件 (2); 函数

$$y = x, \quad 0 \leqslant x \leqslant 1$$

满足条件 (1)、(2) 但不满足条件 (3). 对于这三个函数, 都
不存在使其导数为零的点. 但是, 也不能认为只要定理条
件不全成立, 就一定没有适合定理结论的点 ξ 存在. 例如

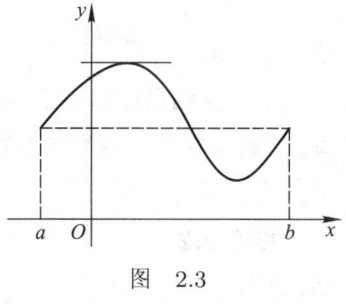

图 2.3

$y = \sin x$ 在 $\left[0, \dfrac{2}{3}\pi\right]$ 上不满足条件 (3), 但有 $\dfrac{\pi}{2} \in \left(0, \dfrac{2}{3}\pi\right)$ 使 $f'\left(\dfrac{\pi}{2}\right) = 0$. 这说明罗尔定理
中的条件是充分而非必要的.

注意图 2.4 和图 2.3 中的曲线是完全相同的, 只不过所取的坐标系 (即视角) 不同. 但
曲线本身的性质并不会因坐标系的改变而变, 因此如图 2.4 所示, 罗尔定理就可以推广
为: 在每一点处都有切线的连续曲线上, 至少存在一点, 曲
线在该点处的切线与曲线的两个端点的连线平行. 这就是微
分学的一个很重要的定理: 拉格朗日中值定理, 又称为**微分
学的中值定理**或**微分中值定理**.

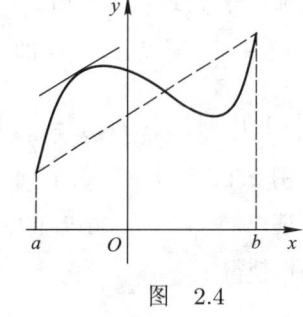

图 2.4

拉格朗日中值定理   若函数 $f(x)$ 满足:

(1) 在闭区间 $[a, b]$ 上连续;

(2) 在开区间 (a, b) 内可导,

则在 (a, b) 内至少存在一点 ξ, 使得

$$f'(\xi) = \frac{f(b) - f(a)}{b - a}. \tag{1}$$

显然, 罗尔定理是拉格朗日中值定理中 $f(a) = f(b)$ 时的特殊情形.

拉格朗日中值定理中的 (1) 式也常写作

$$f(b) - f(a) = f'(\xi)(b - a), \tag{2}$$

因为 $\xi \in (a, b)$ 可表示成 $\xi = a + \theta(b - a), 0 < \theta < 1$, (2) 式又可写成

$$f(b) - f(a) = f'[a + \theta(b - a)](b - a). \tag{3}$$

拉格朗日中值定理建立了导数与函数值之间的联系, 使得可以根据导数来推断函数值
的性态, 有很多应用. 我们先介绍定理的两个重要推论.

推论 2.1   若 $f(x)$ 在 (a, b) 内可导, 且 $f'(x) \equiv 0$, 则在 (a, b) 内 $f(x)$ 为一常数.

证   任取 $x_1, x_2 \in (a,b)$, 设 $x_1 < x_2$, 在 $[x_1, x_2]$ 上应用拉格朗日中值定理, 有 $\xi \in (x_1, x_2)$, 使

$$f(x_2) - f(x_1) = f'(\xi)(x_2 - x_1).$$

因为 $f'(x) \equiv 0$, 故 $f'(\xi) = 0$, 从而

$$f(x_2) = f(x_1) .$$

由 x_1, x_2 的任意性, 知 $f(x)$ 在 (a,b) 内为一常数.

前面我们已经知道常函数的导数为 0 , 推论 2.1 又指出导数为 0 的函数是常函数, 因此, 导数为 0 是常函数的特征. 这一结论具有重要的理论意义, 将在积分学中用到, 它通常表述为下面的推论.

推论 2.2   若 $f(x)$ 和 $g(x)$ 在 (a,b) 内可导, 且 $f'(x) \equiv g'(x)$, 则它们至多相差一个常数, 亦即

$$f(x) = g(x) + c,$$

其中 c 为常数.

下面举例说明中值定理在不等式和等式证明中的应用, 下一节将进一步介绍它的主要应用.

例 2.16   证明 $\arcsin x + \arccos x = \dfrac{\pi}{2}, \quad x \in [-1, 1]$.

证   令 $f(x) = \arcsin x + \arccos x$, 当 $x \in (-1, 1)$ 时恒有 $f'(x) = 0$, 从而 $f(x) \equiv c$. 因为 $f(0) = \dfrac{\pi}{2}$, 所以 $c = \dfrac{\pi}{2}$, 即当 $x \in (-1, 1)$ 时, $f(x) = \dfrac{\pi}{2}$. 又, $f(1) = f(-1) = \dfrac{\pi}{2}$, 所以当 $x \in [-1, 1]$ 时恒有 $f(x) = \dfrac{\pi}{2}$. 故得证.

例 2.17   设 $x < y$, 试证明 $\arctan y - \arctan x \leqslant y - x$.

证   令 $f(t) = \arctan t, f(t)$ 在 $[x, y]$ 上满足拉格朗日中值定理的条件, 从而 $\exists \xi \in (x, y)$, 使得

$$f(y) - f(x) = f'(\xi)(y - x),$$

即

$$\arctan y - \arctan x = \frac{1}{1 + \xi^2}(y - x) \leqslant y - x,$$

由此得证.

例 2.18   设 $h > 0$, 试证明 $\ln(1 + h) < h$.

证   令 $f(x) = \ln x, f(x)$ 在 $[1, 1 + h]$ 上满足拉格朗日中值定理的条件, 所以存在 $\xi \in (1, 1 + h)$, 使

$$f(1 + h) - f(1) = f'(\xi)(1 + h - 1),$$

即

$$\ln(1 + h) = \frac{1}{\xi} \cdot h < h,$$

从而证得

$$\ln(1+h) < h \quad (h > 0).$$

注 2.1 由罗尔定理可以推出下述柯西中值定理：

若 $f(x)$ 和 $g(x)$ 在 $[a,b]$ 上连续, 在 (a,b) 内可导, 且 $g'(x) \neq 0$, 则在 (a,b) 内至少存在一点 ξ , 使得

$$\frac{f(b) - f(a)}{g(b) - g(a)} = \frac{f'(\xi)}{g'(\xi)}.$$

显然, 当 $g(x) = x$ 时, 即得拉格朗日中值定理.

习 题 2.3

1. 设函数 $y = (x-1)(x-2)(x-3)$, 试运用罗尔定理证明: 方程 $y'(x) = 0$ 在区间 $(1,2)$ 和 $(2,3)$ 内各有一个根.

2. 运用拉格朗日中值定理证明下列不等式:

(1) $|\sin x_2 - \sin x_1| \leqslant |x_2 - x_1|$;

(2) $e^x > 1 + x \quad (x \neq 0)$.

3. 证明: $\arctan x + \operatorname{arccot} x = \dfrac{\pi}{2}$.

§2.4 导数的应用

一、研究函数的单调性与极值

1. 求函数的单调区间与极值

从几何直观上看, 因为导数是曲线切线的斜率, 当斜率为正时, 曲线上升, 函数值递增; 当斜率为负时, 曲线下降, 函数值递减. 而当函数值由增加转变为减少时, 在转折点处函数取极大值; 当函数值由减少转变为增加时, 在转折点处函数取极小值. 因此可以利用导数来判定函数的单调性 (增减性) 和求函数的极值. 这一直觉判断可以通过拉格朗日中值定理得到证明.

定理 2.4 (函数单调性的充分条件) 设函数 $f(x)$ 在 (a,b) 内可导, 且 $f'(x)$ 不变号, 则

(1) 当 $f'(x) > 0$ 时, $f(x)$ 在 (a,b) 内是单调递增的;

(2) 当 $f'(x) < 0$ 时, $f(x)$ 在 (a,b) 内是单调递减的.

证 任取 $x_1, x_2 \in (a,b)$, 设 $x_1 < x_2$, 则 $f(x)$ 在 $[x_1, x_2]$ 上连续, 在 (x_1, x_2) 内可导, 根据拉格朗日中值定理, 必存在 $\xi \in (x_1, x_2)$ 使得

$$f(x_2) - f(x_1) = f'(\xi)(x_2 - x_1).$$

当 $f'(x) > 0$ 时, 上式右端大于 0, 故

$$f(x_2) > f(x_1).$$

由于 x_1, x_2 是任取的, 所以 $f(x)$ 在 (a,b) 内单调递增.

当 $f'(x) < 0$ 时, 则有 $f(x_2) < f(x_1)$, 故 $f(x)$ 在 (a,b) 内单调递减.

需要指出的是, 如果 $f'(x)$ 在 (a,b) 内的个别点处为零, 除此以外定号, 则 $f(x)$ 在 (a,b) 内也是单调递增或单调递减的. 例如定义在 $(-\infty, +\infty)$ 上的函数 $f(x) = x^3$, 其导函数 $f'(x) = 3x^2$ 在 $x = 0$ 处为零, 除此以外均大于零, $f(x)$ 在 $(-\infty, +\infty)$ 上是单调递增的.

由定理 2.4, 可以得到下述函数取极值的判定定理.

定理 2.5 (**函数取极值的第一种充分条件**) 设 $f(x)$ 在 $N(x_0)$ 内可导, 且 $f'(x_0) = 0$ (即 x_0 为驻点). 当 x 由小变大经过点 x_0 时, 若 $f'(x)$ 由正变负, 则 $f(x)$ 在点 x_0 取得极大值; 若 $f'(x)$ 由负变正, 则 $f(x)$ 在点 x_0 取得极小值; 若 $f'(x)$ 的符号不变, 则 $f(x)$ 在点 x_0 不取极值.

例 2.19 求 $f(x) = 2x^3 - 9x^2 + 12x - 3$ 的单调区间、极值点, 并作出略图.

解 $f(x)$ 的定义域为 $(-\infty, +\infty)$, 由

$$f'(x) = 6x^2 - 18x + 12 = 6(x-1)(x-2),$$

解 $f'(x) = 0$, 得到

$$x_1 = 1, \quad x_2 = 2.$$

用 x_1, x_2 将 $f(x)$ 的定义域分成三个区间 $(-\infty, 1), (1,2), (2, +\infty)$, 将 $f'(x)$ 的符号列表如下:

x	$(-\infty, 1)$	1	$(1, 2)$	2	$(2, +\infty)$
$f'(x)$	$+$	0	$-$	0	$+$

可见 $f(x)$ 在 $(-\infty, 1]$ 和 $[2, +\infty)$ 内单调递增, 在 $[1, 2]$ 内单调递减. $x_1 = 1$ 是极大值点, $x_2 = 2$ 是极小值点.

注意到 $f(x)$ 在点 $(1, 2)$ 和 $(2, 1)$ 处有水平切线; 当 $x \to +\infty$ 时 $f(x) \to +\infty$; 当 $x \to -\infty$ 时 $f(x) \to -\infty$; 以及 $f(0) = -3$. 我们可以作出 $f(x)$ 的略图如图 2.5 所示.

当 $f(x)$ 在驻点处二阶导数存在且不为零时, 有下述极值判别定理:

定理 2.6 (**函数取极值的第二种充分条件**) 设 $f'(x_0) = 0, f''(x_0) \neq 0$, 则当 $f''(x_0) < 0$ 时, $f(x)$ 在点 x_0 取得极大值; 当 $f''(x_0) > 0$ 时, $f(x)$ 在点 x_0 取得极小值.

证 由二阶导数的定义及 $f'(x_0) = 0$, 有

$$f''(x_0) = \lim_{x \to x_0} \frac{f'(x) - f'(x_0)}{x - x_0} = \lim_{x \to x_0} \frac{f'(x)}{x - x_0}.$$

若 $f''(x_0) < 0$, 则由极限的保号性, 在点 x_0 的充分小的邻域内恒有

$$\frac{f'(x)}{x - x_0} < 0 \, .$$

所以当 $x < x_0$ 时, $f'(x) > 0$; 而当 $x > x_0$ 时, $f'(x) < 0$; 由定理 2.5 知 $f(x)$ 在 x_0 处取得极大值.

类似地可证 $f''(x_0) > 0$ 的情形.

回顾例 2.19, 驻点为 $x_1 = 1, x_2 = 2$. $f''(x) = 12x - 18$, $f''(1) < 0$, 故 x_1 为极大值点; $f''(2) > 0$, 故 x_2 为极小值点. 这与前面的考察一致, 但更便捷.

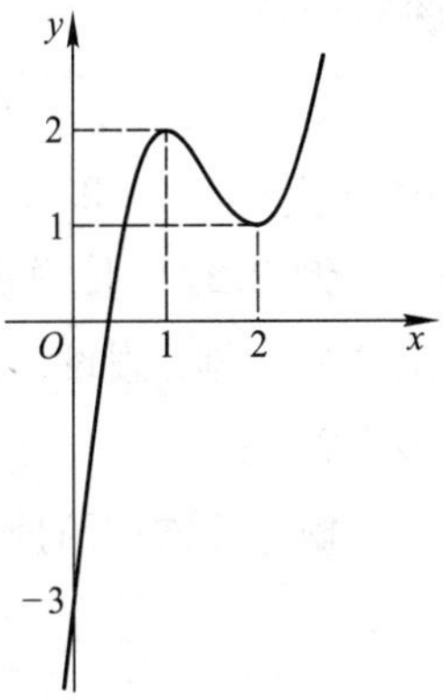

注 2.2 如果 x_0 是 $f(x)$ 的驻点, 而 $f''(x_0) = 0$, 这时不能断定 x_0 是不是 $f(x)$ 的极值点. 例如 $f(x) = x^3, f'(x) = 3x^2$, 有驻点 $x = 0, f''(0) = 0$, 但 $x = 0$ 不是极值点. 而 $f(x) = x^4$, 虽然 $f'(0) = 0, f''(0) = 0$, 但 $x = 0$ 却是极小值点.

图 2.5

曲线 $y = x^3$ 在 $x = 0$ 的左边为凸 ($y'' < 0$), 而在其右边为凹 ($y'' > 0$), 这时称点 $(0, 0)$ 为该曲线的拐点. 一般地, 如果在 x_0 的某一邻域内, 当 x 由小变大经过 x_0 时, $f''(x)$ 的符号改变, 则称 $(x_0, f(x_0))$ 为曲线 $y = f(x)$ 的一个拐点.

注 2.3 连续函数的不可导点也可能是极值点. 例如 $f(x) = |x|$, 在 $x = 0$ 处不可导, 但 $x = 0$ 是极小值点.

2. 求函数的最值

关于函数的最值, 即最大值与最小值问题, 一是要回答最值是否存在? 二是要解决如何去求最值. 定理 1.3 已经指出, 闭区间上的连续函数必有最大值与最小值, 现在进一步给出求最值的方法.

如果最值点在区间的内部, 则它必为极值点, 而连续函数取得极值的点只可能是该函数的驻点或不可导点; 此外函数的最值也可能在区间的端点取得. 因此, 求函数的最值可按下述步骤进行:

(1) 找出函数在 (a, b) 内的所有驻点和不可导点;

(2) 计算在驻点、不可导点和端点 a, b 处的函数值;

(3) 将上述值进行比较, 其中最大 (小) 者就是函数在该区间上的最大 (小) 值.

例 2.20 求 $f(x) = 2x^3 + 3x^2 - 12x + 14$ 在 $[-3, 3]$ 上的最值.

解 $f(x)$ 在 $[-3, 3]$ 上连续、可导, 最值存在. 由

$$f'(x) = 6x^2 + 6x - 12 = 6(x - 1)(x + 2) = 0,$$

解得驻点

$$x_1 = 1, \quad x_2 = -2.$$

因

$$f(1) = 7, \quad f(-2) = 34, \quad f(-3) = 23, \quad f(3) = 59,$$

故知 $f(x)$ 在 $[-3,3]$ 上的最大值为 59, 最小值为 7.

例 2.21 传说古代伽太基人建造城市的时候, 允许居民占有一天犁出的一条犁沟所围成的土地, 假设一人一天犁出的犁沟的长度是常数 l, 问所围土地是怎样的矩形时面积最大?

解 设矩形的长为 x, 宽为 y, 面积为 S, 则

$$2(x + y) = l, \quad S = xy.$$

从而有

$$S = S(x) = x\left(\frac{l}{2} - x\right) = -x^2 + \frac{l}{2}x.$$

问题归结为求 $S(x)$ 在 $\left(0, \frac{l}{2}\right)$ 内的最大值. 由

$$S'(x) = -2x + \frac{l}{2} = 0,$$

得驻点 $x = \frac{l}{4}$, 又 $S''(x) = -2 < 0$, 故 $x = \frac{l}{4}$ 是 $S(x)$ 的最大值点. 这时

$$y = x = \frac{l}{4}, \quad S(x) = \frac{l^2}{16}.$$

亦即, 当犁沟围成的矩形是正方形时面积最大, 最大面积为 $l^2/16$.

应当指出, 对于某些实际问题, 可以根据问题本身的性质判断出函数应该有一个最值, 且最值点不应该在区间的端点, 而且该函数在区间内又只有一个驻点 (或不可导点), 那么这个驻点 (或不可导点) 就是函数的最值点. 如例 2.21 中的唯一驻点就是最值点.

例 2.22 做一个容积为 V 的圆柱形罐头筒, 问怎样设计, 才能使所用的材料最省?

解 要使材料最省, 就是要使罐头筒的表面积最小. 表面积 S 是上下底面积和侧面积之和. 设筒高为 h, 底面半径为 r, 则

$$S = 2\pi r^2 + 2\pi rh.$$

因为 $V = \pi r^2 h$, 所以

$$h = \frac{V}{\pi r^2}, \quad S = 2\pi r^2 + \frac{2V}{r}.$$

令

$$S' = 4\pi r - \frac{2V}{r^2} = 0,$$

得

$$r^3 = \frac{V}{2\pi},$$

因 $r > 0$, 在 $(0, +\infty)$ 内有唯一解

$$r = r_0 = \sqrt[3]{\frac{V}{2\pi}}.$$

又因 $S(r)$ 在 $(0, +\infty)$ 内不存在最大值, 所以 $r = r_0$ 是 $S(r)$ 的最小值点. 这时

$$h = \frac{V}{\pi r^2} = \frac{2\pi r^3}{\pi r^2} = 2r.$$

因此, 当罐头筒的高和底面直径相等时, 所用材料最省.

上述结论在日常生活中有着广泛的应用, 如贮气罐、贮油罐、化学反应器等有着类似的形状.

例 2.23 对某个量 A 作了 n 次测量, 所得数据分别为 $a_1, a_2, \cdots, a_n$. 取 x 作为量 A 的近似值, 试问 x 取何值时才能使 x 与 $a_1, a_2, \cdots, a_n$ 之差的平方和最小?(§8.1 用到此例结果.)

解 依题意, 需要求函数

$$f(x) = (x - a_1)^2 + (x - a_2)^2 + \cdots + (x - a_n)^2$$

的最小值点. 计算 $f'(x)$, 整理得

$$f'(x) = 2[nx - (a_1 + a_2 + \cdots + a_n)].$$

解 $f'(x) = 0$, 得唯一的驻点

$$x_0 = \frac{1}{n}(a_1 + a_2 + \cdots + a_n).$$

又 $f''(x) = 2n > 0$, 故 x_0 就是所求的最小值点. 亦即当取这 n 个测量值的算术平均值作为量 A 的近似值时, $f(x)$ 取最小值.

上例说明在日常生活中经常采用平均产量、平均收入、平均身高等概念的合理性.

二、求不定式的极限, 洛必达法则

我们会求极限 $\lim\limits_{x \to 1} \dfrac{x^3 - 1}{x - 1}$, 因为只需将分子、分母约去公因式 $x - 1$ 就好办了. 对于极限 $\lim\limits_{x \to 1} \dfrac{x^{1000} - 1}{x - 1}$, 当然可以同样处理, 但是比较烦琐. 如果 α 是一个任意实数, 如何求 $\lim\limits_{x \to 1} \dfrac{x^\alpha - 1}{x - 1}$ 呢?

再如下面的极限:

$$\lim_{x \to 0} \frac{e^x - 1}{x}, \quad \lim_{x \to +\infty} \frac{\ln x}{x},$$

仅仅用我们前面所学的知识是很难求解的. 其中第一个极限, 当 $x \to 0$ 时, 分子、分母都趋

于 0, 称为 $\dfrac{0}{0}$ 型; 第二个极限, 当 $x \to +\infty$ 时, 分子、分母都趋于 $+\infty$, 称为 $\dfrac{\infty}{\infty}$ 型, 这些型式的极限, 可能有各种不同的结果, 因此都称为不定式. 洛必达 (L'Hospital, 1661— 1704) 法则是把求 $\dfrac{f(x)}{g(x)}$ 的极限的问题转化为求 $\dfrac{f'(x)}{g'(x)}$ 的极限的问题, 它是确定不定式极限的一种相当有效的方法.

1. $\dfrac{\mathbf{0}}{\mathbf{0}}$ 型不定式

定理 2.7 (洛必达法则 I)   设函数 $f(x)$ 和 $g(x)$ 满足:

(1) $\lim\limits_{x \to a} f(x) = 0$, $\lim\limits_{x \to a} g(x) = 0$;

(2) 在点 a 的某个空心邻域内可导, 且 $g'(x) \neq 0$;

(3) $\lim\limits_{x \to a} \dfrac{f'(x)}{g'(x)} = A$ (A为有限数或∞),

则

$$\lim_{x \to a} \frac{f(x)}{g(x)} = \lim_{x \to a} \frac{f'(x)}{g'(x)} = A .$$

将定理中的 a 换成 $a+0, a-0, +\infty, -\infty$ 或 ∞, 也可得到相同的结论.

例 2.24   求 $\lim\limits_{x \to 0} \dfrac{\mathrm{e}^x - 1}{x}$.

解   这是 $\dfrac{0}{0}$ 型, 用洛必达法则 I, 得

$$\lim_{x \to 0} \frac{\mathrm{e}^x - 1}{x} = \lim_{x \to 0} \frac{\mathrm{e}^x}{1} = 1 .$$

例 2.25   求 $\lim\limits_{x \to 1} \dfrac{\ln x}{(x-1)^2}$.

解   这是 $\dfrac{0}{0}$ 型, 用洛必达法则 I, 有

$$\lim_{x \to 1} \frac{\ln x}{(x-1)^2} = \lim_{x \to 1} \frac{1}{2x(x-1)} = \infty .$$

例 2.26   求 $\lim\limits_{x \to +\infty} \dfrac{\dfrac{\pi}{2} - \arctan x}{\dfrac{1}{x}}$.

解   这是 $\dfrac{0}{0}$ 型不定式, 运用洛必达法则, 有

$$原式 = \lim_{x \to +\infty} \frac{\dfrac{-1}{1+x^2}}{-\dfrac{1}{x^2}} = \lim_{x \to +\infty} \frac{x^2}{1+x^2} = 1 .$$

如果 $\lim\limits_{x\to a}\dfrac{f'(x)}{g'(x)}$ 仍为 $\dfrac{0}{0}$ 型不定式, 并且 $f'(x)$ 和 $g'(x)$ 也满足定理 2.7 的条件, 则可继续运用洛必达法则.

例 2.27 求 $\lim\limits_{x\to 0}\dfrac{x-\sin x}{x^3}$ $\left(\dfrac{0}{0}\ \text{型}\right)$. .

解 原式 $=\lim\limits_{x\to 0}\dfrac{1-\cos x}{3x^2}$ $\left(\dfrac{0}{0}\text{型}\right)$

$$=\lim\limits_{x\to 0}\dfrac{\sin x}{6x}=\dfrac{1}{6}\ .$$

注 2.4 定理 2.7 可用柯西中值定理证明, 有兴趣的同学可以考虑作下面两个辅助函数, 然后设法用柯西中值定理.

$$F(x)=\begin{cases}f(x), & \text{当 } x\in N^0(a),\\ 0, & \text{当 } x=a;\end{cases} \qquad G(x)=\begin{cases}g(x), & \text{当 } x\in N^0(a),\\ 0, & \text{当 } x=a.\end{cases}$$

2. $\dfrac{\infty}{\infty}$ 型不定式

定理 2.8 (洛必达法则 II) 设 $f(x)$ 和 $g(x)$ 满足

(1) $\lim\limits_{x\to a}f(x)=\infty,\quad \lim\limits_{x\to a}g(x)=\infty;$

(2) 在点 a 的某个空心邻域内可导, 且 $g'(x)\neq 0;$

(3) $\lim\limits_{x\to a}\dfrac{f'(x)}{g'(x)}=A$ (A为有限数或∞),

则

$$\lim\limits_{x\to a}\dfrac{f(x)}{g(x)}=\lim\limits_{x\to a}\dfrac{f'(x)}{g'(x)}=A\ .$$

将定理中的 a 换成 $a+0, a-0, +\infty, -\infty$ 或 ∞, 也可得到相同的结论.

例 2.28 证明 $\lim\limits_{x\to +\infty}\dfrac{\ln x}{x^\alpha}=0$ $(\alpha>0)$.

证 $\lim\limits_{x\to +\infty}\dfrac{\ln x}{x^\alpha}=\lim\limits_{x\to +\infty}\dfrac{x^{-1}}{\alpha x^{\alpha-1}}=\lim\limits_{x\to +\infty}\dfrac{1}{\alpha x^\alpha}=0\ .$

例 2.29 证明 $\lim\limits_{x\to +\infty}\dfrac{x^\alpha}{\mathrm{e}^x}=0$ $(\alpha>0)$.

证 对于 $\alpha>0$, 总有正整数 $m>\alpha$, 即 $m-\alpha>0$. 连续运用洛必达法则 m 次, 则有

$$\lim_{x \to +\infty} \frac{x^{\alpha}}{\mathrm{e}^x} = \lim_{x \to +\infty} \frac{\alpha x^{\alpha-1}}{\mathrm{e}^x} = \lim_{x \to +\infty} \frac{\alpha(\alpha-1)x^{\alpha-2}}{\mathrm{e}^x}$$

$$\cdots\cdots\cdots$$

$$= \lim_{x \to +\infty} \frac{\alpha(\alpha-1)\cdots(\alpha-m+1)x^{\alpha-m}}{\mathrm{e}^x}$$

$$= \lim_{x \to +\infty} \frac{\alpha(\alpha-1)\cdots(\alpha-m+1)}{\mathrm{e}^x x^{m-\alpha}} = 0 \; .$$

上面两例表明, 当 $x \to +\infty$ 时, 指数函数比幂函数增长的快得多, 而幂函数又比对数函数增长的快得多 (回顾习题 1.1 第 1 题在同一坐标系里所作这些函数的图形).

除 $\frac{0}{0}$ 型和 $\frac{\infty}{\infty}$ 型外还有 $0 \cdot \infty, \infty - \infty, 0^0, 1^{\infty}, \infty^0$ 等类型的不定式, 它们都可经过适当的变换化为 $\frac{0}{0}$ 型或 $\frac{\infty}{\infty}$ 型. 下面以例说明之.

例 2.30　求 $\lim\limits_{x \to 0+0} x \ln x$　($0 \cdot \infty$ 型).

解
$$原式 = \lim_{x \to 0+0} \frac{\ln x}{\dfrac{1}{x}} \quad \left(\frac{\infty}{\infty} 型\right)$$

$$= \lim_{x \to 0+0} \frac{x^{-1}}{-x^{-2}} = \lim_{x \to 0+0} (-x) = 0 \; .$$

例 2.31　求 $\lim\limits_{x \to 0} \left(\dfrac{1}{\sin x} - \dfrac{1}{x}\right)$　($\infty - \infty$ 型).

解
$$原式 = \lim_{x \to 0} \frac{x - \sin x}{x \sin x} \quad \left(\frac{0}{0} 型\right)$$

$$= \lim_{x \to 0} \frac{1 - \cos x}{\sin x + x \cos x} \quad \left(\frac{0}{0} 型\right)$$

$$= \lim_{x \to 0} \frac{\sin x}{2 \cos x - x \sin x} = 0 \; .$$

例 2.32　求 $\lim\limits_{x \to 1} x^{\frac{1}{1-x}}$　(1^{∞} 型).

解　令 $A = \lim\limits_{x \to 1} x^{\frac{1}{1-x}}$, 则有

$$\ln A = \lim_{x \to 1} \ln x^{\frac{1}{1-x}} = \lim_{x \to 1} \frac{\ln x}{1-x}$$
$$= \lim_{x \to 1} \frac{1}{-x} = -1 \; ,$$

故　$A = \mathrm{e}^{-1}$.

对于 $0^0, \infty^0$ 型不等式, 也可类似地用例 2.32 的方法来处理, 有兴趣的同学可以试求

$$\lim_{x\to 0+0} x^x \text{ 和 } \lim_{x\to 0+0} (\cot x)^{\frac{1}{\ln x}} .$$

最后要强调两点:

(1) 洛必达法则只有对 $\dfrac{0}{0}$ 或 $\dfrac{\infty}{\infty}$ 型才可直接应用, 对于其他类型的不定式, 必须先化为这两种类型之一, 然后才可应用该法则.

(2) 洛必达法则只说明当 $\lim \dfrac{f'(x)}{g'(x)}$ 存在时, $\lim \dfrac{f(x)}{g(x)}$ 也存在且与前者相等. 如果 $\lim \dfrac{f'(x)}{g'(x)}$ 不存在, 则不能断定 $\lim \dfrac{f(x)}{g(x)}$ 也不存在, 只是这时不能用洛必达法则求极限. 例如

$$\lim_{x\to\infty} \frac{x+\sin x}{x} = \lim_{x\to\infty} \left(1 + \frac{\sin x}{x}\right) = 1 ,$$

该极限存在, 但不能用洛必达法则, 因为极限

$$\lim_{x\to\infty} \frac{(x+\sin x)'}{x'} = \lim_{x\to\infty} \frac{1+\cos x}{1}$$

不存在.

习 题 2.4

1. 求下列极限:

(1) $\lim_{x\to 0} \dfrac{e^x - e^{-x}}{x}$;　　(2) $\lim_{x\to 1} \dfrac{x^\alpha - 1}{x-1}$ （α 为实数）;

(3) $\lim_{x\to +\infty} \dfrac{(x-1)^4}{e^x}$;　　(4) $\lim_{x\to 1} \dfrac{x\ln x}{(x-1)^3}$;

(5) $\lim_{x\to \frac{\pi}{2}+0} \dfrac{\ln\left(x - \dfrac{\pi}{2}\right)}{\tan x}$;　　(6) $\lim_{x\to 0} \left(\dfrac{1}{x} - \dfrac{1}{e^x - 1}\right)$;

(7) $\lim_{x\to 0} (1+\sin x)^{\frac{1}{x}}$;　　(8) $\lim_{x\to 0+0} xe^{\frac{1}{x}}$.

2. 求下列函数的单调区间、极值点和极值:

(1) $y = x^3 - 3x^2 + 7$;　　(2) $y = x - e^x$.

3. 求下列函数的最值:

(1) $y = x^4 - 2x^2 + 5,\quad x \in [-2,2]$;

(2) $y = \ln(x^2 + 1),\quad x \in [-1,2]$.

4. 把边长为 a 的正方形铁皮, 四角各剪去一个相等的正方形, 再把四边折起, 做成一个无盖方盒, 试问剪掉的小正方形的边长为多大时, 方盒的容积最大?

5. 隧道的截面是矩形加半圆, 周长是 15 m, 问矩形的底为多少时, 截面积最大?

6. 在日常生活中常听到 "房价将出现拐点" "股市出现拐点" 等, 其中的 "拐点" 与数学中的 "曲线的拐点" 含义相同吗?

§2.5　与导数有关的常用经济学概念

一、常用的经济函数

1. 成本函数

总成本 C 是指生产一定数量的产品消耗生产要素所支付费用的总和. 它包括两部分: 一是固定成本 C_0, 即在一定限度内不随产量变动而变化的费用, 例如厂房、人员工资、保险费、广告费等; 二是可变成本 C_1, 即随产量变动而变化的费用, 例如材料费、燃料费、提成奖金等. 如以 x 表示产量, 则有

$$C(x) = C_0 + C_1(x) .$$

显然 $C(0) = C_0$, 而 $C_A(x) = \dfrac{C(x)}{x}$ 则是平均单位成本.(C_A 也有的记为 A_C 或 $\bar{C}$, A 取 average 的第一个字母.)

2. 需求函数

市场对某种商品的需求量 Q 除与其价格有关外, 还涉及其他因素, 如消费者的收入、其他同类商品的价格等. 如果在某段时间内这些因素可以看作不变, 则需求量 Q 为该商品单价 p 的函数, 记作

$$Q = Q(p) .$$

当商品提价时, 需求量会减少; 而当商品降价时, 需求量会增加, 因此需求函数是单调递减函数, 它的反函数记作 $p = p(Q)$.

在理想的情况下, 商品的产量 x 与市场需求量 Q 相等, 这时需求函数成为

$$x = x(p) ,$$

其反函数为 $p = p(x)$, 即单价为产量的函数.

3. 收益函数

产品销售总收入 R 等于需求量 Q 与单价 p 的乘积, 即

$$R = Qp .$$

特别地, 当 Q 等于产量 x 时,

$$R = xp .$$

产品销售后的总利润 $L(x)$ 等于总收入 $R(x)$ 减去总成本 $C(x)$, 即

$$L(x) = R(x) - C(x) .$$

二、边际成本与边际收入

在经济学中, 也常称总成本、总收入、总利润等函数为总函数, 而称总函数的导函数为**边际函数**. 例如

边际成本 $\qquad C_M = C'(x)$,

边际收入 $\qquad R_M = R'(x)$,

边际利润 $\qquad L_M = L'(x)$,

其中 M 是 "边际的" "边缘的" 一词 marginal 的第一个字母.

当 $\Delta x = 1$ 时, $\dfrac{\Delta y}{\Delta x} = \Delta y$, 因此边际函数在一点 x_0 处的值, 可以近似地表示当自变量在 x_0 的基础上增加 1 个单位时, 总函数相应的增量, 只要单位 1 取得适当小.

例 2.33 某产品总成本 C (单位: 元) 是其产量 x (单位: 个) 的函数

$$C(x) = 900 + \frac{x^2}{100} ,$$

求生产 100 个产品时的总成本、平均单位成本和边际成本.

解 总成本 $\qquad C(100) = 1\,000(元).$

平均成本 $\qquad C_A(100) = \dfrac{1\,000}{100} = 10 \ (元 / 个).$

边际成本 $\qquad C_M(x) = C'(x) = \dfrac{x}{50},$

$$C_M(100) = 2 \ (元 / 个) .$$

这说明, 生产前 100 个产品时, 每个产品平均需要成本 10 元, 而在此基础上再生产第 101 个产品, 所需成本大约为 2 元.

例 2.34 某商品平均单位成本 C_A (单位: 元 /kg) 为产量 x (单位: kg) 的函数

$$C_A(x) = \frac{100}{x} + 2 ,$$

该产品单位售价为 p (单位: 元) , 需求函数为

$$x = 800 - 100p .$$

求边际成本与边际收入.

解 总成本 $\qquad C(x) = C_A(x) \cdot x = 100 + 2x.$

边际成本 $\qquad C_M(x) = C'(x) = 2 \ (元 /kg).$

总收入 $\qquad R(x) = xp = x \cdot \dfrac{800 - x}{100} = 8x - \dfrac{x^2}{100}.$

边际收入 $\qquad R_M(x) = R'(x) = 8 - \dfrac{x}{50} \ (元 /kg).$

三、经济函数的优化

经济函数的优化即寻求经济函数的最优解, 如总成本最低, 总利润最大等. 这归结为求函数的最值问题, 从而可以利用前面已学的知识来解决.

例 2.35　某厂某商品的日产量为 x (单位: 个), 总成本为 C (单位: 万元), 其中固定成本为 2 000 万元, 生产一个单位商品的可变成本为 10 万元, 每单位商品售价 p(单位: 万元), 需求函数为 $x = 150 - 2p$, 问日产多少才能使总利润 L 为最大?

解
$$C(x) = 2\,000 + 10x.$$

总收入
$$R(x) = px = x\left(75 - \frac{x}{2}\right) = 75x - \frac{x^2}{2},$$

则
$$L(x) = R(x) - C(x) = -\frac{x^2}{2} + 65x - 2\,000,$$
$$L'(x) = -x + 65,$$
$$L'' < 0,$$

故日产 65 单位商品时, 总利润 L 为最大.

四、需求弹性

在市场分析中常常需要研究价格的变动对需求量变化的影响程度. 但是, 仅仅知道单价 p 有了改变量 Δp 时, 需求量有了改变量 ΔQ, 并不足以说明问题. 例如原来售价分别为 1 000 元和 10 元的商品, 尽管都降价 5 元, 但对需求的影响显然是大不相同的. 因此, 应当进一步考虑单价的变化幅度对于需求量变化幅度的影响, 即单价的相对增量 $\dfrac{\Delta p}{p}$ 对于需求量的相对增量 $\dfrac{\Delta Q}{Q}$ 的影响.

在经济学中, 将一经济函数 $y = y(x)$ 的相对增量与其自变量的相对增量之比, 称为该经济函数的**弹性**, 记为 η 或 ε, 即

$$\eta = \frac{\dfrac{\Delta y}{y}}{\dfrac{\Delta x}{x}}.$$

经济函数 $y = y(x)$ 在点 x 处的弹性称为**点弹性**, 也简称为**弹性**, 仍记作 η 或 ε, 即

$$\eta = \lim_{\Delta x \to 0} \frac{\dfrac{\Delta y}{y}}{\dfrac{\Delta x}{x}} = \lim_{\Delta x \to 0} \frac{\dfrac{\Delta y}{\Delta x}}{\dfrac{y}{x}} = \frac{y'}{\dfrac{y}{x}}, \tag{1}$$

或

$$\eta = \frac{y'}{y}x .\tag{2}$$

由 (1) 式可见, 弹性即边际函数与平均函数之比. 计算时常用 (2) 式.

设需求函数 $Q = Q(p)$, 则**需求弹性**

$$\eta(p) = \frac{Q'(p)}{Q(p)}p .$$

例 2.36 设某商品单价为 150 元时日销售量为 320 个, 当单价降为 140 元时, 日销售量为 375 个, 则需求弹性

$$\eta = \frac{(375 - 320)/320}{(140 - 150)/150} = -2.58 .$$

式中负号表明销售量与价格的变化反向. 此例说明, 销售量的变化幅度大约是价格变化幅度的 2.58 倍, 或者说, 当价格下降 1% 时, 销量大约上升 2.58%.

例 2.37 某商品单位售价为 p (单位: 元), 需求量为 Q (单位: kg),

$$Q(p) = 10\,000(3p + 1)^{-2},$$

求 $p = 3$ 时的需求弹性.

解 $\qquad\qquad Q'(p) = -60\,000(3p + 1)^{-3},$

$$\eta(p) = \frac{Q'(p)}{Q(p)}p = -6p(3p + 1)^{-1},$$

$$\eta(3) = -1.8 .$$

这说明, 当单位售价为 3 元时, 若降价 10%, 则需求量大约增加 18%. 即单位售价若从 3 元降至 2.7 元时, 需求量将从 100 kg 大约增至 118 kg.

习 题 2.5

1. 已知总成本 C 与产量 x 的函数关系

$$C(x) = 1\,000 + 40\sqrt{x},$$

求生产 100 单位产品时的边际成本.

2. 已知总成本 $C(x) = a + bx^2$, 其中 a, b 为待定常数. 已知固定成本为 400 万元, 且当年产量 $x = 100$ t 时, 总成本 $C = 500$ 万元. 如年产量控制在 700 t 以内, 问年产量为多少时才能使平均单位成本 C_A 最低?

3. 某厂每批生产 x(单位: t) 某商品的总成本为 $C(x) = x^2 + 4x + 10$ (单位: 万元), 每吨售价为 p (单位: 万元), 需求函数为 $x = \frac{1}{5}(28 - p)$, 问每批产量为多少时才能使总

利润 L 最大?

*4. 已知需求函数为 $Q(p) = e^{-\frac{p}{16}}$, 求当 $p = 8, p = 16$ 和 $p = 48$ 时的需求弹性. 并考虑在这三种情形下, 若采取降价措施, 企业的总收入可能的变化情况.

§2.6 微分

一、微分的概念

在一些实际问题中, 往往需要计算当自变量有一微小改变时函数相应的改变量. 例如, 一块面积为 $1\ \mathrm{m}^2$ 的正方形钢板, 加热后其边长增加了 $0.000\ 2\ \mathrm{m}$, 问其面积相应地增加了多少 (精确到小数点后 4 位)?

钢板面积 S 是边长 x 的函数, $S(x) = x^2$. 若记加热前的边长为 x_0, 增加的长度为 Δx , 则面积的改变量为

$$\Delta S = (x_0 + \Delta x)^2 - x_0^2 = 2x_0\Delta x + (\Delta x)^2 . \tag{1}$$

当 $x_0 = 1, \Delta x = 0.000\ 2$ 时, 则有

$$\Delta S = 2 \times 1 \times 0.000\ 2 + 0.000\ 2^2 .$$

由于问题要求精确到小数点后 4 位, 上式右端第二项可以略去不计, 于是得到

$$\Delta S \approx 0.000\ 4\ \ \mathrm{m}^2.$$

从 (1) 式也可看出, 当 $|\Delta x|$ 很小时,

$$\Delta S \approx 2x_0\Delta x,$$

其中 $2x_0$ 是与 Δx 无关的数, 而且恰好是函数 $S(x)$ 在点 x_0 的导数 $S'(x_0)$. $S'(x_0)\Delta x$ 称为 $S(x)$ 在点 x_0 的微分.

一般地, 我们有下述定义:

定义 2.3   设函数 $y = f(x)$ 在点 x_0 可导, 则称 $f'(x_0)\Delta x$ 为函数 $y = f(x)$ 在点 x_0 的**微分**, 记作 $\mathrm{d}y|_{x=x_0}$, 或 $\mathrm{d}f(x_0)$, 即

$$\mathrm{d}f(x_0) = f'(x_0)\Delta x.$$

$y = f(x)$ 在点 x 可导也称为可微, 它在点 x 的微分就是

$$\mathrm{d}f(x) = f'(x)\Delta x \ \ \text{或} \ \ \mathrm{d}y = y'\Delta x . \tag{2}$$

因为当 $|\Delta x|$ 很小时有

$$\frac{\Delta y}{\Delta x} \approx y',$$

$$\Delta y \approx y'\Delta x = \mathrm{d}y. \tag{3}$$

所以, 当 $|\Delta x|$ 很小时, 函数的改变量 Δy 可用微分 $\mathrm{d}y$ 作为其近似值.

特别地, 如果 $y = x$, 则

$$\mathrm{d}x = \mathrm{d}y = y'\Delta x = \Delta x,$$

也就是说, 自变量 x 的微分等于其改变量. 因此 (2) 式也可改写为

$$\mathrm{d}y = y'\mathrm{d}x, \tag{4}$$

或

$$\frac{\mathrm{d}y}{\mathrm{d}x} = y'.$$

我们在引进导数时是将 $\dfrac{\mathrm{d}y}{\mathrm{d}x}$ 作为一个不可分割的记号来用的. 现在 $\dfrac{\mathrm{d}y}{\mathrm{d}x}$ 也可看作是函数的微分与自变量的微分之商, 因此, 导数也称为**微商**, 它是**差商** $\dfrac{\Delta y}{\Delta x}$ 当 $\Delta x \to 0$ 时的极限. 同一个符号 $\dfrac{\mathrm{d}y}{\mathrm{d}x}$, 既表示导数, 又表示微分之商, 深刻地反映了微分与导数这两个不同概念之间的内在联系. 前人的这一杰作, 是数学符号美的典型一例.

二、微分的运算

通常把计算导数和计算微分的方法统称为**微分法**. 由 (4) 式可知, 求函数的微分实际上归结为计算它的导数, 所以与 §2.2 基本初等函数的求导公式相对应, 可以写出基本初等函数的微分公式, 这里略去. 只将与基本求导法则相对应的**微分的四则运算法则**列举如下:

设函数 $u(x)$, $v(x)$ 可微, 则

(1) $\mathrm{d}(u \pm v) = \mathrm{d}u \pm \mathrm{d}v$;

(2) $\mathrm{d}(uv) = v\mathrm{d}u + u\mathrm{d}v$, $\quad \mathrm{d}(cu) = c\mathrm{d}u$, $\quad c$ 为常数;

(3) $\mathrm{d}\left(\dfrac{u}{v}\right) = \dfrac{v\mathrm{d}u - u\mathrm{d}v}{v^2}$, $\quad v(x) \neq 0$.

例 2.38 求 $y = x^2 + \ln x + 3^x$ 的微分.

解 $\quad \mathrm{d}y = 2x\mathrm{d}x + \dfrac{1}{x}\mathrm{d}x + 3^x \ln 3\mathrm{d}x$

$$= \left(2x + \frac{1}{x} + 3^x \ln 3\right)\mathrm{d}x \ .$$

例 2.39 求 $y = x^3 \mathrm{e}^x \sin x$ 的微分.

解 $\mathrm{d}y = y'\mathrm{d}x = (3x^2\mathrm{e}^x \sin x + x^3\mathrm{e}^x \sin x + x^3\mathrm{e}^x \cos x)\mathrm{d}x$

$$= x^2\mathrm{e}^x(3\sin x + x\sin x + x\cos x)\mathrm{d}x \ .$$

例 2.40 求 $y = \dfrac{x^2 + 1}{x + 1}$ 的微分.

解 因为

$$y' = \frac{2x(x+1) - (x^2 + 1)}{(x+1)^2} = \frac{x^2 + 2x - 1}{(x+1)^2},$$

所以

$$\mathrm{d}y = \frac{x^2 + 2x - 1}{(x+1)^2}\mathrm{d}x \ .$$

由上面三例可见, 求 $\mathrm{d}y$ 可以用微分运算法则, 也可以先求出 y' 再乘 $\mathrm{d}x$, 因此对于复合函数我们也会求其微分.

例 2.41 求 $y = \mathrm{e}^{\sin(x^2+1)}$ 的微分.

解 $\mathrm{d}y = y'\mathrm{d}x = [\mathrm{e}^{\sin(x^2+1)} \cdot \cos(x^2 + 1) \cdot 2x]\mathrm{d}x$

$$= 2x\cos(x^2 + 1) \cdot \mathrm{e}^{\sin(x^2+1)}\mathrm{d}x \ .$$

关于复合函数的微分有下述定理.

定理 2.9 设 $u = g(x)$ 在点 x 可微, $y = f(u)$ 在对应点 u 可微, 则复合函数 $y = f[g(x)]$ 在点 x 可微, 且

$$\mathrm{d}y = f'(u)\mathrm{d}u \ , \tag{5}$$

其中 $\mathrm{d}u = g'(x)\mathrm{d}x$.

证 由微分定义及复合函数求导法则, 有

$$\mathrm{d}y = \frac{\mathrm{d}}{\mathrm{d}x}f[g(x)] \cdot \mathrm{d}x = f'(u)g'(x)\mathrm{d}x = f'(u)\mathrm{d}u \ .$$

公式 (5) 表明, 不论 u 是自变量还是中间变量, 函数 $y = f(u)$ 的微分都有相同的形式, 这叫做**微分形式的不变性**.

例 2.42 在下列等式左端的括号中填入适当的函数, 使等式成立:

(1) $\mathrm{d}(\quad) = x^2\mathrm{d}x$;   (2) $\mathrm{d}(\quad) = x\mathrm{e}^{x^2}\mathrm{d}x$.

解 (1) 因为 $\mathrm{d}(x^3) = 3x^2\mathrm{d}x$, 所以

$$x^2\mathrm{d}x = \frac{1}{3}\mathrm{d}(x^3) = \mathrm{d}\left(\frac{x^3}{3}\right) \ .$$

一般地, 有

$$\mathrm{d}\left(\frac{x^3}{3} + c\right) = x^2\mathrm{d}x \quad (c\text{为任意常数}) \ .$$

(2) 因为 $\mathrm{d}(\mathrm{e}^{x^2}) = 2x\mathrm{e}^{x^2}\mathrm{d}x$, 所以

$$xe^{x^2}\mathrm{d}x = \frac{1}{2}\mathrm{d}(\mathrm{e}^{x^2}) = \mathrm{d}\left(\frac{1}{2}\mathrm{e}^{x^2}\right).$$

一般地, 有

$$\mathrm{d}\left(\frac{1}{2}\mathrm{e}^{x^2} + c\right) = xe^{x^2}\mathrm{d}x.$$

三、微分的应用

(3) 式指出, 当 $|\Delta x|$ 很小时, $\Delta y \approx \mathrm{d}y$, 亦即

$$f(x_0 + \Delta x) - f(x_0) \approx f'(x_0)\Delta x,$$

或

$$f(x_0 + \Delta x) \approx f(x_0) + f'(x_0)\Delta x. \tag{6}$$

特别地, 取 $x_0 = 0$, 即得

$$f(\Delta x) \approx f(0) + f'(0)\Delta x,$$

或记作

$$f(x) \approx f(0) + f'(0)x, \tag{7}$$

其中 $|x|$ 很小.

(6)、(7) 两式常用来作近似计算.

例 2.43 当 $|x|$ 很小时, 有下列常见的近似公式:

(I) $\sin x \approx x$;   (II) $\tan x \approx x$;

(III) $\mathrm{e}^x \approx 1 + x$;   (IV) $\ln(1+x) \approx x$;

(V) $(1+x)^\alpha \approx 1 + \alpha x$ (α 为常数) .

现证近似公式 (III), 其余各式的证明留给读者.

证 记 $f(x) = \mathrm{e}^x$, 取 $x_0 = 0$, 则 $f(0) = 1, f'(0) = 1$, 故

$$\mathrm{e}^x \approx f(0) + f'(0)x = 1 + x.$$

例 2.44 求 $\sqrt[3]{1.03}$ 的近似值.

解 利用近似公式 (V), 有

$$\sqrt[3]{1.03} = (1 + 0.03)^{1/3} \approx 1 + \frac{1}{3} \times 0.03 = 1.01.$$

如果不直接利用近似公式 (V), 可设 $f(x) = \sqrt[3]{x}$, 取 $x = 1.03$, $x_0 = 1$, 再利用公式 (6).

例 2.45 一球壳的内直径为 10 cm, 球壳厚度为 0.1 cm, 求此球壳的体积的近似值.

解   直径为 D 的球体体积是 $V = \dfrac{1}{6}\pi D^3$, 球壳的体积是直径为 10.2 cm 和直径为 10 cm 的两个球体体积之差 ΔV,

$$\Delta V \approx \mathrm{d}V = \frac{1}{2}\pi D^2 \mathrm{d}D\Big|_{D=10,\Delta D=0.2} = \frac{1}{2}\pi(10)^2 \times 0.2 = 31.4.$$

即球壳的体积约为 31.4 cm³.

习 题 2.6

1. 求下列各函数的微分:

(1) $y = 3x^2 + x$;

(2) $y = \sqrt{1-x^2}$;

(3) $y = \ln(\ln x)$;

(4) $y = \sin(\sin x)$.

2. 设 $|x|$ 很小, 证明下列近似公式:

(1) $\sqrt[n]{1+x} \approx 1 + \dfrac{1}{n}x$;

(2) $\dfrac{1}{1+x} \approx 1 - x$.

3. 利用微分, 求下列近似值:

(1) $(1.05)^8$;

(2) $\sqrt[3]{996}$;

(3) $\mathrm{e}^{0.025}$;

(4) $\ln 0.99$.

4. 立方体的棱长 $x = 10$ m, 如果棱长增加 0.1 m, 求此立方体体积增加的精确值与近似值.

5. 一平面圆环形, 其内半径为 10 cm, 宽为 0.1 cm. 求此圆环面积的精确值与近似值.

6. 试将本节 (6) 式和 §2.3 拉格朗日中值定理公式 (2) 作一比较, 指出二者的区别.

第三章 积 分

§3.1 不定积分的概念与性质

一、原函数

在上一章, 我们学习了如何求一个已知函数的导数. 但在实际问题中, 还常常遇到相反的问题, 即已知函数 $f(x)$, 要求出函数 $F(x)$, 使得 $F'(x) = f(x)$. 例如已知自由落体运动的速度 $v(t) = gt$, 求它在时段 $0 \leqslant t \leqslant T$ 内走过的路程. 为此, 我们可以设它在 t 时刻路程为 $s(t)$, 则 $v(t) = s'(t)$, 只要能够先由 $v(t)$ 求出 $s(t)$, 然后再计算 $s(T) - s(0)$ 就可得到该问题的解.

定义 3.1 设函数 $f(x)$ 在区间 I 上有定义, 如果存在 $F(x)$, 使得对任一 $x \in I$ 均有

$$F'(x) = f(x) \quad \text{或} \quad \mathrm{d}F(x) = f(x)\mathrm{d}x,$$

则称 $F(x)$ 是 $f(x)$ 的一个**原函数**.

在 §3.5 中我们将知道, **连续函数都有原函数**.

例如, 由于 $\left(\dfrac{1}{2}gt^2\right)' = gt$, 所以 $\dfrac{1}{2}gt^2$ 就是 gt 的一个原函数. $\dfrac{1}{2}gt^2 + 2$, $\dfrac{1}{2}gt^2 + c$ (c 是任意常数) 也是 gt 的原函数.

一般地, 如果 $F(x)$ 与 $G(x)$ 都是 $f(x)$ 的原函数, 即 $F'(x) = G'(x) = f(x)$, 则由拉格朗日中值定理的推论 2.2 知, $G(x) = F(x) + c$. 因此, 只要知道 $f(x)$ 的一个原函数, 就可以把

它所有的原函数表示出来. 亦即有下述定理.

定理 3.1 若 $F(x)$ 是 $f(x)$ 的一个原函数, 则 $f(x)$ 的任一原函数都可表示成 $F(x) + c$ 的形式, 其中 c 为常数.

○ 视频讲解
不定积分的概念

二、不定积分的概念

定义 3.2 函数 $f(x)$ 的原函数的全体称为 $f(x)$ 的**不定积分**, 记作

$$\int f(x)\mathrm{d}x,$$

其中 $\int$ 称为**积分号**, x 称为**积分变量**, $f(x)$ 称为**被积函数**, $f(x)\mathrm{d}x$ 称为**被积表达式**.

由定理 3.1 可知, 只要知道 $f(x)$ 的一个原函数 $F(x)$, 就有

$$\int f(x)\mathrm{d}x = F(x) + C.$$

其中 C 表示任意常数. 例如, 已知 $(\sin x)' = \cos x$, 则有

$$\int \cos x\,\mathrm{d}x = \sin x + C.$$

又如, 由 $[\ln(1 + x^2)]' = \dfrac{2x}{1 + x^2}$, 得

$$\int \frac{2x}{1 + x^2}\mathrm{d}x = \ln(1 + x^2) + C.$$

由上面的讨论可以看出, 求原函数与求导数互为逆运算, 我们有下述定理.

定理 3.2 (**不定积分与微分的关系**)

$$\left[\int f(x)\mathrm{d}x\right]' = f(x) \quad \text{或} \quad \mathrm{d}\int f(x)\mathrm{d}x = f(x)\mathrm{d}x;$$

$$\int f'(x)\mathrm{d}x = f(x) + C \quad \text{或} \quad \int \mathrm{d}f(x) = f(x) + C.$$

也就是说, 若先求不定积分再求微分, 则二者的作用相抵消; 反过来, 若先求微分再求不定积分, 则抵消后只相差一个任意常数.

三、基本积分表

根据不定积分的定义和求导基本公式, 可以得到下面的基本积分表 (其中 C 为任意常数):

(1) $\displaystyle\int 0\mathrm{d}x = C;$

(2) $\displaystyle\int x^{\alpha}\mathrm{d}x = \frac{1}{\alpha+1}x^{\alpha+1} + C \quad (\alpha \neq -1);$

(3) $\displaystyle\int \frac{1}{x}\mathrm{d}x = \ln|x| + C;$

(4) $\displaystyle\int \mathrm{e}^x\mathrm{d}x = \mathrm{e}^x + C;$

(5) $\displaystyle\int a^x\mathrm{d}x = \frac{1}{\ln a}a^x + C;$

(6) $\displaystyle\int \sin x\mathrm{d}x = -\cos x + C;$

(7) $\displaystyle\int \cos x\mathrm{d}x = \sin x + C;$

(8) $\displaystyle\int \sec^2 x\mathrm{d}x = \tan x + C;$

(9) $\displaystyle\int \csc^2 x\mathrm{d}x = -\cot x + C;$

(10) $\displaystyle\int \frac{1}{\sqrt{1-x^2}}\mathrm{d}x = \arcsin x + C = -\arccos x + C_1;$

(11) $\displaystyle\int \frac{1}{1+x^2}\mathrm{d}x = \arctan x + C = -\operatorname{arccot} x + C_1.$

最后两式中的任意常数 C_1 也可写成 C , 这儿记为 C_1 是避免误解为与前面的 C "相同".

以上公式是计算不定积分的基础, 应当熟记. 利用积分法则, 可以把这些基本积分公式所适用的范围大大扩充. 最简单的积分法则有下述两个.

四、简单的积分法则

(1) 设 $f(x)$ 和 $g(x)$ 均存在原函数, 则

$$\int [f(x) \pm g(x)]\,\mathrm{d}x = \int f(x)\mathrm{d}x \pm \int g(x)\mathrm{d}x.$$

(2) 设 $f(x)$ 存在原函数, 常数 $k \neq 0$, 则

$$\int k f(x)\mathrm{d}x = k \int f(x)\mathrm{d}x.$$

这两个法则可从不定积分的定义证得. 因为将等式右端求导之后即可得到左端的被积函数.

由这两个性质可以进一步得到:

设 $f_k(x)(k=1,2,\cdots,n)$ 存在原函数, 常数 $a_k(k=1,2,\cdots,n)$ 不全为零, 则

$$\int \sum_{k=1}^{n} a_k f_k(x)\mathrm{d}x = \sum_{k=1}^{n} a_k \int f_k(x)\mathrm{d}x.$$

例 3.1 求 $\int (3\mathrm{e}^x - 2\sin x)\mathrm{d}x$.

解
$$\int (3\mathrm{e}^x - 2\sin x)\mathrm{d}x = \int 3\mathrm{e}^x\mathrm{d}x - \int 2\sin x\mathrm{d}x$$
$$= 3 \int \mathrm{e}^x\mathrm{d}x - 2 \int \sin x\mathrm{d}x = 3\mathrm{e}^x + 2\cos x + C.$$

应指出, $\int \mathrm{e}^x\mathrm{d}x$ 和 $\int \sin x\mathrm{d}x$ 都含有一个任意常数, 如分别记为 C_1 和 C_2, 得到 $3C_1 + 2C_2$ 仍然是任意常数, 故仍可记为 C. 对此, 今后不再一一说明.

例 3.2 求 $\int \dfrac{x^4}{x^2+1}\mathrm{d}x$.

解
$$\frac{x^4}{x^2+1} = \frac{x^4-1+1}{x^2+1} = x^2 - 1 + \frac{1}{x^2+1},$$

故
$$原式 = \int x^2\mathrm{d}x - \int \mathrm{d}x + \int \frac{1}{x^2+1}\mathrm{d}x$$
$$= \frac{1}{3}x^3 - x + \arctan x + C.$$

例 3.3 求 $\int \dfrac{1}{\sin^2 x \cos^2 x}\mathrm{d}x$.

解
$$原式 = \int \frac{\sin^2 x + \cos^2 x}{\sin^2 x \cos^2 x}\mathrm{d}x = \int \frac{1}{\cos^2 x}\mathrm{d}x + \int \frac{1}{\sin^2 x}\mathrm{d}x$$
$$= \tan x - \cot x + C.$$

例 3.4 求 $\int (2^x + 3^x)^2\mathrm{d}x$.

解
$$原式 = \int [(2^x)^2 + 2 \cdot 2^x \cdot 3^x + (3^x)^2]\mathrm{d}x$$
$$= \int (4^x + 2 \cdot 6^x + 9^x)\mathrm{d}x$$

$$= \frac{4^x}{\ln 4} + \frac{2 \cdot 6^x}{\ln 6} + \frac{9^x}{\ln 9} + C \ .$$

习　题　3.1

1. 在求导法则 $(cu)' = cu'$ 中只要求 c 为常数, 而在积分法则 $\int kf(x)\mathrm{d}x = k\int f(x)\mathrm{d}x$ 中则要求常数 $k \neq 0$, 为什么?

2. 求下列不定积分:

(1) $\displaystyle\int \frac{(1+x)^2}{\sqrt{x}}\mathrm{d}x$;

(2) $\displaystyle\int \frac{3x^2}{1+x^2}\mathrm{d}x$;

(3) $\displaystyle\int \tan^2 x\mathrm{d}x$;

(4) $\displaystyle\int \mathrm{e}^x(\mathrm{e}^{-x} - 1)\mathrm{d}x$;

(5) $\displaystyle\int \cos^2 \frac{x}{2}\mathrm{d}x$;

(6) $\displaystyle\int (2^x - 3^x)^3\mathrm{d}x$.

§3.2　换元积分法

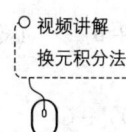
视频讲解
换元积分法

利用基本积分表和两个简单的积分法则, 虽然可以求出不少函数的原函数, 但仅有这些方法是远远不够的. 例如

$$\int (ax + b)^\alpha \mathrm{d}x \quad \text{和} \quad \int \cos^2 x \sin x \mathrm{d}x$$

就不能用这些方法求出. 本节进一步介绍一种常见的积分法——换元法.

我们考察 $\displaystyle\int (ax + b)^\alpha \mathrm{d}x \ (\alpha \neq -1, a \neq 0)$. 因为

$$\int u^\alpha \mathrm{d}u = \frac{1}{\alpha + 1} u^{\alpha+1} + C, \quad \alpha \neq -1,$$

如果令 $u = ax + b$, 则 $\mathrm{d}u = a\mathrm{d}x, \ \mathrm{d}x = \frac{1}{a}\mathrm{d}u$, 所以

$$\int (ax + b)^\alpha \mathrm{d}x = \frac{1}{a} \int u^\alpha \mathrm{d}u = \frac{1}{a(\alpha + 1)} u^{\alpha+1} + C$$

$$= \frac{1}{a(\alpha + 1)} (ax + b)^{\alpha+1} + C, \quad \alpha \neq -1, \quad a \neq 0.$$

一般地, 有

定理 3.3 (第一换元法)　若 u 是自变量时, 有

$$\int f(u)\mathrm{d}u = F(u) + C,$$

则当 u 为 x 的可微函数 $u = \varphi(x)$ 时, 也有

$$\int f[\varphi(x)]\varphi'(x)\mathrm{d}x = \int f[\varphi(x)]\mathrm{d}\varphi(x) = F[\varphi(x)] + C.$$

证   由条件知 $F'(u) = f(u)$. 又据复合函数求导法则, 知

$$
\begin{aligned}
(F[\varphi(x)] + C)' &= F'(u)\varphi'(x) \\
&= f(u)\varphi'(x) = f[\varphi(x)]\varphi'(x),
\end{aligned}
$$

从而定理得证.

例 3.5   试证明, 若 $\int f(u)\mathrm{d}u = F(u) + C, a \neq 0$, 则有

$$\int f(ax + b)\mathrm{d}x = \frac{1}{a}F(ax + b) + C.$$

证
$$
\begin{aligned}
\int f(ax + b)\mathrm{d}x &= \frac{1}{a}\int f(ax + b)\mathrm{d}(ax + b) \quad (\diamondsuit u = ax + b) \\
&= \frac{1}{a}\int f(u)\mathrm{d}u = \frac{1}{a}F(u) + C \\
&= \frac{1}{a}F(ax + b) + C.
\end{aligned}
$$

例 3.6   求 $\int \cos^2 x \sin x \mathrm{d}x$.

解
$$
\begin{aligned}
\int \cos^2 x \sin x \mathrm{d}x &= -\int \cos^2 x \mathrm{d}(\cos x) \quad (\diamondsuit u = \cos x) \\
&= -\int u^2 \mathrm{d}u = -\frac{1}{3}u^3 + C \\
&= -\frac{1}{3}\cos^3 x + C.
\end{aligned}
$$

从上面两例可以看出, 第一换元法的关键是将被积表达式通过引入中间变量凑成某个函数的微分形式, 然后再利用已知的积分公式. 因此, 这种方法有时也称为**凑微分法**.

例 3.7   求 $\int x\mathrm{e}^{-x^2}\mathrm{d}x$.

解
$$
\begin{aligned}
\int x\mathrm{e}^{-x^2}\mathrm{d}x &= \frac{1}{2}\int \mathrm{e}^{-x^2}\mathrm{d}x^2 \quad (\diamondsuit u = -x^2) \\
&= -\frac{1}{2}\int \mathrm{e}^u \mathrm{d}u = -\frac{1}{2}\mathrm{e}^u + C \\
&= -\frac{1}{2}\mathrm{e}^{-x^2} + C.
\end{aligned}
$$

在运算比较熟练, 或中间变量明了时, 可以不必写出中间变量的代换符号.

例 3.8 求 $\displaystyle\int \tan x \mathrm{d}x$.

解 $\displaystyle\int \tan x \mathrm{d}x = \int \frac{\sin x}{\cos x}\mathrm{d}x = -\int \frac{\mathrm{d}\cos x}{\cos x} = -\ln|\cos x| + C$.

例 3.9 求 $\displaystyle\int \frac{\mathrm{d}x}{x\ln x}$.

解 $\displaystyle\int \frac{\mathrm{d}x}{x\ln x} = \int \frac{\mathrm{d}(\ln x)}{\ln x} = \ln|\ln x| + C$.

例 3.10 求 $\displaystyle\int \cos^2 x\mathrm{d}x$.

解 $\displaystyle\int \cos^2 x\mathrm{d}x = \int \frac{1}{2}(1 + \cos 2x)\mathrm{d}x = \frac{x}{2} + \frac{1}{2}\int \cos 2x\mathrm{d}x$

$$= \frac{x}{2} + \frac{1}{4}\sin 2x + C.$$

例 3.11 求 $\displaystyle\int \frac{\mathrm{d}x}{a^2 + x^2}$ $(a \neq 0)$.

解 $\displaystyle\int \frac{\mathrm{d}x}{a^2 + x^2} = \frac{1}{a^2}\int \frac{a \cdot \mathrm{d}\left(\dfrac{x}{a}\right)}{1 + \left(\dfrac{x}{a}\right)^2} = \frac{1}{a}\arctan\frac{x}{a} + C$.

例 3.12 求 $\displaystyle\int \frac{\mathrm{d}x}{\sqrt{a^2 - x^2}}$ $(a > 0)$.

解 $\displaystyle\int \frac{\mathrm{d}x}{\sqrt{a^2 - x^2}} = \frac{1}{a}\int \frac{a \cdot \mathrm{d}\left(\dfrac{x}{a}\right)}{\sqrt{1 - \left(\dfrac{x}{a}\right)^2}} = \arcsin\frac{x}{a} + C$.

例 3.13 求 $\displaystyle\int \frac{\mathrm{d}x}{a^2 - x^2}$.

解 $$\frac{1}{a^2 - x^2} = \frac{1}{2a}\left(\frac{1}{a - x} + \frac{1}{a + x}\right),$$

$$\int \frac{\mathrm{d}x}{a^2 - x^2} = \frac{1}{2a}\left(\int \frac{\mathrm{d}x}{a - x} + \int \frac{\mathrm{d}x}{a + x}\right)$$

$$= \frac{1}{2a}\left(-\ln|a - x| + \ln|a + x|\right) + C$$

$$= \frac{1}{2a}\ln\left|\frac{a + x}{a - x}\right| + C.$$

例 3.14 求 $\displaystyle\int \sec x\mathrm{d}x$.

解 $\displaystyle\int \sec x\mathrm{d}x = \int \frac{\mathrm{d}x}{\cos x} = \int \frac{\cos x\mathrm{d}x}{\cos^2 x}$

$$= \int \frac{\mathrm{d}\sin x}{1 - \sin^2 x} = \frac{1}{2} \ln \frac{1 + \sin x}{1 - \sin x} + C.$$

上式最后一个积分用到例 3.13 的结果. 最后一式还可改写成

$$\frac{1}{2} \ln \frac{(1 + \sin x)^2}{\cos^2 x} + C = \ln \left| \frac{1 + \sin x}{\cos x} \right| + C = \ln |\sec x + \tan x| + C.$$

例 3.11—例 3.14 都是一些常用的积分, 可作为公式运用.

我们看到, 第一换元法通过引入中间变量 $u = \varphi(x)$ 使

$$\int f[\varphi(x)]\varphi'(x)\mathrm{d}x = \int f(u)\mathrm{d}u,$$

通过计算右端的积分而得到左端的积分. 但有时, 则需要反过来, 即右端的积分不易计算, 而需要通过计算左端的积分而得到右端的积分, 这就是第二换元法. 我们先看一个例子:

例 3.15 求 $\int \sqrt{a^2 - x^2}\mathrm{d}x \quad (a > 0)$.

解 这是一个无理函数的不定积分, 先设法去掉根号. 令 $x = a \sin t \left(-\frac{\pi}{2} < t < \frac{\pi}{2} \right)$, 则有

$$\sqrt{a^2 - x^2} = a \cos t, \quad t = \arcsin \frac{x}{a}, \quad \mathrm{d}x = a \cos t \mathrm{d}t, \tag{1}$$

$$\int \sqrt{a^2 - x^2}\mathrm{d}x = \int a \cos t \cdot a \cos t \mathrm{d}t = a^2 \int \cos^2 t \mathrm{d}t$$

$$= \frac{a^2}{2}t + \frac{a^2}{2} \sin t \cos t + C.$$

上式最后一个积分利用了例 3.10 的结果. 最后我们需将变量 t 还原到 x. 由 $x = a \sin t$ 和关系式 (1), 最后得到

$$\int \sqrt{a^2 - x^2}\mathrm{d}x = \frac{a^2}{2} \arcsin \frac{x}{a} + \frac{x}{2}\sqrt{a^2 - x^2} + C.$$

一般地, 有下述定理.

定理 3.4 (第二换元法) 设 $x = \psi(t)$ 在开区间上的导数不为零, 且

$$\int f[\psi(t)]\psi'(t)\mathrm{d}t = G(t) + C,$$

则

$$\int f(x)\mathrm{d}x = G[\psi^{-1}(x)] + C,$$

其中 $t = \psi^{-1}(x)$ 是 $x = \psi(t)$ 的反函数.

也就是说, 令 $x = \psi(t)$,

$$\int f(x)\mathrm{d}x = \int f[\psi(t)]\psi'(t)\mathrm{d}t$$
$$= G(t) + C$$
$$= G[\psi^{-1}(x)] + C.$$

第一、第二换元法都是通过变元代换将未知积分转化为已知积分. 所不同的是, 在第一换元法中引入的中间变量 $u = \varphi(x)$ 是原积分变量 x 的函数. 而在第二换元法中, 则是将积分变量 x 变换为新变量 t 的函数 $\psi(t), t$ 成为新的积分变量困难是如何适当地选取 $\psi(t)$ 并确保其反函数存在, 以便在最后的结果中将 t 还原为 x 的函数. 如

例 3.16 $\displaystyle\int \frac{\mathrm{d}x}{\sqrt{x^2+\alpha}} = \ln|x + \sqrt{x^2+\alpha}| + C \quad (\alpha \neq 0).$

求此积分可作三角变换. 设 $a > 0$, 当 $\alpha = a^2$ 时, 可令 $x = a\tan t, t \in \left(-\frac{\pi}{2}, \frac{\pi}{2}\right)$. 当 $\alpha = -a^2$ 时, 需分 $x > a$ 和 $x < -a$ 两种情况, 分别令 $x = a\sec t$ 和 $x = -a\sec t$, $t \in \left(0, \frac{\pi}{2}\right)$.

注 3.1 此例如用**欧拉代换**则容易求解, 有兴趣的可看本教材的教学辅导书.

习 题 3.2

求下列不定积分:

1. $\displaystyle\int (3x-2)^5 \mathrm{d}x;$
2. $\displaystyle\int \frac{\mathrm{d}x}{\sqrt{1-2x}};$

3. $\displaystyle\int \cot(2x+1)\mathrm{d}x;$
4. $\displaystyle\int \frac{u}{3-2u^2}\mathrm{d}u;$

5. $\displaystyle\int \cos^3 x\,\mathrm{d}x;$
6. $\displaystyle\int \frac{\arctan x}{1+x^2}\mathrm{d}x;$

7. $\displaystyle\int \frac{\mathrm{d}x}{x\sqrt{1+\ln x}};$
8. $\displaystyle\int \frac{\sqrt{x}+\ln^2 x}{x}\mathrm{d}x;$

9. $\displaystyle\int \frac{\mathrm{d}x}{\sqrt{x^2+2x+2}};$
10. $\displaystyle\int \frac{\mathrm{d}x}{\sqrt{x}+1};$

*11. $\displaystyle\int \frac{\mathrm{d}x}{\sqrt{x^2+a^2}} \quad (a\neq 0);$
*12. $\displaystyle\int \frac{\mathrm{d}x}{\sqrt{x}+\sqrt[3]{x}}.$

§3.3　分部积分法

设 $u(x)$ 和 $v(x)$ 可微, 由

$$d(uv) = udv + vdu,$$

有

$$udv = d(uv) - vdu.$$

设 udv 和 vdu 中至少有一个具有原函数, 将上式两边积分, 即得

$$\int udv = uv - \int vdu, \tag{1}$$

或

$$\int uv'dx = uv - \int vu'dx. \tag{2}$$

(1) 式和 (2) 式称为**分部积分公式**, 也称部分积分公式. 只要等式右边的积分容易算出, 左边的积分就可得到. 这种方法称为分部积分法.

例 3.17　求 $\int xe^x dx$.

解
$$\int xe^x dx = \int xde^x = xe^x - \int e^x dx$$
$$= xe^x - e^x + C = (x-1)e^x + C.$$

例 3.18　求 $\int x\cos x dx$.

解
$$\int x\cos x dx = \int xd\sin x = x\sin x - \int \sin x dx$$
$$= x\sin x + \cos x + C.$$

例 3.19　求 $\int x\ln x dx$.

解
$$\int x\ln x dx = \frac{1}{2}\int \ln x dx^2 = \frac{1}{2}\left(x^2\ln x - \int x^2 \cdot \frac{1}{x}dx\right)$$
$$= \frac{1}{2}\left(x^2\ln x - \frac{1}{2}x^2\right) + C = \frac{1}{4}x^2(2\ln x - 1) + C.$$

例 3.20　求 $\int \arctan x dx$.

解
$$\int \arctan x dx = x\arctan x - \int x \cdot \frac{1}{1+x^2}dx$$

$$= x \arctan x - \frac{1}{2}\ln(1+x^2) + C.$$

在上面几例中, 是否可以任意选择 u 和 $\mathrm{d}v$? 例如, 如下运算

$$\int x\mathrm{e}^x \mathrm{d}x = \frac{1}{2}\int \mathrm{e}^x \mathrm{d}x^2 = \frac{1}{2}\left(x^2\mathrm{e}^x - \int x^2 \mathrm{d}\mathrm{e}^x\right),$$

和

$$\int x\cos x\mathrm{d}x = \frac{1}{2}\int \cos x\mathrm{d}x^2 = \frac{1}{2}\left(x^2\cos x + \int x^2\sin x\mathrm{d}x\right),$$

结果都由易变难了, 显然这样做是不可取的.

一般讲来, 可以按照对数函数、反三角函数、幂函数、三角函数、指数函数的顺序, 位于前面的作为 u, 位于后面的作为 v' 来运用分部积分法.

有时需要使用两次或多次分部积分法才能求出结果.

例 3.21 求 $\displaystyle\int x^2\mathrm{e}^x\mathrm{d}x$.

解
$$\begin{aligned}
\int x^2\mathrm{e}^x\mathrm{d}x &= \int x^2\mathrm{d}\mathrm{e}^x \\
&= x^2\mathrm{e}^x - \int \mathrm{e}^x \cdot 2x\mathrm{d}x = x^2\mathrm{e}^x - 2\int x\mathrm{d}\mathrm{e}^x \\
&= x^2\mathrm{e}^x - 2\left(x\mathrm{e}^x - \int \mathrm{e}^x\mathrm{d}x\right) = x^2\mathrm{e}^x - 2x\mathrm{e}^x + 2\mathrm{e}^x + C \\
&= (x^2 - 2x + 2)\mathrm{e}^x + C.
\end{aligned}$$

有时需将分部积分法和换元积分法结合起来使用.

例 3.22 求 $\displaystyle\int \mathrm{e}^{\sqrt{x}}\mathrm{d}x$.

解 被积函数中含根式, 可令 $u = \sqrt{x}$ 使之有理化. 这时

$$x = u^2, \quad \mathrm{d}x = 2u\mathrm{d}u,$$

于是

$$\begin{aligned}
\int \mathrm{e}^{\sqrt{x}}\mathrm{d}x &= 2\int u\mathrm{e}^u\mathrm{d}u = 2\int u\mathrm{d}\mathrm{e}^u = 2(u-1)\mathrm{e}^u + C \\
&= 2(\sqrt{x}-1)\mathrm{e}^{\sqrt{x}} + C.
\end{aligned}$$

有时运用分部积分法可以导出循环公式, 从而建立所求积分的函数方程, 再解出所求积分.

例 3.23 求 $I_1 = \displaystyle\int \mathrm{e}^x\cos x\mathrm{d}x$ 和 $I_2 = \displaystyle\int \mathrm{e}^x\sin x\mathrm{d}x$.

解
$$I_1 = \int \cos x\mathrm{d}\mathrm{e}^x = \mathrm{e}^x\cos x - \int \mathrm{e}^x\mathrm{d}\cos x$$

$$=\mathrm{e}^x \cos x + \int \mathrm{e}^x \sin x \mathrm{d}x \tag{3}$$

$$=\mathrm{e}^x \cos x + \int \sin x \mathrm{d}\mathrm{e}^x$$

$$=\mathrm{e}^x \cos x + \mathrm{e}^x \sin x - \int \mathrm{e}^x \mathrm{d}\sin x \tag{4}$$

$$=\mathrm{e}^x (\cos x + \sin x) - I_1,$$

所以

$$\int \mathrm{e}^x \cos x \mathrm{d}x = I_1 = \frac{1}{2}\mathrm{e}^x (\cos x + \sin x) + C. \tag{5}$$

注意上面的计算过程, 由 (3) 式可知

$$I_1 = \mathrm{e}^x \cos x + I_2, \tag{6}$$

而由 (3) 式到 (4) 式的推导又得到

$$I_2 = \mathrm{e}^x \sin x - I_1, \tag{7}$$

将 (7) 式代入 (6) 式即可求得 (5) 式, 而将 (6) 式代入 (7) 式则可求得

$$\int \mathrm{e}^x \sin x \mathrm{d}x = I_2 = \frac{1}{2}\mathrm{e}^x (\sin x - \cos x) + C.$$

应当指出, 对于给定的初等函数, 我们总可循着一定的方法求出它的导数, 但求不定积分则无一定的步骤可循, 甚至有些看似很简单的函数, 根本不能用初等函数去表示它们的不定积分, 例如

$$\int \mathrm{e}^{-x^2}\mathrm{d}x, \qquad \int \frac{\sin x}{x}\mathrm{d}x, \qquad \int \frac{1}{\ln x}\mathrm{d}x, \qquad \int \sqrt{1+x^3}\mathrm{d}x.$$

在实际应用时, 求不定积分可查 Maple、 Mathematica 等数学软件.

习　题　3.3

1. 求下列积分:

(1) $\displaystyle\int x \sin x \mathrm{d}x$;

(2) $\displaystyle\int x^2 \ln x \mathrm{d}x$;

(3) $\displaystyle\int \arcsin x \mathrm{d}x$;

(4) $\displaystyle\int \ln(1+x^2)\mathrm{d}x$;

(5) $\displaystyle\int (x^2 - 2x)\mathrm{e}^{-x}\mathrm{d}x$;

(6) $\displaystyle\int \cos \sqrt{x}\mathrm{d}x$.

2. 证明:　$\displaystyle\int \mathrm{e}^{ax}\cos bx \mathrm{d}x = \frac{a\cos bx + b\sin bx}{a^2 + b^2}\mathrm{e}^{ax} + C;$

$$\int \mathrm{e}^{ax}\sin bx \mathrm{d}x = \frac{a\sin bx - b\cos bx}{a^2 + b^2}\mathrm{e}^{ax} + C.$$

§3.4　定积分的概念和基本性质

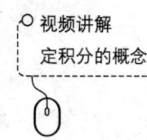

○ 视频讲解
定积分的概念

前面我们介绍了积分学的第一个基本问题——不定积分, 它是微分运算的逆运算. 下面介绍积分学的第二个基本问题——定积分, 它是一种特殊的和式的极限（无限多个无穷小量的和）. 定积分的概念也是在解决实际问题的过程中逐步发展起来的. 我们先讨论两个例子.

一、两个实例

1. 求曲边梯形的面积

我们会求矩形和梯形的面积, 对于一个如图 3.1 所示的曲边梯形, 即由连续曲线 $y = f(x), f(x) \geqslant 0$, x 轴以及直线 $x = a, x = b$ 所围成的图形, 如何求其面积?

这里遇到的困难是它的高 $f(x)$ 随 x 而变化, 因此不能直接用矩形或梯形的面积公式. 但是, 如果我们把这个曲边梯形分割成很多个小曲边梯形, 使得每个小曲边梯形的底边都很短, 这时它们的顶边的变化就可以看成是几乎不变的, 从而可以用一些同底的小矩形来代替小曲边梯形, 即 "以直代曲", 而所有这些小矩形面积的总和就是这个曲边梯形面积的一个近似值. 当这种分割无限加细时, 小矩形面积之和的极限就转化为曲边梯形的面积 S.

上述想法可用数学语言表述为以下四个步骤:

(1) **分割**　把区间 $[a, b]$ 任意分成 n 个小区间, 设分点为

$$a = x_0 < x_1 < x_2 < \cdots < x_{n-1} < x_n = b.$$

每个小区间的长度为

$$\Delta x_i = x_i - x_{i-1}, \qquad i = 1, 2, \cdots, n,$$

它们不一定相等. 过每个分点作平行于 y 轴的直线, 把原来的曲边梯形分成为 n 个小曲边梯形 (如图 3.2), 记它们的面积分别为

$$\Delta S_1, \ \Delta S_2, \ \cdots, \ \Delta S_n.$$

(2) **代替**　在每个小区间 $[x_{i-1}, x_i]$ 上任取一点 ξ_i, 用以 $f(\xi_i)$ 为高, 以 $[x_{i-1}, x_i]$ 为底的小矩形的面积来近似地代替同底的小曲边梯形的面积, 即

$$\Delta S_i \approx f(\xi_i)\Delta x_i, \qquad i = 1, 2, \cdots, n.$$

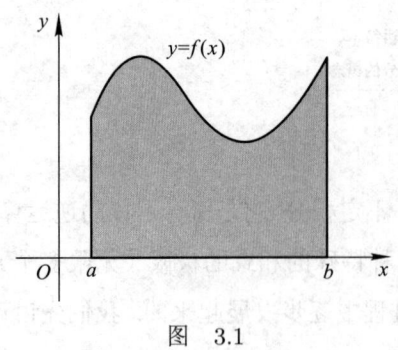
图 3.1

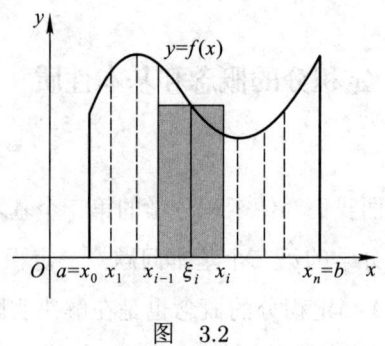
图 3.2

(3) **求和**   将 n 个小矩形的面积加起来, 得到该曲边梯形面积 S 的一个近似值

$$S = \sum_{i=1}^{n} \Delta S_i \approx \sum_{i=1}^{n} f(\xi_i)\Delta x_i.$$

(4) **取极限**   显然, 上面得到的近似值与对区间 $[a,b]$ 的分割方法和中间点的选取有关, 但是, 只要分得越细, 所得的近似值就越接近于所要求的面积 S. 如果用 λ 表示分割的小区间中长度最大者, 即令 $\lambda = \max\limits_{1\leqslant i\leqslant n}\{\Delta x_i\}$, 则当 $\lambda \to 0$ 时, 近似值就转化为精确值 S, 即

$$S = \lim_{\lambda \to 0}\sum_{i=1}^{n} f(\xi_i)\Delta x_i.$$

2. 求变速直线运动的路程

设一物体作变速直线运动, 其速度 $v(t)$ 是时间 t 的连续函数, 求它在时刻 $t = a$ 到时刻 $t = b$ 之间所经过的路程 s.

由于是变速运动, 不能直接用速度 v 是常数时路程 $s = vt$ 的计算公式. 但因 $v(t)$ 是连续函数, 故在一很小的时段内, 可以近似地将速度看作是常数. 因此我们可以将时段 $[a,\ b]$ 分成很小的时段, 在每个小时段内, 速度"以不变代变", 求出物体所走过路程的近似值, 当这一细分无限加细时, 上述近似值的极限就是所求路程的精确值. 具体步骤如下:

(1) **分割**   把 $[a,\ b]$ 任意分成 n 个小区间, 设分点为

$$a = t_0 < t_1 < t_2 < \cdots < t_{n-1} < t_n = b,$$
$$\Delta t_i = t_i - t_{i-1}, \quad i = 1, 2, \cdots, n.$$

(2) **代替**   在时段 $[t_{i-1},\ t_i]$ 上任取一个时刻 T_i, 并以 $v(T_i)$ 近似地代替变化的速度 $v(t)$, 得到在此时段内所走过路程 Δs_i 的一个近似值

$$\Delta s_i \approx v(T_i)\Delta t_i, \quad i = 1, 2, \cdots, n.$$

(3) **求和**   将 Δs_i 的近似值加起来, 得所求路程的一个近似值

$$s = \sum_{i=1}^{n} \Delta s_i \approx \sum_{i=1}^{n} v(T_i) \Delta t_i.$$

(4) **取极限** 将 $[a, b]$ 无限细分下去, 即令 $\lambda = \max\limits_{1 \leqslant i \leqslant n} \{\Delta t_i\} \to 0$, 则得到路程的精确值

$$s = \lim_{\lambda \to 0} \sum_{i=1}^{n} v(T_i) \Delta t_i.$$

二、定积分的定义

上面两个例子, 一个是几何问题, 一个是物理问题, 尽管它们的具体内容不同, 但都可以通过将整体的问题分割成局部的问题, 而在每一个局部上 "以直代曲", "以不变代变", "以近似代精确", 最后通过取极限而实现由近似到精确的转化. 从数量上看, 都是归结为求一种特殊的和式 $\sum\limits_{i=1}^{n} f(\xi_i) \Delta x_i$ 的极限. 抽去上面所讨论问题的实际背景, 只保留其数学的结构, 就可得到下述定积分的概念.

定义 3.3 设函数 $f(x)$ 定义在区间 $[a, b]$ 上, 将 $[a, b]$ 任意分成 n 个小区间, 分点依次为

$$a = x_0 < x_1 < x_2 < \cdots < x_{n-1} < x_n = b.$$

在每个小区间 $[x_{i-1}, x_i]$ 上任取一点 ξ_i, 作和式

$$\sum_{i=1}^{n} f(\xi_i) \Delta x_i, \tag{1}$$

其中 $\Delta x_i = x_i - x_{i-1}, i = 1, 2, \cdots, n$. 设

$$\lambda = \max_{1 \leqslant i \leqslant n} \{\Delta x_i\},$$

若当 $\lambda \to 0$ 时, 和式 (1) 的极限存在, 且此极限值 I 不依赖于对 $[a, b]$ 的分法和介点 ξ_i 的取法, 就称函数 $f(x)$ 在 $[a, b]$ 上**可积**, 并称此极限值 I 为 $f(x)$ 在 $[a, b]$ 上的**定积分**, 记为

$$\int_a^b f(x)\mathrm{d}x = I = \lim_{\lambda \to 0} \sum_{i=1}^{n} f(\xi_i) \Delta x_i,$$

其中 $f(x)$ 称为**被积函数**, x 称为**积分变量**, $[a, b]$ 称为**积分区间**, a 称为**积分下限**, b 称为**积分上限**, 和式 (1) 称为**积分和**.

因为在历史上是黎曼首先在一般形式下给出了和式 (1) 的定义, 因此也称它为黎曼和, 上述意义下的定积分也叫做**黎曼积分**.

根据上述定义, 曲边梯形的面积 S 就是曲边函数 $y = f(x)$ 在 $[a,b]$ 上的定积分, 即

$$S = \int_a^b f(x)\mathrm{d}x, \qquad f(x) \geqslant 0;$$

物体所经过的路程 s 是速度函数 $v(t)$ 在 $[a,b]$ 上的定积分, 即

$$s = \int_a^b v(t)\mathrm{d}t.$$

注 3.2　定义中的 $\lambda \to 0$ 不能用 $n \to \infty$ 代替, 二者有本质的区别.

注 3.3　定积分与不定积分是两个完全不同的概念. 不定积分是微分运算的逆运算, 而定积分是一种特殊形式的和的极限 (当 $\lambda \to 0$ 时, 和式 (1) 中的每一项都是无穷小量); 函数 $f(x)$ 的不定积分是其所有原函数组成的**函数族**, 而 $f(x)$ 在 $[a, b]$ 上的定积分是一个完全由被积函数 $f(x)$ 和积分区间 $[a, b]$ 所确定的**数值**, 它与积分变量用什么字母表示无关. 因此 $\int_a^b f(x)\mathrm{d}x$ 也可写成 $\int_a^b f(t)\mathrm{d}t$.

注 3.4　在定义中, 下限 a 小于上限 b, 为了使用方便, 通常规定:

当 $a > b$ 时, $\int_a^b f(x)\mathrm{d}x = -\int_b^a f(x)\mathrm{d}x$;

当 $a = b$ 时, $\int_a^a f(x)\mathrm{d}x = 0.$

注 3.5　可以证明, 可积函数一定有界. 闭区间上的连续函数以及只有有限个间断点的有界函数都是在该区间上可积的.

三、定积分的几何意义

在求曲边梯形的面积时我们约定 $f(x) \geqslant 0$, 这时, 曲边梯形的面积

$$S = \int_a^b f(x)\mathrm{d}x.$$

当 $f(x) \leqslant 0$ 时, $-f(x) \geqslant 0$, 因此以 $f(x)$ 为曲边的曲边梯形 (如图 3.3) 的面积 S 为

$$S = \int_a^b [-f(x)]\mathrm{d}x = \lim_{\lambda \to 0} \sum_{i=1}^n [-f(\xi_i)]\Delta x_i$$

$$= -\lim_{\lambda \to 0} \sum_{i=1}^n f(\xi_i)\Delta x_i = -\int_a^b f(x)\mathrm{d}x.$$

亦即, 当 $f(x) \leqslant 0$ 时, 定积分 $\int_a^b f(x)\mathrm{d}x$ 是曲边梯形面积值的相反数.

当 $f(x)$ 在 $[a, b]$ 上可正可负时, $f(x)$ 在 $[a, b]$ 上的定积分是 $y = f(x)$ 和直线 $x = a$, $x = b$, $y = 0$ 所围成的几个曲边梯形面积的代数和, 在 x 轴上方的面积取正号, 在 x 轴下方的面积取负号. 如图 3.4 所示, 有

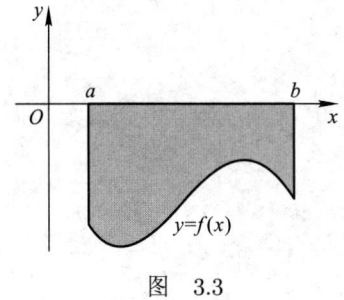

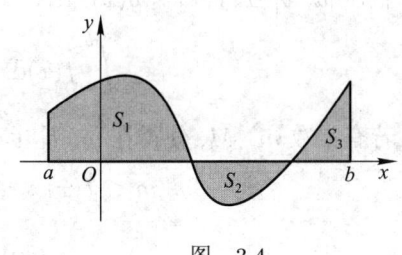

图 3.3   图 3.4

$$\int_a^b f(x)\mathrm{d}x = S_1 - S_2 + S_3.$$

而

$$\int_a^b |f(x)|\mathrm{d}x = S_1 + S_2 + S_3.$$

特别地, 当 $f(x) \equiv 1$ 时, 有

$$\int_a^b 1\mathrm{d}x = \int_a^b \mathrm{d}x = b - a,$$

它是底边长为 $b - a$, 高为 1 的矩形的面积.

四、定积分的基本性质

根据定积分的定义和极限的运算性质, 可以得到定积分的一些基本性质.

设函数 $f(x)$, $g(x)$ 在 $[a, b]$ 上可积, 则

(1) $\int_a^b kf(x)\mathrm{d}x = k \int_a^b f(x)\mathrm{d}x$, k 为常数.

(2) $\displaystyle\int_a^b [f(x) \pm g(x)]\mathrm{d}x = \int_a^b f(x)\mathrm{d}x \pm \int_a^b g(x)\mathrm{d}x.$

由性质 (1),(2) 知, 若 $f_k(x)$ 可积, a_k 为常数, $k = 1, 2, \cdots, n$, 则有

$$\int_a^b \sum_{k=1}^n a_k f_k(x)\mathrm{d}x = \sum_{k=1}^n a_k \int_a^b f_k(x)\mathrm{d}x.$$

(3) 设 $c \in (a, b)$, 则

$$\int_a^b f(x)\mathrm{d}x = \int_a^c f(x)\mathrm{d}x + \int_c^b f(x)\mathrm{d}x.$$

这个性质称为**定积分对于积分区间的可加性**. 顺便指出, 如果点 c 在区间 $[a, b]$ 的外面, 只要 $f(x)$ 在 $[a, c]$ 或 $[c, b]$ 上可积, 上式仍成立.

(4) 若在 $[a, b]$ 上 $f(x) \leqslant g(x)$, 则

$$\int_a^b f(x)\mathrm{d}x \leqslant \int_a^b g(x)\mathrm{d}x.$$

(5) 若有常数 m, M, 使得在 $[a, b]$ 上有

$$m \leqslant f(x) \leqslant M,$$

则

$$m(b - a) \leqslant \int_a^b f(x)\mathrm{d}x \leqslant M(b - a).$$

(6) $\displaystyle\left| \int_a^b f(x)\mathrm{d}x \right| \leqslant \int_a^b | f(x) | \,\mathrm{d}x.$

此性质由 $-|f(x)| \leqslant f(x) \leqslant |f(x)|$ 和性质 (4) 即可得证.

(7) (**积分中值定理**) 设函数 $f(x)$ 在 $[a, b]$ 上连续, 则存在 $\xi \in [a, b]$, 使得

$$\int_a^b f(x)\mathrm{d}x = f(\xi)(b - a).$$

该定理的几何意义是: 如图 3.5 所示, 曲边梯形的面积, 等于以 $[a, b]$ 为底, 高为 $f(\xi)$ 的矩形的面积. 因此也称 $f(\xi)$ 为曲边梯形的平均高度, 称 $\dfrac{1}{b - a} \displaystyle\int_a^b f(x)\mathrm{d}x$ 为 $f(x)$ 在 $[a,b]$ 上的积分平均值.

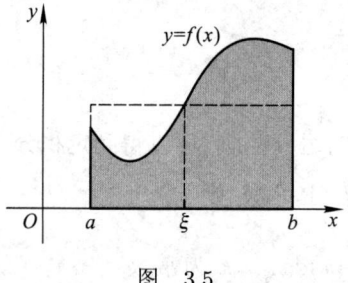

图 3.5

习 题 3.4

1. 不作计算, 根据定积分的几何意义, 判定下列定积分的值是正还是负:

(1) $\displaystyle\int_{-\pi/2}^{0} \cos x \mathrm{d}x;$ (2) $\displaystyle\int_{-\pi/2}^{0} \sin x \mathrm{d}x;$

(3) $\displaystyle\int_{-1}^{1} (x^2 - 1)\mathrm{d}x;$ (4) $\displaystyle\int_{-1}^{2} x \mathrm{d}x.$

2. 不作计算, 判定下列等式是否正确:

(1) $\displaystyle\int_{-\pi}^{\pi} \sin x \mathrm{d}x = 0;$ (2) $\displaystyle\int_{-\pi/2}^{\pi/2} \cos x \mathrm{d}x = 2\int_{0}^{\pi/2} \cos x \mathrm{d}x.$

3. 不作计算, 判定下列积分的大小:

(1) $\displaystyle\int_{1}^{2} \ln x \mathrm{d}x$ 与 $\displaystyle\int_{1}^{2} \ln^2 x \mathrm{d}x;$ (2) $\displaystyle\int_{3}^{4} \ln x \mathrm{d}x$ 与 $\displaystyle\int_{3}^{4} \ln^2 x \mathrm{d}x.$

4. 运用性质 (5), 估计下列积分的值:

(1) $I_1 = \displaystyle\int_{1}^{3} (2x^2 - 1)\mathrm{d}x;$ (2) $I_2 = \displaystyle\int_{\pi/6}^{\pi/3} (1 + \sin^2 x)\mathrm{d}x.$

*5. 试证明 $\dfrac{2}{2 + \mathrm{e}^2} < \displaystyle\int_{1}^{2} \dfrac{x}{x + \mathrm{e}^x} \mathrm{d}x < \dfrac{1}{1 + \mathrm{e}}.$

§3.5 微积分学基本定理

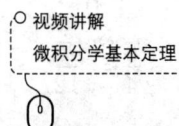

视频讲解
微积分学基本定理

前面我们已经知道, 如果一个作变速直线运动的物体的运行路程为 $S(t)$, 则瞬时速度 $v(t) = S'(t)$. 该物体在时段 $[a, b]$ 内所走过的路程 $S = S(b) - S(a)$, 由定积分的意义又知 $S = \displaystyle\int_{a}^{b} v(t)\mathrm{d}t$, 所以有

$$\int_{a}^{b} v(t)\mathrm{d}t = S(b) - S(a), \quad S'(t) = v(t).$$

牛顿和莱布尼茨最先发现这是一个一般规律, 揭示了积分和微分之间的内在关系, 从而创立了微积分学. 这个关系可以归结为下面的定理.

一、微积分学基本定理

定理 3.5 (微积分学基本定理) 设 $f(x)$ 在 $[a, b]$ 上连续, $F(x)$ 是 $f(x)$ 的一个原函数, 则

$$\int_{b}^{b} f(x)\mathrm{d}x = F(b) - F(a). \tag{1}$$

这一定理指出定积分等于原函数在积分区间上的增量, 从理论上揭示了积分与微分之间的关系, 在实践上将定积分的计算转化为求原函数, 即归结为微分运算的逆运算, 提供了规范、统一、简便的算法, 使微分学与积分学成为一个有机的整体, 成为一门科学. 因此被称为**微积分学基本定理**. 公式 (1) 称为**微积分学基本公式**, 又称为**牛顿 – 莱布尼茨公式**, 它也常常写作

$$\int_a^b f(x)\mathrm{d}x = F(x)\Big|_a^b.$$

有了它, 我们就可以不必根据定义而方便地求出定积分的值.

例 3.24　求 $\int_0^1 x^4 \mathrm{d}x$.

解
$$\int_0^1 x^4 \mathrm{d}x = \frac{1}{5}x^5\Big|_0^1 = \frac{1}{5}.$$

例 3.25　求 $\int_1^{\sqrt{3}} \dfrac{\mathrm{d}x}{1+x^2}$.

解
$$\int_1^{\sqrt{3}} \frac{\mathrm{d}x}{1+x^2} = \arctan x\Big|_1^{\sqrt{3}} = \arctan\sqrt{3} - \arctan 1$$
$$= \frac{\pi}{3} - \frac{\pi}{4} = \frac{\pi}{12}.$$

例 3.26　求 $\int_0^{\pi/2} \sin^2 x \cos x \mathrm{d}x$.

解　因为 $\int \sin^2 x \cos x \mathrm{d}x = \int \sin^2 x \mathrm{d}\sin x = \dfrac{1}{3}\sin^3 x + C$, 所以

$$\int_0^{\pi/2} \sin^2 x \cos x \mathrm{d}x = \frac{1}{3}\sin^3 x\Big|_0^{\pi/2} = \frac{1}{3}\left(\sin^3\frac{\pi}{2} - 0\right) = \frac{1}{3}.$$

二、牛顿 – 莱布尼茨公式的一种几何解释

为什么定积分会和原函数发生关系? 从几何上可说明如下. 如图 3.6 所示, 曲线 $y = F(x)$ 定义在 $[a,b]$ 上, 将 $[a,b]$ 分为 n 个小区间, 沿用定义 3.3 中的记号, 因为 $F'(x) = f(x)$, 故有

$$\frac{\Delta y_i}{\Delta x_i} \approx F'(\xi_i) = f(\xi_i), \quad f(\xi_i)\Delta x_i \approx \Delta y_i,$$

$$\sum_{i=1}^n f(\xi_i)\Delta x_i \approx \sum_{i=1}^n \Delta y_i,$$

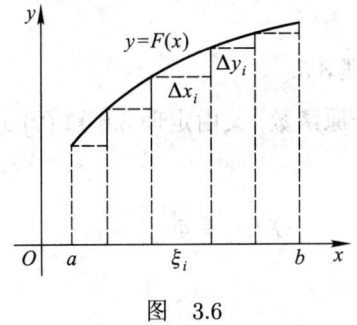

图 3.6

令 $\lambda = \max \Delta x_i \to 0$ 取极限, 则上述近似等式便转化为等式, 左端为 $\displaystyle\int_a^b f(x)\mathrm{d}x$, 而右端即 $F(b) - F(a)$.

三、微积分学基本定理的证明

定理 3.5 的证明可以归结为关于变上限定积分的一个定理.

1. 变上限的定积分

我们知道, 定积分由被积函数和积分上、下限所决定. 如果被积函数 $f(x)$ 和积分下限 a 已经给定, 而积分上限可以改变, 则对应于每一个上限值 $x \in [a,\ b]$, 相应地就有一个定积分值 $\displaystyle\int_a^x f(t)\mathrm{d}t$ (这里用 t 表示积分变量以与变动上限 x 相区别), 从而 $\displaystyle\int_a^x f(t)\mathrm{d}t$ 就在区间 $[a,\ b]$ 上定义了一个函数, 我们称它为 $f(x)$ 的变上限定积分, 并记作 $\Phi(x)$, 即

$$\Phi(x) = \int_a^x f(t)\mathrm{d}t, \quad a \leqslant x \leqslant b.$$

当 $f(x) \geqslant 0$ 时, $\Phi(x)$ 在几何上表示右侧直边可以变动的曲边梯形的面积 (图 3.7 中的阴影部分).

可以证明, 如果 $f(x)$ 在 $[a,\ b]$ 上连续, 则 $\Phi(x)$ 就是它的一个原函数, 即有下述定理.

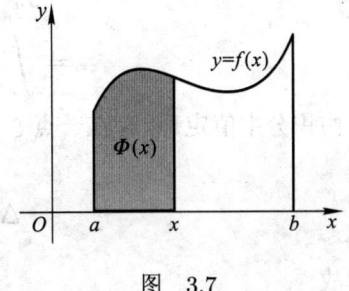

图 3.7

定理 3.6 (连续函数的原函数存在定理)
设 $f(x)$ 在 $[a,\ b]$ 上连续, 则函数

$$\Phi(x) = \int_a^x f(t)\ \mathrm{d}t \quad (a \leqslant x \leqslant b) \tag{2}$$

在 (a, b) 内可导, 并且

$$\Phi'(x) = f(x), \quad a < x < b.$$

2. 定理 3.5 的证明

利用定理 3.6 即可证明定理 3.5.

已知 $F(x)$ 是 $f(x)$ 的一个原函数, 又由定理 3.6 知 (2) 式给出的 $\Phi(x)$ 也是 $f(x)$ 的一个原函数, 所以

$$F(x) = \Phi(x) + c.$$

在上式中令 $x = a$, 得

$$F(a) = \Phi(a) + c = 0 + c = c,$$

即 $c = F(a)$, 于是

$$F(x) = \Phi(x) + F(a).$$

再令 $x = b$, 得

$$F(b) = \Phi(b) + F(a) = \int_a^b f(t)\mathrm{d}t + F(a),$$

整理后即得 (1) 式.

3. 定理 3.6 的证明

由导数的定义, 只需证明: $\forall x \in (a, b)$, 给 x 以增量 Δx, 有

$$\lim_{\Delta x \to 0} \frac{\Delta \Phi(x)}{\Delta x} = f(x).$$

由 $\Phi(x)$ 的定义和定积分对于积分区间的可加性, 有

$$\Delta \Phi(x) = \Phi(x + \Delta x) - \Phi(x) = \int_a^{x+\Delta x} f(t)\mathrm{d}t - \int_a^x f(t)\mathrm{d}t$$

$$= \int_a^x f(t)\mathrm{d}t + \int_x^{x+\Delta x} f(t)\mathrm{d}t - \int_a^x f(t)\mathrm{d}t$$

$$= \int_x^{x+\Delta x} f(t)\mathrm{d}t.$$

由积分中值定理, 存在一点 ξ 介于 x 与 $x + \Delta x$ 之间, 使

$$\Delta \Phi(x) = \int_x^{x+\Delta x} f(t)\mathrm{d}t = f(\xi)\Delta x,$$

故

$$\frac{\Delta \Phi(x)}{\Delta x} = f(\xi).$$

令 $\Delta x \to 0$, 则 $x + \Delta x \to x$, 从而 $\xi \to x$, 由 $f(x)$ 的连续性知 $f(\xi) \to f(x)$, 由此证得

$$\lim_{\Delta x \to 0} \frac{\Delta \Phi(x)}{\Delta x} = f(x).$$

注 3.6 由定理 3.5 也可推出定理 3.6, 因此它们是等价的. 定理 3.6 称为**微积分学基本定理的微分形式**, 定理 3.5 称为**微积分学基本定理的积分形式**.

习 题 3.5

1. 求下列定积分:

(1) $\displaystyle\int_{-1}^{2} \sqrt[3]{x}\,\mathrm{d}x;$ (2) $\displaystyle\int_{0}^{\pi/2} (\sin x + \cos x)\,\mathrm{d}x;$

(3) $\displaystyle\int_{-1/2}^{1/2} \frac{\mathrm{d}x}{\sqrt{1-x^2}};$ (4) $\displaystyle\int_{1}^{2} \frac{\mathrm{d}x}{2x-1};$

(5) $\displaystyle\int_{-1}^{1} \frac{\mathrm{d}x}{4+x^2};$ (6) $\displaystyle\int_{0}^{\pi} \cos^3 x\,\mathrm{d}x.$

2. 计算:

(1) $\displaystyle\frac{\mathrm{d}}{\mathrm{d}x}\int_{0}^{x} \cos t^2\,\mathrm{d}t;$ (2) $\displaystyle\frac{\mathrm{d}}{\mathrm{d}x}\int_{x}^{a} f(t)\,\mathrm{d}t$ (a 为常数).

§3.6 定积分的换元公式和分部积分公式

牛顿 – 莱布尼茨公式已经从根本上解决了定积分的计算问题. 例如为求

$$I = \int_{0}^{4} \frac{\sqrt{x}}{1+\sqrt{x}}\,\mathrm{d}x,$$

可以先求 $\displaystyle\int \frac{\sqrt{x}}{1+\sqrt{x}}\,\mathrm{d}x.$ 为此可用换元法, 令 $t = \sqrt{x}$, 则

$$x = t^2, \quad \mathrm{d}x = 2t\,\mathrm{d}t,$$

$$\int \frac{\sqrt{x}}{1+\sqrt{x}}\,\mathrm{d}x = \int \frac{2t^2}{1+t}\,\mathrm{d}t = 2\int \left(t - 1 + \frac{1}{t+1}\right)\mathrm{d}t$$

$$= t^2 - 2t + 2\ln|t+1| + C$$

$$= x - 2\sqrt{x} + 2\ln(1+\sqrt{x}) + C,$$

所以

$$I = [x - 2\sqrt{x} + 2\ln(1+\sqrt{x})]_0^4 = 2\ln 3.$$

如果注意到令 $t = \sqrt{x}$ 后, x 由 0 变到 4 , 相当于 t 由 0 变到 2 , 所以有

$$\int_{0}^{4} \frac{\sqrt{x}}{1+\sqrt{x}}\,\mathrm{d}x = \int_{0}^{2} \frac{2t^2}{1+t}\,\mathrm{d}t$$

$$= [t^2 - 2t + 2\ln|t+1|]_0^2 = 2\ln 3.$$

从上面的计算我们看到, 在作变量替换 $t = \sqrt{x}$ 后, 积分变量由 x 变为 t, 这时只要相应地改变定积分的上、下限, 就可以在求出原函数后直接将变换后的积分上、下限代入, 而不必返回到原来的变量. 这是与不定积分换元法的区别所在, 这样计算定积分往往要方便快捷些. 一般地, 有下述定理.

一、定积分的换元公式

定理 3.7 设 $f(x)$ 在区间 I 上连续, 变换 $x = \varphi(t)$ 满足:

(1) $\varphi : [\alpha, \beta] \to I, \varphi(\alpha) = a, \varphi(\beta) = b$;

(2) $\varphi'(t)$ 在 $[\alpha, \beta]$ 上连续,

则有

$$\int_a^b f(x)\mathrm{d}x = \int_\alpha^\beta f(\varphi(t))\varphi'(t)\mathrm{d}t. \tag{1}$$

事实上, 因为 $f(x)$ 和 $f(\varphi(t))\varphi'(t)$ 均连续, 所以 (1) 式两边的定积分存在. 设 $F(x)$ 是 $f(x)$ 在 $[a, b]$ 上的一个原函数, 由复合函数求导法则知 $F(\varphi(t))$ 是 $f(\varphi(t))\varphi'(t)$ 的一个原函数, 从而由牛顿 —莱布尼茨公式即知 (1) 式成立.

例 3.27 证明椭圆 $\dfrac{x^2}{a^2} + \dfrac{y^2}{b^2} = 1(a > 0, b > 0)$ 所围图形的面积 $S = \pi ab$.

证 由椭圆的对称性, 其面积等于它在第一象限内的面积 S_1 的 4 倍. 这时曲线方程为

$$y = \frac{b}{a}\sqrt{a^2 - x^2}, \quad 0 \leqslant x \leqslant a,$$

$$S = 4S_1 = 4\frac{b}{a}\int_0^a \sqrt{a^2 - x^2}\mathrm{d}x.$$

令 $x = a\sin t$, 则当 t 由 0 变到 $\dfrac{\pi}{2}$ 时, x 由 0 变到 a,

$$\sqrt{a^2 - x^2} = a\cos t, \qquad \mathrm{d}x = a\cos t\mathrm{d}t,$$

所以

$$\int_0^a \sqrt{a^2 - x^2}\mathrm{d}x = \int_0^{\frac{\pi}{2}} a^2\cos^2 t\mathrm{d}t = \frac{a^2}{2}\int_0^{\frac{\pi}{2}}(1 + \cos 2t)\mathrm{d}t$$

$$= \frac{a^2}{2}\left(t + \frac{1}{2}\sin 2t\right)\Bigg|_0^{\frac{\pi}{2}} = \frac{\pi a^2}{4},$$

从而得到
$$S = 4\frac{b}{a}\cdot\frac{\pi a^2}{4} = \pi ab.$$

特别地, 当 $a = b$ 时, 就得到圆 $x^2 + y^2 \leqslant a^2$ 的面积为 πa^2.

例 3.28 根据定积分的几何意义, 从几何直观上看, 显然有下述结论:

(1) 若 $f(x)$ 在 $[-a, a]$ 上是偶函数, 则

$$\int_{-a}^{a} f(x)\mathrm{d}x = 2\int_{0}^{a} f(x)\mathrm{d}x; \tag{2}$$

(2) 若 $f(x)$ 在 $[-a, a]$ 上是奇函数, 则

$$\int_{-a}^{a} f(x)\mathrm{d}x = 0. \tag{3}$$

上述结论可利用定积分的换元公式证明如下:

$$\int_{-a}^{a} f(x)\mathrm{d}x = \int_{-a}^{0} f(x)\mathrm{d}x + \int_{0}^{a} f(x)\mathrm{d}x. \tag{4}$$

令 $x = -t$, 有

$$\int_{-a}^{0} f(x)\mathrm{d}x = \int_{a}^{0} f(-t)(-\mathrm{d}t) = \int_{0}^{a} f(-t)\mathrm{d}t. \tag{5}$$

当 $f(x)$ 为偶函数时, $f(-t) = f(t)$, 有 $\displaystyle\int_{-a}^{0} f(x)\mathrm{d}x = \int_{0}^{a} f(t)\mathrm{d}t$, 代入 (4) 式得 (2) 式.

当 $f(x)$ 为奇函数时, $f(-t) = -f(t)$, 有 $\displaystyle\int_{-a}^{0} f(x)\mathrm{d}x = -\int_{0}^{a} f(t)\mathrm{d}t$, 代入 (4) 式得 (3) 式.

二、定积分的分部积分公式

将等式

$$u\mathrm{d}v = \mathrm{d}(uv) - v\mathrm{d}u$$

两边对 x 从 a 到 b 积分, 利用牛顿 – 莱布尼茨公式即可得到下面的定理.

定理 3.8 若 $u'(x)$ 和 $v'(x)$ 在 $[a, b]$ 上连续, 则有

$$\int_{a}^{b} uv'\mathrm{d}x = (uv)\Big|_{a}^{b} - \int_{a}^{b} u'v\mathrm{d}x.$$

例 3.29 求 $\displaystyle\int_{1}^{3} \ln x\mathrm{d}x$.

解

$$\begin{aligned}
\int_{1}^{3} \ln x\mathrm{d}x &= (x\ln x)\Big|_{1}^{3} - \int_{1}^{3} x\mathrm{d}\ln x \\
&= 3\ln 3 - \int_{1}^{3} x \cdot \frac{1}{x}\mathrm{d}x \\
&= 3\ln 3 - x\Big|_{1}^{3} = 3\ln 3 - 2.
\end{aligned}$$

例 3.30 $\displaystyle\int_1^{\pi/2} x\cos x\mathrm{d}x.$

解

$$\int_1^{\pi/2} x\cos x\mathrm{d}x = \int_1^{\pi/2} x\mathrm{d}\sin x$$

$$= (x\sin x)\Big|_1^{\pi/2} - \int_1^{\pi/2}\sin x\mathrm{d}x$$

$$= \frac{\pi}{2} - \sin 1 - \cos 1.$$

习　题　3.6

计算下列定积分:

1. $\displaystyle\int_0^{\sqrt{\pi}} x\sin x^2\mathrm{d}x;$

2. $\displaystyle\int_1^{\mathrm{e}} \frac{1+\ln x}{x}\mathrm{d}x;$

3. $\displaystyle\int_0^{\ln 3} \frac{\mathrm{d}x}{1+\mathrm{e}^x};$

4. $\displaystyle\int_{-2}^{0} \frac{\mathrm{d}x}{x^2+2x+2};$

5. $\displaystyle\int_0^{\ln 2} x\mathrm{e}^{-x}\mathrm{d}x;$

6. $\displaystyle\int_1^{\mathrm{e}} x\ln x\mathrm{d}x;$

7. $\displaystyle\int_{-\pi}^{\pi} x\sin\frac{x}{2}\mathrm{d}x;$

8. $\displaystyle\int_0^1 \mathrm{e}^{\sqrt{x}}\mathrm{d}x;$

9. $\displaystyle\int_0^1 x\arctan x\mathrm{d}x;$

10. $\displaystyle\int_0^{\sqrt{2}} x^3\mathrm{e}^{-x^2}\mathrm{d}x.$

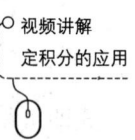
视频讲解
定积分的应用

§3.7　定积分的应用

一、求平面图形的面积　微元法

由定积分的几何意义可以知道, 连续曲线 $y=f(x)$ 和直线 $x=a$, $x=b$ $(a<b)$, 以及 x 轴所围成的图形的面积 S 为

$$S = \int_a^b |f(x)|\mathrm{d}x. \tag{1}$$

(1) 式中的被积表达式 $|f(x)|\mathrm{d}x$ 相当于无限细分高为 $|f(x)|$、底为 $\mathrm{d}x$ 的微小矩形的面积, 称为面积的**微元**, 亦即面积函数 $S(x)$ 的微分 $\mathrm{d}S$, $\mathrm{d}S=|f(x)|\mathrm{d}x$. 这种先求出一个总量的微元, 再积分得到该总量的方法, 叫做求定积分的**微元法**, 常被用来求解实际问题.

例 3.31 求曲线 $y = \sin x \left(0 \leqslant x \leqslant \frac{3}{2}\pi \right)$ 与 x 轴及直线 $x = \frac{3}{2}\pi$ 所围图形 (如图 3.8) 的面积 S.

解

$$S = \int_0^{\frac{3\pi}{2}} |\sin x| \mathrm{d}x$$

$$= \int_0^\pi \sin x \mathrm{d}x + \int_\pi^{\frac{3\pi}{2}} (-\sin x) \mathrm{d}x$$

$$= -\cos x \Big|_0^\pi + \cos x \Big|_\pi^{\frac{3}{2}\pi} = 3.$$

此题也可利用 $\sin x$ 的性质求解如下:

$$S = 3 \int_0^{\frac{\pi}{2}} \sin x \mathrm{d}x = 3(-\cos x) \Big|_0^{\frac{\pi}{2}} = 3.$$

如果平面图形是由连续曲线 $y = f(x)$, $y = g(x)$ 以及 $x = a$, $x = b$ $(a < b)$ 所围成 (图 3.9), 则其面积微元为 $|f(x) - g(x)| \mathrm{d}x$, 面积 S 为

$$S = \int_a^b |f(x) - g(x)| \mathrm{d}x. \tag{2}$$

(1) 式相当于 $g(x) \equiv 0$.

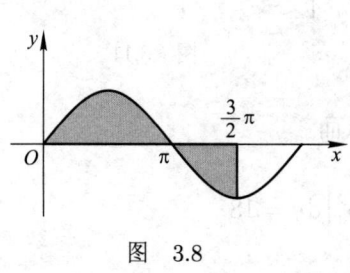

图 3.8

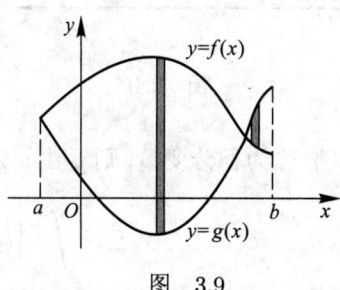

图 3.9

例 3.32 求抛物线 $y^2 = x$ 和直线 $y = \frac{x}{2}$ 所围成图形 (图 3.10) 的面积 S.

解 先求两曲线的交点以确定积分上、下限. 解方程组

$$\begin{cases} y^2 = x, \\ y = \frac{x}{2}, \end{cases}$$

得交点为 $(0,\ 0)$ 和 $(4,\ 2)$. 故

$$S = \int_0^4 \left(\sqrt{x} - \frac{x}{2} \right) = \left(\frac{2}{3} x^{\frac{3}{2}} - \frac{1}{4} x^2 \right) \Big|_0^4 = \frac{4}{3}.$$

注意, 此图形也可看成是曲线 $x = y^2$ 和 $x = 2y$ 所围成, 从而可将 y 作为自变量, y 由 0 变到 2, 所围图形的面积也可如下式求得:

$$S = \int_0^2 (2y - y^2)\mathrm{d}y = \left(y^2 - \frac{1}{3}y^3\right)\Big|_0^2 = \frac{4}{3}.$$

这种换一个角度思考的方法, 有时会带来方便, 参看下例.

例 3.33 求 $y^2 = 2x$ 和 $y = x - 4$ 所围成图形的面积.

解 如图 3.11 所示, 这时两曲线的交点为 $(2, -2)$ 和 $(8, 4)$. 如果以 x 作为积分变量, 则要分别在 $[0,\ 2]$ 和 $[2,\ 8]$ 上考虑 S_1 和 S_2 的面积.

$$S_1 = \int_0^2 [\sqrt{2x} - (-\sqrt{2x})]\mathrm{d}x = \frac{16}{3},$$

$$S_2 = \int_2^8 [\sqrt{2x} - (x-4)]\mathrm{d}x = \frac{38}{3},$$

$$S = S_1 + S_2 = 18.$$

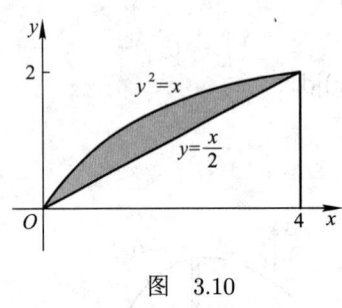

图 3.10

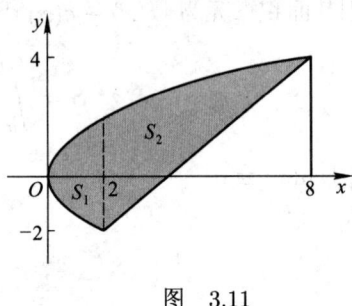

图 3.11

如果以 y 作为积分变量, 则 y 由 -2 变到 4 , 从而

$$S = \int_{-2}^4 \left[(y+4) - \frac{1}{2}y^2\right]\mathrm{d}y = 18.$$

二、求旋转体的体积

设有一物体, 它被垂直于某一直线 (设为 x 轴) 的平面所截的截面面积 $S(x)$ 为 x 的连续函数, 物体在 $x = a$ 与 $x = b$ 之间 (图 3.12). 则 $S(x)\mathrm{d}x$ 就是其体积微元, 而体积

$$V = \int_a^b S(x)\mathrm{d}x. \tag{3}$$

所谓旋转体是指由一个平面图形绕一条直线旋转而成的立体, 该直线称为旋转轴. 例如半圆形绕其直径旋转而得到的一个球体; 矩形绕其一边旋转而得到的一个圆柱体等.

设 $y = f(x)$ 为连续曲线, $x \in [a, b]$, 将 $y = f(x)$ 和 $x = a$, $x = b$ 及 x 轴所围图形绕 x 轴旋转, 求所得旋转体的体积 (图 3.13).

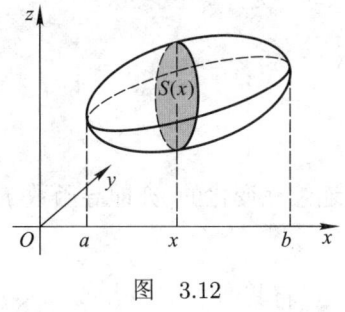
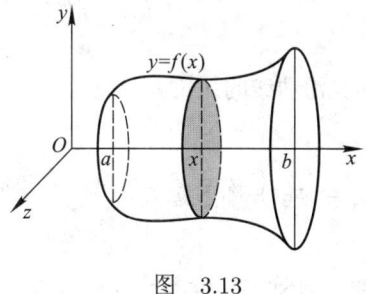

图 3.12   图 3.13

易知这时位于 x 处的截面是半径为 $|f(x)|$ 的圆, 其面积为

$$S(x) = \pi f^2(x).$$

所以由 (3) 式得旋转体的体积为

$$V = \pi \int_a^b f^2(x)\mathrm{d}x = \pi \int_a^b y^2\mathrm{d}x.$$

例 3.34 求高为 h, 底面半径为 r 的圆锥体的体积.

解 如图3.14 所示,该圆锥体可看成是由直线 $y = \dfrac{r}{h}x$, $x = h$ 和 x 轴所围成的直角三角形绕 x 轴旋转而成. 所以

$$V = \pi \int_0^h \frac{r^2}{h^2}x^2\mathrm{d}x = \frac{\pi r^2}{3h^2}x^3 \bigg|_0^h = \frac{1}{3}\pi r^2 h.$$

例 3.35 求椭圆 $\dfrac{x^2}{a^2} + \dfrac{y^2}{b^2} = 1$ 的上半部分与 x 轴所围图形绕 x 轴旋转所成椭球体的体积.

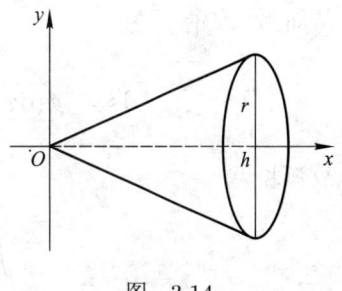

图 3.14

解 $y^2 = b^2\left(1 - \dfrac{x^2}{a^2}\right) = \dfrac{b^2}{a^2}(a^2 - x^2), \quad -a \leqslant x \leqslant a.$

$$V = \pi \int_{-a}^a y^2\mathrm{d}x = 2\pi \frac{b^2}{a^2} \int_0^a (a^2 - x^2)\mathrm{d}x$$

$$= \frac{2\pi b^2}{a^2}\left(a^2 x - \frac{1}{3}x^3\right)\bigg|_0^a = \frac{4}{3}\pi a b^2.$$

如果令 $a = b$, 就得到了半径为 a 的球的体积为 $\dfrac{4}{3}\pi a^3$. 至此, 本书第一版引言中的问题七已圆满解决.

例 3.36 求椭圆 $\dfrac{x^2}{a^2} + \dfrac{y^2}{b^2} = 1$ 的右半部分与 y 轴所围图形绕 y 轴旋转所成椭球体的体积.

解　这时所成椭球体的体积微元为 $\pi x^2 \mathrm{d}y$.

$$V = \pi \int_{-b}^{b} x^2 \mathrm{d}y = 2\pi \frac{a^2}{b^2} \int_{0}^{b} (b^2 - y^2)\mathrm{d}y = \frac{4}{3}\pi a^2 b.$$

三、求平面光滑曲线的弧长

曲线 $y = f(x)$ 称为是光滑的, 如果它的切线是连续地变化的, 亦即导函数 $f'(x)$ 是连续的.

设有光滑曲线 $y = f(x),\ x \in [a,\ b]$. 为求其长度, 可将其细分, 并在每一小段用连接两端点的弦来代替弧, 若无限细分下去, 所有弦长之和的极限就是该曲线的弧长. 如图 3.15 所示, 有微元

$$(\Delta s)^2 = (\Delta x)^2 + (\Delta y)^2,$$

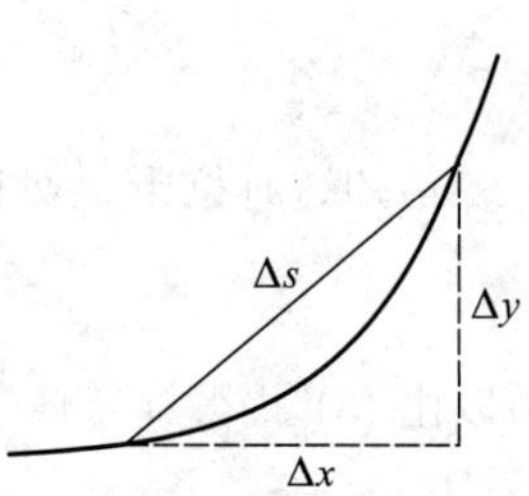

当对光滑曲线无限细分时, 上式转化为

$$(\mathrm{d}s)^2 = (\mathrm{d}x)^2 + (\mathrm{d}y)^2.$$

图　3.15

从而弧长的微元为

$$\mathrm{d}s = \sqrt{(\mathrm{d}x)^2 + (\mathrm{d}y)^2} = \sqrt{1 + \left(\frac{\mathrm{d}y}{\mathrm{d}x}\right)^2}\mathrm{d}x = \sqrt{1 + y'^2}\mathrm{d}x,$$

故弧长为

$$s = \int_{a}^{b} \sqrt{1 + y'^2}\mathrm{d}x = \int_{a}^{b} \sqrt{1 + [f'(x)]^2}\mathrm{d}x. \tag{4}$$

例 3.37　一根柔软不可伸长的链子, 两端固定在空间中的两个定点上 (两点不一定等高), 链子所形成的曲线称为悬链线. 求悬链线 $y = \frac{1}{2}(\mathrm{e}^x + \mathrm{e}^{-x})$ 介于 $x = 0$ 和 $x = a > 0$ 之间的弧长.

解
$$y' = \frac{1}{2}(\mathrm{e}^x - \mathrm{e}^{-x}),$$

$$1 + y'^2 = 1 + \frac{1}{4}(\mathrm{e}^{2x} - 2 + \mathrm{e}^{-2x}) = \frac{1}{4}(\mathrm{e}^{2x} + 2 + \mathrm{e}^{-2x}) = y^2.$$

所以弧长

$$S = \int_{0}^{a} \sqrt{1 + y'^2}\mathrm{d}x = \int_{0}^{a} \frac{1}{2}(\mathrm{e}^x + \mathrm{e}^{-x})\mathrm{d}x$$

$$= \frac{1}{2}(\mathrm{e}^x - \mathrm{e}^{-x})\Big|_{0}^{a} = \frac{1}{2}(\mathrm{e}^a - \mathrm{e}^{-a}).$$

四、在物理学方面的应用

1. 求变速直线运动的路程

在 §3.4 我们已经知道, 如果已知一变速直线运动的瞬时速度为 $v = v(t)$, 则它在时段 $[a, b]$ 内走过的路程为

$$s = \int_a^b v(t)\mathrm{d}t.$$

2. 求变力所做的功

大家知道, 物体在常力 F 作用下沿力的方向移动距离 s, 力 F 对物体所做的功为 $W = Fs$. 如果力 $F = F(x)$ 是一个方向不变 (沿 x 轴正向) 而大小与位置 x 有关的变力, 可以用微元法求出在它的作用下, 物体由 $x = a$ 移动到 $x = b(a < b)$ 时它所做的功 W.

先算得在 $[x, x + \mathrm{d}x]$ 内, 力 $F(x)$ 所做的功 $\mathrm{d}W = F(x)\mathrm{d}x$(此即元功, 功的微元), 再将其积分即得它所做总功为

$$W = \int_a^b F(x)\mathrm{d}x. \tag{5}$$

例 3.38 设地球半径为 R, 质量为 M, 火箭质量为 m.

(1) 计算火箭从地面到离地心为 h 的高度时, 克服地球引力所做的功;

(2) 要使火箭脱离地球引力, 其初速度应当多大 (即求第二宇宙速度).

解 如图 3.16 所示建立坐标系. 由万有引力定律, 当火箭与地心相距 x 时, 地球对火箭的引力为

$$F(x) = -G\frac{Mm}{x^2},$$

式中负号表示地球对火箭的引力指向地心, 与 x 轴的正向相反.

(1) 由公式 (5) , 火箭从地面 A 点发射到与地心相距 h 时, 克服地球引力 $(-F(x))$ 所做的功为

$$W(h) = \int_R^h G\frac{Mm}{x^2}\mathrm{d}x$$

$$= GMm\left(-\frac{1}{x}\right)\Big|_R^h$$

$$= GMm\left(\frac{1}{R} - \frac{1}{h}\right).$$

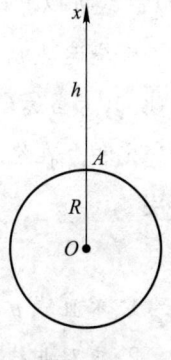

图 3.16

(2) 要使火箭脱离地球引力, 相当于 $h \to +\infty$, 这时克服引力所做的功为

$$W = \frac{GMm}{R}.$$

设火箭初速度为 v, 则其动能为 $\frac{1}{2}mv^2$, 由能量守恒定律知

$$\frac{1}{2}mv^2 = W = \frac{GMm}{R},$$

解得

$$v = \sqrt{\frac{2GM}{R}} \approx 11.2 \text{ km/s}.$$

这就是在中学物理中已学过的第二宇宙速度 (逃逸速度).

在中学物理中我们知道, 利用作圆周运动所需向心力 $f = m\dfrac{v^2}{R}$ 等于万有引力 $F = G\dfrac{mM}{R^2}$, 可以得到第一宇宙速度 (环绕速度)

$$v_1 = \sqrt{\frac{GM}{R}}. \tag{6}$$

由此可见, 逃逸速度 v_2 和环绕速度 v_1 之间的关系是

$$v_2 = \sqrt{2}v_1. \tag{7}$$

2007 年 10 月 24 日我国成功发射了嫦娥一号卫星, 历经 326 h 飞行约 180 万 km 路程于 11 月 7 日进入月球工作轨道, 其间顺利实施了 4 次加速、1 次中途轨道修正、3 次近月制动共 8 次变轨. 报道说, 当嫦娥一号在地月转移轨道上第一次制动时, 运行速度大约是 2.4 km/s, 这是为什么呢? 有了上面的讨论, 我们就可以明白其中的道理了. 因为利用 (6) 式和 (7) 式可以算出, 对于月球而言,

环绕速度 $v_1' \approx 1.68$ km/s, 逃逸速度 $v_2' = \sqrt{2}v_1' \approx 2.38$ km/s.

因此, 只有当速度介于 1.68 km/s 和 2.38 km/s 之间时, 才能成为月球卫星.

定积分在经济学中也有应用, 读者可由本节诸例举一反三, 并考虑后面的习题 11, 自己解决.

习 题 3.7

1. 求直线 $y = x$, $y = 2x$ 和 $y = 2$ 所围图形的面积.

2. 求双曲线 $xy = 1$ 与直线 $y = x$, $y = 2$ 所围图形的面积.

3. 求抛物线 $y = x^2$ 将圆 $x^2 + y^2 \leqslant 2$ 分成的两个部分的面积.

4. 求 $y^2 = 1 - x$ 和 $2y = x + 2$ 所围图形的面积.

5. 求 $x = y^2$ 和 $x = 2y$ 所围图形绕 x 轴旋转所成立体的体积.

6. 求 $y = \cos x \left(-\dfrac{\pi}{2} \leqslant x \leqslant \dfrac{\pi}{2} \right)$ 和 x 轴所围图形绕 x 轴旋转所成立体的体积.

7. 求直线 $2x + y = 3$, $y = 1$, $y = 0$ 和 $x = 0$ 所围成的图形绕 y 轴旋转所得图形的体积.

8. 求曲线 $y = x^{3/2}$ $(0 \leqslant x \leqslant 8)$ 的弧长.

9. 已知一物体的运动速度为

$$v(t) = \begin{cases} \dfrac{1}{2}t^2, & 0 \leqslant t \leqslant 2, \\ 4 - t, & 2 \leqslant t \leqslant 4, \end{cases}$$

求它在时段 $[0,\ 4]$ 内走过的路程.

*10. 有一圆柱形水池高为 $5\ \text{m}$,底面半径为 $3\ \text{m}$,其中盛满了水,现要将水从水池顶全部抽空,问需做多少功?

*11. 设生产某产品的固定成本为 1.2 万元,每月生产 Q 件时边际成本 (单位: 万元) 为 $C_M(Q) = 0.6Q - 0.2$,每件售价为 1.6 万元.

(1) 试求总成本 $C(Q)$、总收入 $R(Q)$、总利润 $L(Q)$;

(2) 当每月生产多少件时利润最大? 最大利润是多少?

§3.8 反常积分

前面讨论的定积分,积分限是有限数,且被积函数有界,但在实际问题中,还会遇到无穷区间或函数在有限区间内无界的情况,因此需要推广定积分的定义,引进无穷限积分和无界函数的积分. 这两种积分统称为 **反常积分** 或 **广义积分**.

一、无穷限积分

如图 3.17 所示,考察曲线 $y = \dfrac{1}{x^2}$ 和直线 $x = 1$, $x = b$ 及 x 轴所围图形的面积 $S(b)$. 易知

$$S(b) = \int_1^b \frac{1}{x^2}\,\mathrm{d}x = -\frac{1}{x}\bigg|_1^b = 1 - \frac{1}{b}.$$

当 b 增大时, $S(b)$ 也增大,但始终有界,且当 $b \to +\infty$ 时, $S(b) \to 1$. 因此, 图 3.17 中阴影区域的面积当 $b \to +\infty$ 时的极限,就是曲线 $y = \dfrac{1}{x^2}$ 和直线 $x = 1$ 及 x 轴所围成的 "无穷曲边梯形" 的面积 S.

$$S = \lim_{b \to +\infty} \int_1^b \frac{1}{x^2} \mathrm{d}x = \lim_{b \to +\infty} \left(1 - \frac{1}{b}\right) = 1.$$

但是, 如果对曲线 $y = \dfrac{1}{x}\ (x \geqslant 1)$ 作同样的考察, 这时有

$$\int_1^b \frac{1}{x} \mathrm{d}x = \ln b \to +\infty \quad (b \to +\infty),$$

即相应区域的面积随 b 的增大而无限增大, "无穷曲边梯形" 就没有有限面积了.

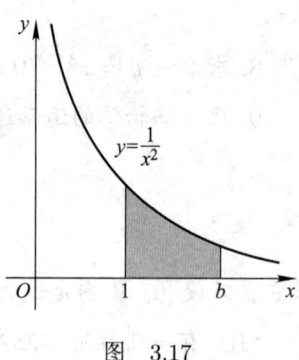

图　3.17

一般地, 我们有下述无穷限积分的定义.

定义 3.4　设 $f(x)$ 在 $[a, +\infty)$ 上有定义, 且对任一实数 $b(b > a)$, $f(x)$ 在有限区间 $[a, b]$ 上都可积, 如果极限

$$\lim_{b \to +\infty} \int_a^b f(x)\mathrm{d}x \tag{1}$$

存在, 则称此极限值 I 为 $f(x)$ 在区间 $[a, +\infty)$ 上的积分, 记作

$$\int_a^{+\infty} f(x)\mathrm{d}x = I = \lim_{b \to +\infty} \int_a^b f(x)\mathrm{d}x. \tag{2}$$

这时也称积分 $\displaystyle\int_a^{+\infty} f(x)\mathrm{d}x$ **收敛**. 如果极限 (1) 不存在, 则称积分 $\displaystyle\int_a^{+\infty} f(x)\mathrm{d}x$ **发散**, 这时它只是一个记号, 而不代表任何数值.

类似地, $f(x)$ 在区间 $(-\infty, b]$ 上的积分定义为

$$\int_{-\infty}^b f(x)\mathrm{d}x = \lim_{a \to -\infty} \int_a^b f(x)\mathrm{d}x. \tag{3}$$

而 $f(x)$ 在区间 $(-\infty, +\infty)$ 上的积分定义为

$$\begin{aligned}
\int_{-\infty}^{+\infty} f(x)\mathrm{d}x &= \int_{-\infty}^c f(x)\mathrm{d}x + \int_c^{+\infty} f(x)\mathrm{d}x \\
&= \lim_{\substack{a \to -\infty \\ b \to +\infty}} \int_a^b f(x)\mathrm{d}x.
\end{aligned} \tag{4}$$

在上述定义中, 前提是等式右端的极限存在. (4) 式中 $a \to -\infty$ 和 $b \to +\infty$ 是独立变化的, c 为任一实数, 极限值与点 c 的选取无关.

由定义 3.4 可知

$$\int_1^{+\infty} \frac{1}{x^2} \mathrm{d}x = 1;$$

例 3.38 中火箭脱离地球引力需做功

$$W = \int_R^{+\infty} G\frac{Mm}{x^2}\mathrm{d}x = G\frac{Mm}{R}.$$

下面我们再看几例.

例 3.39　求 $\int_0^{+\infty} \frac{1}{1+x^2}\mathrm{d}x.$

解
$$\int_0^{+\infty} \frac{1}{1+x^2}\mathrm{d}x = \lim_{b\to+\infty} \int_0^b \frac{1}{1+x^2}\mathrm{d}x = \lim_{b\to+\infty} \arctan b = \frac{\pi}{2}.$$

例 3.40　讨论 $\int_0^{+\infty} \sin x\mathrm{d}x$ 的敛散性.

解　对任意 $b>0$,

$$\int_0^b \sin x\mathrm{d}x = -\cos x\Big|_0^b = 1-\cos b,$$

当 $b\to+\infty$ 时, $1-\cos b$ 没有极限, 故积分 $\int_0^{+\infty} \sin x\mathrm{d}x$ 发散.

例 3.41　求曲线 $y=\mathrm{e}^x$ 和 y 轴及 x 的负半轴所围图形的面积.

解　问题归结为求 $y=\mathrm{e}^x$ 在 $(-\infty,0]$ 上的积分, 即

$$\int_{-\infty}^0 \mathrm{e}^x\mathrm{d}x = \lim_{a\to-\infty} \int_a^0 \mathrm{e}^x\mathrm{d}x = \lim_{a\to-\infty} (1-\mathrm{e}^a) = 1.$$

为方便计, 也记 $\int_{-\infty}^0 \mathrm{e}^x\mathrm{d}x = \mathrm{e}^x\Big|_{-\infty}^0$, 等式右端表示 $\mathrm{e}^0 - \lim\limits_{a\to-\infty} \mathrm{e}^a$.

例 3.42　讨论积分 $\int_{-\infty}^{+\infty} x\mathrm{e}^{-x^2}\mathrm{d}x$ 的敛散性.

解　$\int x\mathrm{e}^{-x^2}\mathrm{d}x = \int \left(-\frac{1}{2}\mathrm{e}^{-x^2}\right)\mathrm{d}(-x^2) = -\frac{1}{2}\mathrm{e}^{-x^2} + C.$

因为对任一实数 c, 有

$$\int_{-\infty}^c x\mathrm{e}^{-x^2}\mathrm{d}x = \left(-\frac{1}{2}\mathrm{e}^{-x^2}\right)\Big|_{-\infty}^c = -\frac{1}{2}\mathrm{e}^{-c^2},$$

$$\int_c^{+\infty} x\mathrm{e}^{-x^2}\mathrm{d}x = \left(-\frac{1}{2}\mathrm{e}^{-x^2}\right)\Big|_c^{+\infty} = \frac{1}{2}\mathrm{e}^{-c^2},$$

二者都收敛, 且

$$-\frac{1}{2}\mathrm{e}^{-c^2} + \frac{1}{2}\mathrm{e}^{-c^2} = 0,$$

所以 $\displaystyle\int_{-\infty}^{+\infty} x\mathrm{e}^{-x^2}\mathrm{d}x$ 收敛于 0.

由此例看到, 如 $f(x)$ 在 $(-\infty,+\infty)$ 上收敛, 则其积分值与点 c 的取法无关.

二、无界函数积分

考虑曲线 $y=\dfrac{1}{\sqrt{1-x}}$ 和直线 $x=0,\,y=0,\,x=1$ 所围区域的面积.

函数 $y=\dfrac{1}{\sqrt{1-x}}$ 当 $x\to 1-0$ 时趋于 $+\infty$, 它在 $[0,1)$ 上是无界的, 因此不能直接用定积分来计算. 但是, 对于任一正数 $\varepsilon<1,\,y=\dfrac{1}{\sqrt{1-x}}$ 在 $[0,1-\varepsilon]$ 上可积. 图 3.18 中阴影部分曲边梯形的面积 $S(\varepsilon)$ 为

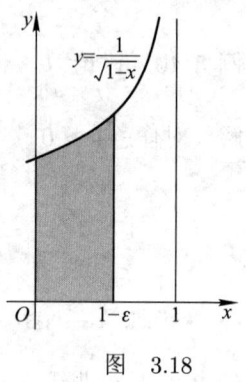

图   3.18

$$S(\varepsilon)=\int_0^{1-\varepsilon}\frac{1}{\sqrt{1-x}}\mathrm{d}x$$

$$=-2\sqrt{1-x}\,\Big|_0^{1-\varepsilon}=2(1-\sqrt{\varepsilon}).$$

显然, 当 $\varepsilon\to 0+0$ 时, $S(\varepsilon)$ 就趋于所求 "无穷曲边梯形" 的面积 S.

定义 3.5   设 $f(x)$ 在 $[a,b)$ 上有定义, 在点 $x=b$ 的邻近无界, 但对任一充分小的正数 ε, $f(x)$ 在 $[a,b-\varepsilon]$ 上可积, 如果极限

$$\lim_{\varepsilon\to 0+0}\int_a^{b-\varepsilon}f(x)\mathrm{d}x \tag{5}$$

存在, 则称此极限值是无界函数 $f(x)$ 在 $[a,b]$ 上的积分, 记为

$$\int_a^b f(x)\mathrm{d}x=\lim_{\varepsilon\to 0+0}\int_a^{b-\varepsilon}f(x)\mathrm{d}x.$$

这时也称反常积分 $\displaystyle\int_a^b f(x)\mathrm{d}x$ 是**收敛**的. 如果极限 (5) 不存在, 则称积分 $\displaystyle\int_a^b f(x)\mathrm{d}x$ **发散**, 这时它只是一个记号, 而不代表任何数值.

由此定义, 我们前面考虑的 "无穷曲边梯形" 的面积

$$S=\int_0^1\frac{1}{\sqrt{1-x}}\mathrm{d}x=\lim_{\varepsilon\to 0+0}\int_0^{1-\varepsilon}\frac{1}{\sqrt{1-x}}\mathrm{d}x=\lim_{\varepsilon\to 0+0}2(1-\sqrt{\varepsilon})=2.$$

如果函数在一点的邻近无界, 则称该点是函数的**奇点**或**瑕点**. 与上述定义类似, 我们有下面的定义:

如果 a 是 $f(x)$ 在区间 $[a,b]$ 上的唯一奇点, $f(x)$ 在 $[a,b]$ 上的积分定义为

$$\int_a^b f(x)\mathrm{d}x = \lim_{\varepsilon \to 0+0} \int_{a+\varepsilon}^b f(x)\mathrm{d}x.$$

如果 $c \in (a,b)$ 是 $f(x)$ 在区间 $[a,b]$ 上的唯一奇点, 则规定当反常积分 $\int_a^c f(x)\mathrm{d}x$ 和 $\int_c^b f(x)\mathrm{d}x$ 都存在时, 称它们的和为反常积分 $\int_a^b f(x)\mathrm{d}x$ 的值. 只要其中有一个不收敛, 就称积分发散. 也就是说, $f(x)$ 在 $[a,b]$ 可积当且仅当正数 ε 和 ε' 独立地趋于零时, 极限

$$\lim_{\varepsilon \to 0+0} \int_a^{c-\varepsilon} f(x)\mathrm{d}x \quad \text{和} \quad \lim_{\varepsilon' \to 0+0} \int_{c+\varepsilon'}^b f(x)\mathrm{d}x$$

都存在, 这时

$$\int_a^b f(x)\mathrm{d}x = \int_a^c f(x)\mathrm{d}x + \int_c^b f(x)\mathrm{d}x.$$

如果 $f(x)$ 在 $[a,b]$ 上有有限个奇点, 或在区间 $[a,\infty)$ 上有奇点, 我们可以把区间分成一些只含一个奇点的区间, 或是分成一些含有一个奇点的有限区间以及一个不含奇点的无穷区间, 分别考虑这些区间上的积分, 当它们都收敛时, 就把它们的和定义为所考虑区间上的积分值.

例如, $\int_0^\infty \dfrac{\mathrm{d}x}{x(x-3)}$ 可分别在 $[0,1],[1,4],[4,\infty)$ 上考虑.

例 3.43 求 $\int_0^1 \ln x\mathrm{d}x$.

解 $x = 0$ 是 $\ln x$ 的奇点.

$$\int_\varepsilon^1 \ln x\mathrm{d}x = x\ln x\Big|_\varepsilon^1 - \int_\varepsilon^1 x \cdot \frac{1}{x}\mathrm{d}x = -\varepsilon\ln\varepsilon - (1-\varepsilon),$$

$$\int_0^1 \ln x\mathrm{d}x = \lim_{\varepsilon \to 0+0} \int_\varepsilon^1 \ln x\mathrm{d}x = \lim_{\varepsilon \to 0+0}(-\varepsilon\ln\varepsilon - 1 + \varepsilon) = -1.$$

例 3.44 求 $\int_{-1}^1 \dfrac{1}{\sqrt{1-x^2}}\mathrm{d}x$.

解 $x = \pm 1$ 都是奇点, 分成 $[-1,0]$ 和 $[0,1]$ 两个区间考虑.

$$\int_{-1}^{1}\frac{1}{\sqrt{1-x^2}}\mathrm{d}x = \int_{-1}^{0}\frac{\mathrm{d}x}{\sqrt{1-x^2}} + \int_{0}^{1}\frac{\mathrm{d}x}{\sqrt{1-x^2}}$$

$$= \lim_{\varepsilon\to 0+0}\int_{-1+\varepsilon}^{0}\frac{\mathrm{d}x}{\sqrt{1-x^2}} + \lim_{\varepsilon'\to 0+0}\int_{0}^{1-\varepsilon'}\frac{\mathrm{d}x}{\sqrt{1-x^2}}$$

$$= \lim_{\varepsilon\to 0+0}(\arcsin x)\Big|_{-1+\varepsilon}^{0} + \lim_{\varepsilon'\to 0+0}(\arcsin x)\Big|_{0}^{1-\varepsilon'}$$

$$= -\arcsin(-1) + \arcsin 1 = \frac{\pi}{2} + \frac{\pi}{2} = \pi.$$

例 3.45 讨论 $\int_{-1}^{1}\frac{1}{x^2}\mathrm{d}x$ 的敛散性.

解　$x=0$ 是奇点, 分别在 $[-1,0]$ 和 $[0,1]$ 上考虑. 由于

$$\int_{-1}^{0}\frac{1}{x^2}\mathrm{d}x = \lim_{\varepsilon\to 0+0}\int_{-1}^{-\varepsilon}\frac{1}{x^2}\mathrm{d}x = \lim_{\varepsilon\to 0+0}\left(-\frac{1}{x}\right)\Big|_{-1}^{-\varepsilon} = \lim_{\varepsilon\to 0+0}\left(\frac{1}{\varepsilon}-1\right),$$

极限不存在, 所以原积分发散.

必须强调指出的是, 当被积函数在积分区间上有奇点时, 切不可贸然按常义的定积分去计算. 例如上例, 如果将 $\int_{-1}^{1}\frac{1}{x^2}\mathrm{d}x$ 按照

$$\left(-\frac{1}{x}\right)\Big|_{-1}^{1} = -1-1 = -2$$

去计算, 那就错了.

习　题　3.8

1. 讨论下列积分的敛散性:

(1) $\int_{-\infty}^{0}\cos x\mathrm{d}x$;　　(2) $\int_{-\infty}^{+\infty}\mathrm{e}^{x}\mathrm{d}x$;　(3) $\int_{-\infty}^{+\infty}\frac{\mathrm{d}x}{1+x^2}$.

2. 求下列反常积分:

(1) $\int_{2}^{+\infty}\frac{\mathrm{d}x}{x\ln^2 x}$;　　(2) $\int_{-\infty}^{+\infty}\frac{\mathrm{d}x}{x^2+2x+2}$.

3. 已知 $\int_{0}^{+\infty}\mathrm{e}^{-x^2}\mathrm{d}x = \frac{\sqrt{\pi}}{2}$, 求 $\int_{0}^{+\infty}\mathrm{e}^{-\frac{t^2}{2}}\mathrm{d}t$ 的值.

*4. 讨论下列积分的敛散性:

(1) $\int_{0}^{1}\frac{\mathrm{d}x}{x(x-3)}$;　　(2) $\int_{0}^{+\infty}\frac{\mathrm{d}x}{x\ln^2 x}$.

*5. 求反常积分 $\int_{0}^{1}\frac{x\mathrm{d}x}{\sqrt{1-x^2}}$.

阅读材料 2　微积分的创立

一、微积分思想溯源

微积分思想的萌芽, 特别是积分学, 部分可以追溯到古代. 自古以来, 面积和体积的计算一直是数学家们感兴趣的课题.

公元前 5 世纪, 希腊学者安蒂丰 (Antiphon, 约公元前 480—约前 411) 在研究化圆为方的问题中, 首先提出了由圆内接正方形出发, 将边数逐次加倍来逼近圆面积的"穷竭法". **阿基米德** (Archimedes, 公元前 287—前 212) 用他发明的"平衡法"求出了球的体积、抛物线弓形的面积等, 然后再用穷竭法给以严格的证明. 他的"平衡法"实质上是一种原始的积分法. 例如, 阿基米德这样来探求球的体积公式: 如图 3.19 所示, 设球的半径为 R, 将球的两极沿 x 轴放置, 使北极 N 与原点重合. 画出矩形 $NABS$ 和 $\triangle NSC$ 并绕 x 轴旋转, 得到一个圆柱体和一个圆锥体. 再从这三个立体中割出与 N 距离为 x、厚为 Δx 的三个竖直薄片, 并都视为扁平的圆柱, 取出球内和圆锥内割出的薄片, 将它们的质心吊在和 N 相距 $2R$ 的点 T 处. 算得这两个薄片关于点 N 的合力矩 l_1, 以及圆柱内割出的薄片在原来的位置处关于点 N 的力矩 l_2, 则有 $l_1 = 4l_2$. 把所有这些薄片关于点 N 的力矩相加, 便可得到

$$2R(\text{球的体积} + \text{圆锥的体积}) = 4R(\text{圆柱的体积}),$$

从而有

$$2R\left[\text{球的体积 } V + \frac{1}{3}\pi(2R)^2 \cdot 2R\right] = 4R \cdot \pi R^2 \cdot 2R,$$

所以

$$V = \frac{4}{3}\pi R^3.$$

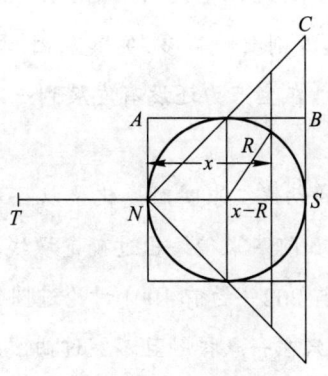

图　3.19

阿基米德进而用穷竭法证明了这一结果. 上述阿基米德基于杠杆原理的"平衡法", 实质上就是我们在 §3.7 中介绍过的微元法, 体现了定积分的基本思想.

公元 263 年, 中国魏晋时期的数学家刘徽撰《九章算术注》, 提出从圆内接正六边形出发, 将边数逐次加倍去逼近圆的"割圆术", 指出"割之弥细, 所失弥少. 割之又割, 以至于不可割, 则与圆合体而无所失矣". 他一直计算到 192 边形, 得到圆周率的近似值 $157/50 = 3.14$, 即著名的"徽率". 刘徽还在推证一些立体体积公式时灵活地使用了两种无限小方法: 极限方法和不可分量方法. 他在推算球体积公式时创造了一个新的立体图形"牟合方盖", 即在一立方体内作两个互相垂直的内切圆柱, 两圆柱相交的部分. 牟合方盖恰好把立方体的内切球包含在内并且与它相切. 刘徽指出该内切球的体积与牟合方盖体积之比为 $\frac{\pi}{4}$. 但刘徽未能求出牟合方盖的体积, 因此也未能得到球体积的公式.

这一难题被**祖冲之** (429 — 500) 和他的儿子**祖暅** (5 — 6 世纪) 所解决. 祖暅在其父研究的基础上提出了一条原理"幂势既同, 则积不容异". "幂"指水平截面积, "势"则指高. 这一原理的意思是: 两等高立体图形, 若在所有等高处的水平截面积相等, 则这两个立体体积相等. 利用这一原理, 他证明了整个牟合方盖的体积为 $\frac{16}{3}r^3$(r 为球半径), 再由刘徽所得结果, 即知球的体积为

$$V = \frac{16}{3}r^3 \cdot \frac{\pi}{4} = \frac{4}{3}\pi r^3 = \frac{1}{6}\pi D^3,$$

D 为直径. 这是中国数学史上第一次获得的正确的球体积公式.

刘徽的割圆术和祖暅原理都体现了微积分的基本思想. 祖暅原理即 1635 年意大利学者**卡瓦列里** (F.B.Cavalieri,1598— 1647) 提出的"不可分量原理"(后称卡瓦列里原理)"两个等高的立体, 如果它们的平行于底面且离开底面有相等距离的截面面积之间总有给定的比, 那么这两个立体的体积之间也有同样的比." 这一原理刘徽已经实际使用过, 但祖暅首次明确地将它作为一般原理提出来, 这比卡瓦列里早了 1 000 年.

与积分学相比, 微分学的起源则要晚得多. 究其原因, 积分学研究的问题是静态的, 而微分学则是动态的, 它涉及运动. 在生产力还没有发展到一定阶段的时候, 微分学是不会产生的.

微分学主要来源于求曲线的切线、求瞬时变化率以及求函数的极值等问题. 古希腊学者曾进行过作曲线切线的尝试, 如阿基米德给出过确定螺线在给定点处的切线的方法; 阿波罗尼奥斯 (Apollonius, 约公元前 262—约前 190) 讨论过圆锥曲线的切线等, 但都是基于静态的观点, 把切线看作是与曲线只在一点接触且不穿过曲线的"切触线", 而与动态变化无关. 古代和中世纪中国学者在天文历法研究中也涉及天体运动的不均匀性及有关的极值问

题, 如郭守敬《授时历》中求"月离迟疾"(月亮运行的最快点和最慢点)、月亮白赤道交点与黄赤道交点距离的极值等, 但都以数值手段"招差术"(即有限差分计算)来处理, 从而回避了连续变化率. 总之在 17 世纪以前, 真正意义上的微分学研究的例子是很罕见的.

二、17 世纪上半叶的攻坚

14—17 世纪初席卷欧洲的文艺复兴运动, 大大促进了思想的解放和文化的变革; 美洲新大陆的发现, 颠覆了人们的传统思维; 运用实验手段和数学方法探索客观世界的规律逐渐成为人们的共识. 这一切为近代科学技术的发展打下了思想基础.

17 世纪欧洲资本主义开始发展, 精密科学从当时的生产与社会生活中获得巨大动力. 航海业的发展, 要求精确地测定经纬度, 描绘各种船体的曲线、曲面, 计算各种不同形状物体的面积、体积, 确定物体的重心; 资本主义工场手工业的发展, 造船学、机器制造、建筑学、堤坝及运河的修建、弹道学及一般的军事问题等, 促进了力学的发展. 天文学、力学、光学等领域发生了一系列重大事件.

1608 年, 荷兰眼镜制造商里帕席发明了望远镜, 不久, 意大利学者**伽利略**利用自制的天文望远镜得到了令世人惊奇不已的天文发现. 望远镜的光程设计需要确定透镜曲面上任一点处的法线, 从而迫使人们必须解决求任意曲线的切线问题;

1619 年, 德国学者**开普勒** (J.Kepler,1571—1630) 公布了他的行星运动第三定律 (行星绕太阳公转周期的平方, 与其椭圆轨道的半长轴的立方成正比). 先前他还公布过两条定律 (行星运动的轨道是椭圆, 太阳位于该椭圆的一个焦点; 由太阳到行星的矢径在相等的时间内扫过的面积相等), 这三条定律是开普勒通过观测资料归纳出来的经验定律, 能否利用数学来推证它们成为一个热点课题.

1638 年, 伽利略《关于两门新科学的对话》出版, 其中的自由落体定律、动量定律、弹道的抛物线性质及炮弹最大射程在发射角为 45° 时达到的论断等, 激起了人们对他所确立的动力学概念与定律作精确的数学表达的巨大热情.

这一切标志着自然科学开始迈入综合与突破的阶段, 使微分学的基本问题: 确定变速运动的瞬时变化率和求曲线的切线问题, 空前地成为人们关注的热点; 也使寻求轨道的近日点与远日点、炮弹的最大射程等涉及的函数极值问题亟待解决. 与此同时, 行星沿轨道运动的路程、行星矢径扫过的面积等的计算问题也再一次激发起对积分学的基本问题: 求曲线弧长、面积、体积等的巨大兴趣. 在 17 世纪上半叶, 几乎所有的科学大师都致力于寻求解决这些难题的新的数学工具, 并取得了迅速的发展, 其中, 最有代表性的工作有:

1615 年开普勒发表《测量酒桶的新立体几何》, 用无数个无限小元素之和来确定曲边

形的面积和旋转体的体积;

1635 年,卡瓦列里在《用新方法促进的连续不可分量的几何学》中发展了不可分量方法. 他认为线是由无限多个点组成;面是由无限多条平行线段组成;立体则是由无限多个平行平面组成. 他分别把这些元素叫做线、面和体的"不可分量"(indivisible),并建立了前面提到的"卡瓦列里原理",由此计算出许多立体图形的体积. 特别是,1639 年他还利用平面上的这一原理建立了与下述积分

$$\int_0^a x^n \mathrm{d}x = \frac{a^{n+1}}{n+1}$$

等价的基本结果,使早期积分学突破了体积计算的现实原型而向一般算法过渡;

1637 年,法国数学家、哲学家**笛卡儿**在其哲学著作《更好地指导推理和寻求科学真理的方法论》的附录《几何学》中论述了解析几何的基本思想与方法. 另一位法国数学家**费马** 1629 年在其《论平面和立体的轨迹引论》中,从另一个角度阐述了解析几何的原理. 解析几何的诞生将变量引进了数学,并且借助于坐标法,使得运用代数方法研究几何问题成为可能.

笛卡儿在《几何学》中提出了求切线的所谓"圆法",它本质上是一种代数方法. 牛顿就是以笛卡儿圆法为起点而踏上研究微积分的道路的.

1637 年,费马给出了一种求极值的代数方法. 为求 $f(x)$ 的极值点 a,他先用 $a+e$ 代替 a,并使 $f(a+e)$ 与 $f(a)$ "逼近"(adequatio),即

$$f(a+e) \sim f(a),$$

消去公共项后,用 e 除两边,再令 e 消失,即

$$\left[\frac{f(a+e)-f(a)}{e}\right]_{e=0} = 0,$$

由此方程求得的 a 就是 $f(x)$ 的极值点. 费马还将这样的方法用于求曲线的切线和求平面与立体图形的重心. 费马的方法几乎相当于现今微分学中所用的方法,只是以符号 e 代表增量 Δx. 但他只是把这一方法作为解决一些具体的几何问题的特有方法,而没有看到它具有普遍意义的本质.

牛顿的老师**巴罗**(I.Barrow,1630—1677)也给出了求曲线切线的方法,他的方法在本质上已经用了"微分三角形"的概念. 如图 3.20 所示,设有曲线 $f(x,y)=0$,欲求其上点 $P(x,y)$ 处的切线,巴罗考虑一段"任意小的弧" $\overset{\frown}{PQ}$,它是由增量 $QR=e$ 引起的,PQR 就是所谓的微分三角形. 巴罗认为当这个三角形越来越小时,它与 $\triangle PTM$ 应趋近于相似,设 $TM=t$ 则有

$$\frac{PM}{TM} = \frac{PR}{QR},$$

即
$$\frac{y}{t} = \frac{a}{e}.$$

因 P,Q 在曲线上,故应有

$$f(x,y) = f(x-e, y-a) = 0.$$

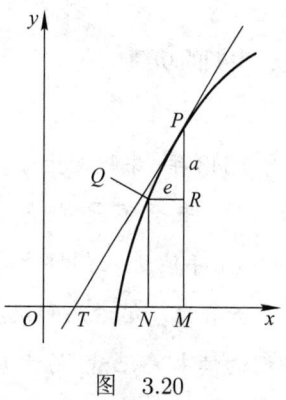

图 3.20

在上式中消去一切含有 e,a 的幂或二者乘积的项,从所得方程中解出 $\frac{a}{e}$,即得切线斜率 $\frac{y}{t}$,于是可得到 t 值而作出切线.巴罗的方法实质上是把切线看作是当 a 和 e 趋于零时割线 $\overline{PQ}$ 的极限位置,并通过忽略高阶无穷小来取极限.其中,a 和 e 分别相当于 $\mathrm{d}y$ 和 $\mathrm{d}x$,而 $\frac{a}{e}$ 则相当于 $\frac{\mathrm{d}y}{\mathrm{d}x}$.

英国数学家**沃利斯** (J. Wallis,1616— 1703) 在 1655 年的著作《无穷算术》中用他的方法证明了相当于

$$\int_0^a x^{1/q}\mathrm{d}x = \frac{1}{(1/q)+1} a^{(1/q)+1}$$

的结果,并猜想到

$$\int_0^a x^{p/q}\mathrm{d}x = \frac{1}{(p/q)+1} a^{(p/q)+1}.$$

他还通过计算四分之一单位圆的面积得到 π 的无穷乘积表达式

$$\frac{\pi}{2} = \frac{2\cdot 2\cdot 4\cdot 4\cdot 6\cdot 6\cdot 8\cdot 8\cdots}{1\cdot 3\cdot 3\cdot 5\cdot 5\cdot 7\cdot 7\cdot 9\cdots}.$$

沃利斯的工作直接引导牛顿发现了有理数幂的二项式定理,而这一定理作为有力的代数工具在微积分的创立中发挥了重要作用.

综上所述,17 世纪上半叶一系列前驱性的工作,沿着不同的方向向微积分的大门逼近.但所有这些努力还不足以标志微积分作为一门独立学科的诞生.这些前驱者解决了不少有关求切线、变化率、极值、面积和体积的问题,但那是被作为不同的类型处理的,虽然也有人注意到了某些联系,如费马用同样的方法求函数的极值和曲线的切线,巴罗的求切线方法实际上是求变化率的几何版本等.然而并没有人能将这些联系作为一般规律明确提出,而作为微积分的主要特征的微分与积分的互逆关系虽然在特殊场合已被某些学者邂逅,如巴罗在《几何学讲义》中有一条定理以几何形式表达了切线问题是面积问题的逆问题.但他本人完全没有认识到这一事实的重要意义.正如数学家克莱因 (M.Kline,1908—1992) 所评述的那样"数学和科学中的巨大进展,几乎总是建立在几百年中作出一点一滴贡献的许多人的工作之上的,需要有一个人来走那最高和最后的一步,这个人要能足够敏锐地从纷乱的猜测和说明中清理出前人的有价值的想法,有足够想象力把这些碎片重新组织起来,并且足够

大胆地制定一个宏伟的计划. 在微积分中, 这个人就是伊萨克·牛顿". 另一位则是德国数学家莱布尼茨.

三、牛顿的功绩

1643 年, 牛顿诞生于英格兰的一个农民家庭, 出生前父亲已离开了人间, 出生后勉强存活. 少年牛顿不是神童, 成绩并不突出, 但酷爱读书与制作玩具. 1661 年他进入剑桥大学三一学院, 受教于巴罗. 同时钻研伽利略、开普勒、笛卡儿和沃利斯等人的著作. 从三一学院保存至今的牛顿的读书笔记看, 笛卡儿的《几何学》和沃利斯的《无穷算术》对他数学思想的形成影响最深.

牛顿

牛顿对微积分问题的研究始于 1664 年秋, 他反复阅读笛卡儿的《几何学》, 对笛卡儿求切线的 "圆法" 产生兴趣并试图寻找更好的方法. 他创造了用小 o 记号表示 x 的无限小且最终趋于零的增量. 因瘟疫流行, 剑桥大学于 1665 年 8 月关闭, 牛顿在回家乡躲避的两年间, 潜心探讨, 取得突破. 1665 年 11 月发明 "正流数术" (微分法), 次年 5 月建立 "反流数术" (积分法), 1666 年 10 月将研究成果整理成文, 虽未正式发表, 但在同事中传阅, 此文现以《流数简论》(Tract on Fluxions) 著称. 这是历史上第一篇系统的微积分文献, 牛顿在文中以速度的形式引进了 "流数" (即微商) 的概念, 建立了统一的算法及其逆运算. 特别重要的是讨论了如何借助于这种逆运算求面积, 从而建立了 "微积分学基本定理". 这样, 牛顿就将自古希腊以来求解无限小问题的各种特殊技巧统一为两类普遍的算法: 正、反流数术亦即微分与积分, 并证明了二者的互逆关系, 从而将这两类运算进一步统一成整体. 这是他超越前人的功绩, 正是在这样的意义下, 我们说牛顿发明了微积分. 在这一文献中, 牛顿将他建立的统一算法应用于求曲线切线、曲率、拐点、曲线求长、求积、求引力与引力中心等 16 类问题, 展示了他的算法的极大的普遍性与系统性.

《流数简论》标志着微积分的诞生, 但它在许多方面是不成熟的. 1667 年春, 牛顿回到剑桥后直到 1693 年, 他始终不渝努力改进、完善自己的微积分学说, 先后写成了三篇论文. 分别简称为《分析学》(完成于 1669 年)、《流数法》(完成于 1671 年) 和《曲线求积术》(完成于 1691 年). 其中《曲线求积术》是牛顿最成熟的微积分著述, 其中提出的 "首末比方法" 相当于求函数自变量与因变量变化之比的极限, 因而成为极限方法的先导. 在该文中还第一次引进了后来被普遍采用的流数记号: $\dot{x}, \ddot{x}$ (分别表示 x 的一阶导数、二阶导数) 等.

　　牛顿对于发表自己的科学著作态度谨慎,大多是在朋友的再三催促下才拿出来发表.其微积分学说最早的公开表述出现在 1687 年出版的力学名著《自然哲学的数学原理》(简称《原理》) 中;《曲线求积术》1704 年载于《光学》附录;《分析学》发表于 1711 年; 而《流数法》则是在牛顿逝世 9 年后的 1736 年才正式发表.

　　爱因斯坦曾盛赞牛顿的《原理》是"**无比辉煌的演绎成就**".该书开始通过一组引理建立了"首末比法",继而从三条基本力学定律出发,运用微积分工具严格证明了开普勒行星运动三定律、万有引力定律等结论,并将微积分应用于流体运动、声、光、潮汐、彗星乃至宇宙体系,充分显示了这一新数学工具的威力.

　　牛顿是一位科学巨人,现存牛顿手稿中仅数学部分就达 5 000 多页,**莱布尼茨**曾评价道 "综观有史以来的全部数学,牛顿做了一多半的工作." 拉格朗日读完《原理》后感叹道 "牛顿是历史上最杰出的天才,也是最幸运的,因为宇宙的体系只能被发现一次". 但牛顿晚年对自己的评价却是 "我不知道世人如何看我,可我自己认为,我好像只是一个在海边玩耍的小孩,不时为捡到比通常更光滑的石子或更美丽的贝壳而高兴,而展现在我面前的是完全未被探明的真理的大海". 有一次他在谈到自己的光学发现时说 "如果说我比别人看得远些,那是因为我站在巨人们的肩膀上". 还有一次当别人问他是怎样作出自己的科学发现时,他回答道 "心里总是装着研究的问题,等待那最初的一线希望渐渐变成普照一切的光明!" 据他的助手回忆,牛顿往往一天伏案工作 18 小时左右,仆人常常发现送到书房的午饭和晚饭一口未动. 偶尔去食堂用餐,出门便陷入思考,兜个圈子又回到住所. 惠威尔在《归纳科学史》中写道 "除了顽强的毅力和失眠的习惯,牛顿不承认自己与常人有什么区别." 牛顿性格内向,冷漠艺术,终身未婚. 赫胥黎 (T.H.Huxley, 1825—1895) 评价牛顿说 "作为凡人无甚可取,作为巨人无与伦比."

四、莱布尼茨的功绩

　　莱布尼茨 1646 年生于德国莱比锡一个道德哲学教授家庭,1667 年获法学博士学位.1672 年出使巴黎,在巴黎的四年中,他由于和荷兰数学家、物理学家惠更斯 (C.Huygens, 1629—1695) 的交往而激发起对数学的兴趣,并通过对卡瓦列里、帕斯卡 (B.Pascal, 1623—1662)、巴罗等人的著作,了解和研究求曲线的切线以及求面积、体积等微积分问题.他在对巴罗"微分三角形"的研究中认识到:求曲线的切线依赖于纵坐标的差值与横坐标的差值当这些差值变成无限小时之比;而求曲线下的面积则依赖于无限小区间上的纵坐标与区间长度乘积之和 (即宽度为无限小的矩形面积之和),他还看出了这两类问题的互逆关系并着手建立一种更一般的算法, 将以往解决这两类问题的各种结果和技巧统一起来.

1684 年莱布尼茨发表了他的第一篇微分学论文《一种求极大与极小值和求切线的新方法》(简称《新方法》), 这也是数学史上第一篇公开发表的微积分文献. 其中定义了微分, 广泛采用了微分记号 dx, dy, 并明确陈述了我们现已熟知的函数和、差、积、商、乘幂与方根的微分公式, 得到了复合函数的链导法则, 以及乘积的高阶微分法则. 书中还包含了微分法在求极值、求拐点以及光学等方面的运用.

莱布尼茨

1686 年莱布尼茨又发表了他的第一篇积分学论文《深奥的几何与不可分量及无限的分析》, 该文初步论述了积分或求积问题与微分或切线问题的互逆关系. 积分号 $\int$ 第一次出现于印刷出版物上, 并为后人广泛接受沿用至今.

莱布尼茨是数学史上最伟大的符号学者. 他曾说: "**要发明就得挑选恰当的符号, 要做到这一点, 就要用含义简明的少量符号来表达或比较忠实地描绘事物的内在的本质, 从而最大限度地减少人的思维劳动.**" 他非常重视选择精巧的符号, 非常重视形式运算法则和公式系统. 而相比之下, 牛顿对符号则不太讲究, 他也发现并运用微分运算法则, 但没有费心去陈述一般公式, 而更大的兴趣是微积分方法的直接应用.

莱布尼茨博学多才, 其著作涉及数学、力学、机械、地质、逻辑、哲学、法律、外交、神学和语言学等. 他是二进制记数法的发明人, 并且发现中国古书《易经》中的 64 卦图可用二进制数给以很好的数学解释. 他制作过一台能作四则运算的计算机于 1674 年在巴黎科学院当众演示. 他是柏林科学院的创建者和首任院长, 彼得堡科学院、维也纳科学院是在他的倡议下成立的, 他甚至曾写信给康熙皇帝建议成立北京科学院.

五、小结

微积分的诞生具有划时代的意义, 是数学史上的分水岭和转折点. 数学由固定不变的、有限的常量数学, 成为运动变化的、无限的变量数学.

微积分是时代的产物, 是人类社会生产力发展到资本主义阶段的必然产物.

微积分学是人类智慧的结晶, 是一代代学者不懈探索、不断积累的结晶, 是由量变到质变的飞跃. 是牛顿和莱布尼茨在继承前人成果的基础上创造性地实现了这一飞跃.

牛顿和莱布尼茨都是他们时代的巨人. 就微积分的创立而言, 牛顿主要是从力学的概念出发, 莱布尼茨主要是从几何和哲学的角度出发, 他们的成果尽管在背景、方法和形式上存在差异, 各有特色, 但功绩是相当的. 他们都使微积分成为能普遍适用的算法, 都揭示了微分与积分的本质和二者之间的内在联系. 他们的手稿证明, 他们确实是相互独立地完成了微积分的发明. 就发明时间而言, 牛顿早于莱布尼茨; 就发表时间而言, 莱布尼茨则早于牛顿.

关于微积分方法的发现, 牛顿在 1687 年《原理》前言中说"十年前, 我在给学问渊博的数学家莱布尼茨的信中曾指出: 我发现了一种方法, ……这位名人回信说他也发现了类似的方法, 并把他的方法给我看了, 他的方法与我的方法大同小异, 除了用语、符号、算式和量的产生方式外, 没有实质性的区别."这可以说是对微积分发明权的客观说明, 但在《原理》第三版中被删去了, 原因是局外人的挑起, 在 18 世纪前几十年里欧洲爆发了关于微积分发明权问题的争端, 争论在双方的追随者之间愈演愈烈, 直到莱布尼茨和牛顿都去世以后才逐渐平息并得到解决. 但由于这场争端导致了 18 世纪英国和欧陆国家在数学发展上的分道扬镳. 优先权争议的"胜利"满足了英国的自尊心, 但使他们对莱布尼茨符号体系持有一种冷淡的态度, 他们固守牛顿的传统, 墨守牛顿《原理》中的几何方法, 从而严重阻碍了英国数学的发展, 逐渐远离分析的主流. 而欧陆国家的数学家在发展莱布尼茨微积分方法的基础上取得了分析学的巨大的发展.

第四章 无穷级数

§4.1 数项级数

视频讲解

数项级数收敛的概念

一、 基本概念

有限个数相加必定有确定的和, 但无限多个数相加就未必了. 例如级数 $\sum\limits_{n=1}^{\infty}(-1)^n$ 前偶数个项相加为 0, 前奇数个项相加为 -1, 就没有和. 从有限项求和到无限项求和是一个质的变化, 解决问题的途径是借助有限项的和来探究无限项的和, 而从有限到无限的转化仍然要用极限方法. 设给定数项级数

$$u_1 + u_2 + \cdots + u_n + \cdots, \tag{1}$$

其前 n 项的和

$$S_n = \sum_{k=1}^{n} u_k = u_1 + u_2 + \cdots + u_n$$

称为级数 (1) 的前 n 项部分和, 数列 $\{S_n\}$ 称为级数 (1) 的部分和数列.

定义 4.1 若级数 $\sum\limits_{n=1}^{\infty} u_n$ 的部分和数列 $\{S_n\}$ 收敛于有限值 S, 即 $\lim\limits_{n\to\infty} S_n = S$, 则称级数

$\sum\limits_{n=1}^{\infty} u_n$**收敛**, 收敛于 S, 称 S 为该级数的**和**, 记为

$$\sum_{n=1}^{\infty} u_n = S.$$

如果部分和数列 $\{S_n\}$ 发散 (没有极限, 或 $|S_n| \to +\infty$), 则称该级数**发散**.

例 4.1 讨论几何级数 (等比级数) $\sum\limits_{n=1}^{\infty} aq^{n-1}(a \neq 0)$ 的敛散性.

解 当 $q = 1$ 时, $S_n = na \to \infty (n \to \infty)$, 所以级数发散;

当 $q \neq 1$ 时, 有 $S_n = \dfrac{a(1-q^n)}{1-q}$,

若 $|q| > 1$, 因为 $q^n \to \infty$ 故 $S_n \to \infty$, 级数发散;

若 $|q| < 1$, $q^n \to 0$, $S_n \to \dfrac{a}{1-q}$, 这时级数收敛;

若 $q = -1$, 级数为 $a - a + a - a + \cdots$, 这时 $S_{2n} = 0, S_{2n+1} = a, \{S_n\}$ 没有极限, 级数发散.

总之, 当 $|q| \geqslant 1$ 时, 级数发散; 当 $|q| < 1$ 时, 级数收敛于 $\dfrac{a}{1-q}$.

古希腊数学家、哲学家**芝诺** (Zeno, 约公元前 490—约前 430) 提出过几个著名的悖论, 其中有一个是说希腊一位善跑的名将阿基里斯(Achilles) 永远追不上一只乌龟, 因为若乌龟的起跑点领先一段距离, 阿基里斯必须首先跑到乌龟的出发点, 而在这段时间里乌龟又向前爬过一段距离, 如此直至无穷. 这一有悖于常理的推断可以用数学来解释清楚.

设阿基里斯 (简称阿) 的速度为 v, 乌龟的速度为 $v/n(n > 1)$, 阿走到乌龟的出发点需时间 t, 这时乌龟又前行了 vt/n 路程, 阿走过这段路程需时 t/n; 这时乌龟又前行了 vt/n^2 路程, 阿走完这段路程需时 t/n^2, 如此下去, 阿追赶乌龟所需时间就是公比为 $\dfrac{1}{n} < 1$ 的等比级数的和:

$$\sum_{k=0}^{\infty} \frac{t}{n^k} = \frac{t}{1 - \dfrac{1}{n}} = \frac{nt}{n-1}.$$

阿基里斯只需用这有限的时间就可以追上乌龟.

二、 基本性质

根据级数收敛的定义和极限运算性质, 可以得到级数的一些基本性质.

设级数的部分和数列为 $\{S_n\}$, 则 $u_n = S_n - S_{n-1}$, 对此式令 $n \to \infty$ 取极限, 即得 $u_n \to 0$. 因此得到级数收敛的必要条件:

性质 4.1(收敛的必要条件)　若级数 $\sum\limits_{n=1}^{\infty} u_n$ 收敛, 则 $u_n \to 0(n \to \infty)$.

由性质 4.1 可知, 只要级数的通项不趋于 0, 则该级数发散. 例如 $\sum\limits_{n=1}^{\infty} \dfrac{n}{2n+1}$ 发散. 但是必须注意, 通项趋于 0 的级数未必收敛 (参看下面的例 4.2).

性质 4.2　若级数 $\sum\limits_{n=1}^{\infty} u_n$ 收敛, a 为任一常数, 则 $\sum\limits_{n=1}^{\infty} au_n$ 也收敛, 并且有

$$\sum_{n=1}^{\infty} au_n = a \sum_{n=1}^{\infty} u_n .$$

性质 4.3　若级数 $\sum\limits_{n=1}^{\infty} u_n$ 和 $\sum\limits_{n=1}^{\infty} v_n$ 均收敛, 则 $\sum\limits_{n=1}^{\infty} (u_n \pm v_n)$ 也收敛, 并且有

$$\sum_{n=1}^{\infty} (u_n \pm v_n) = \sum_{n=1}^{\infty} u_n \pm \sum_{n=1}^{\infty} v_n .$$

由性质 4.3, 利用反证法可知, 若级数 $\sum\limits_{n=1}^{\infty} u_n$ 与 $\sum\limits_{n=1}^{\infty} v_n$ 中有一个收敛, 另一个发散, 则 $\sum\limits_{n=1}^{\infty} (u_n \pm v_n)$ 必定发散. 但是, 如果两个级数都发散, 却不能断定 $\sum\limits_{n=1}^{\infty} (u_n \pm v_n)$ 也发散. 例如 $\sum\limits_{n=1}^{\infty} (-1)^n$ 和 $\sum\limits_{n=1}^{\infty} (-1)^{n+1}$ 都发散, 但 $\sum\limits_{n=1}^{\infty} [(-1)^n + (-1)^{n+1}] = 0$.

性质 4.4　在级数中添加或去掉有限个项, 不会改变此级数的敛散性.

性质 4.5　在一收敛级数中任意添加括号后所成新级数仍然收敛, 且其和不变.

这是因为新级数的部分和数列是原级数部分和数列的一个子数列, 所以二者有相同的极限. 应当注意的是, 一个发散的级数, 添加括号后可能收敛, 例如 $1 - 1 + 1 - 1 + \cdots$ 发散, 而 $(1-1) + (1-1) + \cdots$ 收敛. 因此添加括号后的级数收敛时, 不能断言原来未加括号的级数也是收敛的. 但是作为性质 4.5 的逆否命题, 如果添加括号后的新级数发散, 则原级数必定发散.

例 4.2　讨论调和级数 $\sum\limits_{n=1}^{\infty} \dfrac{1}{n}$ 的敛散性.

解　调和级数的通项 $u_n = \dfrac{1}{n} \to 0(n \to \infty)$. 但如果将它按下面的方法添加括号构成新级数

$$1 + \frac{1}{2} + \left(\frac{1}{3} + \frac{1}{4}\right) + \left(\frac{1}{5} + \frac{1}{6} + \frac{1}{7} + \frac{1}{8}\right) + \left(\frac{1}{9} + \frac{1}{10} + \cdots + \frac{1}{16}\right) + \cdots,$$

并在每个括号内均将其中的数全部换成最后一个数, 则它们均大于 $\dfrac{1}{2}$, 例如:

$$\frac{1}{9} + \frac{1}{10} + \cdots + \frac{1}{16} > 8 \cdot \frac{1}{16} = \frac{1}{2}.$$

因此新级数的部分和 $S_n > \dfrac{n}{2}$, 故新级数发散, 从而原来的调和级数也发散.

注 4.1 一根两端固定的弦在自由振动时, 除了整根弦振动产生基音外, 它的各部分也在振动而产生泛音. $\dfrac{1}{2}$ 段弦振动产生第 1 泛音, $\dfrac{1}{n}$ 段弦振动产生第 $n-1$ 泛音, 泛音和基音听起来是和谐的, 所以统称为谐音. 因此称序列 $\left\{ \dfrac{1}{n} \right\}$ 为谐音序列, 称级数 $\sum \dfrac{1}{n}$ 为调和级数, 二者英文都是 harmonic series.

三、正项级数

每一项均为非负实数的级数称为**正项级数**, 这是最简单的数项级数.

因为正项级数的所有项均非负, 所以其部分和数列 $\{S_n\}$ 单调不减 $(S_{n+1} \geqslant S_n)$. 因此, 如果 $\{S_n\}$ 有上界, 则由 §1.3 极限存在准则 2, 知其极限存在; 又若 $\{S_n\}$ 无界, 则它必无极限. 由此得到正项级数收敛的充要条件.

定理 4.1(正项级数收敛准则) 正项级数收敛的充要条件是它的部分和数列有上界.

由此准则, 可以得到判别正项级数敛散性的一个基本判别法——比较判别法.

定理 4.2(比较判别法) 设 $\displaystyle\sum_{n=1}^{\infty} u_n$ 和 $\displaystyle\sum_{n=1}^{\infty} v_n$ 都是正项级数, 且 $u_n \leqslant v_n (n = 1, 2, \cdots)$, 则

(1) 当 $\displaystyle\sum_{n=1}^{\infty} v_n$ 收敛时, $\displaystyle\sum_{n=1}^{\infty} u_n$ 也收敛;

(2) 当 $\displaystyle\sum_{n=1}^{\infty} u_n$ 发散时, $\displaystyle\sum_{n=1}^{\infty} v_n$ 也发散.

简言之, 就是 "大的收敛, 小的也收敛; 小的发散, 大的也发散."

证 设 $\displaystyle\sum_{n=1}^{\infty} u_n$ 和 $\displaystyle\sum_{n=1}^{\infty} v_n$ 的部分和分别为 U_n 和 V_n, 由 $u_n \leqslant v_n$ 知 $U_n \leqslant V_n$. 当 $\displaystyle\sum_{n=1}^{\infty} v_n$ 收敛时, $\{V_n\}$ 有界, 故 $\{U_n\}$ 亦有界, 所以 $\displaystyle\sum_{n=1}^{\infty} u_n$ 收敛. 当 $\displaystyle\sum_{n=1}^{\infty} u_n$ 发散时, $\{U_n\}$ 无上界, 从而 $\{V_n\}$ 亦无上界, 故 $\displaystyle\sum_{n=1}^{\infty} v_n$ 发散.

注 4.2 由前述基本性质 4.4 可知, 在定理 4.2 中, 条件 $u_n \leqslant v_n (n = 1, 2, \cdots)$ 可以放宽为从某一项以后恒有 $u_n \leqslant v_n (n > N)$.

例 4.3 讨论级数 $\displaystyle\sum_{n=1}^{\infty} \dfrac{1}{2^n + n}$ 的敛散性.

解 因为 $\dfrac{1}{2^n + n} < \dfrac{1}{2^n}$, $n = 1, 2, \cdots$, 而几何级数 $\displaystyle\sum_{n=1}^{\infty} \dfrac{1}{2^n}$ 收敛, 所以 $\displaystyle\sum_{n=1}^{\infty} \dfrac{1}{2^n + n}$ 也

收敛.

例 4.4 讨论 p 级数 $\sum\limits_{n=1}^{\infty} \dfrac{1}{n^p}$ $(p > 0)$ 的敛散性.

解 当 $p = 1$ 时, p 级数是调和级数, 由例 4.2 知其发散.

当 $0 < p < 1$ 时, 因 $\dfrac{1}{n^p} > \dfrac{1}{n}$ $(n = 1, 2, \cdots)$, 从而 $\sum\limits_{n=1}^{\infty} \dfrac{1}{n^p}$ 发散.

当 $p > 1$ 时, p 级数收敛. 其证明如下, 供有兴趣的同学参考.

将 p 级数按如下方法添加括号构成新级数

$$1 + \left(\frac{1}{2^p} + \frac{1}{3^p}\right) + \left(\frac{1}{4^p} + \frac{1}{5^p} + \frac{1}{6^p} + \frac{1}{7^p}\right) + \left(\frac{1}{8^p} + \cdots + \frac{1}{15^p}\right) + \cdots, \tag{2}$$

这个级数的各项不超过下面级数的对应各项:

$$1 + \left(\frac{1}{2^p} + \frac{1}{2^p}\right) + \left(\frac{1}{4^p} + \frac{1}{4^p} + \frac{1}{4^p} + \frac{1}{4^p}\right) + \left(\frac{1}{8^p} + \cdots + \frac{1}{8^p}\right) + \cdots$$

$$= 1 + \frac{1}{2^{p-1}} + \frac{1}{4^{p-1}} + \frac{1}{8^{p-1}} + \cdots. \tag{3}$$

因 $p > 1$ 时几何级数 (3) 的公比 $\dfrac{1}{2^{p-1}} < 1$, 故收敛, 从而知级数 (2) 收敛.

设 p 级数的部分和数列为 $\{S_n\}$, 级数 (2) 的部分和数列为 $\{S_n'\}$, $\{S_n'\}$ 有上界, 而 $S_n' = S_{2^n - 1} > S_n$, 所以 $\{S_n\}$ 也有上界, 从而当 $p > 1$ 时 p 级数收敛.

例 4.5 判定 $\sum\limits_{n=1}^{\infty} \dfrac{1}{n(n+1)}$ 的敛散性.

解 因为 $\dfrac{1}{n(n+1)} < \dfrac{1}{n^2}$, 而 $\sum\limits_{n=1}^{\infty} \dfrac{1}{n^2}$ 收敛, 故 $\sum\limits_{n=1}^{\infty} \dfrac{1}{n(n+1)}$ 也收敛.

利用比较判别法, 通过将正项级数与几何级数比较, 可以得到下述很有用的**比值判别法**, 又称**达朗贝尔** (D'Alembert, 1717— 1783) 判别法.

定理 4.3(比值判别法) 设 $\sum\limits_{n=1}^{\infty} u_n$ 是正项级数, 且

$$\lim_{n \to \infty} \frac{u_{n+1}}{u_n} = \rho \ \ (\text{或} + \infty),$$

则当 $\rho < 1$ 时, 该级数收敛; 当 $\rho > 1$ 或 $\dfrac{u_{n+1}}{u_n} \to +\infty$ 时, 该级数发散.

注意, 当 $\rho = 1$ 时不能断定级数的敛散性. 例如, $\sum\limits_{n=1}^{\infty} \dfrac{1}{n}$ 和 $\sum\limits_{n=1}^{\infty} \dfrac{1}{n^2}$ 都有 $\rho = 1$, 但前者发散, 后者收敛.

例 4.6 判定下列级数的敛散性:

(1) $\sum\limits_{n=1}^{\infty} \dfrac{n}{5^n}$;   (2) $\sum\limits_{n=1}^{\infty} \dfrac{n!}{3^n}$;   (3) $\sum\limits_{n=1}^{\infty} 2^n \sin \dfrac{\pi}{3^n}$.

解 (1) $\lim\limits_{n\to\infty}\dfrac{u_{n+1}}{u_n}=\lim\limits_{n\to\infty}\left(\dfrac{n+1}{n}\cdot\dfrac{5^n}{5^{n+1}}\right)=\dfrac{1}{5}<1$, 所以 $\sum\limits_{n=1}^{\infty}\dfrac{n}{5^n}$ 收敛.

(2) $\dfrac{u_{n+1}}{u_n}=\dfrac{(n+1)!}{3^{n+1}}\cdot\dfrac{3^n}{n!}=\dfrac{n+1}{3}\to+\infty$, 故 $\sum\limits_{n=1}^{\infty}\dfrac{n!}{3^n}$ 发散.

(3) $\dfrac{u_{n+1}}{u_n}=\dfrac{2^{n+1}\sin\dfrac{\pi}{3^{n+1}}}{2^n\sin\dfrac{\pi}{3^n}}=2\cdot\dfrac{\sin\dfrac{\pi}{3^{n+1}}}{\dfrac{\pi}{3^{n+1}}}\cdot\dfrac{\dfrac{\pi}{3^n}}{\sin\dfrac{\pi}{3^n}}\cdot\dfrac{3^n}{3^{n+1}}\to\dfrac{2}{3}<1$, 故

$\sum\limits_{n=1}^{\infty}2^n\sin\dfrac{\pi}{3^n}$ 收敛.

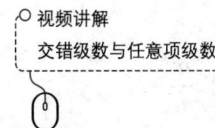

视频讲解
交错级数与任意项级数

四、交错级数

各项正负相间的级数, 即形如
$$u_1-u_2+u_3-u_4+\cdots+(-1)^{n+1}u_n+\cdots \quad (u_n>0,n=1,2,\cdots) \tag{4}$$
的级数, 称为 **交错级数**. 如果 $\{u_n\}$ 单调减少趋于零, 则该级数前 $2n$ 项的和
$$S_{2n}=(u_1-u_2)+(u_3-u_4)+\cdots+(u_{2n-1}-u_{2n})\geqslant 0,$$
而且 $S_{2(n+1)}\geqslant S_{2n}$, 也就是说 $\{S_{2n}\}$ 是单调增加的. 又,
$$S_{2n}=u_1-(u_2-u_3)-\cdots-(u_{2n-2}-u_{2n-1})-u_{2n}<u_1,$$
即 $\{S_{2n}\}$ 有上界 u_1, 因此必有极限, 记为 S.

因为 $S_{2n+1}=S_{2n}+u_{2n+1}$, 而 $u_{2n+1}\to 0$, 所以 S_{2n+1} 也有极限 S, 故交错级数 (4) 的部分和 $S_n\to S$. 从而可以得到下述判别法:

定理 4.4(莱布尼茨判别法) 若正数数列 $\{u_n\}$ 单调减少趋于零, 则交错级数 $\sum\limits_{n=1}^{\infty}(-1)^{n+1}u_n$ 收敛, 并且其和 S 满足: $0\leqslant S\leqslant u_1$.

例如级数 $\sum\limits_{n=1}^{\infty}(-1)^{n+1}\dfrac{1}{n}$ 收敛, 因为 $\dfrac{1}{n}>\dfrac{1}{n+1}$ 且 $\dfrac{1}{n}\to 0\ (n\to\infty)$.

五、任意项级数

所谓任意项级数是正负项可以任意出现的级数.

对于级数 $\sum\limits_{n=1}^{\infty}u_n$, 如果将其每一项取绝对值后所成的级数 $\sum\limits_{n=1}^{\infty}|u_n|$ 收敛, 则称级数 $\sum\limits_{n=1}^{\infty}u_n$ 为 **绝对收敛**; 如果 $\sum\limits_{n=1}^{\infty}u_n$ 收敛而 $\sum\limits_{n=1}^{\infty}|u_n|$ 发散, 则称级数 $\sum\limits_{n=1}^{\infty}u_n$ 为 **条件收敛**.

例如级数 $\sum\limits_{n=1}^{\infty}(-1)^{n+1}\dfrac{1}{n^2}$ 是绝对收敛的, 而级数 $\sum\limits_{n=1}^{\infty}(-1)^{n+1}\dfrac{1}{n}$ 则是条件收敛的.

定理 4.5 绝对收敛级数必定收敛.

证 设 $\sum\limits_{n=1}^{\infty}|u_n|$ 收敛. 令 $v_n=\dfrac{1}{2}(u_n+|u_n|)$, $n=1,2,\cdots$, 则 $|u_n|\geqslant v_n\geqslant 0$. 由正项级数比较判别法知 $\sum\limits_{n=1}^{\infty}v_n$ 收敛. 因为 $u_n=2v_n-|u_n|$, 根据级数的基本性质 4.2 和 4.3, 知级数 $\sum\limits_{n=1}^{\infty}u_n$ 收敛.

例 4.7 判定下列级数的敛散性

(1) $\sum\limits_{n=1}^{\infty}\dfrac{\sin na}{n^2}$ (a为常数);   (2) $\sum\limits_{n=1}^{\infty}(-1)^n\dfrac{n^n}{n!}$.

解 (1) 因为 $\left|\dfrac{\sin na}{n^2}\right|\leqslant\dfrac{1}{n^2}$, 而 $\sum\limits_{n=1}^{\infty}\dfrac{1}{n^2}$ 收敛, 从而 $\sum\limits_{n=1}^{\infty}\left|\dfrac{\sin na}{n^2}\right|$ 收敛, 即 $\sum\limits_{n=1}^{\infty}\dfrac{\sin na}{n^2}$ 绝对收敛, 当然也收敛.

(2) 这是一个交错级数. 由于

$$\frac{|u_{n+1}|}{|u_n|}=\frac{(n+1)^{n+1}}{(n+1)!}\cdot\frac{n!}{n^n}=\left(1+\frac{1}{n}\right)^n>1,$$

故 $|u_{n+1}|>|u_n|$, u_n 不趋于 0. 由级数收敛的必要条件, 知原级数发散.

习 题 4.1

1. 判断下列级数的敛散性:

(1) $\sum\limits_{n=1}^{\infty}(-1)^n\left(\dfrac{7}{6}\right)^n$;

(2) $\sum\limits_{n=1}^{\infty}\dfrac{2n+1}{n}$;

(3) $\sum\limits_{n=1}^{\infty}\dfrac{1}{2n+1}$;

(4) $\sum\limits_{n=1}^{\infty}\dfrac{1}{n^2+1}$;

(5) $\sum\limits_{n=1}^{\infty}\dfrac{1}{\sqrt[3]{n^2+n}}$;

(6) $\sum\limits_{n=1}^{\infty}\dfrac{2+(-1)^n}{2^n}$.

2. 判定下列级数的敛散性:

(1) $\sum\limits_{n=1}^{\infty}\dfrac{3^n}{n\cdot 4^n}$;

(2) $\sum\limits_{n=1}^{\infty}\dfrac{\sin na}{n!}$ (a 为常数);

(3) $\sum\limits_{n=1}^{\infty}\sin\dfrac{\pi}{2^n}$;

(4) $\sum\limits_{n=2}^{\infty}(-1)^n\dfrac{1}{\ln n}$;

(5) $\sum\limits_{n=1}^{\infty}(-1)^{n-1}\dfrac{n}{3^{n-1}}$;

(6) $\sum\limits_{n=1}^{\infty}(-1)^n\dfrac{n!}{2^n}$.

§4.2 幂级数

函数项级数

$$\sum_{n=1}^{\infty} u_n(x) \tag{1}$$

的通项是定义在某个区间 I 上的函数. 对于每个取定的 $x_0 \in I$, $\sum_{n=1}^{\infty} u_n(x_0)$ 是一个数项级数, 如果它收敛, 则称 x_0 是级数 (1) 的一个 **收敛点**. 级数 (1) 的所有收敛点的集合称为它的 **收敛域**. 函数项级数在其收敛域上定义了一个 **和函数**.

对于一般的函数项级数, 研究起来比较困难. 这里只介绍一类最简单而又十分重要的函数项级数——通项为幂函数的级数, 即 **幂级数**. 它的一般形式是

$$\sum_{n=0}^{\infty} a_n(x-x_0)^n = a_0 + a_1(x-x_0) + a_2(x-x_0)^2 + \cdots, \tag{2}$$

其中 x 是自变量, x_0 和各项系数 $a_0, a_1, \cdots$ 均为常数. 由于只要令 $y = x - x_0$, 级数 (2) 就可化为 $\sum_{n=0}^{\infty} a_n y^n$ 的形式, 因此, 不失一般性, 我们只需讨论下面形式的幂级数:

$$\sum_{n=0}^{\infty} a_n x^n = a_0 + a_1 x + a_2 x^2 + \cdots. \tag{3}$$

一、幂级数的收敛半径

幂级数 (3) 显然至少有一个收敛点 $x = 0$, 当 $x \neq 0$ 时, 它可能收敛, 也可能发散. 可以证明, 存在一个以 $x = 0$ 为中心, 以 $R \geqslant 0$ 为半径的区间 $(-R, R)$, 在这个区间内, 幂级数 (3) 收敛且绝对收敛; 而在此区间外, 幂级数 (3) 发散. 这个数 R 称为幂级数 (3) 的 **收敛半径**, $(-R, R)$ 称为 **收敛区间**.

求幂级数 (3) 的收敛半径 R, 可用公式

$$R = \lim_{n \to \infty} \frac{|a_n|}{|a_{n+1}|}. \tag{4}$$

例如, 级数

$$1 + x + x^2 + \cdots + x^n + \cdots \tag{5}$$

的各项系数都是 1, 显然有 $R = 1$. 对于级数

$$x - \frac{x^2}{2} + \frac{x^3}{3} - \cdots + (-1)^{n+1}\frac{x^n}{n} + \cdots, \tag{6}$$

$$R = \lim_{n \to \infty} \frac{|a_n|}{|a_{n+1}|} = \lim_{n \to \infty} \frac{n+1}{n} = 1.$$

当 $R = 0$ 时, 收敛区间退化为一点 $x = 0$; 当 $R = +\infty$ 时, 收敛区间为整个数轴 $(-\infty, +\infty)$. 当 R 是有限正数时, 在收敛区间的端点 $x = \pm R$ 处, 幂级数可能收敛也可能发散, 需要具体情况具体分析.

例 4.8 考察幂级数 (5) 和 (6) 的收敛区间与收敛域.

解 它们的收敛区间均为 $(-1, 1)$.

因为级数 (5) 当 $x = 1$ 和 $x = -1$ 时发散, 所以它的收敛域为 $(-1, 1)$.

级数 (6) 当 $x = 1$ 时所得交错级数 $\sum\limits_{n=1}^{\infty}(-1)^{n+1}\frac{1}{n}$ 收敛; 当 $x = -1$ 时所得级数 $\sum\limits_{n=1}^{\infty}\left(-\frac{1}{n}\right)$ 发散, 所以其收敛域为 $(-1, 1]$.

例 4.9 求下列幂级数的收敛区间和收敛域:

(1) $\sum\limits_{n=0}^{\infty} \frac{(-2)^n}{(n+3)^2}x^n$;　　　　(2) $\sum\limits_{n=1}^{\infty} n^n x^n$;

(3) $\sum\limits_{n=0}^{\infty} \frac{x^n}{n!}$;　　　　　　(4) $\sum\limits_{n=1}^{\infty} \frac{(x-1)^n}{2^n}$.

解 (1) 收敛半径为

$$R = \lim_{n \to \infty} \frac{|a_n|}{|a_{n+1}|} = \lim_{n \to \infty} \left[\frac{2^n}{(n+3)^2} \cdot \frac{(n+4)^2}{2^{n+1}} \right] = \frac{1}{2}.$$

当 $x = \frac{1}{2}$ 时, 级数成为 $\sum\limits_{n=0}^{\infty} \frac{(-1)^n}{(n+3)^2}$, 由莱布尼茨判别法知其收敛; 当 $x = -\frac{1}{2}$ 时, 级数成为 $\sum\limits_{n=0}^{\infty} \frac{1}{(n+3)^2}$, 因 $\frac{1}{(n+3)^2} < \frac{1}{n^2}$, 而 $\sum\limits_{n=1}^{\infty} \frac{1}{n^2}$ 收敛, 故知 $\sum\limits_{n=0}^{\infty} \frac{1}{(n+3)^2}$ 亦收敛. 所以原级数的收敛域为 $\left[-\frac{1}{2}, \frac{1}{2} \right]$.

(2) $R = \lim\limits_{n \to \infty} \frac{|a_n|}{|a_{n+1}|} = \lim\limits_{n \to \infty} \frac{n^n}{(n+1)^{n+1}} = \lim\limits_{n \to \infty} \left[\left(\frac{n}{n+1} \right)^n \cdot \frac{1}{n+1} \right] = 0$, 故该级数仅在 $x = 0$ 处收敛.

(3) $R = \lim\limits_{n \to \infty} \frac{(n+1)!}{n!} = \lim\limits_{n \to \infty} (n+1) = \infty$,

故该级数的收敛域为 $(-\infty, \infty)$.

(4) 令 $y = x - 1$，级数 $\displaystyle\sum_{n=1}^{\infty} \frac{y^n}{2^n}$ 的收敛半径为

$$R = \lim_{n \to \infty} \frac{2^{n+1}}{2^n} = 2 \,.$$

因为当 $y = 2$ 和 $y = -2$ 时，级数显然发散，故其收敛域为 $-2 < y < 2$. 回到原变量 x，即 $-2 < x - 1 < 2$, 得 $-1 < x < 3$. 故原级数的收敛域为 $(-1, 3)$.

幂级数 (3) 在其收敛域内定义了一个**和函数** $S(x)$，它是级数的部分和函数 $S_n(x) = \displaystyle\sum_{k=0}^{n} a_k x^k$ 构成的函数列 $\{S_n(x)\}$ 当 $n \to \infty$ 时的极限：

$$S(x) = \lim_{n \to \infty} S_n(x).$$

如幂级数 (5)，在其收敛域 $(-1, 1)$ 内有

$$S_n(x) = 1 + x + x^2 + \cdots + x^{n-1} = \frac{1 - x^n}{1 - x},$$

所以，

$$\sum_{n=0}^{\infty} x^n = \lim_{n \to \infty} S_n(x) = \frac{1}{1 - x}, \quad |x| < 1. \tag{7}$$

同理可知

$$\sum_{n=0}^{\infty} (-1)^n x^n = \frac{1}{1 + x}, \quad |x| < 1. \tag{8}$$

注 4.3 对于一般的函数项级数，没有收敛半径和收敛区间的概念. 此外，有些函数项级数在其收敛域内定义的和函数不是初等函数，而是所谓特殊函数.

二、幂级数的性质

幂级数在其收敛区间内有一些重要的性质，我们不加证明地介绍几个.

性质 4.6 两个幂级数在它们共同的收敛区间内可以逐项相加或相减. 即若 $\displaystyle\sum_{n=0}^{\infty} a_n x^n$ 与 $\displaystyle\sum_{n=0}^{\infty} b_n x^n$ 在 $(-R, R)$ 内均收敛，则在 $(-R, R)$ 内有

$$\sum_{n=0}^{\infty} a_n x^n \pm \sum_{n=0}^{\infty} b_n x^n = \sum_{n=0}^{\infty} (a_n \pm b_n) x^n.$$

性质 4.7 幂级数的和函数在其收敛区间内连续.

性质 4.8 幂级数在其收敛区间内可逐项求导，且所得新级数的收敛半径不变. 即若

$$S(x) = \sum_{n=0}^{\infty} a_n x^n, \qquad x \in (-R, R), \tag{9}$$

则

$$S'(x) = \sum_{n=0}^{\infty} (a_n x^n)' = \sum_{n=1}^{\infty} n a_n x^{n-1},$$

且其收敛区间仍为 $(-R, R)$.

由性质 4.8 可知幂级数的和函数在其收敛区间内可以求导无穷多次.

性质 4.9　幂级数在其收敛区间内可逐项积分, 且所得新级数的收敛半径不变. 即若 (9) 式成立, 则对任一 $x \in (-R, R)$, 有

$$\int_0^x S(t)\mathrm{d}t = \sum_{n=0}^{\infty} \int_0^x a_n t^n \mathrm{d}t = \sum_{n=0}^{\infty} \frac{a_n}{n+1} x^{n+1},$$

且其收敛区间仍为 $(-R, R)$.

性质 4.8 与性质 4.9, 对于一般的函数项级数是不具备的.

习　题　4.2

求下列幂级数的收敛半径和收敛域:

1. $\displaystyle\sum_{n=0}^{\infty} (2n-1)x^n$;

2. $\displaystyle\sum_{n=0}^{\infty} \frac{x^n}{\sqrt{n^3+1}}$;

3. $\displaystyle\sum_{n=1}^{\infty} \frac{n^2}{n!} x^n$;

4. $\displaystyle\sum_{n=0}^{\infty} \frac{(-3)^n}{(n^2+2)^3} x^n$.

§4.3　函数的幂级数展开式

一、 泰勒级数

一个比较复杂的函数能不能通过最简单的幂函数来研究? 用单个幂函数显然不行, 由于幂级数不仅形式简单, 而且有很好的性质, 因此人们自然会考虑能否利用幂级数来研究. 英国数学家泰勒 (B.Taylor, 1685— 1731) 发现:

如果函数 $f(x)$ 在点 x_0 的某个 δ 邻域 $N_\delta(x_0)$ 内可以求导任意多次, 记 $f^{(0)}(x_0) = f(x_0)$, 则可以形式地得到一个幂级数

$$\sum_{n=0}^{\infty} \frac{f^{(n)}(x_0)}{n!}(x-x_0)^n = f(x_0) + f'(x_0)(x-x_0) + \frac{f''(x_0)}{2!}(x-x_0)^2$$

$$+\cdots + \frac{f^{(n)}(x_0)}{n!}(x-x_0)^n+\cdots. \tag{1}$$

幂级数 (1) 称为 $f(x)$ 在点 x_0 的**泰勒级数**. 问题是, 这个级数未必收敛, 即使收敛, 它的和函数也不一定就是 $f(x)$.

如果幂级数 (1) 在 $N_\delta(x_0)$ 内收敛于 $f(x)$, 则称函数 $f(x)$ 在 $N_\delta(x_0)$ 内可以**展开成泰勒级数**, 并称 (1) 式为 $f(x)$ 在 $N_\delta(x_0)$ 内的**泰勒展开式**. 一个函数如果可以展开成泰勒级数, 则它的泰勒展开式是唯一的.

法国数学家拉格朗日、柯西等给出了下述定理.

定理 4.6 在点 x_0 的邻域内有任意阶导数的函数 $f(x)$, 在点 x_0 处能够展开成泰勒级数的充要条件是当 $n \to \infty$ 时, 余项

$$R_n(x) = \frac{f^{(n+1)}(\xi)}{(n+1)!}(x-x_0)^{n+1} \to 0, \tag{2}$$

ξ 在 x_0 与 x 之间.

当 $x=0$ 时, $f(x)$ 的泰勒级数

$$\sum_{n=0}^{\infty} \frac{f^{(n)}(0)}{n!}x^n \tag{3}$$

习惯上称为**麦克劳林** (C.Maclaurin, 1698— 1746) **级数**, 相应的展开式称为**麦克劳林展开式**.

二、 初等函数的幂级数展开式

初等函数在其定义域内可导, 且在一定的范围内可求导无穷多次. 可以证明, 下列函数在点 $x=0$ 处的幂级数展开式, 即麦克劳林展开式是:

$$\begin{aligned} e^x &= 1 + x + \frac{x^2}{2!} + \cdots + \frac{x^n}{n!} + \cdots \\ &= \sum_{n=0}^{\infty} \frac{x^n}{n!}, \quad x \in (-\infty, +\infty). \end{aligned} \tag{4}$$

$$\begin{aligned} \sin x &= x - \frac{x^3}{3!} + \frac{x^5}{5!} - \cdots + (-1)^n \frac{x^{2n+1}}{(2n+1)!} + \cdots \\ &= \sum_{n=0}^{\infty} (-1)^n \frac{x^{2n+1}}{(2n+1)!}, \quad x \in (-\infty, +\infty). \end{aligned} \tag{5}$$

$$\cos x = 1 - \frac{x^2}{2!} + \frac{x^4}{4!} - \cdots + (-1)^n \frac{x^{2n}}{(2n)!} + \cdots$$
$$= \sum_{n=0}^{\infty} (-1)^n \frac{x^{2n}}{(2n)!}, \quad x \in (-\infty, +\infty). \tag{6}$$

$$\ln(1+x) = \sum_{n=0}^{\infty} (-1)^n \frac{x^{n+1}}{n+1}, \quad x \in (-1, 1]. \tag{7}$$

$$\arctan x = x - \frac{x^3}{3} + \frac{x^5}{5} - \frac{x^7}{7} + \cdots$$
$$= \sum_{n=0}^{\infty} (-1)^n \frac{x^{2n+1}}{2n+1}, \quad x \in [-1, 1]. \tag{8}$$

$$(1+x)^\alpha = 1 + \alpha x + \frac{\alpha(\alpha-1)}{2!} x^2 + \cdots + \frac{\alpha(\alpha-1)\cdots(\alpha-n+1)}{n!} x^n + \cdots$$
$$= 1 + \sum_{n=1}^{\infty} \frac{\alpha(\alpha-1)\cdots(\alpha-n+1)}{n!} x^n, \quad x \in (-1, 1). \tag{9}$$

级数 (9) 通常称为**二项级数**. 当 $\alpha = -1$ 时, 即得 § 4.2 (8) 式.

特别地, 当 α 为正整数 n 时, 有

$$(1+x)^n = 1 + nx + \frac{n(n-1)}{2!} x^2 + \cdots + x^n. \tag{10}$$

这就是中学里学习过的二项公式, 这时 x^k 的系数为组合数 C_n^k, 此式对 $x \in (-\infty, +\infty)$ 成立.

利用 (4) — (9) 式, 可导出一些函数的展开式. 例如在 (5) 式中将 x 换成 x^2 即得 $\sin x^2$ 的展开式; 由 $2\sin^2 x = 1 - \cos 2x$ 和 (6) 式, 可得 $\sin^2 x$ 的展开式.

习 题 4.3

1. 利用已知的幂级数展开式和幂级数的性质, 求下列函数的麦克劳林展开式:

(1) $\dfrac{x}{1-x^2}$;   (2) $\dfrac{1}{(1-x)^2}$.

*2. 求下列函数的麦克劳林展开式:

(1) $\dfrac{1}{\sqrt{1+x}}$;   (2) $\cos^2 x$;   (3) $\ln \dfrac{1+x}{1-x}$;   (4) $\dfrac{e^x - e^{-x}}{2}$.

阅读材料 3　幂级数的应用

泰勒展开式可以把一个具有任意阶导数的有限形式的初等函数表示成无限形式的幂级数, 而这个幂级数是最简单的一类函数——幂函数的和. 这一有限与无限、复杂与简单之间的转化和它们之间深刻的内在联系, 无论是在理论上还是在实际应用上都有着重要的意义.

在函数的泰勒展开式中, 取前 n 项, 就得到该函数的近似, n 取得越大, 近似的精度就越高. 因此可以用来求一些函数的近似值, 用来解决一些实际问题和理论问题. 这里只介绍它在近似计算常数 e 和 π 以及制作函数值表时的应用.

一、 e 和 π 的近似计算

1. e 的近似计算

在 e^x 的麦克劳林展开式

$$e^x = 1 + x + \frac{x^2}{2!} + \cdots + \frac{x^n}{n!} + \cdots, \quad x \in (-\infty, +\infty)$$

中, 令 $x = 1$, 就有

$$e = 1 + 1 + \frac{1}{2!} + \frac{1}{3!} + \cdots + \frac{1}{n!} + \cdots,$$

取前 $n+1$ 项作为 e 的近似值, 得

$$e \approx 1 + 1 + \frac{1}{2!} + \frac{1}{3!} + \cdots + \frac{1}{n!},$$

其误差为

$$
\begin{aligned}
R_n &= \frac{1}{(n+1)!} + \frac{1}{(n+2)!} + \frac{1}{(n+3)!} + \cdots \\
&< \frac{1}{(n+1)!} \left(1 + \frac{1}{n+1} + \frac{1}{(n+1)^2} + \cdots \right) \\
&= \frac{1}{(n+1)!} \cdot \frac{1}{1 - \dfrac{1}{n+1}} = \frac{1}{n!n}.
\end{aligned}
$$

如果要求精确到小数点后第四位, 即要求 $R_n < 10^{-4}$, 只需取 $n = 7$. 亦即只需在 e 的展开式中取前 8 项, 这时得 (请回顾阅读材料 1 欧拉与数 e)

$$e \approx 1 + 1 + \frac{1}{2!} + \frac{1}{3!} + \cdots + \frac{1}{7!} \approx 2.718\ 3.$$

2. π 的近似计算

早在公元前 1200 年, 中国知 π ≈ 3; 公元前 3 世纪, 阿基米德求得 π ≈3.14; 公元 263 年中国数学家刘徽求得 π ≈ $\frac{157}{50}$ = 3.14; 公元 480 年左右, 祖冲之求得 π 介于 3.141 592 6 与 3.141 592 7 之间, 得约率 π = $\frac{22}{7}$ 和密率 π = $\frac{355}{113}$; 1427 年阿拉伯人卡西 (al–Kāshī, ?— 1429) 给出 2π ≈ 6.283 185 307 179 586 5; 荷兰数学家鲁道夫·范·科伊伦 (Ludolph van Ceulen, 1540— 1610) 尽其毕生精力, 于 1610 年将 π 算至小数点后的第 35 位. 这些结果基本上都是用割圆术得到的, 运算量极大.

1674 年, 莱布尼茨在研究圆面积计算时得到

$$\frac{\pi}{4} = \sum_{n=0}^{\infty} \frac{(-1)^n}{2n+1},$$

这是历史上第一个 π 的无穷级数表示式. 这只要在本书 §4.3(8) 式

$$\arctan x = \sum_{n=0}^{\infty} (-1)^n \frac{x^{2n+1}}{2n+1}, \quad x \in [-1,1] \tag{1}$$

中令 $x=1$ 即可得到. 但该级数收敛速度太慢, 用作 π 的近似计算不理想.

如果在 (1) 式中令 $x = \frac{\sqrt{3}}{3}$, 则有

$$\frac{\pi}{6} = \sum_{n=0}^{\infty} (-1)^n \frac{1}{2n+1} \left(\frac{\sqrt{3}}{3}\right)^{2n+1},$$

即

$$\pi = 2\sqrt{3} \left[1 - \frac{1}{3}\left(\frac{1}{3}\right) + \frac{1}{5}\left(\frac{1}{3}\right)^2 - \cdots + \frac{(-1)^n}{2n+1}\left(\frac{1}{3}\right)^n + \cdots \right],$$

取 $n=10$ 即可得 $\pi \approx 3.14$.

下面再介绍一种更好的办法. 设 $\tan\theta = \frac{1}{5}$, 则由倍角公式可得

$$\tan 2\theta = \frac{5}{12}, \quad \tan 4\theta = \frac{120}{119},$$

由此可见 4θ 略大于 $\frac{\pi}{4}$. 再设 $4\theta = \frac{\pi}{4} + \alpha$, 由

$$\frac{120}{119} = \tan\left(\frac{\pi}{4} + \alpha\right) = \frac{1 + \tan\alpha}{1 - \tan\alpha}$$

解得 $\tan\alpha = \frac{1}{239}$, 故得恒等式

$$\frac{\pi}{4} = 4\theta - \alpha = 4\arctan\frac{1}{5} - \arctan\frac{1}{239}. \tag{2}$$

利用展开式 (1), 即得

$$\frac{\pi}{4} = 4\left(\frac{1}{5} - \frac{1}{3 \times 5^3} + \frac{1}{5 \times 5^5} - \cdots\right) -$$
$$\left(\frac{1}{239} - \frac{1}{3 \times 239^3} + \frac{1}{5 \times 239^5} - \cdots\right).$$

如果上式中的第一个级数取 4 项, 第二个级数取 1 项, 可得 $\pi \approx 3.141\ 591\ 7$.

1706 年英国数学家梅钦 (J.Machin) 给出公式 (2), 他利用 (2) 式结合 (1) 式, 将 π 值计算到 100 位小数. 此后, 人们利用公式 (1) 和公式 (2) 的改进形式, 不断改进了计算结果. 由于计算机的发明与使用, 1989 年 π 值的计算已突破 10 亿位大关, 1996 年算到 80 多亿位, 1999 年算到 2 060 亿位, 2011 年已有人计算到 10 万亿位.

二、 利用幂级数制作 $\sin x$ 和 $\cos x$ 的数值表

利用正弦和余弦函数的性质, 只需先算出它们在第一象限内的值, 又因

$$\sin\left(\frac{\pi}{2} - x\right) = \cos x, \quad \cos\left(\frac{\pi}{2} - x\right) = \sin x,$$

因此只需计算 $0 \leqslant x \leqslant \dfrac{\pi}{4}$ 时函数的近似值. 具体的计算, 可利用它们的麦克劳林展开式根据精度要求取适当的项即可.

阅读材料 4　分析学的发展

微积分这一划时代的科学成就, 给人类探索自然规律提供了新的强有力的工具, 也刺激和推动了许多数学新分支的产生, 形成了 "分析学" 的繁茂的学科群. 回顾这一发展历程, 大体可将其分为三个阶段:18 世纪的生机勃发, 春色满园;19 世纪的冷静反思, 夯实基础;20 世纪的万丈高楼, 更上一层.

一、 生机勃发, 春色满园——18 世纪的分析时代

18 世纪可以说是分析的时代, 也是向现代数学过渡的时期. 奉为金科玉律的牛顿学说给英国数学压上了沉重的包袱, 其代表人物是泰勒和麦克劳林, 此外还有棣莫弗 (A.De Moivre, 1667— 1754)、斯特林 (J.Stirling, 1692— 1770) 等人, 但都没有达到欧洲大陆同行的水平. 拉兰得曾悲叹道: 1764 年以后, 整个英国没有一个一流的分析学家.

这一时期的代表人物是瑞士数学家雅各布·伯努利 (Jakob Bernoulli, 1654— 1705)、约翰·伯努利、欧拉, 法国数学家达朗贝尔、拉格朗日、蒙日 (G.Monge, 1746— 1818)、拉普拉斯和勒让德 (A.M.Legendre, 1752— 1833) 等. 其中最杰出的代表是欧拉, 他的《无穷小分析引论》《微分学》和《积分学》是微积分史上里程碑式的著作, 在很长时间里被作为分析课本的典范而普遍使用.

粗略地讲, 18 世纪微积分学的发展主要有以下几方面:

(1) 欧拉首先将函数 (取代了以往的曲线) 作为微积分的主要研究对象. 他引进了一批

标准的符号, 如: 函数符号 $f(x)$, 求和号 $\sum$, 自然对数底数 e, 虚数号 i 等, 对分析表述的规范化起了重要作用. 他明确区分了代数函数与超越函数、显函数与隐函数、单值函数与多值函数; 得到了一些有广泛应用的超越函数, 如 Γ 函数、B 函数和椭圆函数; 建立了三角函数和指数函数之间深刻联系的欧拉公式:

$$e^{i\alpha} = \cos\alpha + i\sin\alpha,$$

以及当 α 为实数时的棣莫弗公式:

$$(\cos\varphi \pm i\sin\varphi)^{\alpha} = \cos\alpha\varphi \pm i\sin\alpha\varphi.$$

(2) 数学家们以高度的技巧, 将牛顿和莱布尼茨的无穷小算法施行到各类不同的函数上, 使用变量代换和部分分式等方法求出了许多困难的积分, 研究了椭圆积分

$$\int \frac{P(x)}{\sqrt{R(x)}}\mathrm{d}x$$

(其中 $P(x)$ 是 x 的有理函数, $R(x)$ 是一般的四次多项式) 及其分类.

(3) 将微积分算法推广到多元函数, 建立了偏导数理论 (视 y 为常数, $f(x,y)$ 关于 x 的导数称为函数 f 对 x 的偏导数, 记为 $\dfrac{\partial f}{\partial x}$; 同样可定义 $\dfrac{\partial f}{\partial y}$ 等), 并且建立了关于多元函数积分 (如 $\displaystyle\iint f(x,y)\mathrm{d}x\mathrm{d}y$ 等) 的理论——重积分理论.

(4) 发展了无穷级数理论. 牛顿借助二项式定理得到了 $\sin x, \cos x, \tan x, \arcsin x$, $\arctan x$, e^x 等函数的级数, 莱布尼茨也得到了 $\sin x, \cos x, \arctan x$ 等的级数, 建立了交错级数敛散性的判定定理. 泰勒进一步提供了将函数展开成无穷级数的一般方法, 雅各布·伯努利、斯特林对调和级数等发散级数的研究取得重要成果, 达朗贝尔建立了级数绝对收敛的判别法等.

(5) 大大扩展了微积分的应用范围, 尤其是与力学紧密有机的结合为数学史上任何时期所不能比拟. 当时几乎所有的数学家也在不同程度上是力学家. 欧拉的名字同刚体运动和流体力学的基本方程相联系; 拉格朗日的《分析力学》将力学变成分析的一个分支; 拉普拉斯的五大卷《天体力学》包含了他最重要的数学成果. 这种广泛的应用也促使分析学的一些新分支应运而生. 其中有常微分方程 (研究含有未知一元函数及其导数或微分的方程), 数学物理偏微分方程 (研究从物理等实际问题导出的含有未知多元函数及其偏导数的方程, 如弦振动方程、位势方程), 变分法 (研究求泛函 $J(y)$ 的极值问题, 其中 y 是 x 的函数).

二、 冷静反思, 夯实基础—— 19 世纪分析的严格化

牛顿和莱布尼茨的微积分是不严格的, 极限、无穷小、实数等概念不清楚, 证明不充分, 特别是在使用无穷小概念上的随意与混乱, 使他们的学说从一开始就受到怀疑和批评.

1734 年, 英国哲学家、牧师伯克莱 (G.Berkeley, 1685— 1753) 发表了一本小册子, 尖锐地批评当时的数学家们以归纳代替演绎, 没有为他们的方法提供合法性的证明, 他集中抨击牛顿关于无穷小量的混乱假设. 牛顿在《曲线求积术》中给出了 "首末比方法", 并举例说: 为了求 $y = x^n$ 的流数, 设 x 变为 $x + o, x^n$ 则变为 $(x + o)^n = x^n + nox^{n-1} + \frac{1}{2}n(n-1)o^2x^{n-2} + \cdots$, 构成两变化的 "最初比":

$$\frac{(x+o) - x}{(x+o)^n - x^n} = \frac{1}{nx^{n-1} + \frac{1}{2}n(n-1)x^{n-2}o + \cdots},$$

然后 "设增量 o 消逝, 它们的最终比就是 $\frac{1}{nx^{n-1}}$", 这也是 x 的流数与 x^n 的流数之比. 伯克莱指出在上面的算法中, 求最初比时, o 不等于零, 而在求最终比时, 又令 o 等于零, 这里关于增量 o 的假设前后矛盾, 是 "分明的诡辩". 他讥讽地问道: "这些消失的增量究竟是什么呢? 它们既不是有限量, 也不是无穷小, 又不是零, 难道我们不能称它们为消逝量的鬼魂吗?" 他也抨击莱布尼茨微积分中的结论, 是从错误的原理出发, 通过 "错误的抵消" 而得到的.

18 世纪的数学家们虽然没有严格的逻辑支持, 仍然勇敢地开拓前进, 他们自信自己的结果是正确的. 这一方面是因为许多结果为经验和观测所证实 (例如根据牛顿的理论而发现的哈雷彗星果然再度出现), 另一方面是因为当时数学家相信上帝数学化地设计了世界, 而他们正在发现和揭示这种设计. 但是, 早期微积分客观上的逻辑缺陷, 也刺激了数学家们为建立微积分的严格基础而努力, 代表人物是**达朗贝尔、欧拉和拉格朗日**.

经过一个世纪的尝试与酝酿, 数学家们**在严格化基础上重建微积分**的努力在 19 世纪取得了成功, 其标志是柯西的极限论和魏尔斯特拉斯 (K.Weierstrass, 1815— 1897) 的 "**分析算术化**".

法国数学家柯西长期担任巴黎综合理工大学教授, 1821 年和 1823 年他的《分析教程》与《无限小计算教程概论》问世, 对微积分的基本概念如变量、函数、极限、连续性、导数、微分、积分、收敛等给出了明确的定义, 并在此基础上, 严格地表述并证明了微积分基本定理、中值定理等一系列重要定理, 明确定义了无穷级数的敛散性, 研究了级数收敛的条件. 这些定义和论述已经相当接近于微积分的现代形式, 因此柯西被称为 "**数学分析的奠基人**". 但他的理论仍有漏洞, 例如他用了 "无限趋近" "想要多小就多小" 等许多直觉描述的只能意会不便言传的语言. 特别是, 直到 19 世纪中叶, 对于微积分计算的基础 "实数", 还没有明确的定义, 仍然以直观的方式来理解. 为了进行计算, 数学家们依靠了这样的假设: 任何无理数都能用有理数来任意逼近, 如 $\sqrt{2} = 1.414\ 2\cdots$. 柯西在证明连续函数积分的存在性、级数收敛准则和微分中值定理时, 都需要实数的完备性 (即实数填满整个数轴, 实数序列的极限仍然是实数, 不会产生新的类型的数), 而这一实数集的基本性质当时还未证实.

被誉为"现代分析之父"的魏尔斯特拉斯认为要使分析严格化, 首先要使实数系本身严格化. 为此最可靠的办法是按照严密的推理将实数归结为整数 (有理数), 使分析学的所有概念可以由整数导出, 从而使以往的漏洞和缺陷都能得以填补. 这就是所谓"分析算术化"纲领. 他和他的学生为实现这一纲领作了艰苦的努力并获得了很大成功. 魏尔斯特拉斯指出, 柯西等前人采用的"无限地趋近"等说法具有明显的运动学含义, 代之以他创造的一套 $\varepsilon-\delta$ 语言, 精确地、形式化地重新定义了极限、连续、导数等基本概念, 第一次使极限和连续性摆脱了与几何和运动的任何牵连, 给出了只建立在数与函数概念上的清晰的定义, 从而使一个模糊不清的动态描述, 变成为一个严密叙述的静态观念. 特别是他引进了以往被忽略的一致收敛性, 从而消除了微积分中不断出现的各种异议和混乱. **希尔伯特**曾指出: "**魏尔斯特拉斯以其酷爱批判的精神和深邃的洞察力, 为数学分析建立了坚实的基础. 通过澄清极小、极大、函数、导数等概念, 他排除了在微积分中仍在出现的各种错误提法, 扫清了关于无穷大、无穷小等各种混乱观念, 决定性地克服了源于无穷大、无穷小朦胧思想的困难······ 今天, 分析学能达到这样和谐程度本质上应归功于魏尔斯特拉斯的科学活动**".

1872 年前后, **魏尔斯特拉斯**、**戴德金** (J.W.R.Dedekind, 1831— 1916)、**康托尔** (G.Cantor, 1845— 1918) 用不同的方法分别建立了严格的实数定义, 证明了实数系的完备性, 长期以来围绕着实数概念的逻辑循环彻底消除, 数学分析的基础得以巩固.

通常认为, 一流数学家显露才华的年龄很小, 也不为繁杂的教学任务所干扰, 中学教师出身、大器晚成的魏尔斯特拉斯是一个杰出的例外. 魏尔斯特拉斯 1815 年出生于德国一个海关官员家庭. 1834 年他按照父亲的意愿到波恩大学学习法律和商学, 但他对此毫无兴趣, 在热衷击剑和啤酒之余, 把相当一部分时间用来自学自己酷爱的数学, 攻读了包括拉普拉斯《天体力学》在内的一些名著. 四年之后回到家里没有得到他父亲所希望的法学博士学位, 连硕士学位也未得到, 令父亲勃然大怒, 训斥他是一个"从躯壳到灵魂都患病的人". 幸亏一位朋友建议, 他被送去准备参加教师资格考试, 得到数学教授古德曼的悉心指导, 很好地领会了雅可比关于椭圆函数的工作, 写出把椭圆函数表示成幂级数的商的出色论文, 于 1841 年获得教师资格, 从 1842 年到 1856 年, 他在两个偏僻的地方中学里度过了包括 30 岁到 40 岁的这段黄金岁月. 在 15 年的中学教师生涯中, 他不仅教数学, 还教物理、德文、地理甚至体育和书法, 而所得薪金连进行科学通信的邮资都付不起, 但他以超人的毅力, 白天教课, 晚上攻读数学家阿贝尔等人的著作, 并写了许多论文, 从而奠定了他一生数学创造的基础. 1854 年, 39 岁的魏尔斯特拉斯的论文《阿贝尔函数论》在《纯粹与应用数学杂志》上发表, 引起轰动, 哥尼斯堡大学一位教授亲自到他任教的中学, 向他颁发了哥尼斯堡大学名誉博士学位证书, 普鲁士教育部宣布晋升魏尔斯特拉斯, 并给了他一年假期带职从事研究. 1856 年他获得在柏林的工学院讲授技术课程的位置, 同年成为柏林大学的讲师, 并被选进柏林科学院, 1864 年升任柏林大学教授直到去世. 他发表的论文不多, 但精心准备的讲稿影响了许多未来的数学家. "魏尔斯特拉斯的严格"成了"精细推理"的同义词. 他培养了许多卓有成就的数学家, 如柯瓦列夫斯卡娅、施瓦茨、富克斯、米塔-列夫勒等. 他是一个对整个数学界带来巨大影响的伟大数学家. 晚年他享有很高的声誉, 几乎被看成是德意志的民族英雄.

三、万丈高楼, 更上一层——19 世纪分析的扩展和 20 世纪的辉煌

19 世纪的数学家在冷静反思、夯实基础的同时, 进一步拓广了分析学的研究领域:

柯西用积分的方法、**黎曼**以几何的观点、**魏尔斯特拉斯**从幂级数出发, 在 19 世纪中叶开辟了分析学的一个新分支——以复变量的复值函数为研究对象的**复分析**, 并取得了丰硕的成果;

经过**狄利克雷** (P.G.L.Dirichlet, 1805 — 1859)、**黎曼**、**阿达马** (J.S.Hadamard, 1865 — 1963) 等人的努力, 形成了以解析方法研究数论问题的**解析数论**, 并逐步发展;

由欧拉和蒙日创立的**微分几何**, 将分析和微分方程应用到对曲线、曲面的研究, 在 19 世纪, 经高斯、**黎曼**等人的工作而大大地发展了;

数学物理偏微分方程进一步迅速发展.1822 年**傅里叶** (J.B.J.Fourier, 1768 — 1830) 发表了名著《热的解析理论》, 建立了热传导方程, 创立了有重要理论意义和应用价值的傅里叶级数和傅里叶积分.**格林** (G.Green, 1793 — 1841)给出了求解位势方程的格林函数法和格林公式.**麦克斯韦** (J.C.Maxwell, 1831 — 1879) 于 1864 年导出了电磁场方程组, 并预言了电磁波的存在.

常微分方程定性和稳定性理论创立.1881 — 1886 年间, 法国伟大数学家 **庞加莱**开创了不具体求解而通过微分方程本身来研究其解性质的定性理论;1882 — 1892 年间, 俄国数学力学家**李雅普诺夫** (A.M.Ляпунов, 1857 — 1918) 奠定了常微分方程稳定性理论的基础和方法.

20 世纪的数学在 19 世纪变革与积累的基础上呈现出指数式的飞速发展, 分析学也取得了巨大的成就.

1870 年代, **康托尔**创立了集合论, **弗雷歇** (M.Fréchet, 1878 — 1973) 在 1906 年的著作中, 将集合由数集或点集推广到任意性质的元素集合, 从而使集合论能够作为一种普遍的

语言进入数学的不同领域, 同时引起了积分、函数、空间等数学中的基本概念的深刻变革. 首先引发了积分学的革命, 导致了**实变函数论**这一新的分析学分支的建立.

在以往的分析学中致力于对连续可导函数的研究, 但分析的严格化和逻辑上的完整, 迫使数学家们去考虑一种所谓"病态函数", 特别是不连续函数和不可微函数. 1872 年**魏尔斯特拉斯**给出了一个处处连续、但处处不可导的函数

$$f(x) = \sum_{n=0}^{\infty} b^n \cos(a^n \pi x)$$

$\left(\text{其中 } a \text{ 为奇整数}, \ 0 < b < 1, \ \ ab > 1 + \frac{3}{2}\pi\right)$, 使数学家们大吃一惊; 1875 年, **达布** (J.G.Darboux, 1842— 1917) 证明了不连续函数也可以求定积分, 而且不连续点可以有无限多个, 只要它们包含在长度可以任意小的有限个区间之内就行. 这又是一大类怪函数. **狄利克雷**在研究三角级数时, 又举出了

$$y = f(x) = \begin{cases} 1, & \text{当 } x \text{ 为有理数}, \\ 0, & \text{当 } x \text{ 为无理数}, \end{cases} \quad x \in [0,1]$$

这样的极端病态函数, 按照我们在 §3.4 介绍的黎曼积分定义, 这个函数是不可积的. 因为如果取所有的 ξ_i 都是有理数则和式等于 1, 而若取所有的 ξ_i 均为无理数则和式等于 0. 问题的症结在于, 以 $f(\xi_i)$ 代替小区间 $[x_{i-1}, x_i]$ 中变化的 $f(x)$ 的前提应当是当 Δx 很小时 $f(x)$ 的值的变化也很小. 换言之, 黎曼积分可以看作是专为连续函数而作的, 虽然如达布所证明的不连续函数有时也行, 但不能"太不连续", 狄利克雷函数就是这种"太不连续"函数的一个最简单的典型.

法国青年数学家**勒贝格** (H.L.Lebesgue, 1875— 1941) 在对病态函数的潜心研究中引发了一场积分学的革命. 勒贝格 19 岁进入巴黎高等师范学校, 受到**博雷尔** (E.Borel, 1871— 1956) 数学思想的熏陶. 1897 年毕业后到南锡一所中学教书, 同时潜心研究三角级数以及测度和积分, 1902 年取得博士学位 (仍在南锡任教员), 其博士论文《积分、长度与面积》中利用以集合论为基础的"测度"概念建立了所谓"勒贝格积分". 积分革命起源于长度概念的推广. 黎曼积分是将积分区间分割为有限个子区间, 然后将子区间长度乘该子区间内任一点处的函数值并作和式, 再令最大子区间的长度趋于零求和式的极限. 博雷尔想, 区间有长度, 其他点集是否也可以有长度? 他借助开区间的长度引进了直线上任意一个点集的"测度"的概念. 勒贝格将博雷尔的测度论更加一般化, 并定义了一种新的积分. 他一反常规, 不是根据自变量彼此很靠近这样一种并非重要的原则来考虑函数值的变化, 而是按照把函数值很靠近的 x 进行归类, 引进了**勒贝格积分**.

勒贝格解释他的积分的基本思想说: 假如我欠了人家许多钱, 现在要还, 此时, 先按钞票

面值的大小分类, 然后计算每一类的面值总值, 再相加, 这就是我的积分思想. 如不按面值大小分类, 而是按从钱袋中摸出的先后次序来计算总数, 那就是黎曼积分的思想. 勒贝格积分记为 $(L)\int_a^b f(x)\mathrm{d}x$, 简称为 L 积分; 原先的黎曼积分简称为 R 积分. R 可积的函数必定 L 可积, 且二者的值相等; 而一些原先 R 不可积的函数变为 L 可积.

在勒贝格积分的基础上可以进一步推广导数等微积分的其他基本概念, 重建微分运算与积分运算互逆关系的基本定理, 从而形成了一门新的数学分支—— **实变函数论**, 使微积分的适用范围大大扩展, 并导致数学分析的深刻变化. 勒贝格积分可以看作是现代分析的开端. 作为分水岭, 人们往往把这以前的分析学称为 **经典分析**, 而把以实变函数论为基础而开拓出来的分析学称为 **现代分析**.

值得一提的是, 勒贝格积分问世后也像集合论等新生事物一样遭到了许多反对. 庞加莱的老师、大数学家埃尔米特 (C.Hermite, 1822— 1901) 对研究病态函数就十分反感, 他在一封信中曾写道: "我怀着惊恐的心情对不可导函数的令人痛惜的祸害感到厌恶", 他的观点也影响了其他人. 勒贝格回忆他的积分理论公布后, 他在人们心目中 "成了没有导数的函数的人", 无论他参加哪里的讨论会, 总有人对他说: "这里不会使您感兴趣, 我们在讨论有导数的函数". 勒贝格从 1902 年发表论文后差不多 10 年内在巴黎找不到职位, 直到 1910 年才获准进入巴黎大学, 1921 年起任法兰西学院教授, 时年已 46 岁. 但时至今日, 不仅是数学家, 工程师和物理学家们也已普遍运用勒贝格积分.

现代分析的另一大支柱是在 20 世纪前 30 年间形成的 **泛函分析**. 在集合论的影响下, 空间和函数的概念进一步变革. "空间" 被抽象为仅仅是具有某种结构的集合, "函数" 则被推广为空间与空间之间的元素对应 (映射) 关系. 其中将函数映为实数 (或复数) 的对应关系就是通常所称的 "泛函". 粗略地讲, 泛函分析就是在抽象函数空间上的微积分. 20 世纪泛函分析发展中的一个重大事件是 **广义函数论** 的建立. 长期以来科学家们一直为一类奇怪的函数所困扰, 一个典型的例子就是物理学中广泛应用的狄拉克 (P.A.M.Dirac, 1902—1984) 函数:

$$\delta(x) = 0 \ \ (x \neq 0), \qquad \int_{-\infty}^{+\infty} \delta(x)\mathrm{d}x = 1.$$

按照已有的微积分理论这是无法理解的. 1945 年法国数学家施瓦茨 (L.Schwartz, 1915—2002) 将这些函数解释为函数空间上的连续线性泛函即广义函数. 广义函数概念标志着函数概念发展到一个新阶段. 泛函分析有力地推动了分析其他分支的发展, 使整个分析领域的面貌发生了巨大变化.

在 20 世纪, 复变函数论在单复变函数进一步发展的同时进一步推广到 **多复变函数**; 常微分方程定性理论进一步发展为 **动力系统理论**; **偏微分方程** 通过用抽象空间上的微分算子来表述, 并应用各种泛函分析的方法加以研究, 引出了许多重要的结果.

综上所述, 自 17 世纪中叶微积分创立起, 300 多年来分析学有了巨大的发展. 表述由不统一, 到统一、规范; 概念由不清晰、不严谨, 到严谨、严格、清晰; 基础由直观、形象、不牢靠, 到理性、严格、坚实; 方法由归纳到演绎; 研究对象由特殊到一般, 由具体到抽象.

微积分的研究对象由曲线到函数, 而函数则由一元到多元, 由实变到复变, 由具体到抽象直到广义函数; 考虑的集合, 由数集、点集到任意性质的元素的集合; 研究的空间, 由现实的平面、三维空间, 到抽象空间. 一元微积分发展为多元微积分; 黎曼积分发展为勒贝格积分; 实分析发展为复分析、泛函分析. 分析学由具体、现实发展到高度的抽象, 而这种高度的抽象也带来了更广泛的应用.

四、总结

回顾微积分创立以来 300 多年的发展历程, 我们深深为数学家们艰苦探索科学真理, 不懈追求尽善尽美的精神所感动. 在微积分的创立和分析学的一些分支形成的过程中, 数学家的直觉感悟和自由创造常常是先于逻辑推理和形式化的论证, 因此往往有这样那样的缺陷和不足, 但这并不可怕, 而且这可以说是科学发现的一般规律. 正如 E.皮卡所指出的: "如果牛顿和莱布尼茨想到过连续函数不一定有导数——而这却是一般情形, ——那么微分学就决不会被创造出来." 难能可贵的是永不满足的进取精神和求真务实的治学态度. 微积分通过实数系和极限理论的建立而站稳了脚跟; 有较大局限性的黎曼积分经过本质的改造而面目一新; 对函数和空间等概念的合理抽象实现了微积分从有限到无限的飞跃.

三百多年来, 分析学取得了辉煌的成就, 我们在惊叹数学家们得到的精美成果的同时, 更对那些克服了千辛万苦为此作出巨大贡献的数学家们敬佩万分. 特别是欧拉克服了长期失明的痛苦和不便, 作出了如此众多的重大贡献; 魏尔斯特拉斯和勒贝格在身为中学教师时, 如此执着地潜心研究数学, 并取得了巨大的成功, 实在难能可贵.

回顾历史我们看到了当年德国不拘一格、唯才是举, 使得魏尔斯特拉斯得以作出更大贡献的用人机制和良好的学术环境; 也看到了当年法国学术界对勒贝格积分等新生事物的嘲讽与打击; 更看到了 18 世纪英国的数学家因为与欧陆数学家就微积分发明优先权的争论而不适当地固守民族主义, 给自身数学的发展带来了损失. 前事不忘, 后事之师, 我们应该从中引以为鉴.

第二篇
概率统计初步

概率论终将成为人类知识中最主要的组成部分, 生活中那些最重要的问题绝大部分正是概率问题.

拉普拉斯

概率论与数理统计是研究随机现象统计规律性的一个数学分支. 概率论起源于在赌博、商业保险、社会及人口统计等问题中对一些不确定事件发生的可能性的研究. 自 1657 年概率论诞生以来, 三百多年里, 概率论和与之一道发展起来的数理统计学已经取得了巨大的成就, 并被广泛应用于自然科学、人文社会科学、工程技术领域、社会经济管理和国民生产的各个部门. 有关概率与统计的知识也已进入我国中小学的数学教材. 本篇, 我们进一步系统、简要地介绍概率论和数理统计的一些最基本的知识和方法, 包括随机事件及其概率, 随机变量及其分布, 随机变量的数字特征, 以及数理统计的基础知识.

第五章 随机事件及其概率

§5.1 随机现象与随机事件

一、随机现象及其统计规律性

客观世界中有两类不同的现象: 确定性现象和随机现象.

在一定条件下, 只有一个结果的现象称为**确定性现象**. 例如, 太阳从东方升起; 7 人小组中有 5 男 2 女, 从中任选 3 名代表, 其中至少有1 名男性; 在地面以 6 km/s 的速度向上发射一枚火箭, 它必定不可能环绕地球运行等, 都是确定性现象. 在微积分中研究的是确定性现象.

在一定条件下, 有几种可能结果的现象称为**随机现象** (random phenomenon). 例如, 怀孕后可能生男或生女; 购买彩票可能中奖或不中奖; 某天某地区网购的人数等, 都是随机现象.

对于随机现象, 虽然每次或几次观测的结果是不确定的, 但人们发现, 当实验或观测大量重复时, 各种结果的出现有一定的规律性. 例如, 排除人为因素, 男性和女性婴儿大约各占一半. 这种规律性称为**统计规律性**, 它是随机现象本身蕴含的内在的规律性. 概率论就是要研究和揭示这种统计规律性并指导社会实践.

二、随机试验与随机事件

对随机现象进行的一次观测或一次实验统称为一个试验. 如果这个试验事先知道可能出现的结果, 但不能确定究竟哪个结果会出现, 而且在相同条件下试验可以重复进行, 就称它是一个 **随机试验**, 也简称为 **试验**, 常用字母 E 表示.

随机试验的每一个可能的结果称为**基本事件**或 **样本点**, 常用 ω 表示. 在一个确定的研究过程中, 基本事件是不能或不必分解的试验结果. 全体基本事件构成的集合称为**基本事件空间**或**样本空间**, 记为 Ω.

例 5.1　"抛一枚硬币, 观察哪一面朝上"的样本空间 $\Omega = \{$ 正面, 反面 $\}$.

例 5.2　"检查 4 件产品, 发现不合格产品数"的样本空间 $\Omega = \{0, 1, 2, 3, 4\}$.

例 5.3　"搞一项发明, 试验可能失败的次数"的样本空间 $\Omega = \{0, 1, 2, 3, \cdots\}$.

例 5.4　"某地铁站每 5 min 有一列车通过, 乘客可能候车的时间"的样本空间 $\Omega = [0, 5)$.

例 5.5　"一只显像管的寿命"的样本空间 $\Omega = \{x | x \geqslant 0\}$.

由上面几例可见, 样本点的个数, 可能是有限多个 (前两例), 也可能是无限多个 (后三例), 后者有的是可列个 (如例 5.3), 有的是不可列个 (如例 5.4 和例 5.5). 所谓可列集是指该集合中的元素可以和正整数集的元素建立一一对应关系. 例如偶数集、有理数集都是可列集, 实数集是不可列集.

样本空间的子集称为**随机事件**, 简称为**事件**. 通常用大写字母 A, B, C 等表示. 例如, 在例 5.2 中, 设事件 $A = $ "4 件产品中没有不合格产品" $= \{0\}$; 在例 5.4 中, 设事件 $B = $ "乘客候车时间不超过 3 分钟" $= [0, 3]$, 它们都是相应的样本空间 Ω 的子集.

在试验中, 如果出现 A 中所含的某个样本点 ω, 则称**事件 A 发生**, 记为 $\omega \in A$. 如果 A 中的任一样本点均不出现, 则称**事件 A 不发生**.

在每次随机试验中必定会发生的事件叫做**必然事件**, 也记作 Ω. 因为样本空间 Ω 是其自身的最大子集, 因此也是一个事件, 且在每次试验中, 必定会出现 Ω 中的某个样本点, 即事件 Ω 在每次试验中必定会发生, 从而是必然事件.

在每次试验中必定不会发生的事件称为**不可能事件**, 记为 $\varnothing$. 例如 "4 件产品中有 5 件不合格产品" 就是不可能事件.

虽然必然事件 Ω 和不可能事件 $\varnothing$ 在每次试验中的结果都是确定的, 并不具有随机性, 但为了今后讨论问题方便, 也将它们当作随机事件来处理.

三、事件的关系和运算

随机事件之间有几种关系和运算.

(一) 事件的关系

1. 包含　如果事件 A 发生必导致事件 B 发生, 则称事件 A **包含于**事件 B, 或称事件 B **包含**事件 A, 记作 $A \subset B$ 或 $B \supset A$.

如例 5.2 中, 设 $A = $ "有 1 件不合格产品", $B = $ "有不合格产品", 则 $A \subset B$.

我们约定, 对任一事件 A, 有 $\varnothing \subset A$.

2. 相等 (或等价) 如果 $A \subset B$ 和 $B \subset A$ 同时成立, 则称事件 A 与 B **相等** 或 **等价**, 记为 $A = B$. 这时它们总是同时发生或同时不发生.

例如, 向一目标连续射击 10 次, 事件 $A =$ "击中目标" 和事件 $B =$ "至少击中一次" 二者相等.

3. 互不相容 (或互斥) 如果事件 A 和事件 B 不可能同时发生, 则称事件 A 与 B 是 **互不相容**或**互斥**的. 这时它们没有相同的样本点.

如例 5.4 中, 事件 $A =$ "候车时间不超过 3 min" 和事件 $B =$ "候车时间超过 4 min" 是互斥的.

4. 互逆 (或对立) 事件 A 的 **逆** (或 A 的**对立事件**) 就是事件 A 不发生, 记作 $\overline{A}$. 显然, 逆事件是相互的. $\overline{(\overline{A})} = A$, 即 A 是 $\overline{A}$ 的逆.

如例 5.1 中, 事件 $A =$ "出现正面" 和事件 $B =$ "出现反面" 是互逆的. 互逆必定互斥, 但互斥未必互逆. 如上述例 5.4 中的事件 A 与 B 互斥但不互逆.

(二) 事件的运算

1. 事件的并 (或和) 事件 A 与 B 中所有样本点 (相同的只计入一次) 组成的新事件称为事件 A 与 B 的 **并** 或 **和**, 记为 $A \bigcup B$. 也就是说, $A \bigcup B$ 表示事件 A 与 B 至少有一个发生.

例 5.6 统计某办公室一天内接到的电话数, $A =$ "接到 $10 \sim 15$ 个电话", $B =$ "接到 $12 \sim 20$ 个电话", 则 $A \bigcup B =$ "接到 $10 \sim 20$ 个电话".

2. 事件的交 (或积) 所有既属于 A 又属于 B 的样本点组成的新事件称为事件 A 与 B 的 **交**或**积**, 记为 $A \bigcap B$ 或 AB. 也就是说, $A \bigcap B$ 表示事件 A 与 B 同时发生.

在例 5.6 中, $A \bigcap B =$ "接到 $12 \sim 15$ 个电话".

显然, $\qquad A \bigcup \overline{A} = \Omega; \qquad A\overline{A} = \varnothing.$

注 5.1 事件的并和交可以推广到多个事件的情形:

$\bigcup\limits_{i=1}^{n} A_i$ 表示事件 $A_1, A_2, \cdots, A_n$ 中至少有一个发生;

$\bigcup\limits_{i=1}^{\infty} A_i$ 表示事件 $A_1, A_2, \cdots, A_n, \cdots$ 中至少有一个发生;

$\bigcap\limits_{i=1}^{n} A_i$ 表示事件 $A_1, A_2, \cdots, A_n$ 同时发生;

$\bigcap\limits_{i=1}^{\infty} A_i$ 表示事件 $A_1, A_2, \cdots, A_n, \cdots$ 同时发生.

例 5.7 进行某个科学试验, 记 A 为 "试验取得成功", A_i 为 "第 i 次试验取得成功"，则 $A = \bigcup\limits_{i=1}^{k} A_i$. 其中上限 k 可能是某个有限数 N, 也可能是 ∞.

例 5.8   某单位挑选仪仗队队员, 在性别、年龄、身高、体重、外表、素质六方面都有必要条件, 如以 $A_i(i = 1, 2, \cdots, 6)$ 分别表示其中某个条件符合, A 表示"可以作为仪仗队人选"，则 $A = \bigcap\limits_{i=1}^{6} A_i$.

注 5.2   如果事件 A 与 B 互斥, 则 $AB = \varnothing$. 这时 $A \bigcup B$ 通常记为 $A + B$.

对于一组事件 $A_1, A_2, \cdots, A_n$, 如果其中任何两个事件均互斥, 则称这一组事件 **两两互斥**. 这时, $A_iA_j = \varnothing(i \neq j, \ i, j = 1, 2, \cdots, n)$. 它们的并 $\bigcup\limits_{i=1}^{n} A_i$ 通常记成 $\sum\limits_{i=1}^{n} A_i$. 显然, 样本空间中的基本事件是两两互斥的.

注 5.3   若事件组 $A_1, A_2, \cdots, A_n$ 两两互斥, 且其和构成一必然事件, 即满足

$$A_iA_j = \varnothing(i \neq j, \ i, j = 1, 2, \cdots, n), \text{且} \sum\limits_{i=1}^{n} A_i = \Omega,$$

则称该事件组为一 **完备事件组**.

3. 事件的差   所有属于 A 而不属于 B 的样本点构成的事件, 称为事件 A 与 B 的 **差**, 记作 $A - B$. 也就是说, $A - B$ 表示事件 A 发生而 B 不发生.

事件的关系与运算类似于集合的关系与运算, 可以用中学里介绍过的维恩 (Venn) 图帮助理解. 例如, 参看图 5.1, 易知

$$A - B = A\overline{B} = A - AB,$$
$$B - A = B\overline{A} = B - AB.$$

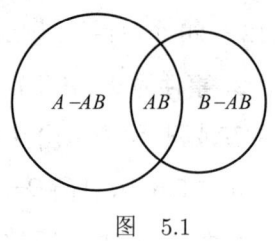

图   5.1

(三) 事件运算规律

与集合的运算类似, 事件的运算有下列规律:

(1) 交换律

$$A \bigcup B = B \bigcup A, \qquad AB = BA;$$

(2) 结合律

$$(A \bigcup B) \bigcup C = A \bigcup (B \bigcup C), \quad (AB)C = A(BC);$$

(3) 分配律

$$(A \bigcup B)C = (AC) \bigcup (BC), \qquad (AB) \bigcup C = (A \bigcup C)(B \bigcup C);$$

(4) **德·摩根** (De Morgan, 1806—1871)**定理** (对偶公式)

$$\overline{A \bigcup B} = \overline{A}\ \overline{B}, \qquad \overline{AB} = \overline{A} \bigcup \overline{B}.$$

亦即, "并之逆 = 逆之交" "交之逆 = 逆之并".

例 5.9 向某目标射击三次, A_k= "第 k 次击中目标", $k = 1, 2, 3$, 则

(1) $\overline{A_1 \bigcup A_2} = \overline{A_1}\,\overline{A_2}$ 表示 "前两次射击均未击中目标";

(2) $A_2 - A_1$ 表示 "第一次未击中目标而第二次击中";

(3) $\overline{A_2 A_3} = \overline{A_2} \bigcup \overline{A_3}$ 表示 "后两次射击中至少有一次未击中";

(4) $A_3 - (A_1 \bigcup A_2) = A_3 (\overline{A_1 \bigcup A_2}) = A_3 \overline{A_1}\,\overline{A_2}$ 表示 "只有第三次击中".

例 5.10 设 A, B, C 为三个事件, 则

(1) "A, B, C 只有 A 发生" 可表示为 $A \overline{B}\,\overline{C}$;

(2) "A, B, C 恰有一个发生" 可表示为 $A \overline{B}\,\overline{C} \bigcup \overline{A} B \overline{C} \bigcup \overline{A}\,\overline{B} C$;

(3) "A, B, C 至少有一个发生" 可表示为 $A \bigcup B \bigcup C$;

(4) "A, B, C 至多有一个发生" 可表示为 $\overline{A}\,\overline{B}\,\overline{C} \bigcup A \overline{B}\,\overline{C} \bigcup \overline{A} B \overline{C} \bigcup \overline{A}\,\overline{B} C$;

(5) "A, B, C 至少有两个发生" 可表示为 $AB \bigcup AC \bigcup BC$, 或表示为

$ABC \bigcup AB \overline{C} \bigcup A \overline{B} C \bigcup \overline{A} BC$;

(6) "A, B, C 至多有两个发生" 即 "至少有一个不发生" 故为 $\overline{A} \bigcup \overline{B} \bigcup \overline{C}$.

注 5.4 德 · 摩根定理可推广到有限多个以及可列个的情形:

$$\overline{\left(\bigcup_{k=1}^{n} A_k \right)} = \prod_{k=1}^{n} \overline{A_k}, \qquad \overline{\left(\prod_{k=1}^{n} A_k \right)} = \bigcup_{k=1}^{n} \overline{A_k}.$$

($\prod$ 是乘积的记号, 上限 n 可改为 ∞)

<h3 style="text-align:center">习 题 5.1</h3>

1. 同时掷两粒骰子, 记录所出现的点数之和, 试写出

(1) 样本空间 Ω;

(2) 用样本点集表示事件 $A =$ "出现点数之和为偶数", $B =$ "出现点数之和不超过 8";

(3) 分别用文字和样本点集表示事件 AB 和 $A - B$.

2. 随机抽检三件产品, $A =$ "三件中至少有一件不合格", $B =$ "三件中至少有两件不合格", $C =$ "三件均合格", 试用文字说明事件 $\overline{A}, \overline{C}, A \bigcup B, AC$.

3. 某人连续买了五期彩票, A_i 表示第 i 期中奖, $i = 1, 2, 3, 4, 5$. 试用 A_i 表示下列事件: B: 五期中至少有一期中奖; C: 五期都中奖; D: 五期都不中奖; E: 五期中只有最后一期中奖.

4. 设 A, B 为两个事件, 判断下列关系式是否正确:

(1) $A \bigcup B = (A \overline{B}) \bigcup B$;　　　(2) $(A \bigcup B)(AB) = AB$;

(3) 若 $A \subset B$, 则 $A = AB$;　　　(4) 若 $A \subset B$, 则 $\overline{A} \supset \overline{B}$.

5. 复习回顾下列定理:

(1) **加法原理** 设完成一件事有 n 类方法, 只要选择任何一类中的一种方法, 此事即可完成. 设第 k 类方法有 m_k 种 $(k = 1, 2, \cdots, n)$, 并且这 $m_1 + m_2 + \cdots + m_n$ 种方法里, 任何两种方法都不相同, 则完成这件事就有 $m_1 + m_2 + \cdots + m_n$ 种方法.

(2) **乘法原理** 设完成一件事有 n 个步骤, 第 k 步有 m_k 种 $(k = 1, 2, \cdots, n)$ 方法, 并且完成此事必须经过每一步, 则完成这件事共有 $m_1 \times m_2 \times \cdots \times m_n$ 种方法.

(3) **选排列** 从 n 个不同的元素中, 每次取出 k 个不同的元素 $(k \leqslant n)$, 按一定顺序排成一列, 则共有 $\mathrm{A}_n^k = n(n-1) \cdots (n-k+1) = \dfrac{n!}{(n-k)!}$ 种不同的排列.

(4) **可重复的排列** 从 n 个不同的元素中, 每次取出 k 个元素 $(k \leqslant n$, 同一个元素允许重复取出), 按一定顺序排成一列, 则共有 n^k 种不同的排列.

(5) **组合** 从 n 个不同的元素中, 每次取出 k 个不同的元素, 不管其顺序合并为一组, 共有 $\mathrm{C}_n^k = \dfrac{\mathrm{A}_n^k}{k!}$ 种组合数.

§5.2 概率的定义和基本性质

除必然事件和不可能事件这两种极端情况外, 随机事件的发生带有偶然性, 但不同的事件发生的可能性是有大小之分的. 在现实生活中, 人们最关心的也是随机事件发生可能性的大小, 例如高考升学率、产品合格率、电视收视率、市场占有率、彩票中奖率、癌症治愈率等. 随机事件发生的可能性的大小在数学上的抽象就是事件的概率. 历史上, 人们曾对不同类型的问题, 从不同角度给出概率的定义和计算方法, 这里介绍概率的统计定义和古典定义, 并附带介绍概率的几何定义和公理化定义.

一、概率的统计定义

在一定的条件 S 下, 重复 n 次试验. 如果事件 A 在 n 次试验中出现了 μ_n 次, 则称 μ_n 为事件 A 发生的 **频数**, 称比值 μ_n/n 为在 n 次试验中事件 A 出现的 **频率**, 记为 $f_n(A)$, 即

$$f_n(A) = \frac{\mu_n}{n}. \tag{1}$$

由上述定义, 易知频率有下面几个基本性质:

(1) 非负性: 对任何事件 $A, f_n(A) \geqslant 0$;

(2) 规范性: $f_n(\Omega) = 1$;

(3) 可加性: 若事件 A, B 互斥, 则 $f_n(A + B) = f_n(A) + f_n(B)$.

当某个试验大量重复时, 事件发生的频率往往呈现某种稳定性. 例如作抛掷一枚硬币试验, 规定条件 S 为: 硬币匀称, 放于手心, 垂直上抛, 落在一个有弹性的平面上. 当大量重复这一试验时, 事件 $A =$ "出现正面" 发生的次数就有一定的规律性. 历史上不少学者作过成千上万次这一试验, 例如皮尔逊抛掷 24 000 次, A 出现 12 012 次, $f_n(A) = 0.500\ 5$; 维尼抛掷 30 000 次, A 出现 14 994 次, $f_n(A) = 0.499\ 8$. 其他多人试验, 频率均在 0.5 左右, 这就是**频率的稳定性**. 它是随机事件内在规律的体现.

由于频率 $f_n(A)$ 能在一定程度上反映出事件 A 发生的可能性大小, 且随试验次数增大它会稳定在某个常数附近, 因此可以用这个常数作为事件发生可能性大小的度量, 即事件发生的概率.

定义 5.1(概率的统计定义) 在一定的条件 S 下重复作 n 次试验, 事件 A 出现的频率 $f_n(A)$ 如果随着试验次数的增大稳定地在某一数值 p 附近摆动, 则称该数值 p 为事件 A 在条件 S 下发生的 **概率** (probability), 记作

$$P(A) = p.$$

上述概率反映了随机现象的统计规律性, 也给出了在实际问题中估算概率的近似方法, 当试验次数足够大时, 可将频率作为概率的估计值.

由概率的统计定义和频率的性质可知, 统计概率有下列基本性质:

(1) 非负性: 对任何事件 $A, P(A) \geqslant 0$;

(2) 规范性: $P(\Omega) = 1$;

(3) 有限可加性: 若事件 $A_1, A_2, \cdots, A_n$ 两两互斥, 则

$$P(A_1 + A_2 + \cdots + A_n) = P(A_1) + P(A_2) + \cdots + P(A_n).$$

二、概率的古典定义

在常见的随机试验中, 有一类称为**古典型随机试验**, 它有两个特性:

(1) 每次试验只有有限个结果 (有限性);

(2) 每个试验结果出现的可能性相同 (等可能性).

也就是说基本事件空间 Ω 中仅含有限个基本事件 $\omega_1, \omega_2, \cdots, \omega_n$, 并且

$$P(\omega_1) = P(\omega_2) = \cdots = P(\omega_n).$$

例如抛掷硬币试验, 只可能有两种结果, 并且出现正面和反面是等可能的.

定义 5.2(概率的古典定义) 设古典型随机试验总共有 n 个基本事件, 事件 A 包含 k 个基本事件, 则称

$$P(A) = \frac{k}{n} \qquad\qquad (2)$$

为事件 A 发生的**概率**. 并称可用 (2) 式来刻画事件概率的问题属于**古典概型**.

概率的统计定义具有一定的普遍性, 而概率的古典定义只适用于试验结果为等可能的、有限个的情况. 对于古典型随机试验而言, 事件 A 出现的频率正是 (2) 式中 $\frac{k}{n}$, 因此定义 5.2 和定义 5.1 是一致的.

古典概率和统计概率一样, 也具有非负性、规范性和有限可加性.

此外, 若设事件 A 和 $\overline{A}$ 所含基本事件数分别为 k_1 和 k_2, 则 $k_1 + k_2 = n$, 故

$$P(A) = \frac{k_1}{n} = \frac{n - k_2}{n} = 1 - \frac{k_2}{n} = 1 - P(\overline{A}).$$

因此, 求事件 A 的概率可转为求其逆事件 $\overline{A}$ 的概率, 这样做有时会带来方便.

例 5.11　设有 100 件产品, 其中有 3 件次品, 求任取 5 件都是正品的概率.

解　由于 100 件产品中任何一件都是等可能被取到, 所以从 100 件中任取 5 件的每一种取法都是等可能出现的, 基本事件共有 C_{100}^5 个, 故问题属于古典概型. 记 $A =$ "任取 5 件都是正品", 则仅当这 5 件是从 97 件正品中取出时才能使事件 A 成立, 因此 A 包含的基本事件数为 C_{97}^5, 所以

$$P(A) = \frac{C_{97}^5}{C_{100}^5} \approx 0.856 .$$

例 5.12　从一副 52 张的扑克牌中任取 2 张, 求

(1) 2 张都是红桃的概率; (2) 2 张颜色不同的概率.

解　易知这是古典概型. 基本事件共有 C_{52}^2 个.

(1) 事件 $A =$ "取出的 2 张都是红桃" 包含 C_{13}^2 个基本事件, 故

$$P(A) = \frac{C_{13}^2}{C_{52}^2} = \frac{1}{17} \approx 0.058\ 8 .$$

(2) 事件 $B =$ "取出的 2 张颜色不同" 可以设想为先从 26 张红牌中任取 1 张, 再从 26 张黑牌中任取一张, 所以共含基本事件 26×26 个, 故

$$P(B) = \frac{26 \times 26}{C_{52}^2} = \frac{26}{51} \approx 0.509\ 8 .$$

例 5.13　某班级一个小组共 10 人, 其中男生 6 人, 女生 4 人, 今从中任选 3 人参加一项活动, 求下列事件发生的概率:

$A =$ "被选 3 人全是男生或全是女生";

$B =$ "被选 3 人既有男生又有女生";

$C =$ "被选 3 人中至少有 2 名女生".

解 易知问题属古典概型, 基本事件总共 C_{10}^3 个. 事件 A 包含的基本事件数为 $C_6^3 + C_4^3$, 故

$$P(A) = \frac{C_6^3 + C_4^3}{C_{10}^3} = \frac{24}{120} = 0.2 \ .$$

因为 $B = \overline{A}$, 所以

$$P(B) = 1 - P(A) = 1 - 0.2 = 0.8 \ .$$

事件 C 为所选 3 人中 "恰有 1 男 2 女" 与 "皆为女生" 这两个互斥事件之和, 包含的基本事件数为 $C_6^1 C_4^2 + C_4^3 = 40$, 故

$$P(C) = \frac{40}{120} = \frac{1}{3}.$$

例 5.14 袋中有 10 个外形相同的球, 其中 6 白 4 红, "有放回" 地从袋中取出 3 个球 ("有放回" 是指第一次取一个球, 记下此球的颜色后再将它放回袋中, 然后再去任取一球), 求事件 $A =$ "取出 3 球中至少有 2 只红球" 和事件 $B =$ "取出 3 球中至多有 2 只红球" 的概率.

解 由于是 "有放回" 地取球 3 次, 共有 10^3 个基本事件, 事件 A 是所取 3 球中 "恰有 2 红 1 白" 与 "全为红球" 这两个互斥事件之和, 而 "恰有 2 红 1 白" 可以是依次取出红、红、白; 红、白、红; 白、红、红球这三种情况, 所以事件 A 包含的基本事件数为

$$3 \times 6 \times 4^2 + 4^3 = 352,$$

故

$$P(A) = \frac{352}{1\,000} = 0.352 \ .$$

事件 B 所含基本事件数为 ("恰有 2 红 1 白" "1 红 2 白" 与 "全白" 之和)

$$3 \times 6 \times 4^2 + 3 \times 6^2 \times 4 + 6^3 = 936,$$

$$P(B) = \frac{936}{1\,000} = 0.936 \ .$$

例 5.15 求 $n (\leqslant 365)$ 个人的生日都不相同的概率 p_n.

解 因为每个人的生日可以是一年 365 天中的任意一天, 所以基本事件共有 365^n 个. n 个人生日不同, 可以看作是先从 365 天中随机取出 n 天, 再分属于 n 个人, 因此共有 $C_{365}^n \cdot n!$ 个基本事件, 所以

$$p_n = \frac{C_{365}^n \cdot n!}{365^n}.$$

三、概率的几何定义

古典概型基本事件只有有限个, 对于基本事件有无穷多个而又具有某种等可能性的随机事件, 人们引进了几何概型.

设 Ω 是一个可以用长度、面积或体积等度量的区域, 如果向 Ω 内所投质点落在其中任意区域 G 内的可能性大小只与 G 的度量成正比, 而与其位置和形状无关, 则称这个随机试验为几何型随机试验.

对于几何型随机试验, 可以通过几何度量来计算事件出现的可能性大小. 例如, 某地铁站每隔 5 min 有一列车通过, 在乘客对列车通过该站时间完全不知道的情况下乘客到站时间是任意的, 因此可以看成是均匀地出现在长为 5 min 的时间区间上, 乘客到站等车时间少于 2 min 的概率应当是等车时间长度与列车间隔时间长度之比, 即 $\dfrac{2}{5}$.

定义 5.3(概率的几何定义)　设 E 为几何型随机试验, 其基本事件空间可以用一个有界区域 Ω 来描述, 若记 A 为事件 "质点落在 Ω 的子区域 A 内", 设 $L(\Omega)$ 和 $L(A)$ 分别为 Ω 与 A 的几何度量, 则事件 A 发生的概率定义为

$$P(A) = \frac{L(A)}{L(\Omega)}. \tag{3}$$

可用 (3) 式来刻画事件概率的问题属于**几何概型**. 几何概型也具有非负性、规范性和有限可加性.

例 5.16(约会问题)　甲、乙约定在 7 点到 8 点之间见面, 先到者应等候 20 min, 过时即可离开. 求两人会面的概率.

解　设 $A=$ "甲、乙约会成功", 甲、乙到达约会地点的时间分别为 x, y, 以 7 点为 0 min, 8 点为 60 min, 则有 $0 \leqslant x, y \leqslant 60$, A 发生 $\Leftrightarrow |x-y| \leqslant 20$. 因此, 如图 5.2 所示.

$$\Omega = \{(x,y) \mid 0 \leqslant x, y \leqslant 60\}$$

为一正方形, 甲、乙可在其中每一点处出现;

$$A = \{(x,y) \mid |x-y| \leqslant 20\}$$

为图 5.2 中的阴影区域, 只有在此区域两人才能会面. 这是一个几何概型, 几何度量为区域的面积.

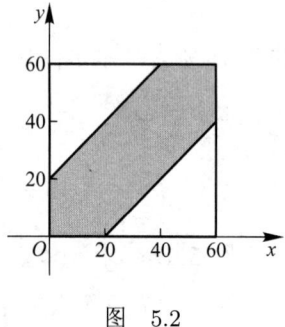

图　5.2

$$P(A) = \frac{L(A)}{L(\Omega)} = \frac{60^2 - 40^2}{60^2} = \frac{5}{9}.$$

四、概率的公理化定义

前面介绍的概率定义, 都有不足之处. 概率的古典定义和几何定义以等可能性或均匀性为基础, 但实际问题中有很多情况不具有这种性质; 统计定义虽然比较直观, 但在理论上不够严密. 苏联数学家柯尔莫哥洛夫 (A. H.Колмогоров, 1903—1987) 在总结前人成果的基础上于 1933 年给出了概率的公理化定义, 为概率论奠定了坚实的理论基础 (参看阅读材料 5). 粗浅地讲, 这一定义如下:

设 Ω 是一个集合, 其元素称为基本事件, 由 Ω 的满足一定条件的子集构成的集类 $\mathcal{F}$ 称为事件域.

定义 5.4(概率的公理化定义)　设 $P(\cdot)$ 为定义在集合 Ω 中的事件域 $\mathcal{F}$ 上的函数, 如果它满足:

公理 1(非负性)　对任何事件 $A \in \mathcal{F}, P(A) \geqslant 0$;

公理 2(规范性)　$P(\Omega) = 1$;

公理 3(可列可加性)　对 $\mathcal{F}$ 中的任一两两互斥的事件列 $\{A_k\}$, 有

$$P\Big(\bigcup_{k=1}^{\infty} A_k\Big) = P\Big(\sum_{k=1}^{\infty} A_k\Big) = \sum_{k=1}^{\infty} P(A_k),$$

则称 $P(\cdot)$ 为 $\mathcal{F}$ 上的 **概率**, 而 $P(A)$ 为事件 A 的概率.

上述公理 1, 2 是前述三种定义的概率都具有的性质, 而由公理 3 可以推出有限可加性. 由定义 5.4 可以导出概率的一些基本性质.

五、概率的基本性质

(1) $P(\varnothing) = 0$.

证　因 $\Omega = \Omega \bigcup \varnothing \bigcup \varnothing \bigcup \cdots$, 由可列可加性,

$$P(\Omega) = P(\Omega) + P(\varnothing) + P(\varnothing) + \cdots,$$

由非负性知 $P(\varnothing) = 0$.

(2) **有限可加性**　若 $A_1, A_2, \cdots, A_n$ 两两互斥, 则

$$P\Big(\sum_{k=1}^{n} A_k\Big) = \sum_{k=1}^{n} P(A_k).$$

证法与性质 (1) 的证明类似, 读者可自证.

(3) **对立事件概率**　$P(\overline{A}) = 1 - P(A)$.

证   因 A 与 $\overline{A}$ 互斥, $A + \overline{A} = \Omega$, 由性质 (2),

$$P(\Omega) = P(A + \overline{A}) = P(A) + P(\overline{A}),$$

故 $$P(\overline{A}) = P(\Omega) - P(A) = 1 - P(A).$$

(4) **可减性**   若 $A \subset B$, 则 $P(B - A) = P(B) - P(A)$.

证 $A \subset B$ 时有 $B = A + (B - A)$, 因 A 与 $B - A$ 互斥, $P(B) = P(A) + P(B - A)$, 从而得证.

(5) **单调性**   若 $A \subset B$, 则 $P(A) \leqslant P(B)$.

证   因 $P(B - A) \geqslant 0$, 由性质 (4) 即可得证.

习　题　5.2

1. 一密码锁号码由五个数字组成, 某人不知密码, 求他随机拨一号码打开该锁的概率.

2. 一套四册文集随机连排放在书架上, 求各册自左向右顺序排列的概率.

3. 将 6 男 4 女随机地分为两组, 每组 5 人, 求每组各有 3 男的概率.

4. 9 人随机排成一排照相, 求其中指定的 3 人排在一起的概率.

5. 在 12 件产品中有 8 件一等品, 4 件二等品, 从中任取 3 件, 求下列事件的概率:

(1) 所取 3 件中有 2 件是一等品;

(2) 所取 3 件全是一等品或全是二等品;

(3) 所取 3 件既有一等品, 又有二等品.

6. 在 100 件产品中有 90 件一等品, 10 件二等品, 从中任取 3 件, 求其中有二等品的概率.

7. 用 $0, 1, 2, \cdots, 9$ 中的七个数字编码, 求事件 "能组成七个数字都不同的号码" 和事件 "能组成七位数电话号码" 的概率.

§5.3　概率的计算公式

○ 视频讲解
概率的计算公式1

一、概率的加法公式

定理 5.1(概率的加法公式)   设 A, B 为任意两个事件, 则

$$P(A \bigcup B) = P(A) + P(B) - P(AB). \tag{1}$$

证   因为 $A \bigcup B = A + (B - AB)$, 而 A 与 $B - AB$ 互斥, 故由概率的有限可加性知

$$P(A\bigcup B) = P(A) + P(B - AB).$$

又因 $AB \subset B$, 由概率的基本性质 (4), 有

$$P(B - AB) = P(B) - P(AB),$$

代入上式即得公式 (1).

利用公式 (1) 容易得到计算 $P(A\bigcup B\bigcup C)$ 的公式, 读者可思考.

注 5.5 当 A, B 互斥时, $AB = \varnothing$, (1) 式即 $P(A + B) = P(A) + P(B)$.

注 5.6 当 $A_1, A_2, \cdots, A_n$ 为一完备事件组时, 因该组两两互斥, 且 $\sum_{i=1}^{n} A_i = \Omega$, 由有限可加性和规范性即得 $\sum_{i=1}^{n} P(A_i) = 1$.

例 5.17 某企业与甲、乙两公司签订一长期供货合同, 由以前的统计得知, 甲、乙两公司按时供货的概率分别为 0.9 和 0.75, 两公司都能按时供货的概率为 0.7, 求至少有一公司能按时供货的概率.

解 设 $A =$ "甲公司按时供货", $B =$ "乙公司按时供货", 按题意, A, B 不是互斥事件.

$$P(A\bigcup B) = P(A) + P(B) - P(AB)$$
$$= 0.9 + 0.75 - 0.7 = 0.95,$$

即至少有一公司能按时供货的概率为 0.95.

二、条件概率和乘法公式

在事件 A 发生的前提条件下, 事件 B 发生的概率称为**条件概率**, 记作 $P(B|A)$. 例如, 如果 100 个圆柱形零件中有 98 个长度合格, 有 95 个直径合格, 有 93 个长度与直径均合格, 现从中任取一个, 记 $A =$ "任取一个长度合格", $B =$ "任取一个直径合格", 根据古典概型, 知

$$P(A) = \frac{C_{98}^1}{C_{100}^1} = \frac{98}{100}, \qquad P(AB) = \frac{C_{93}^1}{C_{100}^1} = \frac{93}{100}.$$

如果要问在长度合格的前提下, 直径也合格的概率是多少? 即要求 $P(B|A)$. 这时, 基本事件空间所含样本点的个数为事件 A 中样本点的个数 98; 而事件 A 发生事件 B 也发生即事件 AB 发生, 样本点为 93, 故由古典概型知

$$P(B|A) = \frac{93}{98} = \frac{93/100}{98/100} = \frac{P(AB)}{P(A)}.$$

一般地, 有下述定义

定义 5.5   设 A, B 是两个随机事件, 且 $P(A) > 0$, 则称

$$P(B|A) = \frac{P(AB)}{P(A)} \tag{2}$$

为在事件 A 发生的条件下事件 B 发生的**条件概率**. 当 $P(A) = 0$ 时, 规定 $P(B|A) = 0$.

定理 5.2(概率的乘法公式)   设 A, B 为任意两个事件, 若 $P(A) > 0$, 则有

$$P(AB) = P(A)P(B|A) , \tag{3}$$

若 $P(B) > 0$, 则有

$$P(AB) = P(B)P(A|B) . \tag{4}$$

公式 (3)、(4) 可以推广到有限多个事件的情形. 例如当 $P(A_1 A_2) > 0$ 时, 有

$$\begin{aligned}
P(A_1 A_2 A_3) &= P(A_1 A_2)P(A_3|A_1 A_2) \\
&= P(A_1)P(A_2|A_1)P(A_3|A_1 A_2).
\end{aligned} \tag{5}$$

例 5.18   某种动物活到 10 岁和 15 岁的概率分别为 0.8 和 0.6, 求现龄 10 岁的这种动物活到 15 岁的概率.

解   设 $A =$ "该动物活到 10 岁", $B =$ "该动物活到 15 岁", 按题意 $P(A) = 0.8, P(B) = 0.6$, 要求 $P(B|A)$. 因 $B \subset A, P(AB) = P(B)$, 故

$$P(B|A) = \frac{P(AB)}{P(A)} = \frac{P(B)}{P(A)} = \frac{0.6}{0.8} = 0.75 .$$

例 5.19   100 个零件中有 10 个次品, 每次从中不放回地任取一个, 问第三次才取到正品的概率.

解   设 $A_k =$ "第 k 次取到正品" $(k = 1, 2, 3), B =$ "第三次才取到正品, " 则 $B = \overline{A_1} \ \overline{A_2} A_3$. 利用公式 (5) 并注意是无放回取样, 得

$$P(B) = P(\overline{A_1} \ \overline{A_2} A_3) = P(\overline{A_1})P(\overline{A_2}|\overline{A_1})P(A_3|\overline{A_1} \ \overline{A_2})$$

$$= \frac{10}{100} \cdot \frac{9}{99} \cdot \frac{90}{98} \approx 0.008 \ 3 .$$

例 5.20   10 名学生只有 2 张报告会入场券, 用 10 人按序 "抓阄" 的方法决定谁去, 是否合理?

解   这是我们在第一版前言中提出的问题四, 它可以利用排列的知识说明其合理性. 事实上, 将 10 张阄中 2 张写 "有", 其余空白, 10 张阄共有 10! 个排序法; 10 名学生按序抓阄, 可以认为第 k 人抓到第 k 号阄. 如果第 k 号恰好为 "有", 则其余 9 个位置共有 9! 个排序法, 又因共有 2 张 "有", 所以第 k 人抓到 "有" 时可能有 $2 \cdot 9!$ 个排序法, 因此他取到 "有" 的概率为 $\dfrac{2 \cdot 9!}{10!} = \dfrac{2}{10}$. 也就是说, 每个学生取到 "有" 的概率都是 $\dfrac{2}{10}$, 即机

会均等, 办法合理.

如果我们用 A_k 表示"第 k 个人抓到写了'有'的阄"这一事件, $k = 1, 2, \cdots, 10$. 显然 $P(A_1) = \dfrac{2}{10}$, 问题是求当事件 $A_1, A_2, \cdots, A_{k-1}$ 中至多有一个发生时, 事件 A_k 的概率. 不难证明 $P(A_k) = \dfrac{2}{10}$. 例如

$$P(A_2) = P(A_1 A_2) + P(\overline{A_1} A_2)$$
$$= P(A_1)P(A_2|A_1) + P(\overline{A_1})P(A_2|\overline{A_1})$$
$$= \frac{2}{10} \cdot \frac{1}{9} + \frac{8}{10} \cdot \frac{2}{9} = \frac{2}{10},$$
$$P(A_3) = P(A_1 \overline{A_2} A_3) + P(\overline{A_1} A_2 A_3) + P(\overline{A_1}\ \overline{A_2} A_3)$$
$$= \frac{2}{10} \cdot \frac{8}{9} \cdot \frac{1}{8} + \frac{8}{10} \cdot \frac{2}{9} \cdot \frac{1}{8} + \frac{8}{10} \cdot \frac{7}{9} \cdot \frac{2}{8} = \frac{2}{10}.$$

一般地, 若 n 个人顺序抓阄, 其中 m 张为"有", $n-m$ 张为"无", 则每人抓到"有"的概率均为 $\dfrac{m}{n}$.

三、全概率公式

定理 5.3 设 $A_1, A_2, \cdots, A_n$ 为一完备事件组, 且 $P(A_i) > 0, i = 1, 2, \cdots, n$, 则对任一事件 B, 有

$$P(B) = \sum_{i=1}^{n} P(A_i)P(B|A_i) . \tag{6}$$

证 $B = B\Omega = B \sum_{i=1}^{n} A_i = \sum_{i=1}^{n} BA_i$, 因 $A_1, A_2, \cdots, A_n$ 两两互斥, 故 $BA_1, BA_2, \cdots, BA_n$ 两两互斥, 从而由加法公式和乘法公式即得

$$P(B) = \sum_{i=1}^{n} P(BA_i) = \sum_{i=1}^{n} P(A_i)P(B|A_i) .$$

公式 (6) 称为 **全概率公式**, 它是概率的加法公式和乘法公式的综合. 利用这个公式可以把一个复杂事件 B 分解成简单事件 BA_i 之和的形式, 只要求出两两互斥事件 $BA_i(i = 1, 2, \cdots, n)$ 的概率, 就可得到事件 B 的概率.

如果我们知道一个事件 B 可能在多种不同原因下发生, 并且知道它在各种原因下发生的概率, 以及各个原因本身出现的概率, 就可以用全概率公式 (6) 求出事件 B(不论是在哪种原因下) 发生的概率.

例 5.21　甲、乙、丙三厂向某商场供应某种商品, 分别占该商场总进货量的 40%, 35% 和 25% . 又已知甲、乙、丙三厂该种产品的次品率分别为 0.01, 0.02, 0.03. 现从进货中任取一件检验, 求抽到是次品的概率.

解　记 $B = $ "抽到次品", $A_1 = $ "抽到甲厂的产品", $A_2 = $ "抽到乙厂的产品", $A_3 = $ "抽到丙厂的产品", 则 A_1, A_2, A_3 构成一完备事件组. 依题设, 已知

$$P(A_1) = 0.40, \quad P(A_2) = 0.35, \quad P(A_3) = 0.25,$$

$$P(B|A_1) = 0.01, \quad P(B|A_2) = 0.02, \quad P(B|A_3) = 0.03,$$

所以

$$P(B) = \sum_{i=1}^{n} P(A_i) P(B|A_i)$$
$$= 0.40 \times 0.01 + 0.35 \times 0.02 + 0.25 \times 0.03$$
$$= 0.018\ 5 .$$

四、贝叶斯公式 (原因概率公式)

如果事件 B 已经在多种原因下发生, 要求对事件的起因作出某些合理的解释, 可以利用下面的原因概率公式.

定理 5.4　设 $A_1, A_2, \cdots, A_n$ 为一完备事件组, 且 $P(A_i) > 0, i = 1, 2, \cdots, n$, 又 $P(B) > 0$, 则在事件 B 已发生的条件下, 事件 A_i 发生的概率为

$$P(A_i|B) = \frac{P(A_iB)}{P(B)} = \frac{P(A_i)P(B|A_i)}{\displaystyle\sum_{j=1}^{n} P(A_j)P(B|A_j)} , \quad i = 1, 2, \cdots, n . \tag{7}$$

公式 (7) 称为**贝叶斯** (T.Bayes, 1702—1761)**公式** . 主要用来求使事件 B 发生的某个原因 A_i 发生的概率, 因此又称为**原因概率公式**或**逆概率公式** .

例 5.22(续例 5.21)　如果发现一件次品, 但厂家已无法确认, 试定量分析甲厂应承担多大责任?

解　各事件仍用例 5.21 的记号, 问题归结为求 $P(A_1|B)$. 因为已求得 $P(B) = 0.018\ 5$, 故有

$$P(A_1|B) = \frac{P(A_1B)}{P(B)} = \frac{P(A_1)P(B|A_1)}{P(B)} = \frac{0.40 \times 0.01}{0.018\ 5} \approx 0.216\ 2 ,$$

亦即甲厂应承担 21.62% 的责任.

例 5.23　设某人去上海开会, 乘火车、轮船、汽车或飞机的概率分别是 0.3, 0.2, 0.1 和 0.4 . 如乘飞机, 不会迟到; 而乘火车、轮船或汽车, 迟到的概率分别为 0.2, 0.4, 0.1 .

结果此人迟到, 试推断他可能是怎样去上海的?

解 令 $A_1 =$ "乘火车", $A_2 =$ "乘轮船", $A_3 =$ "乘汽车", $A_4 =$ "乘飞机", $B =$ "迟到". 按题意, 有

$$P(A_1) = 0.3, \quad P(A_2) = 0.2, \quad P(A_3) = 0.1, \quad P(A_4) = 0.4,$$

$$P(B|A_1) = 0.2, \quad P(B|A_2) = 0.4, \quad P(B|A_3) = 0.1, \quad P(B|A_4) = 0.$$

A_1, A_2, A_3, A_4 构成一完备事件组. 将上述数据代入贝叶斯公式, 得

$$P(A_1|B) = \frac{6}{15}, \quad P(A_2|B) = \frac{8}{15}, \quad P(A_3|B) = \frac{1}{15}, \quad P(A_4|B) = 0.$$

由此可见此人乘轮船去上海的可能性最大, 乘火车的可能性次之.

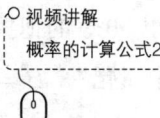

视频讲解
概率的计算公式2

五、独立事件的概率公式

在实际问题中常会遇到一个事件的发生对另一事件是否发生没有影响的情况, 例如飞机误点与火车误点; 有放回抽样中前后两次抽得的结果等, 这叫做事件的**独立性**. 事件的独立性通常定义如下:

定义 5.6 称事件 A 和事件 B 独立, 如果

$$P(AB) = P(A)P(B). \tag{8}$$

由 (8) 式知 $P(BA) = P(B)P(A)$, 故事件 B 与事件 A 独立, 即独立性是相互的.

此外, 如果事件 A, B 独立, 则由条件概率公式, 当 $P(A) > 0$ 时, 有

$$P(B|A) = \frac{P(AB)}{P(A)} = P(B), \tag{9}$$

当 $P(B) > 0$ 时, 有

$$P(A|B) = \frac{P(AB)}{P(B)} = P(A). \tag{10}$$

也就是说, 当 $P(A) > 0$ 时, 事件 A 的发生不影响事件 B 是否发生; 当 $P(B) > 0$ 时, 事件 B 的发生不影响事件 A 是否发生.

定理 5.5 如果事件 A, B 相互独立, 则 A 与 $\overline{B}$, $\overline{A}$ 与 B, $\overline{A}$ 与 $\overline{B}$ 也相互独立.

证 由

$$P(A\overline{B}) = P(A - B) = P(A - AB) = P(A) - P(AB)$$
$$= P(A) - P(A)P(B) = P(A)[1 - P(B)] = P(A)P(\overline{B}),$$

即知 A 与 $\overline{B}$ 独立. 同理, B 与 $\overline{A}$ 独立, 所以 $\overline{A}$ 与 $\overline{B}$ 也独立.

在实际应用中, 事件的独立性常可根据具体情况按照直观含义来判定. 有时, 如果两个事件相互影响的程度很微弱, 也可近似地将它们作为独立事件处理. 例如从 10 万个元件中任取一个不放回检验, 抽查两次, 可以认为它们相互独立.

事件独立性的概念可推广到多个事件. 如果对于事件 $A_1, A_2, \cdots, A_n$ 中的任意 $k(2 \leqslant k \leqslant n)$ 个事件 $A_{i_1}, A_{i_2}, \cdots, A_{i_k}$ 都有

$$P(A_{i_1} A_{i_2} \cdots A_{i_k}) = P(A_{i_1}) P(A_{i_2}) \cdots P(A_{i_k})$$

成立, 则称事件 $A_1, A_2, \cdots, A_n$ 相互独立. 这时其中任何一部分事件的发生, 对其他事件是否发生没有影响.

例 5.24　设各位射手独立射击, 击中飞靶的概率均为 0.6 .

(1)　求两位射手同时射击一次, 击中飞靶的概率;

(2)　需要多少位射手同时射击一次才能以 99% 的把握击中飞靶?

解　设 $A_k =$ "第 k 位射手射击一次击中飞靶", $B =$ "击中飞靶".

(1)　由题意, 事件 A_1, A_2 相互独立, 已知 $P(A_1) = P(A_2) = 0.6$,

$$P(B) = P(A_1 \bigcup A_2) = P(A_1) + P(A_2) - P(A_1 A_2)$$

$$= P(A_1) + P(A_2) - P(A_1)P(A_2)$$

$$= 0.6 + 0.6 - 0.6^2 = 0.84.$$

此题亦可如下求解: $\overline{A_1}, \overline{A_2}$ 也相互独立, $P(\overline{A_1}) = P(\overline{A_2}) = 1 - 0.6 = 0.4$,

$$P(B) = 1 - P(\overline{B}) = 1 - P(\overline{A_1}\ \overline{A_2})$$

$$= 1 - P(\overline{A_1})P(\overline{A_2}) = 1 - 0.4^2 = 0.84 .$$

或者　$P(B) = P(A_1 \bigcup A_2) = 1 - P(\overline{A_1 \bigcup A_2}) = 1 - P(\overline{A_1}\ \overline{A_2}).$

(2) 设 n 位射手齐射一次可以 99% 的概率击中飞靶, 则由上面的讨论可知

$$0.99 = 1 - P\left(\bigcap_{i=1}^{n} \overline{A_i}\right) = 1 - \prod_{i=1}^{n} P(\overline{A_i}) = 1 - 0.4^n ,$$

即 $0.4^n = 0.01$, 解得

$$n = \frac{\lg 0.01}{\lg 0.4} \approx 5.026 .$$

因此至少需 6 位射手齐射一次才有 99% 的把握击中飞靶.

例 5.25　某彩票每周开奖一次, 每次提供十万分之一中大奖的机会, 若你每周买彩票, 坚持十年 (每年按 52 周计算), 问一次大奖未中的概率.

解　每次中大奖的概率为 10^{-5}, 不中大奖的概率为 $1 - 10^{-5}$. 坚持十年, 共购 520 张彩票. 因每周开奖是相互独立的, 因此十年中一次大奖未中的概率为

$$(1 - 10^{-5})^{520} \approx 0.994\ 8 .$$

由此可见, 尽管坚持十年, 一次大奖不中也不足奇怪. 如果坚持 100 年, 中大奖的概率仍只有 0.050 7.

注 5.7 这种概率很小的事件称为**小概率事件**. 但不管概率值 $p \in (0,1)$ 多么小, 只要无限地独立地重复这种试验, 则成为必然事件. 这是因为: 设

$$P(A_k) = p, \quad k = 1, 2, \cdots; \quad B_n = \bigcup_{k=1}^{n} A_k,$$

则

$$P(B_n) = P\left(\bigcup_{k=1}^{n} A_k\right) = 1 - P\left(\bigcap_{k=1}^{n} \overline{A_k}\right)$$
$$= 1 - \prod_{k=1}^{n} P(\overline{A_k}) = 1 - (1-p)^n.$$

不论 $p > 0$ 多么小, 只要 n 充分大, 就有 $P(B_n) \approx 1$, 当 $n \to \infty$ 时, $P(B_n) \to 1$. 因此在日常生活中对小概率事件也不可掉以轻心, 而要防患于未然.

例 5.26 一名维修工看管三台机器, 在一天内机器正常工作的概率分别为: 第一台 0.9, 第二台 0.8, 第三台 0.7, 且它们发生故障是相互独立的, 求下列事件的概率:

$B_1 =$ "三台机器同时出故障";

$B_2 =$ "三台机器中恰有二台同时出故障";

$B_3 =$ "三台机器中恰有一台出故障";

$B_4 =$ "该维修工来不及排除故障".

解 设 $A_i =$ "第 i 台机器工作正常", $i = 1,2,3$. 依题意 $P(A_1) = 0.9$, $P(A_2) = 0.8$, $P(A_3) = 0.7$, 则

$$P(B_1) = P(\overline{A_1}\,\overline{A_2}\,\overline{A_3}) = P(\overline{A_1})P(\overline{A_2})P(\overline{A_3})$$
$$= 0.1 \times 0.2 \times 0.3 = 0.006;$$
$$P(B_2) = P(A_1\overline{A_2}\,\overline{A_3} \bigcup \overline{A_1}A_2\,\overline{A_3} \bigcup \overline{A_1}\,\overline{A_2}A_3)$$
$$= 0.9 \times 0.2 \times 0.3 + 0.1 \times 0.8 \times 0.3 + 0.1 \times 0.2 \times 0.7$$
$$= 0.092;$$
$$P(B_3) = P(A_1 A_2\overline{A_3} \bigcup A_1\overline{A_2}A_3 \bigcup \overline{A_1}A_2A_3)$$
$$= 0.9 \times 0.8 \times 0.3 + 0.9 \times 0.2 \times 0.7 + 0.1 \times 0.8 \times 0.7$$
$$= 0.398;$$
$$P(B_4) = P(B_1 \bigcup B_2) = P(B_1) + P(B_2) = 0.098.$$

六、二项概率公式

在实际问题中, 常常要在相同条件下重复多次独立地作某一试验, 如有放回地抽查某批产品, 某人相继向同一目标射击, 对某种新药的疗效作临床试验等. 在重复独立试验中有一类概率模型, 称为伯努利概型.

定义 5.7   如果在一组固定条件下重复进行 n 次试验, 满足:

(1) 试验的结果是相互独立的 (试验的独立性);

(2) 每次试验只有两个可能的结果: A 和 $\overline{A}$ (结果的对立性);

(3) 在各次试验中 A 发生的概率相同, 且 $P(A) = p$(概率的不变性),

则称这类试验为 n **重伯努利试验**, 称刻画这种试验的概率模型为参数是 n, p 的 **伯努利概型**.

定理 5.6   对于 n 重伯努利试验, 若记 $p = P(A)$, $q = 1 - p$, 则事件 A 恰好发生 k 次的概率为

$$b(k; n, p) = \mathrm{C}_n^k p^k q^{n-k}, \qquad k = 0, 1, \cdots, n. \tag{11}$$

由于上式右端恰好是 $(p + q)^n$ 展开式的通项, 故通称为 **二项概率公式**.

证   记

$$A_i = \text{"第 } i \text{ 次试验中事件 } A \text{ 发生"}, \quad i = 1, 2, \cdots, n \,;$$

$$B_k = \text{"} n \text{ 次试验中 } A \text{ 恰好发生 } k \text{ 次"}, \quad k = 0, 1, 2, \cdots, n \,.$$

因为每次试验的结果是独立的, 所以在 n 次试验中, 恰有 k 次发生 A 其余 $n - k$ 次发生 $\overline{A}$ 的每一个积事件的概率均为 $p^k q^{n-k}$. 又因这样的积事件总共可能有 C_n^k 个, 且它们两两互斥, 事件 B_k 是所有可能的这些积事件的和, 故由概率的有限可加性知

$$P(B_k) = \mathrm{C}_n^k p^k q^{n-k}, \qquad k = 0, 1, \cdots, n.$$

即公式 (11) 成立.

例 5.27   假定一种药物对某种非传染疾病的治愈率为 $p = 0.8$, 现给 10 名患者同时服用此药, 求其中至少有 5 人治愈的概率.

解   由于各个患者服药后是否痊愈是相互独立的, 故问题属 $n = 10, p = 0.8$ 的伯努利概型. 记

$$B_k = \text{"10 人中恰有 } k \text{ 人治愈"}, \quad k = 0, 1, \cdots, 10.$$

则所求概率为

$$P(\sum_{k=5}^{10} B_k) = \sum_{k=5}^{10} P(B_k) = \sum_{k=5}^{10} C_{10}^k (0.8)^k (0.2)^{10-k}$$
$$\approx 0.994 .$$

这表明, 在治愈率为 $p = 0.8$ 的假定下, 平均每 1 000 次药物试验, 大约 994 次出现 "10 名患者至少治愈 5 人" 的情况, 而大约只有 6 次出现 "10 名患者不到 5 人治愈". 因此, 如果出现了 "10 名患者不到 5 人治愈" 这种罕见的情况, 则可以认为该药治愈率不到 0.8. 这种概率性质的反证方法, 在实际问题的分析中是很有用的.

习 题 5.3

1. 设 $P(A) = 0.6$, $P(B) = 0.3$, $P(AB) = 0.1$. 求 $P(\overline{A} \bigcup \overline{B})$, $P(A\overline{B})$ 和 $P(A \bigcup \overline{B})$.

2. 设 $P(A) = \frac{1}{2}$, $P(B) = \frac{1}{3}$, $P(C) = \frac{1}{4}$, $P(AB) = \frac{1}{8}$, $P(AC) = P(BC) = 0$, 求事件 A, B, C 至少发生一个的概率.

3. 据某专家预测, 某人所购两种股票赢利的概率分别为 0.2 和 0.3, 而两种股票都赢利的概率是 0.1, 求此人所购股票至少有一种赢利的概率.

4. 设 100 件产品中有 5 件不合格, 无放回地抽取两件, 求第一次取到正品且第二次取到次品的概率.

5. 某种灯泡能用到 1 500 h 的概率为 3/4, 用到 2 000 h 的概率为 1/2. 现在有一只这种灯泡已经用了 1 500 h, 求它能用到 2 000 h 的概率.

6. 一批产品的次品率为 0.04, 而正品中一等品占 75%. 现从这批产品中任意取出一只, 求恰好取到一等品的概率.

7. 若事件 A 与 B 相互独立, $P(A \bigcup B) = 0.76$, $P(A) = 0.6$, 求 $P(B)$.

8. 有甲、乙两批种子, 发芽率分别为 0.9 和 0.8 . 今在两批种子中各任取一粒, 求:

(1) 两粒种子都发芽的概率;   (2) 恰好有一粒种子发芽的概率.

9. 加工某种零件需经过三道工序, 各道工序的生产是相互独立的. 经统计, 第一、第二、第三道工序的次品率分别为 0.04, 0.03, 0.02. 今从加工出来的零件中任取一个, 求该零件为次品的概率.

10. 甲、乙、丙独立地破译某个密件, 若三个人破译的概率分别为 $\frac{1}{3}, \frac{1}{5}, \frac{1}{4}$, 求该密件能被他们三人破译的概率.

11. 设某种福利彩票中有一半会中奖. 某人为了能以 99% 的把握保证所购买的彩票中至少有一张中奖, 问他应购买几张这种福利彩票?

12. 某汽车可能到甲、乙、丙三地中的一地去运货. 经统计, 汽车到这三地去的概率分别为 0.5, 0.2, 0.3, 而在这三地装到一级品的概率分别为 0.6, 0.3, 0.8.

(1) 求该汽车装到一级品的概率;

(2) 已知该汽车运回了一级品, 求它是从甲地运来的概率.

13. 一医生对某种稀有疾病能正确诊断的概率为 0.3. 如果确诊, 病人治愈的概率为 0.4; 若未被确诊, 病人自然痊愈的概率为 0.1. 某病人现已痊愈, 求他被医生确诊的概率.

14. 一项智力测验中, 有 10 道选择题, 每个题目有 4 个答案供选择, 其中只有一个答案是正确的. 在单凭猜测的情况下, 分别求出做对 1 道题、5 道题、8 道题的概率.

15. 某工厂生产一种产品的次品率为 0.01, 试定量地说明, 从这批产品中随机抽取 100 件, 是否必然会出现一件次品.

阅读材料 5　概率论的起源与概率论公理化定义的建立

一、概率论的起源

古代埃及人为了忘记饥饿, 常常聚在一起玩一种 "猎犬与胡狼" 的游戏, 实际上就是今天的掷骰子游戏. 相对的两面上的数字之和为 7 的骰子大约产生于公元前 1400 年的埃及, 骰子就是这类机会性游戏的工具.

14 世纪, 随着商贸和航海业的发展, 海上保险业应运而生; 到了 16 世纪, 人寿保险及水灾、火灾等保险业相继出现. 这些都需要估计事故发生的可能性大小, 从而促进了数学家们应用数学来分析和研究随机现象中蕴含的规律, 因此, 概率论的兴起可以说是因保险事业的发展而产生的. 但最初刺激数学家们思考概率问题的动力却是来自掷骰子游戏.

概率的概念形成于 17 世纪、欧洲许多国家的贵族盛行赌博之风, 掷骰子是一种常用的赌博方式. 1654 年, 法国一位热衷于掷骰子赌博的贵族德·梅尔, 将他遇到的一些苦思难解的问题向数学家**帕斯卡**请教, 帕斯卡写信和**费马**讨论, 他们通过往来信件对赌博中的数学问题作了深入细致的研究. 后被来到巴黎的荷兰科学家**惠更斯**获悉, 他进一步独自研究, 于 1657 年写成《论掷骰子游戏中的计算》, 这被认为是概率论的最早论著. 一批概率论概念 (如数学期望) 和定理 (如概率加法、乘法定理) 的出现, 标志着概率论的诞生. 因此, 可以说早期概率论的创立者是帕斯卡、费马和惠更斯. 这一时期 (17—18 世纪初) 运用的数学工具主要是排列组合, 因此也称为组合概率时期.

在他们之后, **雅各布·伯努利**在前人研究的基础上, 给出了 "赌徒输光问题" 的详尽解法, 并证明了古典概率论中的一个极其重要的结果, 即后人称为 "伯努利大数定理" 的极限定理, 该定理刻画了大量经验观测中频率呈现稳定性. 随着雅各布·伯努利的遗著

《推测术》在 1713 年出版, 概率论成为一个独立的数学分支. 1777 年, 法国科学家**蒲丰** (G.L.L.Buffon, 1707—1788) 在《能辨是非的算术试验》中提出了概率的几何定义.1812 年, **拉普拉斯**在《概率的分析理论》中以分析工具处理概率论的基本内容, 系统总结了前人成果, 明确地给出了概率的古典定义.1919 年, 德国数学家**冯·米泽斯** (R.von Mises, 1883—1953) 给出了概率的统计定义.

二、概率论公理化定义的建立

随着研究的深入, 前人的工作也日益暴露出不完善之处, 古典定义和几何定义以等可能性或均匀性为基础, 但实际问题中有很多情况不具有这种性质; 统计定义虽然比较直观, 但在理论上不够严密. 19 世纪末, 概率论在统计物理等领域的应用, 提出了对概率论的基本概念与原理进行解释的需要; 1899 年法国学者**贝特朗**在《概率计算》一书中提出的著名悖论, 更揭示出几何概率论中基本概念存在的矛盾与含糊之处. 所谓 "贝特朗悖论" 是:

在半径为 r 的圆内随机选择弦, 求弦长超过圆内接正三角形边长的概率.根据 "随机选择" 的不同理解, 可以得到不同的答案.

(1) 如图 5.3 所示, 考虑与圆内接正三角形 AEF 的一边 EF 平行的弦. 图中 AB 为直径, C, O, D 为 AB 的四等分点. 显然, 与 EF 平行的弦当且仅当和线段 CD 相交时 (如 GH), 其长度才超过 EF, 因此所求概率为 1/2.

(2) 如图 5.4 所示. 考虑从正三角形 AEF 的顶点 A 引出的弦. 显然, 当且仅当过 A 点的弦与圆在点 A 处之切线的夹角在 60° 与 120° 之间时, 其长度才超过正三角形 AEF 的边长, 因此所求概率为 1/3.

(3) 若随机的意义理解为: 弦的中点落在圆的某个部分的概率与该部分的面积成正比, 则如图 5.5 所示, 所示概率为 1/4. 因为当且仅当弦的中点落在半径为 $r/2$ 的同心圆内时, 其长度才大于圆内接正三角形的边长, 而此同心圆的面积是给定圆的面积的 1/4.

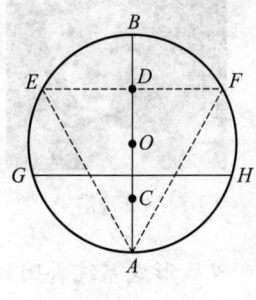

图　5.3

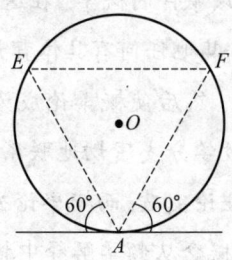

图　5.4

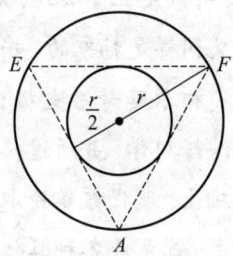

图　5.5

　　上述问题出现了三个答案, 是由于对"等可能性"的三种不同理解. 解 (1) 是假设弦的中点位于直径上何处是等可能的; 解 (2) 是假设弦的端点位于圆周上何处是等可能的; 解 (3) 是假设弦的中点位于圆内何处是等可能的. 这一悖论说明以试验为基础以等可能性或均匀性为前提的概率概念, 有时是不明确的, 因此开始受到猛烈批评. 如何将概率论建立在严格的逻辑基础上, 成为迫切需要解决的问题.

　　1900 年, **希尔伯特**在第二次国际数学家大会上发表了著名演说, 提出了推动数学进一步发展的 23 个问题. 其中第 6 个问题是: 物理公理的数学处理, 也包含概率论的公理化问题. 1905 年, 博雷尔用测度论语言来表述概率论, 为克服古典概率的弱点打开了大门, 他还引入了可数事件集的概率, 填补了古典有限概率与几何概率之间的空白. 自 1917 年起, 伯恩斯坦、凯恩斯、冯·米泽斯等相继提出了概率论的几种公理化体系. 凯恩斯主张把任何命题如"明天将下雨""土星上有生命"等都看作是事件, 把一事件的概率看作是人们根据经验对该事件的可信程度, 而与随机试验没有直接联系, 故通常称为主观概率; 以冯·米泽斯为代表的则是概率的频率理论学派. 20 世纪初完成的勒贝格测度和勒贝格积分理论以及随后发展起来的抽象测度和积分理论, 为概率论公理体系的确立奠定了理论基础. 人们通过对概率的两个最基本的概念, 即事件与概率的长期研究, 发现事件的运算与集合的运算完全类似, 概率与测度有相同的性质. 到了 20 世纪 30 年代, 随着大数定律研究的深入, 概率论与测度论的联系愈来愈明显, 正是在这种背景下, 从 20 世纪 20 年代中期起, 苏联数学家**柯尔莫哥洛夫**开始从测度论途径探讨整个概率论理论的严格表述, 1933 年其经典著作《概率论基础》出版. 他在这部著作中提出了概率论的公理化结构, 建立起集合测度与事件概率的类比、积分与数学期望的类比、函数正交性与随机变量独立性的类比等, 从而为概率论赋予了演绎数学的特征.

　　柯尔莫哥洛夫公理化体系中引进了一个抽象的集合 Ω, 其元素称为基本事件. 这里, 集合 Ω 的元素是抽象的、非具体的, 正如公理化几何学中的点、线、面等.

　　然后考虑由 Ω 的子集构成的集类 $\mathcal{F}$(不必包括 Ω 的一切可能的子集, 但须满足一定的条件). $\mathcal{F}$ 称为事件域, 其中的元素称为"事件", 对于域中的每一个事件, 都有一个确定的非负实数与之对应, 并满足三个公理, 这个数就叫做该事件的概率. 在这里, 概率的定义同样是抽象的, 并不涉及频率或其他任何有具体背景的概念.

柯尔莫哥洛夫

　　柯尔莫哥洛夫提出了 6 条公理, 然后使概率论成为一门严格的演绎科学, 并通过集合论与其他数学分支密切地联系. 在公理化基础上, 现代概率论取得了一系列理论突破. 而概率论公理化一旦完成, 就允许各种具体的解释. 概率概念从频率解释中抽象出来, 又可以从形式系统再回到现实世界, 概率论的应用范围也空前地拓广了.

第六章 随机变量及其分布

§6.1 随机变量

随机试验的结果可以用实数来表示. 如

例 6.1 任取 10 件产品, 检查其中的次品数. 这个随机试验可能有不同的结果, 例如, "没有次品""至多 2 件次品" 等. 如果用 X 表示这批产品中的次品数, 上述两种抽样结果就可以分别用 $\{X = 0\}$ 和 $\{X \leqslant 2\}$ 来表示.

例 6.2 抛掷一枚硬币, 有两种可能的结果, "正面向上" 和 "反面向上", 如果用 1 表示前者, 用 0 表示后者, 则此试验的结果 X 就为 1 或 0.

例 6.3 如果用 X 表示互联网上一篇微博文章的点击数, 则 X 是取值于自然数集中的一个随机的变量.

例 6.4 如果用 X 表示例 5.4 中乘客在地铁站的候车时间, 则 X 可能取区间 $[0,5)$ 中的任意实数, 事件 "候车时间不超过 2 min", 可表示为 $\{0 \leqslant X \leqslant 2\}$.

总之, 随机试验的结果可以用一个取实数值的变量来表示, 这个变量的取值是随机的, 但又服从一定的统计规律性, 这种变量称为**随机变量**, 它是基本事件的实值函数, 通常用大写英文字母 X, Y, Z 或小写希腊字母 ξ, η, ζ 来表示.

如果随机变量的取值为有限个 (如例 6.1、例 6.2), 或虽然在理论上讲能取到无限个值, 但这些值可一一排列出来 (如例 6.3), 则称它为**离散型随机变量**, 否则称为**非离散型随机变量**. 在非离散型随机变量中, 最重要的也是实际应用最多的是**连续型随机变量**, 它的取值充满一个有限区间 (如例 6.4), 甚至充满整个数轴.

恰当地引入随机变量, 随机事件就可以方便、简洁地用随机变量的取值来表示, 从而便于在数学上进行处理.

§6.2   离散型随机变量

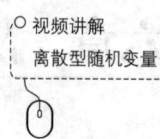

一、概率分布 (分布列)

对于随机变量, 最重要的不是知道它可能取哪些值, 而是它取这些值的概率.

设离散型随机变量 X 的取值为 $x_1, x_2, \cdots, x_k, \cdots$, 取各个可能值的概率为

$$P(X = x_k) = p_k, \quad k = 1, 2, \cdots. \tag{1}$$

上式称为离散型随机变量 X 的 **概率分布** (probability distribution) 或 **概率函数**. 它可以用列表的形式直观地给出 (表 6.1):

表 6.1

X	x_1	x_2	$\cdots$	x_k	$\cdots$
$P(X = x_k)$	p_1	p_2	$\cdots$	p_k	$\cdots$

这种表格称为随机变量 X 的 **分布列**. 分布列也可记成

$$X \sim \begin{pmatrix} x_1 & x_2 & \cdots & x_k & \cdots \\ p_1 & p_2 & \cdots & p_k & \cdots \end{pmatrix}.$$

当 X 的取值共有 n 个, 即 $1 \leqslant k \leqslant n$ 时, 上式右端就是一个 $2 \times n$ 矩阵 (见 §9.1).

由概率的性质知 X 的概率分布具有非负性 $p_k \geqslant 0$ 和规范性 $\sum\limits_{k} p_k = 1$.

例 6.5   袋中有五个同样规格的球, 编号为 $1, 2, 3, 4, 5$. 从中同时取出三个球, 求其中最大号码数的分布列.

解   设 X 为同时取出三个球中的最大号码数, 则 X 可能为 $3, 4, 5$. 由古典概型知

$$P(X = k) = \frac{C_1^1 C_{k-1}^2}{C_5^3} = \frac{C_{k-1}^2}{C_5^3} \quad (k = 3, 4, 5),$$

其中 C_1^1 表示一定取到号码为 k 的球, C_{k-1}^2 表示另从号码为 1 到 $k-1$ 的球中取到 2 球. 计算可得随机变量 X 的分布列为

$$X \sim \begin{pmatrix} 3 & 4 & 5 \\ 0.1 & 0.3 & 0.6 \end{pmatrix}.$$

二、几种常见的离散型概率分布

1. 两点分布

若随机变量 X 的分布列为

$$X \sim \begin{pmatrix} 0 & 1 \\ q & p \end{pmatrix}, \quad 0 < p < 1, \quad q = 1 - p,$$

则称 X 服从参数为 p 的**两点分布**, 或 $0-1$ 分布, 又称**伯努利分布**. 记为 $X \sim B(1, p)$.

凡是只有或只考虑两个基本事件 (如是否合格, 是否成功) 的随机试验都可用两点分布来描述.

例 6.6 设某地铁站有 1、2、3、4 号四个出口, 只有从其中的一个出去才对. 如果任选一个出口出去, 选对出口记为 $X = 1$, 选错出口记为 $X = 0$, 则随机变量 X 服从参数 $p = \dfrac{1}{4}$ 的两点分布, 即

$$X \sim \begin{pmatrix} 0 & 1 \\ \dfrac{3}{4} & \dfrac{1}{4} \end{pmatrix}.$$

2. 二项分布

若随机变量 X 的概率分布为

$$P(X = k) = \mathrm{C}_n^k p^k q^{n-k} \ (k = 0, 1, \cdots, n; \ 0 < p < 1, \ q = 1 - p),$$

则称 X 服从参数为 n, p 的**二项分布**, 记为 $X \sim B(n, p)$.

若用 X 表示 n 重伯努利试验中事件 A 发生的次数, $P(A) = p$, 则由二项概率公式 (§5.3(11) 式) 知, 事件 A 恰好发生 $k(0 \leqslant k \leqslant n)$ 次的概率为

$$P(X = k) = \mathrm{C}_n^k p^k q^{n-k}, \quad k = 0, 1, \cdots, n,$$

即 $X \sim B(n, p)$.

显然, 当 $n = 1$ 时, 二项分布就是参数为 p 的两点分布.

例 6.7 某系统有 10 台设备独立工作. 已知设备出现故障的概率为 0.05, 求出现故障的设备的台数 X 的分布列.

解 问题属 $n = 10$, $p = 0.05$ 的伯努利概型. $X \sim B(10, 0.05)$.

$$P(X = k) = \mathrm{C}_{10}^k (0.05)^k (0.95)^{10-k}, \quad k = 0, 1, \cdots, 10.$$

经计算得 X 的分布列为

$$X \sim \begin{pmatrix} 0 & 1 & 2 & 3 & 4 & 5 & \cdots & 10 \\ 0.598\,7 & 0.315\,1 & 0.074\,6 & 0.010\,5 & 0.001\,0 & 0.000\,0 & \cdots & 0.000\,0 \end{pmatrix}.$$

由此可见

$$P(X \leqslant 3) = 0.998\ 9.$$

这表明, 如果有 3 台设备作为备用, 就有 99% 的把握保证有 10 台设备正常运转而不会影响生产.

如果将上例中的 "某系统" 改为 "某公交线", "设备" 改为 "汽车", 即知只要有 3 台备用车就有 99% 的把握保证这条公交线正常运行. 这就回答了我们在第一版前言中提出的问题八.

3. 泊松分布

若随机变量 X 的概率分布为

$$P(X = k) = \frac{\lambda^k}{k!}\mathrm{e}^{-\lambda} \quad (k = 0, 1, \cdots, n, \cdots; \quad \lambda > 0),$$

则称 X 服从参数为 λ 的**泊松** (S.D.Poisson, 1781—1840) **分布**, 记为 $X \sim P(\lambda)$.

1837 年, 法国数学家泊松发现, 当 n 很大, p 很小, $\lambda = np$ 时, 有

$$\mathrm{C}_n^k p^k q^{n-k} \approx \frac{\lambda^k}{k!}\mathrm{e}^{-\lambda}.$$

即当 n 充分大而 p 很小时, 服从二项分布 $B(n, p)$ 的随机变量近似地服从参数为 $\lambda = np$ 的泊松分布. 在计算二项分布的概率时, 用此近似较为方便.

现实生活里, 大量重复试验中发生的小概率事件可以近似地用泊松分布来描述. 如某公司一月中发生的事故数, 某种非常见病的发病数, 某本书中每页出现的错字数, 某地一周内发生意外事件 (如车祸、火灾) 的次数等.

例 6.8 某商店根据以往的统计, 某种商品月销售量 $X \sim P(8)$, 如果下月只卖上月底的库存, 试问本月底库存多少时才能有 99% 的把握保证下月不脱销.

解 按题意, 需求使下式

$$P(X \leqslant n) = \sum_{k=0}^{n} \frac{8^k}{k!}\mathrm{e}^{-8} \geqslant 0.99$$

成立的最小正数 n. 查附录表 1, 这里 $\lambda = 8$, 经计算知

$$P(X \leqslant 14) \approx 0.982\ 7, \quad P(X \leqslant 15) \approx 0.991\ 7.$$

故本月底库存 15 件时此商品即可有 99% 的把握保证下月不脱销.

习 题 6.2

1. 设有某产品 15 件, 其中有次品 2 件, 现从中任取 3 件, 求抽得次品数 X 的概率分布, 并计算 $P(1 \leqslant X \leqslant 2)$.

2. 某射手每次击中目标的概率是 0.7, 现连续射击 10 次, 求击中目标次数 X 的概率分布.

*3. 设某射手每次击中目标的概率是 p, 现连续地向同一目标射击, 直到第一次击中目标时为止, 求所需射击次数 X 的概率分布 (这种概率分布称为参数为 p 的几何分布).

4. 为确保设备正常运转, 需要配备适当数量的维修工人. 现有同类型设备 100 台, 各台工作相互独立, 每台发生故障的概率都是 0.01, 在正常情况下, 一台设备出故障时一人即能处理. 问至少应有几名维修工人, 才能以 99% 的把握保证设备出故障时不致因维修工人不足不能及时处理而影响生产?

5. 某寻呼台在 1 min 内接到的呼唤次数服从参数 $\lambda = 5$ 的泊松分布, 求:

(1) 在 1 min 内接到 6 次呼唤的概率;

(2) 在 1 min 内接到呼唤不超过 10 次的概率.

§6.3 连续型随机变量

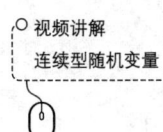
视频讲解
连续型随机变量

和离散型随机变量取值至多可列个不同, 像某地区的气温、某产品的寿命等随机变量, 取值可以充满某个区间, 这类随机变量中最重要的是连续型随机变量.

一、连续型随机变量, 概率密度函数

定义 6.1 对于随机变量 X, 如果存在非负可积函数 $p(x)(-\infty < x < \infty)$, 使得对任意的实数 $a, b(a < b)$, 有

$$P(a < X < b) = \int_a^b p(x)\mathrm{d}x, \tag{1}$$

则称 X 为**连续型随机变量**, 称 $p(x)$ 为 X 的**概率密度函数**, 简称为**概率密度**或**密度**.

概率密度有非负性 $p(x) \geqslant 0$ 和规范性 $\displaystyle\int_{-\infty}^{+\infty} p(x)\mathrm{d}x = 1$.

由定积分的几何意义可知, $P(a < X < b)$ 在数值上正是由曲线 $y = p(x)$ 和 $x = a$, $x = b$ 及 x 轴所围图形的面积 (图 6.1).

利用 (1) 式可以证明, 对任一实数 $x, P(X = x) = 0$. 亦即连续型随机变量取任何一点值的概率为 0, 故有

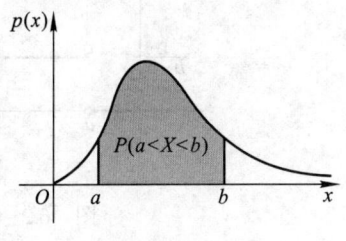

图 6.1

$$P(a < X < b) = P(a < X \leqslant b) = P(a \leqslant X < b)$$

$$= P(a \leqslant X \leqslant b) = \int_a^b p(x)\mathrm{d}x. \tag{2}$$

因此, 求连续型随机变量取值落在某个区间的概率时, 无需考虑该区间是开的还是闭的. 此外, 改变 X 的概率密度函数在个别点上的值之后, 得到的仍是 X 的概率密度函数. 换句话说, 连续型随机变量的概率密度函数不是唯一的.

应当注意, $P(X = x) = 0$ 不等于说事件 $\{X = x\}$ 是不可能事件. 例如日气温 T 是连续型随机变量, $P(T = 15℃) = 0$, 但当气温在 $15℃$ 上下变化时, 事件 $\{T = 15℃\}$ 会发生.

二、几种常见的连续型分布

1. 均匀分布

若随机变量 X 的概率密度为 (图 6.2)

$$p(x) = \begin{cases} \dfrac{1}{b-a}, & a \leqslant x \leqslant b, \\ 0, & 其他x, \end{cases}$$

则称 X 服从区间 $[a,b]$ 上的**均匀分布** (uniform distribution), 记作 $X \sim U(a,b)$.

这时, 对任意的 $c, d (a \leqslant c < d \leqslant b)$, 有

$$P(c < X < d) = \int_c^d p(x)\mathrm{d}x = \int_c^d \frac{1}{b-a}\mathrm{d}x = \frac{d-c}{b-a}.$$

亦即 X 在 $[a,b]$ 中任一子区间上取值的概率与该区间的长度成正比, 而与该子区间的位置无关, 故称之为均匀分布. 误差计算中的舍入误差服从均匀分布.

例 6.4 中乘客候车时间 $X \sim U(0,5)$, $P(0 \leqslant X \leqslant 2) = \int_0^2 \frac{1}{5}\mathrm{d}x = \frac{2}{5}$.

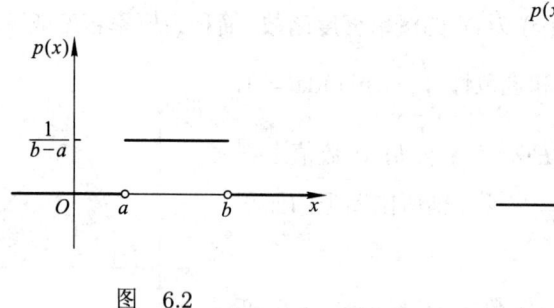

图 6.2   图 6.3

2. 指数分布

若随机变量 X 的概率密度为 (图 6.3)

$$p(x) = \begin{cases} 0, & x < 0, \\ \lambda e^{-\lambda x}, & x \geqslant 0, \end{cases} \quad \lambda > 0,$$

则称 X 服从参数为 λ 的**指数分布** (exponential distribution), 记作 $X \sim E(\lambda)$.

当 $X \sim E(\lambda)$ 时, 对任意 $a \in [0, b)$, 有

$$P(a < x < b) = \lambda \int_a^b e^{-\lambda x} dx = e^{-\lambda a} - e^{-\lambda b}.$$

一些事件发生所需要的 "等待时间", 如两架飞机先后起飞之间的时间, 母鸡两次下蛋间隔的时间等, 大多服从指数分布. 一些没有明显 "衰老" 机理的元器件 (如电子元件、电路保险丝、宝石轴承等) 的寿命也可用指数分布来描述.

3. 正态分布

若随机变量 X 的概率密度为

$$p(x) = \frac{1}{\sqrt{2\pi}\sigma} e^{-\frac{(x-\mu)^2}{2\sigma^2}} \quad (-\infty < x < +\infty, \quad \mu, \sigma 为常数, \sigma > 0),$$

则称 X 服从参数为 μ, σ 的**正态分布** (normal distribution), 记作 $X \sim N(\mu, \sigma^2)$. 特别地, 称 $\mu = 0, \sigma^2 = 1$ 的正态分布为**标准正态分布**, 记作 $X \sim N(0, 1)$.

正态分布的密度函数 $p(x)$ 的图形 (如图 6.4) 呈钟形, 中间高, 两边低, 关于直线 $x = \mu$ 对称; 在 $x = \mu \pm \sigma$ 处有拐点; 当 $x \to +\infty$ 或 $x \to -\infty$ 时趋于 x 轴. 又由 $p(x)$ 的最大值为 $p(\mu) = \dfrac{1}{\sqrt{2\pi}\sigma}$ 可知, σ 越大, 曲线越平缓; σ 越小, 曲线越陡峭 (如图 6.5). 通常称 μ 为位置参数, σ 为形状参数.

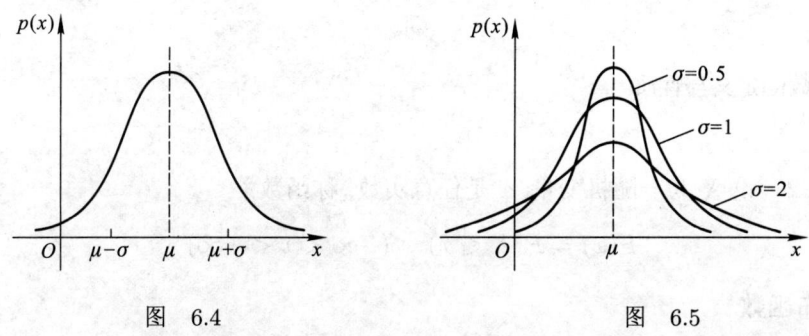

图 6.4   图 6.5

容易证明, 上面给出的三类 $p(x)$ 都满足非负性和规范性. 例如正态分布的概率密度, 显然 $p(x) > 0$; 此外, 虽然 e^{-x^2} 的原函数不能用初等函数表示, 但可证明

$$\int_0^{+\infty} e^{-x^2} dx = \frac{\sqrt{\pi}}{2}$$

(这个积分称为**欧拉 – 泊松积分**或**概率积分**). 在上式中令 $x = \dfrac{t}{\sqrt{2}}$, 得

$$\frac{1}{\sqrt{2}} \int_0^{+\infty} \mathrm{e}^{-\frac{t^2}{2}} \mathrm{d}t = \frac{\sqrt{\pi}}{2},$$

从而得到

$$\int_{-\infty}^{+\infty} \mathrm{e}^{-\frac{t^2}{2}} \mathrm{d}t = 2 \int_0^{+\infty} \mathrm{e}^{-\frac{t^2}{2}} \mathrm{d}t = \sqrt{2\pi}.$$

在上式中再令 $t = \dfrac{x-\mu}{\sigma}$, 即得

$$\int_{-\infty}^{+\infty} p(x)\mathrm{d}x = \int_{-\infty}^{+\infty} \frac{1}{\sqrt{2\pi}\sigma} \mathrm{e}^{-\frac{(x-\mu)^2}{2\sigma^2}} \mathrm{d}x = 1.$$

服从正态分布的随机变量是最重要的一类连续型随机变量, 理论研究表明, 一个变量如果受到了大量的随机因素的影响, 而各个因素所起的作用又都很微小时, 这样的随机变量一般都服从正态分布. 如测量误差, 某市同龄人的身高, 某品牌电视机的使用寿命等, 都可用正态分布来刻画. 高斯在观测天体及进行大地测量时, 深入研究了误差理论, 19 世纪初他证明了误差的分布是正态分布, 并研究了这种分布的性质, 因此后人又称正态分布为**高斯分布**.

§6.4　分布函数

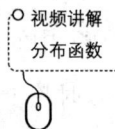
视频讲解
分布函数

前面我们分别用概率分布和概率密度对离散型和连续型随机变量作了刻画, 下面引入分布函数的概念, 以便从数学上对它们作统一的研究.

一、分布函数的定义与性质

定义 6.2　设 X 为一随机变量, x 是任意实数, 称函数

$$F(x) = P(X \leqslant x) \quad (-\infty < x < +\infty) \tag{1}$$

为 X 的**分布函数**.

分布函数具有下列基本性质:

(1)　$0 \leqslant F(x) \leqslant 1$;

(2)　$F(x)$ 单调不减. 即若 $x_1 < x_2$, 有 $F(x_1) \leqslant F(x_2)$;

(3)　$\displaystyle\lim_{x \to -\infty} F(x) = 0, \quad \lim_{x \to +\infty} F(x) = 1$;

(4) $F(x)$ 是右连续的, 即 $F(x+0) = F(x)$.

性质 (1)、 (2) 是显然的, 性质 (3) 可以理解为前者为不可能事件的概率, 后者为必然事件的概率, 性质 (3)、 (4) 的证明从略.

注 6.1 在有些书上称 $F(x) = P(X < x)$ 为 X 的分布函数, 这时 $F(x)$ 是左连续的, 其余性质相同.

二、离散型随机变量的分布函数

设 X 的概率分布为

$$P(X = x_k) = p_k, \qquad k = 1, 2, \cdots,$$

则其分布函数为

$$F(x) = P(X \leqslant x) = \sum_{x_k \leqslant x} P(X = x_k) = \sum_{x_k \leqslant x} p_k. \tag{2}$$

式中 $x_k \leqslant x$ 表示对 X 的取值小于或等于 x 的那些概率值 p_k 求和.

例 6.9 设 $X \sim B(1, p)$, 即

$$P(X = 1) = p, \qquad P(X = 0) = 1 - p,$$

则分布函数为

$$F(x) = \begin{cases} 0, & x < 0, \\ 1 - p, & 0 \leqslant x < 1, \\ 1, & x \geqslant 1. \end{cases}$$

这是一个右连续的、阶梯状的函数.

应当指出, 离散型随机变量的分布函数与 §6.2 介绍的概率分布可以互化, 但在实际问题中用得较多的还是概率分布, 因为它比较方便.

三、连续型随机变量的分布函数

设 X 的概率密度为 $p(x)$, 则其分布函数为

$$F(x) = P(X \leqslant x) = \int_{-\infty}^{x} p(t)\mathrm{d}t. \tag{3}$$

从而有

$$P(a < X \leqslant b) = P(X \leqslant b) - P(X \leqslant a) = F(b) - F(a). \tag{4}$$

1. 服从均匀分布的随机变量的分布函数

因 $X \sim U(a,b), \quad p(x) = \begin{cases} \dfrac{1}{b-a}, & a \leqslant x \leqslant b, \\ 0, & \text{其他} x. \end{cases}$

当 $a \leqslant x \leqslant b$ 时, $F(x) = \displaystyle\int_{-\infty}^{x} p(t)\mathrm{d}t = \int_{a}^{x} \frac{1}{b-a}\mathrm{d}t = \frac{x-a}{b-a}$;

当 $x < a$ 时, $p(x) = 0, \ F(x) = 0$;

当 $x > b$ 时, $F(x) = \displaystyle\int_{-\infty}^{x} p(t)\mathrm{d}t = \int_{a}^{b} \frac{1}{b-a}\mathrm{d}t = 1.$

所以服从均匀分布的随机变量的分布函数为 (图 6.6)

$$F(x) = \begin{cases} 0, & x < a, \\ \dfrac{x-a}{b-a}, & a \leqslant x \leqslant b, \\ 1, & x > b. \end{cases} \tag{5}$$

2. 服从指数分布的随机变量的分布函数 (图 6.7)

$$X \sim E(\lambda), \quad p(x) = \begin{cases} 0, & x < 0, \\ \lambda \mathrm{e}^{-\lambda x}, & x \geqslant 0, \end{cases} \quad \lambda > 0.$$

$$F(x) = \begin{cases} 0, & x < 0, \\ 1 - \mathrm{e}^{-\lambda x}, & x \geqslant 0. \end{cases} \tag{6}$$

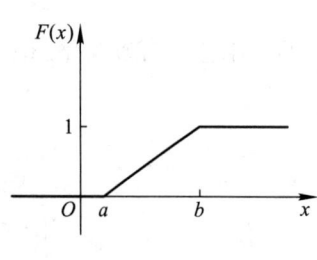

图 6.6

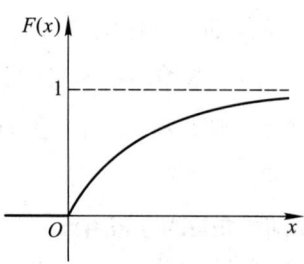

图 6.7

服从指数分布的随机变量 X 具有下述所谓"无记忆性":

$$P(X > x_2 | X > x_1) = P(X > (x_2 - x_1)), \quad x_2 > x_1 > 0. \tag{7}$$

如果设 X 表示某元件的寿命, 则 (7) 式表明, 在已使用 x_1 小时的情况下, 再至少使用 $x_2 - x_1 = k$ 小时的概率, 等于该元件至少使用 k 小时的概率, 而与已使用时间无关. (7) 式

可证如下: 利用条件概率公式和 (6) 式, 有

$$P(X > x_2 | X > x_1) = \frac{P(X > x_2)}{P(X > x_1)} = \frac{1 - P(X \leqslant x_2)}{1 - P(X \leqslant x_1)}$$

$$= \frac{1 - F(x_2)}{1 - F(x_1)} = \frac{e^{-\lambda x_2}}{e^{-\lambda x_1}} = e^{-\lambda(x_2 - x_1)}$$

$$= P(X > (x_2 - x_1)).$$

3. 服从正态分布的随机变量的分布函数

$$X \sim N(\mu, \sigma^2), \quad p(x) = \frac{1}{\sqrt{2\pi}\sigma} e^{-\frac{(x-\mu)^2}{2\sigma^2}},$$

$$F(x) = \frac{1}{\sqrt{2\pi}\sigma} \int_{-\infty}^{x} e^{-\frac{(t-\mu)^2}{2\sigma^2}} dt, \quad -\infty < x < +\infty. \tag{8}$$

对于标准正态分布 $X \sim N(0,1)$, 其分布函数特别地记为 $\Phi(x)$, 即有

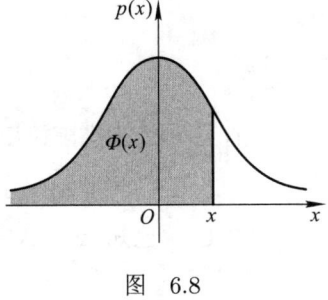

$$\Phi(x) = \frac{1}{\sqrt{2\pi}} \int_{-\infty}^{x} e^{-\frac{t^2}{2}} dt, \quad -\infty < x < +\infty. \tag{9}$$

由 $\Phi(x)$ 的几何意义 (图 6.8), 可以看出 $\Phi(0) = 0.5$, 并有关系式

$$\Phi(-x) = 1 - \Phi(x). \tag{10}$$

图 6.8

四、正态随机变量的概率计算

1. $X \sim N(0,1)$ 的概率计算

由分布函数的定义 (3) 式和 (4) 式, 可知

$$P(X < a) = \Phi(a), \quad P(a < X < b) = \Phi(b) - \Phi(a).$$

当 $x > 0$ 时, 求 $\Phi(x)$ 可查附录表 2; 当 $x < 0$ 时, 利用 (10) 式, $\Phi(x) = 1 - \Phi(-x)$, 再查附录表 2 计算.

例 6.10 设 $X \sim N(0,1)$, 则通过查附录表 2 可得

$$P(X < 1.45) = \Phi(1.45) = 0.926\ 5,$$

$$P(-1 < X \leqslant 2) = \Phi(2) - \Phi(-1) = \Phi(2) - [1 - \Phi(1)]$$

$$= 0.977\ 2 - 1 + 0.841\ 3 = 0.818\ 5.$$

2. $X \sim N(\mu, \sigma^2)$ 的概率计算

由 (8) 式和 (9) 式, 令 $u = \dfrac{t - \mu}{\sigma}$, 有

$$F(x) = \frac{1}{\sqrt{2\pi}\sigma} \int_{-\infty}^{x} e^{-\frac{(t-\mu)^2}{2\sigma^2}} dt$$

$$= \frac{1}{\sqrt{2\pi}} \int_{-\infty}^{\frac{x-\mu}{\sigma}} e^{-\frac{u^2}{2}} du \tag{11}$$

$$= \Phi\left(\frac{x-\mu}{\sigma}\right),$$

从而, 由 (3) 式和 (4) 式知

$$P(X \leqslant x) = \Phi\left(\frac{x-\mu}{\sigma}\right), \tag{12}$$

$$P(a < X \leqslant b) = \Phi\left(\frac{b-\mu}{\sigma}\right) - \Phi\left(\frac{a-\mu}{\sigma}\right). \tag{13}$$

(11) 式表明, 若 $X \sim N(\mu, \sigma^2)$, 则

$$Y = \frac{X-\mu}{\sigma} \sim N(0,1), \tag{14}$$

上式中的 Y 称为**正态随机变量 X 的标准化随机变量**.

(12) 式和 (13) 式给出了**正态随机变量的概率计算公式**.

例 6.11   已知 $X \sim N(2.5, 4)$, 则

$$P(2.8 < X < 4.2) = \Phi\left(\frac{4.2-2.5}{2}\right) - \Phi\left(\frac{2.8-2.5}{2}\right)$$

$$= \Phi(0.85) - \Phi(0.15) = 0.242\,7,$$

$$P(1.5 \leqslant X \leqslant 3.8) = \Phi(0.65) - \Phi(-0.5) = \Phi(0.65) + \Phi(0.5) - 1 = 0.433\,7,$$
$$P(X > 3.2) = 1 - \Phi\left(\frac{3.2-2.5}{2}\right) = 1 - \Phi(0.35) = 0.363\,2.$$

从以上讨论我们看到, 分布函数是我们在微积分中已经熟悉的实函数, 而且具有相当好的性质, 便于进行数学处理. 随机变量和分布函数这两个概念, 在随机现象和微积分之间架起了一座桥梁, 使得可以用分析的工具来研究随机现象.

习　题　6.4

1. 设随机变量 ξ 的概率密度为

$$p(x) = \begin{cases} A\cos x, & |x| < \dfrac{\pi}{2}, \\ 0, & |x| \geqslant \dfrac{\pi}{2}, \end{cases}$$

求 (1) 常数 A; (2) ξ 取值落在 $\left(-\dfrac{\pi}{4}, \dfrac{\pi}{4}\right)$ 内的概率; (3) ξ 的分布函数.

2. 设舍入误差 ξ 在 $(-0.5 \times 10^{-6}, 0.5 \times 10^{-6})$ 内服从均匀分布, 求 ξ 取值于 $(-0.2 \times 10^{-6}, 0.1 \times 10^{-6})$ 内的概率.

3. 某种型号日光灯管的使用寿命 (单位: h) 服从参数 $\lambda = \dfrac{1}{2\,000}$ 的指数分布.

(1) 任取一只这种灯管, 求它能正常使用 1 500 h 以上的概率;

(2) 已知该灯管已经使用了 1 500 h, 求它还能使用 500 h 以上的概率.

4. 设 $X \sim N(0,1)$, 求 $P(0.02 < X < 2.37), P(|X| < 1.9), P(X \geqslant -2.53)$, 并求满足 $P(|X| < x) = 0.785\,0$ 的 x 值.

5. 设 $X \sim N(3,16)$, 求 $P(X < 2), P(-2 \leqslant X \leqslant 8), P(|X| > 4)$.

阅读材料 6　高斯与正态分布

高斯

　　正态分布最早是 1733 年被法国数学家棣莫弗作为二项分布的极限形式发现的. 高斯在对天体运动的大量观测中, 对误差理论作了深入的研究, 1809 年高斯发表了理论天文学名著《天体沿圆锥曲线的绕日运动理论》, 其中证明了误差分布的统计规律, 即现称的正态分布. 他给出了误差曲线的方程 $\varPhi(x) = \dfrac{h}{\sqrt{\pi}}\mathrm{e}^{-h^2x^2}$, 其中 h 为精确系数. 误差落在区间 (a,b) 内的概率为 $\displaystyle\int_a^b \varPhi(x)\mathrm{d}x$, 并且有 $\displaystyle\int_{-\infty}^{\infty} \varPhi(x)\mathrm{d}x = 1$. 本书 §6.3 给出的服从参数为 μ, σ 的正态分布概率密度 $p(x)$, 当 $\mu = 0$, $\sigma = \dfrac{1}{\sqrt{2h}}$ 时, 就是上面的 $\varPhi(x)$, h 反映了精确程度, 而 σ 则反映了误差程度. 高斯在 1818—1825 年间负责实施汉诺威的大地测量工作, 进一步研究了误差理论, 他于 1823 年出版了《最小二乘法的误差理论的基础》, 正态分布及其性质被收入书中. 因此人们又称正态分布为 **高斯分布**. 最早认识到正态分布重要意义的是英国统计学家、生物学家高尔顿, 他认识到正态曲线所反映的是分布的类型, 而不是一般人所理解的 "误差" 的类型.

　　高斯是 19 世纪最伟大的数学家, 1777 年 4 月 30 日出生在德国古城不伦瑞克, 父母受教育不多, 父亲做过石匠、纤夫、小贩, 母亲出生在石匠家庭, 聪慧善良, 在贵族家当过女仆. 高斯自幼就对数字特别敏感, 3 岁时发现父亲算账时的一个错误. 9 岁那年, 老师在课上叫学生们从 1 加到 100, 高斯心算就得到结果. 成年后的高斯说, 在他学会说话之前就会计算了.

　　1791 年, 本地的卡洛琳学院齐默尔曼教授向费迪南德公爵引荐了天才少年高斯, 公爵接见高斯时为他的朴实和腼腆感动, 欣然应允资助高斯的全部学业. 1792 年, 高斯进入卡洛琳学院, 全身心地学习和思考, 最喜欢的是数学和语言. 三年里他阅读了牛顿、欧拉、拉格朗日、雅各布·伯努利等人的著作, 并取得了一系列重要的发现: 算术—几何平均与幂级数的联系; 最小二乘法; 平行公设在欧氏几何中的地位; 数论中的二次互反律; 素数定理等.

1795 年, 高斯进入藏书极丰、学术环境自由的哥廷根大学. 入学初期, 高斯对做数学家还是语言学家仍未下决心, 他第一年借阅的 25 本书中有 20 本属人文学科. 转折点是在他快满 19 岁时解决了两千多年来无人攻克的难题: 只用圆规和没有刻度的直尺作正十七边形. 从此高斯决心研究数学, 但未改对语言和文学的爱好. 1796 年他严格证明了二次互反律, 次年发现在复数域中双纽线积分具有双周期, 证明了代数基本定理. 1798 年, 高斯应费迪南德公爵的要求回到家乡, 次年接受了赫尔姆施泰特大学的博士学位. 他的博士论文利用了当时尚未被数学界认可的复数概念, 历史上第一次给出了代数基本定理的完满证明.

19 岁到 24 岁是高斯学术创造力最旺盛的时期, 在这 6 年里, 他提出的猜想、定理、证明、概念、假设和理论, 平均每年不少于 25 项, 其中最辉煌的两项成就都出在 1801 年, 一是发表了被集合论的创始人康托尔称之为 **"数论的宪章"** 的《算术研究》; 另一是根据天文学家提供的少量观测数据准确预报了谷神星 (Ceres) 的运行轨道, 使高斯不仅在数学界而且在科学界一举成名.

1802 年年初, 圣彼得堡科学院聘高斯为外籍院士; 同年 9 月又邀请他出任圣彼得堡天文台台长, 但高斯出于对费迪南德公爵意愿的尊重, 以及因公爵计划为高斯在不伦瑞克修建小天文台而留在了家乡. 此后, 高斯的主要精力逐渐转向天文学、测地学、物理学和应用数学.

1806 年, 曾任普鲁士将军的费迪南德公爵率部与法军战斗, 不幸负伤去世, 高斯也失去经济来源. 1807 年, 他携全家迁往哥廷根, 出任正在建设中的哥廷根天文台台长, 同时兼任哥廷根大学天文学教授. 这时的哥廷根已在法国管辖之下, 法国政府对大学教授征收 2 000 法郎的高额赋税, 高斯无力筹足, 幸亏一位法国大主教匿名替他交纳了全部税金. 法国入侵、公爵战死和高额赋税, 加深了高斯在政治上的保守倾向. 1809 年高斯爱妻在生第三个孩子时难产, 不久去世, 不到半年新生儿也夭亡. 高斯以极大的克制和毅力从悲伤中解脱出来, 为了恢复正常的生活和工作, 并使不满 4 岁的儿子和刚 2 岁的女儿得到照顾, 他娶了第二个妻子, 后来又有两子一女. 就是在这一非常时期, 高斯完成并发表了理论天文学名著《天体沿圆锥曲线的绕日运动理论》.

1815 年前后, 中欧国家出于经济和军事目的, 纷纷开始大规模的大地测量. 应舒马赫之请, 高斯于 1818 年同意担负将丹麦的测地工作向南延伸的任务, 1820 年, 汉诺威政府正式批准高斯对汉诺威全境的测量计划, 并任命他负责实施. 1818 至 1825 的八年间, 高斯夏季组织野外测绘, 冬季对所获数据进行分析整理. 为提高测量精度, 他发明了 "日光反射信号器"(1820) 和光度计 (1821). 实测数据汇集后的计算,几乎由高斯一人承担.长年的劳累损伤了高斯强壮的体魄,1825 年医生诊断他患有气喘病和心脏病,迫使他停止了野外作业,但在他的领导下,汉诺威全境的测量计划于 1847 年完成.

高斯全力关注测地工作的十年 (1818—1828),是他创造活动的又一个高峰期.1822 年,哥本哈根科学院设奖征解地图制作中的难题,高斯的"将给定凸面投影到另一面而使最小部分保持相似的一般方法"于 1823 年获得头奖.此文在数学史上第一次对保形映射作了一般性的论述.1827 年出版的《关于曲面的一般研究》凝聚了高斯 10 多年思考测地问题的心得,提出了一个全新的概念,即一张曲面本身就是一个空间,开创了研究曲面内在性质的内蕴几何学,成为此后一个多世纪微分几何研究的源泉.**爱因斯坦说:"高斯对于近代物理学的发展,尤其是对于相对论的数学基础所作的贡献**①,**其重要性是超越一切,无与伦比的.**"

1828 年,高斯结识了才华横溢的年轻实验物理学家韦伯,迅速开辟了新的研究领域,相继发表了《关于力学的一个新的普遍原理》《论平衡状态下流体性质的一般理论原则》《以绝对单位测定的地磁强度》;他和韦伯合作发明了有线电报,在哥廷根兴建了地磁观测站,组织了磁学会,出版了年刊,发明了双线地磁仪;1839 年,高斯发表了《地磁的一般理论》;1840 年,发表了《关于与距离平方成反比的引力和斥力的普遍原理》,首次将位势论作为数学对象进行系统讨论,并和韦伯合作出版了不朽著作《地磁图》.

1850 年,高斯的心脏病加重,但他仍在 1851 年核准了黎曼的博士论文,1853 年为黎曼选定任职答辩题目并于次年听了他关于几何基础的答辩报告.

1855 年 2 月 23 日清晨,高斯在睡眠中故去,享年 78 岁.

高斯几乎在当时数学的每个领域都有开创性的工作.1863—1933 年间出版的《高斯全集》共 12 卷,包括数论,分析,概率论,几何,数学物理,天文,测地学,算术,代数,力学,物理学及《地磁图》.

高斯希望他留下的都是十全十美的艺术珍品,他常说:"**当一幢建筑物完成时,应该把脚手架拆除干净.**"高斯对于严密性的要求也非常苛刻,并且十分讲究体系结构.他的名言是:**宁肯少些,但要成熟.** 高斯总是迟迟不肯发表他的论著,或者来不及将他的发现整理出来.他给密友 W. 波尔约的信中说:"给予我最大愉快的事不是知识本身而是学习过程,不是所取得的成就而是得出成就的过程.当我把一个问题搞清楚了并研究透彻了,我就放下不管,以便转而再去探索未知的领域."

在高斯的时代,几乎找不到什么人能够分享他的想法或向他提供新的观念.每当他发现新的理论时,没有人可以讨论.这种智慧上的孤独,导致心灵和生活上的离群索居.

---

① 指曲面论.

高斯从不参加公开争论, 他认为辩论很容易演变成愚蠢的喊叫. 高斯不喜欢上课, 他认为 "对真正有天赋的学生, 他们绝不会依赖课堂上的传授, 而必是自修自学的", 只需 "偶尔给他一点提示, 以便他找到最近的路". 黎曼、狄利克雷、戴德金和艾森斯坦等著名数学家都是他的学生.

高斯不喜欢浮华荣耀, 但在他成名后的五十年里, 获得过 75 种形形色色的荣誉, 在流通最广泛的德国 10 马克纸币上印有高斯的肖像.

高斯所处的时代, 正是德国浪漫主义盛行的时代. 受时尚的影响, 高斯在其私函和讲述中, 充满了美丽的辞藻. 他说过: "数学是科学的皇后, 而数论是数学的女王." 那个时代的人也都称高斯为 "数学王子". 高斯精通英语、法语、俄语、丹麦语, 对意大利语、西班牙语和瑞典语也略知一二, 他的私人日记是用拉丁文写的. 高斯很喜欢文学, 他把歌德的作品遍览无遗; 50 岁时高斯开始学习俄语, 部分原因是为了阅读普希金的诗作; 高斯爱看卢梭等人的作品, 不怎么喜欢莎士比亚的悲剧, 但选择了《李尔王》中的两行诗作为自己的座右铭: 大自然啊, 我的女神, 我愿为你献身, 终生不渝. 高斯最钦佩的英语作家是司各特, 几乎阅读了他所有的作品. 有一次, 他在司各特书上看到 "满月是从西北方向升起来的" 错误描述, 不仅在自己的书上把它纠正过来, 而且跑到哥廷根书店把所有未售出的书都改了.

高斯曾被形容为: "能从九霄云外的高度按照某种观点掌握星空和深奥数学的天才." 过人的直觉、超强的计算、严密的推理、精细的实验能力的和谐结合使得高斯出类拔萃, 他不仅仅是一位数学大师, 而且是一个在天文学、物理学、测地学、地磁学等领域作出重大贡献的科学巨人. 高斯的令人崇敬, 并不在于他是一个天才, 而在于他一生的刻苦勤奋, 在于他做到了很少有人能做到的将理论、应用和发明完美地结合. (参看主要参考书 [12])

第七章 随机变量的数字特征

§7.1 数学期望

视频讲解
数学期望

在现实生活中, 常常会遇到求均值的问题, 最简单的是求算术平均值, 例如两人分别获得奖金 8 000 元和 4 000 元, 人均 (8 000+4 000)÷2=6 000(元). 但有时会遇到随机变量. 例如水平相当的甲乙两人进入某斯诺克比赛的决赛, 11 局先胜 6 局者为冠军, 奖 14 万元; 负者为亚军, 奖 6 万元. 但在赛完第 9 局后因意外事件比赛不得不终止, 奖金照发. 当时甲已胜 5 局, 乙已胜 4 局, 问如何分配奖金才合理? 有人说可以按当时的成绩, 甲得总奖金的 5/9, 乙得 4/9. 但是, 如果不出意外, 比赛至多再赛两局即可决定胜负, 两局中, 甲只需胜 1 局, 乙必须 2 局全胜. 而这两局比赛的胜者有 4 种可能: 甲甲; 甲乙; 乙甲; 乙乙. 可见获得冠军的概率甲为 $\dfrac{3}{4}$, 乙为 $\dfrac{1}{4}$; 获得亚军的概率甲为 $\dfrac{1}{4}$, 乙为 $\dfrac{3}{4}$. 因此奖金分配应为

$$甲: 14 \times \dfrac{3}{4} + 6 \times \dfrac{1}{4} = 12(万元); \quad 乙: 14 \times \dfrac{1}{4} + 6 \times \dfrac{3}{4} = 8(万元).$$

这是他们合理的 "期望所得".

再如, 设某射手在同样条件下射靶 n 次, 命中 k 环 n_k 次 $(k = 0, 1, \cdots, 10, \sum\limits_{k=0}^{10} n_k = n)$,

则他平均每次射击命中的环数为

$$\left(\sum_{k=0}^{10} k n_k\right) \div n = \sum_{k=0}^{10} k \frac{n_k}{n}.$$

这样的"均值"为"依频率的加权平均", 其中"权数" $\frac{n_k}{n}$ 是命中 k 环的频率, 它是随机波动的. 但当射击次数 n 越来越大时, 频率就趋于稳定的概率值 p_k, 从而平均每次射击命中的环数趋于 $\sum k p_k$. 这是随机变量取值"依概率的加权平均", 亦即数学期望.

一、离散型随机变量的数学期望

定义 7.1　设离散型随机变量 X 的分布列为

$$X \sim \begin{pmatrix} x_1 & x_2 & \cdots & x_k & \cdots \\ p_1 & p_2 & \cdots & p_k & \cdots \end{pmatrix},$$

若级数 $\sum_{k=1}^{\infty} x_k p_k$ 绝对收敛, 即 $\sum_{k=1}^{\infty} |x_k| p_k < +\infty$, 则称 $\sum_{k=1}^{\infty} x_k p_k$ 为随机变量 X 的**数学期望**, 简称为**期望** (expectation), 记作 $E(X)$, 即

$$E(X) = \sum_{k=1}^{\infty} x_k p_k. \tag{1}$$

在定义 7.1 中要求 (1) 式右端级数绝对收敛, 是为了保证级数的和不会因为其中项的次序改变而改变, 因为一个随机变量取值可以有不同的排列次序. 当 (1) 式右端级数不绝对收敛时, 称该随机变量的数学期望不存在.

随机变量 X 的数学期望 $E(X)$ 是一个实数, 它与 X 的取值具有相同的单位. 数学期望反映了随机变量取值的平均水平, 其统计意义就是对随机变量进行大量观测所得数值的理论平均数, 也称均值.

例 7.1　随机变量 $X \sim B(1, p)$, 它的数学期望为 $E(X) = p$.

解　事实上,

$$X \sim \begin{pmatrix} 0 & 1 \\ q & p \end{pmatrix}, \qquad E(X) = 0 \cdot q + 1 \cdot p = p.$$

例 7.2　随机变量 $X \sim B(n, p)$, 它的数学期望为 $E(X) = np$.

解　事实上, 这时有

$$p_k = P(X = k) = C_n^k p^k q^{n-k}, \qquad k = 0, 1, \cdots, n.$$

故

$$
\begin{aligned}
E(X) &= \sum_{k=0}^{n} k\mathrm{C}_n^k p^k q^{n-k} = \sum_{k=1}^{n} \frac{n!}{(k-1)!(n-k)!} p^k q^{n-k} \\
&= np \sum_{k=1}^{n} \frac{(n-1)!}{(k-1)!(n-k)!} p^{k-1} q^{(n-1)-(k-1)} \quad (\diamondsuit\, l = k-1) \\
&= np \sum_{l=0}^{n-1} \mathrm{C}_{n-1}^l p^l q^{(n-1)-l} \\
&= np(p+q)^{n-1} = np.
\end{aligned}
$$

例如, 某人射击命中率为 0.8, 独立射击 20 次, 平均命中 $20 \times 0.8 = 16$ 次.

例 7.3　随机变量 $X \sim P(\lambda)$, 它的数学期望为 $E(X) = \lambda$.

解　事实上, 这时有

$$
p_k = P(X = k) = \frac{\lambda^k}{k!} \mathrm{e}^{-\lambda}, \qquad k = 0, 1, \cdots
$$

$$
E(X) = \sum_{k=0}^{\infty} k \cdot \frac{\lambda^k}{k!} \mathrm{e}^{-\lambda} = \lambda \mathrm{e}^{-\lambda} \sum_{k=1}^{\infty} \frac{\lambda^{k-1}}{(k-1)!} = \lambda \mathrm{e}^{-\lambda} \mathrm{e}^{\lambda} = \lambda.
$$

例 7.4　某印刷品平均每页有 2 个印刷错误. 假定每页的印刷错误数 X 服从泊松分布, 计算 100 页的该印刷品中各页印刷错误都不超过 4 个的概率.

解　由题意, $X \sim P(\lambda), \lambda = E(X) = 2$, 查附录表 1 知, 一页上印刷错误不超过 4 个的概率为

$$
P(X \leqslant 4) = \sum_{k=0}^{4} P(X = k) \approx 0.947\,3.
$$

因为印刷错误互不相干, 所以印刷品中各页印刷错误都不超过 4 个的概率为

$$
[P(X \leqslant 4)]^{100} \approx 0.947\,3^{100} \approx 0.004\,5.
$$

二、连续型随机变量的数学期望

定义 7.2　设连续型随机变量 X 的概率密度为 $p(x)$, 并且 $\int_{-\infty}^{+\infty} xp(x)\mathrm{d}x$ 绝对收敛 (即 $\int_{-\infty}^{+\infty} |x|\,p(x)\mathrm{d}x < +\infty$), 则称 $\int_{-\infty}^{+\infty} xp(x)\mathrm{d}x$ 为 X 的**数学期望**, 简称为**期望**, 记作 $E(X)$, 即

$$E(X) = \int_{-\infty}^{+\infty} xp(x)\mathrm{d}x. \tag{2}$$

与离散型随机变量相比较, (1) 式右端是和式, (2) 式右端是积分.

例 7.5　试证明: 随机变量 $X \sim U(a,b)$, 它的数学期望为 $E(X) = \dfrac{a+b}{2}$, 即恰为参数 a, b 的平均值.

证　这时有

$$p(x) = \begin{cases} \dfrac{1}{b-a}, & a \leqslant x \leqslant b, \\ 0, & \text{其他}x. \end{cases}$$

$$E(X) = \int_{-\infty}^{+\infty} xp(x)\mathrm{d}x = \int_a^b \frac{x}{b-a}\mathrm{d}x = \frac{x^2}{2(b-a)}\bigg|_a^b = \frac{a+b}{2}.$$

例 7.6　试证明: 随机变量 $X \sim E(\lambda)$, 它的数学期望为 $E(X) = \dfrac{1}{\lambda}$, 即为其参数 λ 的倒数.

证　这时有

$$p(x) = \begin{cases} 0, & x < 0, \\ \lambda \mathrm{e}^{-\lambda x}, & x \geqslant 0, \end{cases} \quad \lambda > 0,$$

$$\begin{aligned} E(X) &= \int_{-\infty}^{+\infty} xp(x)\mathrm{d}x = \int_0^{+\infty} \lambda x \mathrm{e}^{-\lambda x}\mathrm{d}x \\ &= \int_0^{+\infty} x\mathrm{d}(-\mathrm{e}^{-\lambda x}) = -x\mathrm{e}^{-\lambda x}\bigg|_0^{+\infty} + \int_0^{+\infty} \mathrm{e}^{-\lambda x}\mathrm{d}x \\ &= -\frac{1}{\lambda}\mathrm{e}^{-\lambda x}\bigg|_0^{+\infty} = \frac{1}{\lambda}. \end{aligned}$$

例 7.7　试证: 随机变量 $X \sim N(\mu, \sigma^2)$, 它的数学期望为 $E(X) = \mu$, 即为其中的参数 μ.

证　这时有

$$p(x) = \frac{1}{\sqrt{2\pi}\sigma}\mathrm{e}^{-\frac{(x-\mu)^2}{2\sigma^2}},$$

$$\begin{aligned} E(X) &= \int_{-\infty}^{+\infty} x\frac{1}{\sqrt{2\pi}\sigma}\mathrm{e}^{-\frac{(x-\mu)^2}{2\sigma^2}}\mathrm{d}x \qquad \left(\diamondsuit t = \frac{x-\mu}{\sigma}\right) \\ &= \frac{1}{\sqrt{2\pi}\sigma}\int_{-\infty}^{+\infty} (\sigma t + \mu)\mathrm{e}^{-\frac{t^2}{2}}\sigma\mathrm{d}t \\ &= \frac{\sigma}{\sqrt{2\pi}}\int_{-\infty}^{+\infty} t\mathrm{e}^{-\frac{t^2}{2}}\mathrm{d}t + \frac{\mu}{\sqrt{2\pi}}\int_{-\infty}^{+\infty} \mathrm{e}^{-\frac{t^2}{2}}\mathrm{d}t \\ &= 0 + \frac{\mu}{\sqrt{2\pi}} \cdot \sqrt{2\pi} = \mu. \end{aligned}$$

例 7.8　设某产品的寿命 X(单位:h) 服从指数分布, 平均寿命为 1 000 h, 求

(1) X 的概率密度与分布函数;

(2) $P(1\ 000 < x < 1\ 200)$;

(3) 任取三个该产品, 其中至少有一个寿命超过 $1\ 000$ h 的概率.

解 $X \sim E(\lambda), E(X) = \dfrac{1}{\lambda}$, 依题设知 $E(X) = 1\ 000$, 故 $\lambda = 1/1\ 000$.

(1) X 的概率密度 $p(x)$ 和分布函数 $F(x)$ 分别为

$$p(x) = \begin{cases} 0, & x < 0, \\ \dfrac{1}{1\ 000}\mathrm{e}^{-\frac{x}{1\ 000}}, & x \geqslant 0, \end{cases}$$

$$F(x) = \begin{cases} 0, & x < 0, \\ 1 - \mathrm{e}^{-\frac{x}{1\ 000}}, & x \geqslant 0. \end{cases}$$

(2) $P(1\ 000 < X < 1\ 200) = F(1\ 200) - F(1\ 000).$

$$= (1 - \mathrm{e}^{-1.2}) - (1 - \mathrm{e}^{-1}) \approx 0.066\ 7.$$

(3) 记 $A=$ "任取三个该产品, 其中至少有一个寿命超过 $1\ 000$ h", 则

$$P(A) = 1 - P(\overline{A}) = 1 - [P(X \leqslant 1\ 000)]^3 = 1 - [F(1\ 000)]^3$$

$$= 1 - (1 - \mathrm{e}^{-1})^3 \approx 0.747\ 4.$$

三、数学期望的性质

利用数学期望的定义可以证明数学期望有下列性质:

设 X 为一随机变量, c, b 为常数, 则有

(1) $E(c) = c$;

(2) $E(cX + b) = cE(X) + b$;

(3) 若 $b \leqslant X \leqslant c$, 则 $b \leqslant E(X) \leqslant c$, 其中 $b < c$;

(4) 若随机变量 X_k 存在数学期望 $E(X_k), k = 1, 2, \cdots, n$, 则有

$$E\Big(\sum_{k=1}^{n} X_k\Big) = \sum_{k=1}^{n} E(X_k).$$

(5) 若随机变量 $X_1, X_2, \cdots, X_n$ 相互独立, $E(X_k)(k = 1, 2, \cdots, n)$ 均存在, 则有

$$E\Big(\prod_{k=1}^{n} X_k\Big) = \prod_{k=1}^{n} E(X_k).$$

四、随机变量函数的数学期望

设 $f(x)$ 是实函数, 所谓随机变量 X 的函数 $f(X)$ 是一个随机变量 Y, 当 X 取 x 时, Y 取值 $y = f(x)$, 记作 $Y = f(X)$. 对于它的数学期望, 有下述重要结论.

定理 7.1(表示性定理) 设 $Y = f(X)$ 是随机变量 X 的函数,

(1) 若 X 是离散型随机变量,

$$X \sim \begin{pmatrix} x_1 & x_2 & \cdots & x_k & \cdots \\ p_1 & p_2 & \cdots & p_k & \cdots \end{pmatrix},$$

且

$$\sum_{k=1}^{\infty} |f(x_k)| \, p_k < +\infty,$$

则有

$$E(Y) = E[f(X)] = \sum_{k=1}^{\infty} f(x_k)p_k; \tag{3}$$

(2) 若 X 是连续型随机变量, 其概率密度为 $p(x)$, 且

$$\int_{-\infty}^{+\infty} |f(x)| \, p(x)\mathrm{d}x < +\infty,$$

则有

$$E(Y) = E[f(X)] = \int_{-\infty}^{+\infty} f(x)p(x)\mathrm{d}x. \tag{4}$$

有了上述定理, 我们只要知道 X 的概率分布或概率密度, 就可以直接求 $Y = f(X)$ 的数学期望, 而不必先求出 Y 的概率分布或概率密度.

例 7.9 设 $X \sim B(1,p)$, 求 $E(X^2)$.

解 由公式 (3) 得 $E(X^2) = 1^2 \times p + 0^2 \times q = p$.

例 7.10 设 $X \sim N(0,1)$, 求 $E(X^2)$.

解 X 的概率密度为 $p(x) = \dfrac{1}{\sqrt{2\pi}}\mathrm{e}^{-\frac{x^2}{2}}$, 函数 $f(x) = x^2$, 由公式 (4) 得

$$\begin{aligned} E(X^2) &= \int_{-\infty}^{+\infty} x^2 \frac{1}{\sqrt{2\pi}}\mathrm{e}^{-\frac{x^2}{2}}\mathrm{d}x = -\int_{-\infty}^{+\infty} x\mathrm{d}\left(\frac{1}{\sqrt{2\pi}}\mathrm{e}^{-\frac{x^2}{2}}\right) \\ &= -\left(\frac{x}{\sqrt{2\pi}}\mathrm{e}^{-\frac{x^2}{2}}\right)\Bigg|_{-\infty}^{+\infty} + \int_{-\infty}^{+\infty} \frac{1}{\sqrt{2\pi}}\mathrm{e}^{-\frac{x^2}{2}}\mathrm{d}x = 1. \end{aligned}$$

(注意: 当 $x \to \infty$ 时, $x\mathrm{e}^{-\frac{x^2}{2}} \to 0$, 故上式第一项为 0; 第二项的被积函数是标准正态分布的概率密度.)

习 题 7.1

1. 甲、乙两台机床生产同一种零件, 在全面质量考核中, 统计出甲、乙机床每天出现次品数 ξ, η 的分布列分别为

$$\xi \sim \begin{pmatrix} 0 & 1 & 2 & 3 \\ 0.4 & 0.3 & 0.2 & 0.1 \end{pmatrix}, \qquad \eta \sim \begin{pmatrix} 0 & 1 & 2 \\ 0.3 & 0.5 & 0.2 \end{pmatrix},$$

如果两台机床的产量相同, 试比较它们的生产质量.

2. 设随机变量 ξ 的分布列为

$$\xi \sim \begin{pmatrix} -1 & 0 & \dfrac{1}{2} & 1 & 2 \\ \dfrac{1}{3} & \dfrac{1}{6} & \dfrac{1}{6} & \dfrac{1}{12} & \dfrac{1}{4} \end{pmatrix},$$

求 $E(\xi), E(-\xi+1), E(\xi^2)$.

3. 对于 $X \sim U(a,b)$ 和 $X \sim E(\lambda)$, 分别求 $E(X^2)$.

4. 对圆的直径作近似测量, 其值均匀分布在区间 $[a,b]$ 上, 求圆的面积的数学期望.

§7.2 方差

○ 视频讲解
方差

在实际问题中, 只知道随机变量取值的平均数——数学期望往往是不够的. 例如要评估某地区居民的收入状况, 不仅要知道人均收入数, 还要考察个人收入与人均收入的偏差情况.

随机变量取值的平均数 $\bar{x} = \sum x_k p_k$ 是它可能取值 x_k 与相应发生概率 p_k 的乘积之和. 至于 x_k 与 $\bar{x}$ 的偏离程度, 若表示为 $x_k - \bar{x}$, 则因可正可负从而在相加时可能相互抵消; 若取 $|x_k - \bar{x}|$, 则在计算时不太方便, 因此通常是取 $(x_k - \bar{x})^2$. 而所有可能偏差的平均值就是各个偏差 $(x_k - \bar{x})^2$ 与其发生概率 p_k 的乘积之和: $\sum (x_k - \bar{x})^2 p_k$, 称之为方差.

一、方差的定义

定义 7.3 设离散型随机变量 X 的分布列为

$$X \sim \begin{pmatrix} x_1 & x_2 & \cdots & x_k & \cdots \\ p_1 & p_2 & \cdots & p_k & \cdots \end{pmatrix},$$

若级数 $\displaystyle\sum_{k=1}^{\infty} [x_k - E(X)]^2 p_k$ 收敛, 则称此级数的和为随机变量 X 的**方差** (variance), 记作

$D(X)$ 或 $\mathrm{Var}(X)$, 即

$$D(X) = \sum_{k=1}^{\infty} [x_k - E(X)]^2 p_k. \tag{1}$$

定义 7.4 设连续型随机变量 X 的概率密度为 $p(x)$, 若

$$\int_{-\infty}^{+\infty} [x - E(X)]^2 p(x) \mathrm{d}x$$

收敛, 则称此反常积分值为 X 的**方差**, 记作 $D(X)$, 即

$$D(X) = \int_{-\infty}^{+\infty} [x - E(X)]^2 p(x) \mathrm{d}x. \tag{2}$$

注 7.1 不论随机变量 X 是什么类型, 其方差 $D(X)$ 均可统一定义为

$$D(X) = E[X - E(X)]^2. \tag{3}$$

即 X 的方差就是 $Y = [X - E(X)]^2$ 的均值（注意 $E(X)$ 是一实数）.

注 7.2 方差 $D(X)$ 是非负实数. 方差的算术平方根 $\sqrt{D(X)}$ 称为随机变量 X 的**标准差**或**均方差**, 记作 $\sigma(X)$, 即

$$\sigma(X) = \sqrt{D(X)}. \tag{4}$$

均方差和随机变量的取值具有相同的计量单位.

方差反映了随机变量取值的分散程度. 方差大, 平均值的代表性就小; 方差小, 平均值的代表性则大, 对于产品而言, 其质量的稳定程度就高.

二、方差的计算公式

$$D(X) = E(X^2) - [E(X)]^2. \tag{5}$$

事实上, 由方差的定义 (3) 式和表示性定理, 并利用数学期望的性质, 有

$$\begin{aligned}
D(X) &= E[X - E(X)]^2 \\
&= E[X^2 - 2XE(X) + [E(X)]^2] \\
&= E(X^2) - 2E(X) \cdot E(X) + [E(X)]^2 \\
&= E(X^2) - [E(X)]^2.
\end{aligned}$$

三、几种常见随机变量的方差

1. $X \sim B(1, p)$, $D(X) = pq$.

此因 $E(X) = p$, 又由表示性定理可得 $E(X^2) = p$(例 7.9), 所以

$$D(X) = E(X^2) - [E(X)]^2 = p - p^2 = p(1-p) = pq.$$

2. $X \sim B(n,p), \quad D(X) = npq.$

由 $E(X) = np$ 和表示性定理可得 $E(X^2) = n(n-1)p^2 + np$, 再由公式 (5) 即可证明. 此外, 利用公式 (5) 可以证明下面三个结果:

3. $X \sim P(\lambda), \quad D(X) = \lambda. \quad (E(X^2) = \lambda^2 + \lambda)$

4. $X \sim U(a,b), \quad D(X) = \dfrac{1}{12}(b-a)^2. \quad \left(E(X^2) = \dfrac{1}{3}(a^2 + ab + b^2) \right)$

5. $X \sim E(\lambda), \quad D(X) = \dfrac{1}{\lambda^2}. \quad \left(E(X^2) = \dfrac{2}{\lambda^2} \right)$

对于随机变量 $X \sim N(\mu, \sigma^2)$, 已知

$$E(X) = \mu, \qquad p(x) = \frac{1}{\sqrt{2\pi}\sigma} e^{-\frac{(x-\mu)^2}{2\sigma^2}},$$

故由 (2) 式得

$$
\begin{aligned}
D(X) &= \int_{-\infty}^{+\infty} (x-\mu)^2 \frac{1}{\sqrt{2\pi}\sigma} e^{-\frac{(x-\mu)^2}{2\sigma^2}} \mathrm{d}x \\
&= \int_{-\infty}^{+\infty} \frac{\sigma^2}{\sqrt{2\pi}} t^2 e^{-\frac{t^2}{2}} \mathrm{d}t \qquad \left(t = \frac{x-\mu}{\sigma} \right) \\
&= \frac{\sigma^2}{\sqrt{2\pi}} \left(-t e^{-\frac{t^2}{2}} \Big|_{-\infty}^{+\infty} + \int_{-\infty}^{+\infty} e^{-\frac{t^2}{2}} \mathrm{d}t \right) \\
&= \frac{\sigma^2}{\sqrt{2\pi}} (0 + \sqrt{2\pi}) = \sigma^2.
\end{aligned}
$$

即有

6. $X \sim N(\mu, \sigma^2), \quad D(X) = \sigma^2.$

总之, 正态分布的参数 μ 是数学期望, 而 σ 是均方差, σ^2 是方差, 因此正态分布由随机变量的数学期望和方差唯一地确定.

四、方差的性质

设 X 为一随机变量, c, b 为常数, 利用数学期望的性质和 (3) 式, 易证:

(1) $D(c) = 0;$

(2) $D(cX + b) = c^2 D(X).$

(3) 设随机变量 $X_1, X_2, \cdots, X_n$ 相互独立, $D(X_k) \ (k = 1, 2, \cdots, n)$ 均存在, 则有

$$D\left(\sum_{k=1}^{n} X_k \right) = \sum_{k=1}^{n} D(X_k).$$

例 7.11 若 $E(X) = 3, E(X^2) = 12$, 则有

$$D(4X+1) = 16D(X) = 16\{E(X^2) - [E(X)]^2\} = 16 \times (12 - 9) = 48.$$

例 7.12　设随机变量 X 的概率密度为

$$p(x) = \begin{cases} 1+x, & -1 \leqslant x < 0, \\ 1-x, & 0 \leqslant x < 1, \\ 0, & \text{其他} x, \end{cases}$$

求 $D(X)$.

解　$E(X) = \displaystyle\int_{-1}^{0} x(1+x)\mathrm{d}x + \int_{0}^{1} x(1-x)\mathrm{d}x = 0,$

$$E(X^2) = \int_{-1}^{0} x^2(1+x)\mathrm{d}x + \int_{0}^{1} x^2(1-x)\mathrm{d}x = \frac{1}{6},$$

故

$$D(X) = E(X^2) - [E(X)]^2 = \frac{1}{6} - 0^2 = \frac{1}{6}.$$

习　题　7.2

1. 试归纳总结两点分布、二项分布、泊松分布、均匀分布、指数分布、正态分布的分布列或概率密度、分布函数、数学期望和方差.

2. 设 $X \sim U(a,b)$, 求 $D(X)$.

3. 设随机变量 X 的概率密度为

$$p(x) = \begin{cases} 2(1-x), & 0 \leqslant x \leqslant 1, \\ 0, & \text{其他} x, \end{cases}$$

求 $E(X)$ 和 $D(X)$.

4. 设随机变量 ξ 的概率密度为

$$p(x) = c\mathrm{e}^{-|x|}, \quad -\infty < x < +\infty,$$

求常数 $c, E(\xi), D(\xi)$ 和 $P(-1 < \xi < 1)$.

5. 设随机变量 X 服从参数 $\lambda = 1$ 的指数分布, 求 $E(3X - 2)$ 和 $D(3X - 2)$.

6. 设随机变量 X 的概率密度为

$$p(x) = \begin{cases} \dfrac{2}{x^3}, & 1 \leqslant x < +\infty, \\ 0, & \text{其他} x. \end{cases}$$

试研究 $E(X)$ 和 $D(X)$ 是否存在. 若存在, 试求出; 若不存在, 说明理由.

§7.3   正态分布的应用

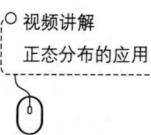

视频讲解
正态分布的应用

在生产和生活中, 正态分布有着广泛的应用, 这里作一点介绍.

一、正态分布的 "3σ" 原则

设 $X \sim N(\mu, \sigma^2)$, 则有

$$P(|X - \mu| < k\sigma) = P(\mu - k\sigma < X < \mu + k\sigma)$$

$$= \Phi\left(\frac{(\mu + k\sigma) - \mu}{\sigma}\right) - \Phi\left(\frac{(\mu - k\sigma) - \mu}{\sigma}\right)$$

$$= \Phi(k) - \Phi(-k) = 2\Phi(k) - 1.$$

令 $k = 1, 2, 3$, 分别得到

$$P(|X - \mu| < \sigma) = 2\Phi(1) - 1 \approx 0.682\ 6, \tag{1}$$

$$P(|X - \mu| < 2\sigma) = 2\Phi(2) - 1 \approx 0.954\ 4, \tag{2}$$

$$P(|X - \mu| < 3\sigma) = 2\Phi(3) - 1 \approx 0.997\ 4. \tag{3}$$

上述计算表明, 服从正态分布 $N(\mu, \sigma^2)$ 的随机变量取值落在区间 $(\mu - 3\sigma, \mu + 3\sigma)$ 内的概率为 99.74%, 而落在该区间外面的可能性很小 (图 7.1). 因此在实际应用中, 常常认为正态变量 X 的取值满足 $|x - \mu| < 3\sigma$, 这种近似的说法就是所谓正态分布的 "3σ" 原则. 如果一个系统在设计时要求它服从正态分布, 但在实际检测时发现不符合 "3σ" 原则, 则要对该设计重新检查.

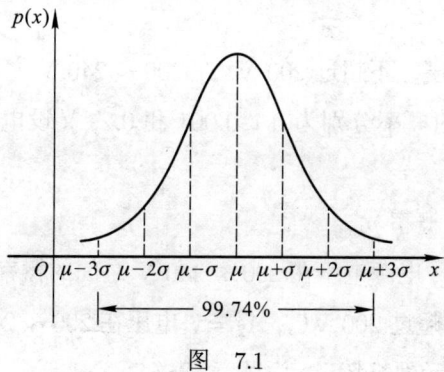

图   7.1

二、正态分布在生产中的应用

例 7.13   某公共汽车车门的高度按男子与车门顶碰头的概率在 1% 以下的要求设计, 设男子身高 (单位: cm)$X \sim N(168, 7^2)$, 问车门应设计多高?

解   设车门的设计高度为 h(单位: cm), 由题意应有

$$P(X \geqslant h) \leqslant 0.01, \quad 即 \quad P(X < h) > 0.99,$$

或

$$\Phi\left(\frac{h - 168}{7}\right) > 0.99.$$

查表可知

$$\Phi(2.33) \approx 0.990\ 1 > 0.99,$$

因 $\Phi(x)$ 单调递增, 故 h 应满足

$$\frac{h - 168}{7} \geqslant 2.33, \qquad h \geqslant 168 + 7 \times 2.33 = 184.31.$$

故车门的设计高度应不低于 184.31 cm.

例 7.14   已知某批建筑材料的强度 $X \sim N(200, 18^2)$, 现从中任取一件, 试问 (1) 所取这件材料的强度不低于 180 的概率是多少? (2) 这批材料是否符合"以 99% 的概率保证其强度不低于 150"的要求?

解   (1) 所取材料强度不低于 180 的概率为

$$P(X \geqslant 180) = 1 - P(X < 180) = 1 - \Phi(-1.11) = \Phi(1.11) = 0.866\ 5.$$

(2) $P(X \geqslant 150) = 1 - P(X < 150) = 1 - \Phi(-2.78) = \Phi(2.78) = 0.997\ 3,$
由此可见这批材料符合所提要求.

例 7.15   如果电源电压在不超过 200 V, 在 $200 \sim 240$ V 之间和超过 240 V 这三种情况下, 某种电子元件损坏的概率分别为 $0.1, 0.001$ 和 0.2, 又设电源电压 $X \sim N(220, 25^2)$, 求:

(1) 该电子元件损坏的概率 p_1;

(2) 该电子元件损坏时, 电源电压在 $200 \sim 240$ V 之间的概率 p_2.

解   设 $A_1 = $ "电压不超过 200 V", $A_2 = $ "电压在 $200 \sim 240$ V 之间", $A_3 = $ "电压超过 240 V", $B = $ "电子元件损坏". 由题意, 已知

$$P(B|A_1) = 0.1, \quad P(B|A_2) = 0.001, \quad P(B|A_3) = 0.2.$$

$$P(A_1) = P(X \leqslant 200) = \Phi(-0.8) = 0.211\ 9,$$

$$P(A_2) = P(200 < X \leqslant 240) = \Phi(0.8) - \Phi(-0.8) = 0.576\ 2,$$

$$P(A_3) = P(X > 240) = 1 - \Phi(0.8) = 0.211\ 9.$$

(1) A_1, A_2, A_3 构成一完备事件组, 由全概率公式得

$$p_1 = P(B) = \sum_{i=1}^{3} P(A_i)P(B|A_i) = 0.064\ 1.$$

(2) 由贝叶斯公式

$$p_2 = P(A_2|B) = \frac{P(A_2)P(B|A_2)}{P(B)} = 0.008\ 99 \approx 0.009.$$

三、正态分布在日常生活与管理工作中的应用

1. 帮助抉择

例 7.16 由甲地到乙地有两条路线可走, 第一条路线, 路程较短, 但交通拥挤, 所需时间 (单位:min) $X \sim N(50, 10^2)$; 第二条路线, 路程较长, 但较通畅, 所需时间 $X \sim N(60, 4^2)$. 试问, 如要求在 65 min 内到达乙地, 应走哪条路线?

解 走第一条路线或第二条路线按时到达的概率分别为

$$p_1 = P(X \leqslant 65) = \Phi(1.5); \quad p_2 = P(X \leqslant 65) = \Phi(1.25),$$

因 $\Phi(x)$ 单调递增, 故应走概率较大的第一条路线.

2. 确定超前百分位数

所谓超前百分位数, 是指某一数值在全体数值中超前的百分数, 亦即位于此数值之后的数值在全体数值中所占的百分数, 它反映了一个人的成绩或能力在全体人员中的相对地位.

例 7.17 某公益捐款数 $\xi \sim N(54, 10^2)$, 小刘捐了 50 元, 求其超前百分位数.

解 $P(\xi < 50) = \Phi\left(\dfrac{50-54}{10}\right) = \Phi(-0.4) = 1 - \Phi(0.4) \approx 0.344\ 6,$

故小刘大约超前 34.5%, 亦即大约有 34.5% 的人捐款比他少.

3. 按某种指标进行分组

1917 年, 美国仓促决定赴欧洲参战, 须在短期内完成 300 万参战人员的军衣、军鞋. 一大难题是, 应按什么尺寸规格加工才能保证使用? 美国国防部采纳了 26 岁的统计学家、物理学博士休哈特 (W.A.Shewhart) 提出的方案, 按照正态分布的统计规律, 将军衣、军

鞋的尺码按高矮、肥瘦分 10 档进行加工, 赶制完成. 结果与参战人员体型基本吻合, 全部分配完毕, 保证了军需.

如何将所考察对象按照某种指标进行分组呢? 可参看下例.

例 7.18   某单位有 300 人, 他们的某种能力指标 ξ 可用正态分布来描述. 现要将他们按这种能力分成五个小组参加活动, 求各组的人数.

解   已知 $\xi \sim N(\mu, \sigma^2)$. 由于

$$P(\mu - 3\sigma < \xi < \mu + 3\sigma) = 0.997\ 4,$$

由 "3σ" 原则可认为这 300 人的该种能力取值 $\xi \in [\mu - 3\sigma, \mu + 3\sigma]$. 现要按能力分成五组, 可将此区间五等分, 每个小区间长 1.2σ, ξ 在各个小区间内的概率为

$$P(\mu - 3\sigma < \xi < \mu - 1.8\sigma) = \Phi(-1.8) - \Phi(-3) = 0.034\ 6,$$
$$P(\mu - 1.8\sigma < \xi < \mu - 0.6\sigma) = \Phi(-0.6) - \Phi(-1.8) = 0.238\ 4,$$
$$P(\mu - 0.6\sigma < \xi < \mu + 0.6\sigma) = 2\Phi(0.6) - 1 = 0.451\ 4,$$
$$P(\mu + 0.6\sigma < \xi < \mu + 1.8\sigma) = 0.238\ 4,$$
$$P(\mu + 1.8\sigma < \xi < \mu + 3\sigma) = 0.034\ 6,$$

将上述结果乘 300, 得

$$10.38, \quad 71.52, \quad 135.42, \quad 71.52, \quad 10.38.$$

故各组人数分别约为 $10, 72, 136, 72$ 和 10 人.

四、正态分布在教育研究中的应用

在一般情况下, 一次较大范围的考试或测评, 其结果往往呈现正态分布的特点. 在具体应用中, 可用测试结果 $x_1, x_2, \cdots, x_n$ 的算术平均值 $\overline{x} = \dfrac{1}{n} \sum_{k=1}^{n} x_k$ 作为正态分布 $N(\mu, \sigma^2)$ 中的数学期望 μ, 而方差 σ^2 取为 $\dfrac{1}{n-1} \sum_{k=1}^{n} (x_k - \overline{x})^2$.

下面举例说明正态分布在教育研究中的一些应用.

1. 求各分数段所占百分比及人数

例 7.19   某校文科学生高等数学考试成绩 $X \sim N(78, 7^2)$, 某学院有 200 人参加, 试从理论上计算该院成绩在 $[90, 100]$, $[80, 90)$, $[70, 80)$, $[60, 70)$, $[0, 60)$ 等各分数段内的人数.

解   考试成绩位于各分数段内的概率 p_k 分别为

$$P(90 \leqslant X \leqslant 100) \approx \Phi(3.14) - \Phi(1.71) = 0.042\,8,$$
$$P(80 \leqslant X < 90) \approx \Phi(1.71) - \Phi(0.29) = 0.342\,3,$$
$$P(70 \leqslant X < 80) \approx \Phi(0.29) - \Phi(-1.14) = 0.487\,0,$$
$$P(60 \leqslant X < 70) \approx \Phi(-1.14) - \Phi(-2.57) = 0.122\,0,$$
$$P(0 \leqslant X < 60) \approx \Phi(-2.57) - \Phi(-11.1) = 0.005\,1.$$

从而成绩属于各分数段的频数 $200 \cdot p_k$ 分别为

$$8.56; \quad 68.46; \quad 97.4; \quad 24.4; \quad 1.02.$$

所以, 各分数段内的学生人数分别约为 9, 69, 97, 24 和 1 人.

2. 预测录取分数线和考生名次

例 7.20 某公司要招聘职工 60 名, 其中正式职工 50 名, 临时职工 10 名, 考试后从高分到低分录取. 现有 503 人应聘, 考试满分 300, 总平均成绩为 174, 有 5 人得分超过 270. 某考生 A 得 226 分, 试从理论上预测他录取的可能性.

解 由题意, 可设考试成绩 $\xi \sim N(174, \sigma^2)$, 其中 σ 待定. 因已知有 5 人得分超过 270, 故有

$$P(\xi > 270) \approx \frac{5}{503} = 0.009\,9,$$
$$\Phi\left(\frac{270 - 174}{\sigma}\right) = P(\xi \leqslant 270) \approx 0.990\,1.$$

查表知 $\Phi(2.33) = 0.990\,1$, 所以应有

$$\frac{270 - 174}{\sigma} = \frac{96}{\sigma} \approx 2.33, \qquad \sigma \approx 41.$$

又因

$$P(\xi > 226) = 1 - \Phi\left(\frac{226 - 174}{41}\right) \approx 1 - \Phi(1.27) = 0.102\,0,$$
$$503 \times 0.102\,0 = 51.3,$$

故知成绩高于考生 A 的不到 60 人, 但超过 50 人, 因此 A 可能被录用为临时职工, 但被录用为正式职工的可能性不大.

顺便指出, 如想求最低录取分数线 $\xi = c$. 可由 503 人中只取 60 名, 得 $P(\xi > c) \approx \dfrac{60}{503}$, 解得 $c \approx 222.38$.

3. 标准分的转换及其应用

通常考试评定的分数又称为**原始分数**. 但同样是 80 分, 在得分普遍低的课程中与在得分普遍高的课程中其价值是不等的; 另外, 如果两门课程一门满分是 100, 另一门是 120,

它们的分数单位就不相同. 从数学的观点看, 对于不同测验所得到的原始分数一般具有不同的平均值（期望）和均方差, 亦即具有不同的参照点和不同的单位, 如果直接对它们进行比较或作算术运算会有欠缺. 一种改进办法是将原始分数转换成标准分数, 即转换为有相同参照点和统一单位的所谓**量表分数**来处理.

定义 7.5　设原始分数 ξ 可用正态分布 $N(\mu, \sigma^2)$ 来描述, 则称 ξ 的标准化

$$Z = \frac{\xi - \mu}{\sigma} \tag{4}$$

为**标准分数**, 又叫 Z **分数**.

由于

$$E(Z) = \frac{1}{\sigma}E(\xi - \mu) = \frac{1}{\sigma}[E(\xi) - \mu] = 0,$$

$$D(Z) = \frac{1}{\sigma^2}D(\xi - \mu) = \frac{1}{\sigma^2}D(\xi) = 1,$$

因此, 将原始分数转换成标准分数, 就得到了以零作为同一参照点, 以相同的标准差 (均方差) 作为统一单位的量表分数, 因此用它来衡量学生成绩的相对地位比较科学合理. 由于每门学科的标准分数有相同的数学期望和方差, 也就便于用数学方法来分析研究.

例 7.21　某年级考试, 数学平均成绩为 $\mu_1 = 78$ 分, 标准差 $\sigma_1 = 7$ 分; 英语平均成绩为 $\mu_2 = 62$ 分, 标准差 $\sigma_2 = 6$ 分. 某学生数学得 84 分, 英语得 68 分, 均超过平均成绩 6 分, 试问该生哪一学科的成绩在全年级相对较好?

解　将该生的原始分数转换成标准分数, 得

$$Z_1(\text{数学}) = \frac{84 - \mu_1}{\sigma_1} = \frac{84 - 78}{7} \approx 0.857,$$

$$Z_2(\text{英语}) = \frac{68 - \mu_2}{\sigma_2} = \frac{68 - 62}{6} = 1.$$

$Z_2 > Z_1$, 故在全年级比较, 该生的英语成绩比数学成绩要好.

例 7.22　某次考试, 数学平均成绩为 77 分, 标准差为 4 分; 语文平均 85 分, 标准差为 6 分. 甲的数学得 85 分, 语文得 80 分; 乙的数学得 76 分, 语文得 90 分. 试比较两人的总成绩.

解　如按常规将两门成绩直接相加, 甲为 165 分, 乙为 166 分, 甲比乙少 1 分.

如转换为标准分数, 则两门课的平均成绩都是 0, 标准差都是 1.

$$\text{甲 (数学)} = \frac{85 - 77}{4} = 2, \quad \text{甲 (语文)} = \frac{80 - 85}{6} = -0.83;$$

$$\text{乙 (数学)} = \frac{76 - 77}{4} = -0.25, \quad \text{乙 (语文)} = \frac{90 - 85}{6} = 0.83.$$

甲的总分为 1.17, 乙的总分为 0.58, 甲优于乙.

你认为哪种计算方法比较合理?

五、近似地服从正态分布的条件及其应用

由于正态分布在理论和实际应用上的重要性, 19 世纪以来, 许多学者对随机变量之和在什么条件下服从或者近似地服从正态分布作了深刻的研究, 这里介绍其中的两个结果. 先介绍独立同分布的概念.

定义 7.6 同一随机试验下的 n 个随机变量 $\xi_1, \xi_2, \cdots, \xi_n$ 称为是**相互独立**的, 如果满足条件

$$P(\xi_1 < x_1, \xi_2 < x_2, \cdots, \xi_n < x_n) = \prod_{k=1}^{n} P(\xi_k < x_k). \tag{5}$$

式中左端表示 n 个事件 $\{\xi_k < x_k\}(k = 1, 2, \cdots, n)$ 同时发生的概率. $x_1, x_2, \cdots, x_n$ 是任意的 n 个实数.

定义 7.7 如果对任一 $n > 1$, 随机变量 $\xi_1, \xi_2, \cdots, \xi_n$ 是相互独立的, 则称变量序列 $\{\xi_n\}$ **独立**. 又若所有的 ξ_n 还具有共同的分布函数, 则称 $\{\xi_n\}$ 是**独立同分布**的随机变量序列.

定理 7.2 设 $\{\xi_n\}$ 是独立同分布的随机变量序列. 且 $E(\xi_n) = a$, $D(\xi_n) = \sigma^2 (0 < \sigma^2 < +\infty), n = 1, 2, \cdots$. 则当 n 充分大时, 其和 $\sum\limits_{k=1}^{n} \xi_k$ 近似地服从正态分布 $N(na, n\sigma^2)$, 记作

$$\sum_{k=1}^{n} \xi_k \dot{\sim} N(na, n\sigma^2); \tag{6}$$

且其均值

$$\bar{\xi} = \frac{1}{n} \sum_{k=1}^{n} \xi_k \dot{\sim} N\left(a, \frac{\sigma^2}{n}\right). \tag{7}$$

定理 7.3 设 $\xi \sim B(n, p)$, 则当 n 充分大时, 有

$$\xi \dot{\sim} N(np, npq). \tag{8}$$

即当 n 充分大时, 服从二项分布的随机变量近似地服从以其自身的数学期望作为数学期望, 以其自身的方差作为方差的正态分布. 于是

$$P(k_1 \leqslant \xi \leqslant k_2) \approx \Phi\left(\frac{k_2 - np}{\sqrt{npq}}\right) - \Phi\left(\frac{k_1 - np}{\sqrt{npq}}\right). \tag{9}$$

该式通常适用于 $0.1 < p < 0.9$ 而 $npq \geqslant 9$ 的情形.

例 7.23 有 40 000 人参加某保险公司的一种平安保险, 每人每年交 10 元保险费, 如出事故, 保险公司理赔 5 000 元. 若一年中每个投保者出事故的概率以 0.000 3 计, 求

(1) 该公司在一年中该项保险的利润不少于 280 000 元的概率;

(2) 该公司设立该项保险亏本的概率.

解 记 X 为一年中投保者出事故的人数, 问题属 $n = 40\,000, p = 0.000\,3$ 的伯努利概型, $X \sim B(40\,000, 0.000\,3)$.

由于 n 很大, $E(X) = np = 12,\ D(X) = npq \approx 12 > 9$, 故

$$X \dot\sim N(12, 12).$$

利润函数为 $\qquad L = 40\,000 \times 10 - 5\,000X.$

(1) 利润不少于 280 000 元的概率为

$$P(400\,000 - 5\,000X \geqslant 280\,000) = P(0 \leqslant X \leqslant 24)$$
$$\approx \Phi\left(\frac{24-12}{2\sqrt{3}}\right) - \Phi\left(\frac{0-12}{2\sqrt{3}}\right) = 2\Phi(3.46) - 1 = 0.999\,4.$$

(2) 亏本即 $L < 0$ 的概率为

$$P(X > 80) = 1 - P(X \leqslant 80) \approx 1 - \Phi(19.63) \approx 0.$$

习 题 7.3

1. 由某机器生产的螺栓的长度 (单位:cm) 服从参数 $\mu = 10.05,\ \sigma = 0.06$ 的正态分布, 规定长度在范围 10.05 ± 0.12 内为合格品, 求一螺栓为不合格品的概率.

2. 某市一次全市初三英语会考的考试成绩可以用正态分布来描述, 其平均成绩为 $\mu = 70$ 分, 标准差为 $\sigma = 9$ 分. 一考生考得 75 分, 求其超前百分位数.

3. 某校 600 名学生参加计算机应用课程考试的成绩近似地服从 $N(75, 8^2)$, 试估算成绩在 $[90, 100]$, $[70, 80)$, $[0, 60)$ 分数段内的人数.

4. 某中学的初一年级有 500 名学生, 他们的某种能力指标可以用正态分布来描述. 现在按能力将他们分成 A, B, C, D 四个组参加一项测试, 求各组的人数.

5. 某公司计划招工 100 名, 其中正式工 80 名, 临时工 20 名; 招工考试满分 300 分, 实际报考的有 693 人, 考试总平均成绩为 198 分, 265 分以上的有 14 人.

(1) 预测最低录取分数线;

(2) 若按总分从高到低录取, 试分析一总分为 237 分的考生被录取为正式工的可能性.

6. 某年级进行英语和计算机应用两门课程的测验, 经统计, 英语的平均分数为 80 分, 标准差为 6 分; 计算机应用的平均分数为 70 分, 标准差为 9 分. 某学生英语考得 85 分, 计算机应用考得 80 分, 试问该生哪门课程的成绩在全年级相对较好?

7. 甲、乙两人五门课程的测验成绩 (每门课程满分均为 100 分) 为

	语文	数学	英语	物理	化学
甲	75	87	62	78	70
乙	83	82	80	60	65

又经统计, 该年级五门课程这次测验的平均分数分别是 70 分、80 分、65 分、75 分、68 分, 标准差分别是 9 分、6 分、11 分、8 分、10 分, 试运用标准分数来比较甲、乙这次测验总分的前后顺序.

*8. 某车间有 200 台机床独立工作, 每台机床在工作时间内有 70% 的时间开动, 每台机床工作时需耗电 1 kW, 问应供应多少电力才能有 99.9% 的把握保证该车间正常生产.

第八章 数理统计基础

视频讲解
数理统计的基本概念

§8.1 数理统计的基本概念

一、总体和样本

在实际工作中, 常常用随机抽样方法作调查研究, 例如调查电视节目的收视率、学生对热点问题的反映等. 被考察对象的全体在数理统计中称为**总体**, 而其中的每一个对象称为**个体**. 例如, 某校学生是一总体, 其中每个学生是一个个体; 一批显像管是一总体, 其中每个显像管是一个个体.

如果总体只含有限个个体, 则称为有限总体, 否则称为无限总体. 当有限总体所含个体数目很大时, 通常也将其视为无限总体, 这样处理起来比较方便.

在实际问题中, 往往只是关心研究对象的某个 (或几个) 数量指标, 例如显像管的使用寿命、学生的身高和体重等, 因此可以把每个个体的该数量指标 x 称为个体, 而总体 X 就是该数量指标可能取值的全体. 例如某市职工的工资是一整体, 其中每个职工的工资是一个个体; 一批显像管的寿命 X 是一个总体, 其中每个显像管的寿命 x 是一个个体. X 是随机变量, 它可以用一个分布来描述.

从总体中抽取的部分个体 $X_1, X_2, \cdots, X_n$ 称为**样本**, 其中的个体称为**样品**. 样本中所含的个体数 n 称为 **样本容量**. 在取样中, 每个 X_i 是一个随机变量, 而在每一次抽样后, 样本有一组确定的数值 $x_1, x_2, \cdots, x_n$, 称为**样本值**, 或样本的一个**观测值**或**实现值**. 在不会引起混淆的情况下, 有时对于样本与样本值不加严格区分.

由于从总体中抽取样本可以有各种不同的方法, 为使抽出的样本能够很好地代表总体, 从而对总体作出比较可靠的推断, 因此需要对样本的抽取提出一些要求. 满足下面两个条件的样本称为**简单随机样本**:

(1) 随机性. 总体中每个个体都有相同的机会被选入样本;

(2) 独立性. 总体中的个体是相互独立的, 而且个体的取出不会改变总体原来的分布.

因此, 简单随机样本是独立同分布的随机变量. 对于无限总体, 以及样本容量相对于总体而言很小的有限总体, 可以认为满足独立性的要求. 这里我们只讨论简单随机样本, 并简称为样本.

二、频率分布与直方图

将抽样调查得到的数据进行整理是统计研究的基础, 最常用的一种数据整理方法是求出样本值的频数、频率, 进而用统计表或直方图将频数分布或频率分布直观地表示出来. 我们以例来说明数据整理的一般步骤.

例 8.1 某工人最近 20 天生产的产品数量为

| 162 | 196 | 164 | 148 | 170 | 175 | 178 | 166 | 181 | 162 |
| 162 | 168 | 166 | 162 | 172 | 156 | 170 | 157 | 162 | 154 |

对这 20 个数据 (样本值) 可按下述步骤整理:

1. 计算极差 $R =$ 最大样本值 $b-$ 最小样本值 a

对于本例, $a = 148, b = 196, R = 48$.

2. 确定分组个数 k 和组距 $d = R/k$

组数不宜太多. 通常, 样本容量小于 50 时可分为 $5 \sim 7$ 组, $50 \sim 100$ 时可分为 $6 \sim 10$ 组, $100 \sim 250$ 时可分为 $7 \sim 14$ 组, 超过 250 时可分为 $10 \sim 12$ 组.

本例共 20 个数据, 可分为 5 组, 得组距 $d = 9.6$. 为方便起见, 取 $d = 10$.

3. 确定各组组限

即确定分组区间的端点 $a_i = a_0 + id, i = 1, 2, \cdots, k$. 从而得分组区间

$$(a_0, a_1], (a_1, a_2], \cdots, (a_{k-1}, a_k],$$

其中 a_0 略小于最小样本值 a, a_k 略大于最大样本值 b.

本例中可取 $a_0 = 147, a_5 = 197$ 于是本例的分组区间为

$$(147, 157], (157, 167], (167, 177], (177, 187], (187, 197].$$

通常可用每组的组中值 (组上限与下限的算术平均) 作为该组变量取值的代表.

4. 计算频数、频率、频率密度

每个区间内包含样本值的个数称为频数, 记为 $f_i, i = 1, 2, \cdots, k$; 频数除以样本容量 n, 即 f_i/n, 称为频率; 把第 1 组至第 i 组的频数、频率累加, 称为第 i 组的累计频数、累计频率; 频率与组距 d 之比称为频率密度.

5. 将有关数据填入频数、频率统计表

对于例 8.1 可得

表 8.1

组序号	分组区间	组中值	频数	频率	频率密度	累计频数	累计频率
1	(147, 157]	152	4	0.20	0.020	4	0.20
2	(157, 167]	162	8	0.40	0.040	12	0.60
3	(167, 177]	172	5	0.25	0.025	17	0.85
4	(177, 187]	182	2	0.10	0.010	19	0.95
5	(187, 197]	192	1	0.05	0.005	20	1.00
合计			20	1	0.1		

6. 作直方图

如图 8.1(a) 所示, 横轴为样本值, 纵轴为频数, 以分组小区间为底, 该区间上对应的频数为高, 作出一排长条矩形, 就得到频数直方图; 如将纵轴改为频率, 就得到频率直方图 (图 8.1(b)); 而若将纵轴改为频率密度, 就得到频率密度直方图 (图 8.1(c)). 应当注意, 频率密度直方图中所有长条矩形的面积之和为 1, 这时, 如果将各矩形顶边的中点相连, 形成一条折线, 并将左、右两端延伸到横轴, 那么延伸后的折线与横轴所围区域的面积约为 1.

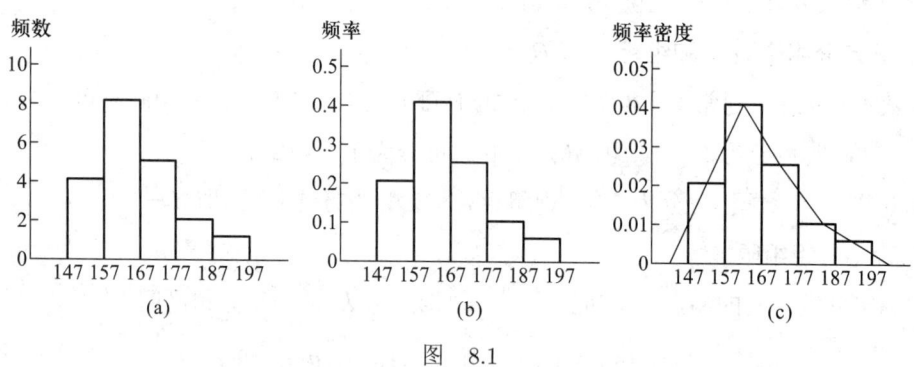

图   8.1

直方图直观地大致反映了随机变量的概率分布情况. 当样本量较大时, 由直方图可看出总体分布的轮廓, 如果用光滑曲线连接各小长方形的顶边, 就可得到连续型随机变量概率密度函数的近似曲线.

三、样本均值与样本方差

统计表和直方图的优点是直观明了, 但概括性较差, 难以口头表达. 能对数据作概括性描述的最有效的办法是构造样本的恰当的函数.

样本 $X_1, X_2, \cdots, X_n$ 的函数可以记为

$$\varphi = \varphi(X_1, X_2, \cdots, X_n),$$

如果 φ 中不包含总体 X 的未知参数, 则称它为一个**统计量**. 由于不含未知参数, 由样本数据即可求得统计量的值. 最重要的统计量是样本均值和样本方差.

设从总体中随机地抽取容量为 n 的样本 $X_1, X_2, \cdots, X_n$, 则称

$$\overline{X} = \frac{1}{n} \sum_{i=1}^{n} X_i \tag{1}$$

为**样本均值**; 称

$$S^2 = \frac{1}{n-1} \sum_{i=1}^{n} (X_i - \overline{X})^2 \tag{2}$$

为**样本方差**; 称

$$S = \sqrt{\frac{1}{n-1} \sum_{i=1}^{n} (X_i - \overline{X})^2} \tag{3}$$

为**样本标准差**.

若 $x_1, x_2, \cdots, x_n$ 是 $X_1, X_2, \cdots, X_n$ 的一组观测值, 则称

$$\bar{x} = \frac{1}{n} \sum_{i=1}^{n} x_i \quad \text{和} \quad s^2 = \frac{1}{n-1} \sum_{i=1}^{n} (x_i - \bar{x})^2 \tag{4}$$

分别为样本均值 $\overline{X}$ 和样本方差 S^2 的观测值. 为了方便起见, 也简称它们为样本均值和样本方差. s 称为样本标准差, s 与样本均值 $\bar{x}$ 具有相同的度量单位.

注 8.1 样本值与样本均值的差称为偏差, 所有偏差之和等于 $0 \left(\sum_{i=1}^{n} (x_i - \bar{x}) = \sum_{i=1}^{n} x_i - n\bar{x} = 0 \right)$, 又由函数 $f(x) = \sum_{i=1}^{n} (x - x_i)^2$ 在点 $\bar{x}$ 处取最小值 (回顾例 2.23), 知偏差的平方和为 $f(x)$ 的最小值.

注 8.2 对任意实数 $a, b (a \neq 0)$, 若 $y_i = ax_i + b$, 则有 $\bar{y} = a\bar{x} + b$. 利用这一性质计算均值, 有时会简便些. 例如求 x_i: $97, 99, 102, 105, 107$ 的均值, 可令 $y_i = x_i - 100$ 得到 $-3, -1, 2, 5, 7$. 由 $\bar{y} = 2$ 得 $\bar{x} = \bar{y} + 100 = 102$.

注 8.3 样本方差 s^2 反映了样本值与样本均值的偏离程度. 当诸 x_i 彼此相等时, $s^2 = 0$; x_i 彼此相差得越大, 亦即样本值越分散时, s^2 就越大.

(4) 式中的 $n-1$ 称为偏差平方和的自由度. 这是因为, n 个偏差 $x_i - \bar{x}(i = 1, 2, \cdots, n)$ 的和为 0, 从而其中只有 $n-1$ 个可以自由取值.

注 8.4   在计算样本方差 s^2 时, 常常利用下面的关系式（证明留给读者）:

$$\sum_{i=1}^{n}(x_i - \bar{x})^2 = \sum_{i=1}^{n} x_i^2 - n\bar{x}^2. \tag{5}$$

关于均值有下面两个重要定理.

定理 8.1   设总体 $X \sim N(\mu, \sigma^2)$, 则 X 的容量为 n 的样本均值 $\overline{X} \sim N(\mu, \sigma^2/n)$.

定理 8.2   设总体 X 的分布未知, 但总体均值 μ 和总体方差 σ^2 都存在, 则当 n 较大时, X 的容量为 n 的样本均值 $\overline{X} \sim N(\mu, \sigma^2/n)$.

例 8.2   彩色浓度是判断彩电质量好坏的一个重要指标, 它可用一个正实数表示. 20 世纪 70 年代在美国销售的 SONY 彩电分别产自美国和日本, 生产标准完全相同. 其中彩色浓度 X 的标准是: 目标值为 m, 公差为 5, 即当 $|X - m| < 5$ 时为合格. 在 70 年代后期, 美国消费者购买日产 SONY 彩电的热情高于购买美产 SONY 彩电, 原因何在? 1979 年 4 月 17 日, 日本《朝日新闻》刊登调查报告指出, 日产 SONY 彩电的彩色浓度 $X \sim N(m, (5/3)^2)$, 而美产 SONY 彩电的彩色浓度 $X \sim U(m-5, m+5)$(如图 8.2). 这两个分布的均值都是 m, 但方差不同, 它们代表了两个不同的总体. 如果 $|X - m| < \dfrac{5}{3}$ 时彩电为一等品, $\dfrac{5}{3} < |X - m| < \dfrac{10}{3}$ 时彩电为二等品, $\dfrac{10}{3} < |X - m| < 5$ 时彩电为三等品, $|X - m| > 5$ 时彩电为四等品, 则日产 SONY 彩电的一等品为美产的两倍多 (见表 8.2). 这就是美国消费者青睐日产 SONY 的主要原因.

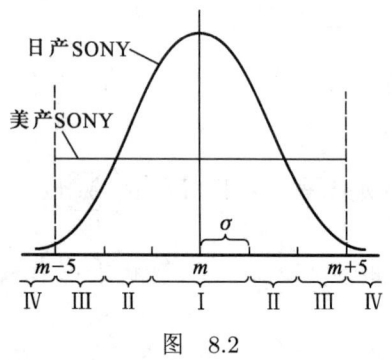

图   8.2

表 8.2				单位:%
等级	一	二	三	四
美产	33.3	33.3	33.3	0
日产	68.3	27.1	4.3	0.3

四、样本中位数和样本众数

把一组数据按大小顺序排列, 当数据总共奇数个时, 位于中间的那个数; 或当数据总共偶数个时, 位于中间的两个数的平均, 称为这组数据的**中位数**. 在一组数据中出现次数最多的数叫做这组数据的**众数**.

如例 8.1 中共有 20 个数据, 众数为 162(共出现 5 次), 中位数为

$$M = \frac{1}{2}(x_{10} + x_{11}) = \frac{1}{2}(164 + 166) = 165.$$

样本中位数、众数和均值都是描述样本数据中心位置的统计量; 方差和标准差是描述样本数据分散程度的统计量. 在社会调查、质量监控、科学实验、经济管理等实际问题中, 这些统计量对于正确的评估和合理的决策都是十分重要的. 例如, 明了居民收入的均值、众数、中位数和方差, 对于领导者清醒地认识经济形势和群众的需求是必不可少的.

习 题 8.1

1. 对下面的两组样本值, 分别 (用计算器) 计算样本均值 $\bar{x}$ 和样本方差 s^2.

(1) $54, 67, 68, 78, 70, 66, 67, 70, 65, 69$;

(2) $99.3, 98.7, 100.05, 101.2, 98.3, 99.7, 99.5, 102.1, 100.5$.

2. 某企业从生产的一批电阻中抽取 20 只测试其阻值, 得数据如下 (单位: $k\Omega$):

$$25, 21, 23, 25, 27, 29, 25, 28, 30, 29, 26, 24, 25, 27, 26, 22, 24, 25, 26, 28$$

试根据以上数据作出频率分布的直方图.

3. 某单位职工月工资 100 人抽样值为: 2 000 元 4 人, 2 500 元 16 人, 3 000 元 25 人, 3 500 元 17 人, 4 000 元 13 人, 5 000 元 11 人, 6 000 元 8 人, 8 000 元 5 人, 10 000 元 1 人. 求月工资样本均值、众数、中位数和样本标准差.

4. 证明关系式 (5).

§8.2 参数估计

数理统计的基本问题之一是根据样本对总体进行统计推断. 当总体的分布类型已知, 未知的只是它的一个或几个参数时, 相应的统计推断称为参数统计推断, 否则称为非参数统计推断. 在参数统计推断中有两类主要问题: 参数估计和参数假设检验. 参数估计又可分为点估计和区间估计. 例如某公司拟采购一批产品, 事先不知该批产品的不合格率 p, 从中随机抽样检验, 判断 p 的大小属于参数的点估计; 了解 p 大概落在什么范围内属于参数的区间估计; 确定能否认为 p 满足本公司的要求 (如 $p < 0.05$) 属于参数的假设检验. 下面我们分别作简要的介绍.

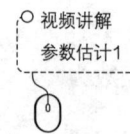

视频讲解
参数估计1

一、点估计

1. 参数空间与估计量

这里的参数主要指以下几种:

(1) 总体分布中所含的参数;

(2) 总体分布的某种特征数, 如总体均值、总体方差、总体标准差等;

(3) 某事件发生的概率, 或具有某特性的对象在总体中所占的比率.

这些参数常常是未知的, 难以精确地确定, 因此需要合理地作出估计.

通常用 θ 表示参数, 参数所有可能取值组成的集合称为**参数空间**, 一般用 Θ 表示. 如总体均值的参数空间为 $(-\infty, \infty)$, 标准差的参数空间为 $(0, \infty)$, 某事件发生概率的参数空间为 $[0, 1]$ 等.

设 θ 是总体的一个未知参数, 从总体中抽出一个容量为 n 的样本 $X_1, X_2, \cdots, X_n$, 其观测值为 $x_1, x_2, \cdots, x_n$. 用来估计未知参数 θ 的统计量 $\hat{\theta} = \hat{\theta}(X_1, X_2, \cdots, X_n)$ 称为 θ 的**估计量**. 将样本观测值代入后得到的 $\hat{\theta}(x_1, x_2, \cdots, x_n)$ 就是 θ 的一个**估计值**. 用估计量来估计未知参数称为**点估计**, 关键是恰当地构造估计量.

2. 矩法估计

在统计学中, 均值和方差等统称为**矩**. 用样本矩来代替总体矩, 从而得到总体分布中未知参数的估计方法称为**矩法**. 所得估计称为**矩法估计**. 常用的有:

(1) 用样本均值 $\overline{X}$ 来估计总体均值 μ, 记为 $\hat{\mu} = \overline{X}$;

(2) 用样本方差 S^2 来估计总体方差 σ^2, 记为 $\hat{\sigma}^2 = S^2$;

(3) 用样本标准差 S 来估计总体标准差 σ, 记为 $\hat{\sigma} = S$.

矩法的优点是, 无论事先是否知道总体分布是什么, 只要总体矩存在就可以使用. 下面以例说明.

例 8.3　物件涂漆, 底漆厚度 X 是一随机变量, 为估计 X 的均值 μ 与标准差 σ, 测得 10 个物件底漆的厚度为

$\quad$ 1.30, 1.10, 1.20, 1.25, 1.05, 0.95, 1.10, 1.16, 1.37, 0.98 .

利用矩法估计, 可得底漆平均厚度 μ 的估计值 $\hat{\mu}$ 为

$$\hat{\mu} = \bar{x} = \frac{1}{10} \sum_{i=1}^{10} x_i = 1.146 .$$

为求 $\hat{\sigma}$, 先求样本方差 s^2. 由 §8.1 公式 (4) 和公式 (5) 得

$$s^2 = \frac{1}{n-1}\left(\sum_{i=1}^{10} x_i^2 - n\bar{x}^2\right) = \frac{1}{9}(13.300\ 4 - 10 \times 1.146^2) = 0.018\ 58,$$

由此得标准差 σ 的估计

$$\hat{\sigma} = s = 0.136\ 3\ .$$

例 8.4 两点分布. 总体 $X \sim B(1,p)$, 总体均值为 p, 样本均值 $\overline{X}$ 就是事件发生的频率, $\hat{p} = \overline{X}$ 就是"**用频率估计概率**".

例如, 有人对 1930 年至 1980 年世界各地 53 274 场重大足球比赛作了统计, 在判罚的 15 382 个点球中有 11 172 个射中, 故点球射中率的矩法估计为

$$\hat{p} = \frac{11\ 172}{15\ 382} = 0.726\ 3.$$

例 8.5 均匀分布. 总体 $X \sim U(a,b)$, 则

$$E(X) = \frac{a+b}{2}, \quad D(X) = \frac{(b-a)^2}{12}.$$

如用样本均值 $\overline{X}$ 估计总体均值 μ, 用样本方差 S^2 估计总体方差 σ^2, 则可得

$$\hat{\mu} = \overline{X} = \frac{a+b}{2}, \quad \hat{\sigma}^2 = S^2 = \frac{(b-a)^2}{12}.$$

解此方程组, 得到参数 a 与 b 的矩法估计:

$$\hat{a} = \overline{X} - \sqrt{3}S, \quad \hat{b} = \overline{X} + \sqrt{3}S. \tag{1}$$

例如, 从 $U(a,b)$ 中随机抽出一个容量为 5 的样本:

$$4.7,\ 4.0,\ 4.5,\ 4.2,\ 5.0\ .$$

可算得

$$\bar{x} = 4.48, \quad s = 0.396\ 2.$$

从而得 a, b 的矩法估计:

$$\hat{a} = 4.48 - 0.396\ 2\sqrt{3} = 3.79,$$
$$\hat{b} = 4.48 + 0.396\ 2\sqrt{3} = 5.17.$$

矩法估计的缺点是不唯一. 例如, 设总体 $X \sim P(\lambda)$, 这时 $E(X) = D(X) = \lambda$, 从该总体中抽取一个样本, 样本均值和样本方差都可以作为 λ 的矩法估计. 在应用时, 为了克服这一缺点, 通常优先用样本均值去估计 λ.

例 8.6 某地去年逐月因交通事故死亡的人数为 3, 4, 3, 0, 2, 5, 1, 0, 7, 2, 0, 3. 又由统计资料知, 事故死亡人数服从参数为 λ 的泊松分布, 求 λ 的矩法估计.

解 $\hat{\lambda} = \bar{x} = \dfrac{1}{12}\sum_{i=1}^{12} x_i = 2.5.$

3. 点估计的评价

一个未知参数的估计量常常不止一个, 选用哪一个为好? 评价的标准通常有两个: **无偏性**和**有效性**.

定义 8.1 设 $\hat{\theta}$ 为 θ 的一个估计量, 若对参数空间 Θ 中的任一 θ, 都有

$$E(\hat{\theta}) = \theta, \quad \text{或} \quad E(\hat{\theta} - \theta) = 0, \tag{2}$$

则称 $\hat{\theta}$ 为 θ 的**无偏估计**, 否则称 $\hat{\theta}$ 为 θ 的有偏估计.

由于样本的随机性, 作为样本的函数的估计量也是随机变量, 样本值不同, 所得估计值也不尽相同.(2) 式的含义是, 虽然每次使用 $\hat{\theta}$ 来估计 θ 会有偏差, 但如果多次使用, 此类偏差的平均为零时, 则称此估计量为无偏估计.

在矩法估计中, 对任意总体有以下结论:

(1) 样本均值 $\overline{X}$ 是总体均值 μ 的无偏估计;

(2) 样本方差 S^2 是总体方差 σ^2 的无偏估计;

(3) 样本标准差 S 是总体标准差 σ 的有偏估计. 但当样本容量很大时, S 也是 σ 的一个很好的估计.

参数的无偏估计往往有多个. 例如取一样本 $X_1, X_2, \cdots, X_n$, 用其中的一部分 $X_1, X_2, \cdots, X_k \ (k < n)$ 的平均 $\overline{X}_k$ 去作总体均值 μ 的估计, 因为 $E(\overline{X}_k) = E\left(\dfrac{1}{k}\sum_{i=1}^{k} X_i\right) = \dfrac{1}{k}\sum_{i=1}^{k} E(X_i) = \dfrac{1}{k} \cdot k\mu = \mu$, 所以 $\overline{X}_k$ 也是无偏的, 那么如何来评价它们的优劣呢? 标准是有效性.

定义 8.2 设 $\hat{\theta}_1$ 和 $\hat{\theta}_2$ 都是参数 θ 的无偏估计, 如果对参数空间 Θ 中的一切 θ 都有

$$D(\hat{\theta}_1) \leqslant D(\hat{\theta}_2), \tag{3}$$

且至少对于某一个 $\theta \in \Theta$ 上式中的不等号成立, 则称 $\hat{\theta}_1$ 比 $\hat{\theta}_2$ **有效**.

例如上述 $\overline{X}_k$ 和 $\overline{X}_n$, 由于 $X_1, X_2, \cdots, X_n$ 相互独立, 对任一 $m \leqslant n$ 都有

$$D(\overline{X}_m) = D\left(\frac{1}{m}\sum_{i=1}^{m} X_i\right) = \frac{1}{m^2}\sum_{i=1}^{m} D(X_i) = \frac{1}{m^2} \cdot mD(X) = \frac{1}{m}D(X),$$

所以当 $k < n$ 时, $D(\overline{X}_k) > D(\overline{X}_n)$, 从而用 $\overline{X}_k$ 作为 $E(X)$ 的估计不如用 $\overline{X}_n$ 来估计, 亦即用全部数据的平均去估计总体均值是最有效的.

注 8.5 $E[(\hat{\theta} - \theta)^2]$ 称为 $\hat{\theta}$ 对 θ 的均方误差, 其值越小说明 $\hat{\theta}$ 越接近 θ. 当 $\hat{\theta}$ 是 θ 的无偏估计时, 由 §7.2(5) 式和本节 (2) 式, 有

$$E[(\hat{\theta} - \theta)^2] = D(\hat{\theta} - \theta) + [E(\hat{\theta} - \theta)]^2 = D(\hat{\theta}),$$

因此 (3) 式表明, $\hat{\theta}_1$ 比 $\hat{\theta}_2$ 有效, 就是 $\hat{\theta}_1$ 对 θ 的均方误差比 $\hat{\theta}_2$ 的要小, 故较好.

例 8.7 某市随机调查 100 户家庭, 其中 56 户有电脑, 试估计该市拥有电脑的家庭所占比例及其标准差.

解 拥有电脑家庭所占比例 p 可用频率来估计, 即

$$\hat{p} = \frac{56}{100} = 0.56.$$

这里 p 是两点分布 $B(1, p)$ 中的一个参数, 而样本均值 $\overline{X}$ 是 p 的无偏估计, $\hat{p} = \overline{X}$, 又据定理 8.2 知

$$D(\hat{p}) = D(\overline{X}) = \frac{D(X)}{n} = \frac{p(1-p)}{n},$$

以 $\hat{p}$ 代入上式右端, 可得 $\hat{p}$ 的标准差的估计为

$$\hat{\sigma} = \sqrt{\frac{\hat{p}(1-\hat{p})}{n}} = \sqrt{\frac{0.56 \times 0.44}{100}} = 0.049\ 6.$$

如果样本容量增至 1 000, 调查知 558 户有电脑, 这时 $\hat{p} = 0.558$, 而

$$\hat{\sigma} = \sqrt{0.558 \times 0.442 \times 10^{-3}} = 0.015\ 7.$$

亦即样本量增加后, 虽然 p 的估计变化不大, 但标准差降为不到原来的 1/3. 由此可见, 在作点估计时应尽量收集较多的样本, 以提高估计的有效性.

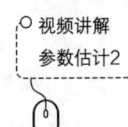
视频讲解
参数估计2

二、区间估计

点估计的优点是能给出明确的估计值, 但不能给出估计值的精确度和误差范围. 为了弥补这一不足, 人们提出了区间估计. 这种估计要求根据样本给出未知参数的一个范围, 并保证其真值能以指定的较大概率在此范围内.

1. 置信区间与置信度

设 θ 是总体 X 的一个待估参数, 其参数空间为 Θ, 从总体中随机抽取一容量为 n 的样本 $X_1, X_2, \cdots, X_n$. 对给定的 $\alpha (0 < \alpha < 1)$, 确定两个统计量

$$\theta_i = \theta_i(X_1, X_2, \cdots, X_n), \quad i = 1, 2,$$

满足对任一组观测值均有 $\theta_1 < \theta_2$. 如果对任一 $\theta \in \Theta$, 均有

$$P(\theta_1 \leqslant \theta \leqslant \theta_2) = 1 - \alpha, \tag{4}$$

则称随机区间 $[\theta_1, \theta_2]$ 是参数 θ 的 **置信度** 为 $1 - \alpha$ 的 **置信区间**, 简称 $[\theta_1, \theta_2]$ 是 θ 的 $1 - \alpha$ 置信区间. 置信度也称作 **置信水平**; θ_1 和 θ_2 分别叫做 θ 的 $1 - \alpha$ 置信下限和置信上限, 置信下限也可记为 $\hat{\theta}_L$ 或 $\underline{\theta}$; 置信上限也可记为 $\hat{\theta}_U$ 或 $\overline{\theta}$.

　　总体的参数 θ 虽然未知, 但它是某个常数, 而样本是随机抽取的, 每次取得的样本值也不尽相同, 因此由之确定的区间 $[\theta_1, \theta_2]$ 是随机的, 每个这样的区间可能包含也可能不包含 θ 的真值. 置信度 $1-\alpha$ 是指在大量使用该置信区间 $[\theta_1, \theta_2]$ 时, 其中大约有 $100(1-\alpha)\%$ 的区间包含真值 θ, 大约有 $100\alpha\%$ 的区间不包含真值 θ. 例如 $\alpha = 0.05$, 置信度为 0.95, 这时重复抽样 100 次, 则在得到的 100 个区间中包含 θ 真值的大约有 95 个, 不包含 θ 真值的大约为 5 个. 通常在生产和科研中往往取 95% 的置信度, 有时也取 99% 或 90% 的置信度. 一般说来, 如果样本容量一定, 提高置信度, 就需加大置信区间, 从而估计精度就有所下降. 反之亦然.

2. 正态分布总体 $X \sim N(\mu, \sigma^2)$ 均值 μ 的区间估计

(1) σ^2 已知, μ 的 $1-\alpha$ 置信区间为

$$\left[\overline{X} - \frac{\sigma}{\sqrt{n}} u_{1-\frac{\alpha}{2}}, \qquad \overline{X} + \frac{\sigma}{\sqrt{n}} u_{1-\frac{\alpha}{2}} \right], \tag{5}$$

其中 $u_{1-\frac{\alpha}{2}}$ 是标准正态分布的 $1 - \dfrac{\alpha}{2}$ 分位数, 满足

$$\Phi\left(u_{1-\frac{\alpha}{2}}\right) = 1 - \frac{\alpha}{2}. \tag{6}$$

也就是说, 对于 $U \sim N(0,1), 0 < \alpha < 1$, 有 $P\left(U \leqslant u_{1-\frac{\alpha}{2}}\right) = 1 - \dfrac{\alpha}{2}$ (参看图 8.3).

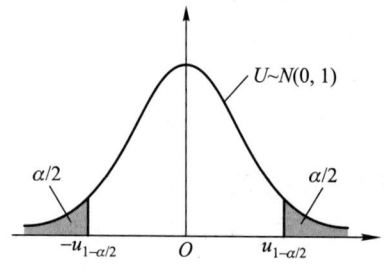

图 8.3   正态分布分位数

这是因为, 由定理 8.1 知样本均值 $\overline{X} \sim N\left(\mu, \dfrac{\sigma^2}{n}\right)$, 故其标准化随机变量

$$U = \frac{(\overline{X} - \mu)\sqrt{n}}{\sigma} \sim N(0,1). \tag{7}$$

由

$$P\left(\overline{X} - \frac{\sigma}{\sqrt{n}} u_{1-\frac{\alpha}{2}} \leqslant \mu \leqslant \overline{X} + \frac{\sigma}{\sqrt{n}} u_{1-\frac{\alpha}{2}} \right) = P\left(-u_{1-\frac{\alpha}{2}} \leqslant U \leqslant u_{1-\frac{\alpha}{2}} \right)$$

$$= \Phi\left(u_{1-\frac{\alpha}{2}}\right) - \Phi\left(-u_{1-\frac{\alpha}{2}}\right) = 2\Phi\left(u_{1-\frac{\alpha}{2}}\right) - 1 = 2\left(1 - \frac{\alpha}{2}\right) - 1 = 1 - \alpha,$$

知区间 (5) 是 μ 的 $1-\alpha$ 置信区间.

例 8.8 已知在正常情况下幼儿的身高服从正态分布. 现从某幼儿园 5 至 6 岁幼儿中随机抽查 9 人, 身高 (单位: cm) 分别为 $115, 120, 131, 115, 109, 115, 115, 105, 110$. 假设 5 至 6 岁幼儿身高总体的标准差 $\sigma = 7$, 在置信度为 0.95 的条件下, 试求出总体均值 μ 的置信区间.

解 已知 $\sigma = 7, n = 9, \alpha = 0.05, 1 - \dfrac{\alpha}{2} = 0.975$. 由题设可得 $\bar{x} = 115$, 又 查表知 $u_{0.975} = 1.96$. 从而 μ 的 0.95 置信区间为

$$\left[115 - \frac{7}{\sqrt{9}} \times 1.96, \quad 115 + \frac{7}{\sqrt{9}} \times 1.96 \right] = [110.43, \ 119.57],$$

即按以上数据, 5 至 6 岁幼儿身高在区间 $[110.43, \ 119.57]$ 内的概率为 0.95.

(2) σ^2 未知, μ 的 $1 - \alpha$ 置信区间为

$$\left[\overline{X} - \frac{S}{\sqrt{n}} \lambda, \quad \overline{X} + \frac{S}{\sqrt{n}} \lambda \right], \tag{8}$$

其中 λ 满足

$$P(|T| > \lambda) = \alpha, \tag{9}$$

$$T = \frac{(\overline{X} - \mu)\sqrt{n}}{S} \sim t(n-1). \tag{10}$$

式中 S 是样本标准差, 用来代替未知的 σ. 可以证明, 随机变量 T 服从 $n-1$ 个自由度的 **t 分布**, 记为 $T \sim t(n-1)$. n 很大时, t 分布密度函数的图形与标准正态分布密度函数的图形极为相似.

由 (9) 式, 有

$$P\left(\overline{X} - \frac{S}{\sqrt{n}} \lambda \leqslant \mu \leqslant \overline{X} + \frac{S}{\sqrt{n}} \lambda \right) = P(-\lambda \leqslant T \leqslant \lambda)$$

$$= P(|T| \leqslant \lambda) = 1 - P(|T| > \lambda) = 1 - \alpha,$$

故 μ 的 $1 - \alpha$ 置信区间为 (8). 由 (9) 式确定的 λ 值可由附录表 3 查得. λ 是 t 分布的 $\dfrac{\alpha}{2}$ 分位数, 记作 $t_{\frac{\alpha}{2}}(n-1), P(|T| > t_{\frac{\alpha}{2}}(n-1)) = \alpha$, 参看图 8.4.

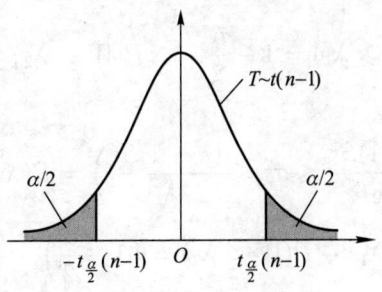

图 8.4 t 分布分位数

例 8.9　用某种仪器间接测量温度, 重复测量 7 次, 测得温度 (单位: °C) 分别为 112.0, 113.4, 111.2, 114.5, 112.0, 112.9, 113.6. 设温度 $X \sim N(\mu, \sigma^2)$, 在置信度为 0.95 的条件下, 试求出温度真值所在范围.

解　设 μ 为温度的真值, X 为测量值, 在仪器没有系统偏差情况下, 即 $E(X) = \mu$ 时, 重复测得 7 个样本值, 问题就是在未知方差 (即仪器的精度) 的情况下, 找出 μ 的 0.95 置信区间. 现已知 $n = 7, \alpha = 0.05$, 由样本值求得

$$\overline{x} = 112.8, \quad s = \sqrt{1.29} = 1.136.$$

$P(|T| > \lambda) = 0.05, T \sim t(6)$, 由附录表 3 查得 $\lambda = 2.447$. 从而 μ 的 0.95 置信区间为

$$\left[112.8 - \frac{1.136}{\sqrt{7}} \times 2.447, \quad 112.8 + \frac{1.136}{\sqrt{7}} \times 2.447 \right],$$

即
$$[111.75, \ 113.85].$$

3. 总体方差 σ^2 的区间估计

因为样本方差 S^2 可作为总体方差 σ^2 的一个最有效的无偏估计量, 故令

$$W = \frac{(n-1)S^2}{\sigma^2}. \tag{11}$$

可以证明, W 服从 $n-1$ 个自由度的 χ^2 **分布**, 记为 $W \sim \chi^2(n-1)$. χ^2 分布密度函数是不对称的 (图 8.5).

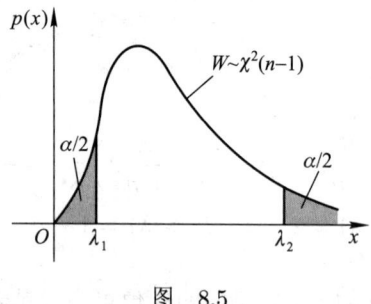

图　8.5

对于置信水平 $1 - \alpha$, 设 λ_1, λ_2 分别满足

$$P(W \geqslant \lambda_1) = 1 - \frac{\alpha}{2} \qquad P(W > \lambda_2) = \frac{\alpha}{2}, \tag{12}$$

则有

$$P\left(\frac{(n-1)S^2}{\lambda_2} \leqslant \sigma^2 \leqslant \frac{(n-1)S^2}{\lambda_1} \right) = P(\lambda_1 \leqslant W \leqslant \lambda_2)$$

$$= P(W \geqslant \lambda_1) - P(W > \lambda_2) = \left(1 - \frac{\alpha}{2} \right) - \frac{\alpha}{2} = 1 - \alpha.$$

所以 σ^2 的 $1 - \alpha$ 置信区间为

$$\left[\frac{(n-1)S^2}{\lambda_2}, \quad \frac{(n-1)S^2}{\lambda_1}\right], \tag{13}$$

开平方后即可得到 σ 的 $1-\alpha$ 置信区间.

由 (12) 式确定的 λ_1, λ_2 可由附录表 4 查得. λ_1 是 χ^2 分布的 $1-\dfrac{\alpha}{2}$ 分位数, 记作 $\chi^2_{1-\frac{\alpha}{2}}(n-1)$, λ_2 是 χ^2 分布的 $\dfrac{\alpha}{2}$ 分位数, 记作 $\chi^2_{\frac{\alpha}{2}}(n-1)$.

例 8.10 设某厂日产某产品的长度 $X \sim N(\mu, \sigma^2)$, 今从一天的产品中抽取 15 件, 测得标准差 $s = 2.1$, 试求方差 σ^2 和标准差 σ 的 0.95 置信区间.

解 已知 $n = 15$, $\alpha = 0.05$, $s = 2.1$. 查附录表 4, 当 $W \sim \chi^2(14)$ 时, 使 $P(W > \lambda_2) = 0.025$ 的 $\lambda_2 = 26.1$, 使 $P(W \geqslant \lambda_1) = 0.975$ 的 $\lambda_1 = 5.63$. 代入 (13) 式知 σ^2 的 0.95 置信区间为

$$\left[\frac{14 \times 2.1^2}{26.1}, \quad \frac{14 \times 2.1^2}{5.63}\right] = [2.37, \ 10.96].$$

σ 的 0.95 置信区间为 $[1.54, \ 3.31]$.

习 题 8.2

1. 设 $X \sim U[0, \lambda]$, $X_1, X_2, \cdots, X_n$ 是取自 X 的一个样本, 求 λ 的矩法估计.

2. 取自某校毕业生的一个 100 人的简单随机样本, 有 48 人年收入不少于 3 万元, 估计该校毕业生中年收入不少于 3 万元的所有毕业生的百分比.

*3. 设 $X_1, X_2, \cdots, X_n$ 是总体 X 的一个样本, 试证 $\hat{\mu}_1 = \dfrac{1}{5}X_1 + \dfrac{3}{10}X_2 + \dfrac{1}{2}X_3$ 和 $\hat{\mu}_2 = \dfrac{1}{3}X_1 + \dfrac{3}{4}X_2 - \dfrac{1}{12}X_3$ 都是总体均值 μ 的无偏估计, 并判定哪一个比较有效.

4. 对例 8.8 在置信度为 0.99 的条件下, 求出总体均值的置信区间.

5. 对例 8.9 在置信度为 0.90 的条件下, 求出总体均值的置信区间.

6. 一批产品, 长度服从正态分布, 从中随机抽取 9 件, 测得平均长度为 21.4 cm, 已知总体标准差 $\sigma = 0.15$ cm, 试建立这批产品平均长度的 0.95 置信区间.

7. 设灯泡使用时数 $X \sim N(\mu, \sigma^2)$, 为了估计期望 μ 和方差 σ^2, 共测试了 10 个灯泡, 求得 $\bar{x} = 1\,500$ h, $s = 20$ h, 求 μ 和 σ 的置信度为 0.95 的置信区间.

§8.3 假设检验

假设检验是统计推断的另一类主要问题. 我们先看一例.

例 8.11 某厂规定, 产品次品率不超过 1% 才能出厂, 现有 200 件产品准备出厂, 从中

随机抽取 5 件, 发现有次品, 试问能否允许这批产品出厂?

问题就是要回答这批产品的次品率 p 是否不超过 0.01? 或者说是要对 "假设 $p \leqslant 0.01$" 回答 "是" 或 "否". 这里不是要对总体参数作估计, 而是要对总体参数的某个假设作出判断, 这就是所谓假设检验.

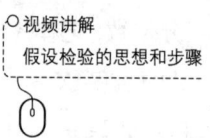

一、假设检验的基本思想和有关概念

假设检验的基本思想是根据总体样本, 运用统计方法和 "小概率原理" 对总体的某个假设作出接受或拒绝的判断. 通常称概率不超过 0.05 的事件为小概率事件, 有时也将概率不超过 0.01 或 0.1 的事件作为小概率事件. 小概率事件并非不可能事件, 但是 "概率很小的事件在一次试验中基本不发生". 这就是用来进行推断的 "小概率原理".

对于例 8.11, 若假设 $H_0 : p \leqslant 0.01$ 成立, 则 200 件产品中至多有 2 件次品, 至少有 198 件正品. 因此事件 $A =$ "任取 5 件中有次品" 的概率为

$$P(A) = 1 - P(\bar{A}) \leqslant 1 - \frac{C_{198}^5}{C_{200}^5} < 0.05,$$

亦即如果 H_0 成立, 则任取 5 件产品中含有次品的概率很小, 现在这种 "罕见" 的情况发生了, 其根源是假设了 H_0 成立, 因此按小概率原理, 我们应拒绝此假设, 并作出这批产品不能出厂的决定.

但是, 小概率事件也有可能发生, 因此我们拒绝 H_0 未必 100% 正确. 当然也可能出现相反的情形, 即在这批产品中, 次品实际上超过了 1%, 但抽检的 5 件产品恰好全是正品, 因此作出假设 H_0 正确并同意产品出厂的 "错误决定".

总之, 由于样本的随机性, 根据样本值来判断待检验的假设是否成立, 就难免会出现错误. 这种可能发生的错误有两类:

第一类错误是 "以真为假" 而**拒真**. 即原假设 H_0 为真, 但作出了拒绝 H_0 的决定. 这类错误发生的概率称为犯第一类错误的概率或拒真概率, 也称为显著性水平或检验水平, 记为 α.

第二类错误是 "以假为真" 而**取伪**. 即原假设 H_0 不真, 但作出了保留 H_0 的决定. 这类错误发生的概率称为犯第二类错误的概率或取伪概率, 记为 β.

人们自然希望犯两类错误的概率都很小, 但在样本容量一定时, α 小 β 就大, β 小 α 就大, 不可能使它们同时很小. 为了使 α, β 都变小, 只有增大样本容量, 但这在实际操作时又往往行不通. 因此, 通常是先保真再拒伪, 即先控制 α, 但不使它过小 (一般取 0.05, 0.01, 或

0.1), 然后通过增加样本容量来减小 β.

一般而言, **假设检验的大体步骤**是:

(1) **建立假设**. 通常将不应轻易加以否定的假设作为被检验的假设, 称为**原假设**, 用 H_0 表示; 当 H_0 被拒绝时而接受的假设称为**备择假设**, 用 H_1 表示. H_0 和 H_1 常常成对出现.

(2) **选择检验统计量, 给出分布**. 由样本对原假设进行判断总是通过一个统计量完成的, 该统计量称为检验统计量.

(3) **给出显著性水平** (检验水平)α, **确定临界值**. 查统计量分布表, 得临界值.

(4) **给出拒绝域**. 当样本观测值落在该区域时就应当拒绝原假设.

(5) **作出判断**.

二、正态总体均值 μ 的假设检验

1. U 检验: 已知方差 σ^2, 检验均值 μ

检验的假设通常分为两类:

一类是**双侧假设**: $H_0 : \mu = \mu_0(\mu_0$ 为已知数$)$, $H_1 : \mu \neq \mu_0$;

另一类是**单侧假设**: $H_0 : \mu \leqslant \mu_0, H_1 : \mu > \mu_0$; 或 $H_0 : \mu \geqslant \mu_0, H_1 : \mu < \mu_0$.

当 $\mu = \mu_0$ 时, 总体 $X \sim N(\mu_0, \sigma^2)$, 样本均值 $\overline{X} \sim N\left(\mu_0, \dfrac{\sigma^2}{n}\right)$, 从而

$$U = \frac{(\overline{X} - \mu_0)\sqrt{n}}{\sigma} \sim N(0,1), \tag{1}$$

因此, 取 U 作为统计量来检验 H_0 比较方便.

(1) 双侧假设检验. 注意到当 α 值很小时,

$$P(|U| > \lambda) = \alpha \tag{2}$$

相当于样本均值 $\overline{X}$ 与 μ_0 的偏差 $|\overline{X} - \mu_0| > \dfrac{\sigma}{\sqrt{n}}\lambda$ 是一个小概率事件. 而由 (2)式,

$$\alpha = P(|U| > \lambda) = 1 - P(|U| \leqslant \lambda) = 2[1 - \Phi(\lambda)],$$

有

$$\Phi(\lambda) = 1 - \frac{\alpha}{2}, \qquad 即\lambda = u_{1-\frac{\alpha}{2}}. \tag{3}$$

从而得到拒绝域

$$R = \left\{\overline{X} < \mu_0 - \frac{\sigma}{\sqrt{n}}u_{1-\frac{\alpha}{2}} 或 \overline{X} > \mu_0 + \frac{\sigma}{\sqrt{n}}u_{1-\frac{\alpha}{2}}\right\}, \tag{4}$$

因为若样本均值 $\overline{x} \in R$, 则有 $|\overline{x} - \mu_0| > \dfrac{\sigma}{\sqrt{n}}u_{1-\frac{\alpha}{2}}$, 即小概率事件发生, 故应拒绝 H_0. 若 $\overline{x} \notin R$, 则可接受 H_0.

例 8.12   已知滚珠直径服从正态分布. 现从一批滚珠中随机地抽取 6 个, 测得直径 (单位: mm) 为 $14.70, 15.21, 14.90, 14.91, 15.32, 15.32$. 若滚珠直径总体分布的方差为 0.05, 问这批滚珠的平均直径是否为 15.25? $(\alpha = 0.05)$.

解   已知滚珠直径 $X \sim N(\mu, \sigma^2), \sigma^2 = 0.05$, 显著性水平 $\alpha = 0.05$,

$$H_0: \mu = \mu_0 = 15.25, \quad H_1: \mu \neq \mu_0.$$

由 $1 - \dfrac{\alpha}{2} = 0.975$, 查表知 $u_{1-\frac{\alpha}{2}} = 1.96$, 从而得

$$\frac{\sigma}{\sqrt{n}}u_{1-\frac{\alpha}{2}} = 0.18, \quad \mu_0 - 0.18 = 15.07, \quad \mu_0 + 0.18 = 15.43.$$

故拒绝域为

$$R = \{\overline{X} < 15.07 \ \text{或} \ \overline{X} > 15.43\},$$

由样本值算得 $\overline{x} = 15.06 \in R$, 因此应拒绝假设 H_0, 即不能认为 $\mu = 15.25$ mm.

(2) 单侧假设检验

若 $H_0: \mu \leqslant \mu_0, H_1: \mu > \mu_0$, 由 $P(U > \lambda) = \alpha$, 得

$$\alpha = 1 - P(U \leqslant \lambda) = 1 - \Phi(\lambda),$$

$$\Phi(\lambda) = 1 - \alpha, \quad \text{即} \lambda = u_{1-\alpha}, \tag{5}$$

拒绝域为

$$R = \left\{\overline{X} > \mu_0 + \frac{\sigma}{\sqrt{n}}u_{1-\alpha}\right\}. \tag{6}$$

若 $H_0: \mu \geqslant \mu_0, H_1: \mu < \mu_0$, 由 $P(U < -\lambda) = \alpha$, 得 $\lambda = u_{1-\alpha}$, 拒绝域为

$$R = \left\{\overline{X} < \mu_0 - \frac{\sigma}{\sqrt{n}}u_{1-\alpha}\right\}. \tag{7}$$

例 8.13   某环保部门规定, 废水处理后其中有毒物质浓度 X(单位: mg/L) 的平均值不得超过 10. 现从某废水处理厂随机抽取 15 L 处理后的水, 测得 $\overline{X} = 9.5$, 假定 X 服从正态分布, 标准差为 2.5, 试在 $\alpha = 0.05$ 的显著性水平下判断该厂处理后的水是否合格?

解   如果处理后的水合格, 则 $\overline{X}$ 不应超过 10, 故建立假设

$$H_0: \mu \leqslant 10, \quad H_1: \mu > 10.$$

$$\alpha = 0.05, \quad 1 - \alpha = 0.95 \quad u_{1-\alpha} = 1.64.$$

$$\mu_0 + \frac{\sigma}{\sqrt{n}} \times 1.64 = 10 + \frac{2.5}{\sqrt{15}} \times 1.64 = 11.06,$$

从而知拒绝域为

$$R = \{\overline{X} > 11.06\}.$$

因观测值 $\bar{x} = 9.5 \notin R$, 故应接受 H_0, 即在 $\alpha=0.05$ 的水平下, 认为该厂处理后的水是合格的.

小结 **U 检验**: 已知方差 σ^2 检验均值 μ 的计算步骤.

(1) 根据实际问题提出原假设 H_0 和备择假设 H_1;

(2) 给出检验统计量 $U = \dfrac{(\overline{X} - \mu_0)\sqrt{n}}{\sigma} \sim N(0,1)$;

(3) 对于给定的显著性水平 α, 查标准正态分布表, 求出临界值 $u_{1-\frac{\alpha}{2}}$(双侧检验), 或 $u_{1-\alpha}$(单侧检验);

(4) 给出拒绝域:

双侧检验, $R = \left\{ \overline{X} < \mu_0 - \dfrac{\sigma}{\sqrt{n}}u_{1-\frac{\alpha}{2}} \text{或} \overline{X} > \mu_0 + \dfrac{\sigma}{\sqrt{n}}u_{1-\frac{\alpha}{2}} \right\}$,

单侧检验 $H_0 : \mu \leqslant \mu_0, R = \left\{ \overline{X} > \mu_0 + \dfrac{\sigma}{\sqrt{n}}u_{1-\alpha} \right\}$,

$$H_0 : \mu \geqslant \mu_0, R = \left\{ \overline{X} < \mu_0 - \dfrac{\sigma}{\sqrt{n}}u_{1-\alpha} \right\};$$

(5) 计算样本值, 作出判断. 若 $\bar{x} \in R$, 则拒绝 H_0, 接受 H_1; 若 $\bar{x} \notin R$, 则接受 H_0.

2. t 检验: 未知方差 σ^2, 检验均值 μ

计算步骤如下:

(1) 建立原假设 H_0 和备择假设 H_1;

(2) 选择检验统计量 $T = \dfrac{(\overline{X} - \mu_0)\sqrt{n}}{S} \sim t(n-1)$;

(3) 对给定的显著性水平 α, 查 t 分布表, 得临界值 $t_{\frac{\alpha}{2}}(n-1)$(双侧检验), 或 $t_\alpha(n-1)$(单侧检验);

(4) 给出拒绝域:

双侧检验, $R = \left\{ \overline{X} < \mu_0 - \dfrac{S}{\sqrt{n}}t_{\frac{\alpha}{2}}(n-1) \text{或} \overline{X} > \mu_0 + \dfrac{S}{\sqrt{n}}t_{\frac{\alpha}{2}}(n-1) \right\}$,

单侧检验 $H_0 : \mu \leqslant \mu_0, R = \left\{ \overline{X} > \mu_0 + \dfrac{S}{\sqrt{n}}t_\alpha(n-1) \right\}$,

$$H_0 : \mu \geqslant \mu_0, R = \left\{ \overline{X} < \mu_0 - \dfrac{S}{\sqrt{n}}t_\alpha(n-1) \right\};$$

(5) 求样本均值 $\bar{x}$, 若 $\bar{x} \in R$, 则拒绝 H_0, 否则不能拒绝 H_0 或接受 H_0.

例 8.14 用精确的方法测得某物温度 (单位: ℃) 为 1 277(可看作温度的真值). 改用某仪器间接测温 5 次, 结果为 1 250, 1 265, 1 245, 1 260, 1 275. 若测量值 $X \sim N(\mu,\sigma^2)$, 试问用此仪器测温有无系统偏差 $(\alpha = 0.05)$?

解 本题是在总体方差未知 (即仪器的测量精度未知) 的情况下, 检验假设

$$H_0 : \mu = \mu_0 = 1\,277, \quad H_1 : \mu \neq 1\,277$$

已知 $\alpha = 0.05, n = 5$. 检验统计量为

$$T = \frac{(\overline{X} - \mu_0)\sqrt{n}}{S} \sim t(4),$$

查附录表 3 得 $t_{0.025}(4) = 2.776(P(|T| > t_{0.025}(4)) = 0.05)$.

由样本值得

$$\bar{x} = 1\ 259, \quad s = \sqrt{\frac{1}{4}\sum_{i=1}^{5}(x_i - \bar{x})^2} = 11.94,$$

从而

$$\frac{s}{\sqrt{n}}t_{0.025}(4) = 14.82, \quad \mu_0 - 14.82 = 1\ 262.18, \quad \mu_0 + 14.82 = 1\ 291.82,$$

故得拒绝域

$$R = \{\overline{X} < 1\ 262.18 \quad 或 \quad \overline{X} > 1\ 291.82\}.$$

$\bar{x} \in R$, 故应拒绝假设 H_0 接受 H_1, 即该仪器存在系统偏差.

例 8.15 某厂用新法处理废水后测量其中所含某有毒物质的浓度 X (单位: mg/L), 已知 $X \sim N(\mu, \sigma^2)$, 抽测 10 个水样, 得 $\bar{x} = 17.10, s = 2.90$. 而以前用老法处理废水后, 该有毒物质平均浓度为 19. 试问新法是否比老法好 $(\alpha = 0.05)$?

解 如果新法比老法好, 应有 $\mu < \mu_0 = 19$, 故检验假设

$$H_0: \mu < \mu_0 = 19, \quad H_1: \mu \geqslant 19.$$

现已知 $\alpha = 0.05, n = 10$, 检验统计量 $T \sim t(9)$. 查附录表 3 知, $t_{0.05}(9) = 1.833(P(|T| > t_{0.05}(9)) = 0.1)$.

$$\mu_0 + \frac{s}{\sqrt{n}}t_{0.05}(9) = 19 + \frac{2.90}{\sqrt{10}} \times 1.833 = 20.68,$$

拒绝域 $R = \{\overline{X} > 20.68\}, \bar{x} \notin R$, 故不能拒绝 H_0, 即应认为新法好于老法.

三、正态分布, 未知期望 μ, 检验方差 σ^2 (χ^2 检验)

计算步骤如下:

(1) 建立原假设 H_0 和备择假设 H_1(σ_0^2 为已知数):

双侧假设 $\quad H_0: \sigma^2 = \sigma_0^2, \quad H_1: \sigma^2 \neq \sigma_0^2,$

单侧假设 $\quad H_0: \sigma^2 \leqslant \sigma_0^2, \quad H_1: \sigma^2 > \sigma_0^2;$ 或 $H_0: \sigma^2 \geqslant \sigma_0^2, \quad H_1: \sigma^2 < \sigma_0^2;$

(2) 选择检验统计量 $\quad W = \dfrac{(n-1)S^2}{\sigma_0^2} \sim \chi^2(n-1);$

(3) 对于给定的显著性水平 α, 查 χ^2 分布表, 得临界值:

双侧检验为 $\lambda_1 = \chi^2_{1-\frac{\alpha}{2}}(n-1), \lambda_2 = \chi^2_{\frac{\alpha}{2}}(n-1),$

单侧检验为 $\lambda_3 = \chi^2_\alpha(n-1)$, 或 $\lambda_4 = \chi^2_{1-\alpha}(n-1)$;

(4) 给出拒绝域:

双侧检验 $R = \{W < \lambda_1 \text{ 或 } W > \lambda_2\}$,

单侧检验 $H_0 : \sigma^2 \leqslant \sigma_0^2, R = \{W > \lambda_3\}$; 或 $H_0 : \sigma^2 \geqslant \sigma_0^2, R = \{W < \lambda_4\}$;

(5) 由样本值算出 s^2 和 W 的值 w, 如果 $w \in R$, 则拒绝 H_0, 否则不能拒绝.

例 8.16   某炼铁厂的铁水含碳量 $X \sim N(\mu, 0.108^2)$. 采用新工艺后抽测了 5 炉铁水, 得 $s^2 = 0.228^2$, 由此是否可以认为新工艺炼出的铁水含碳量的方差 $\sigma^2 = 0.108^2 (\alpha = 0.05)$?

解 μ 未知, 待检验假设为

$$H_0 : \sigma^2 = \sigma_0^2 = 0.108^2, H_1 : \sigma^2 \neq \sigma_0^2.$$

$$W = \frac{4S^2}{\sigma_0^2} \sim \chi^2(4),$$

由

$$P(W \geqslant \lambda_1) = 1 - \frac{\alpha}{2} = 0.975, \quad P(W > \lambda_2) = \frac{\alpha}{2} = 0.025,$$

查附录表 4, 知 $\lambda_1 = 0.484$, $\lambda_2 = 11.1$. 从而拒绝域为

$$R = \{W < 0.484 \quad \text{或} \quad W > 11.1\}.$$

$$w = \frac{(n-1)s^2}{\sigma_0^2} = \frac{4 \times 0.228^2}{0.108^2} = 17.827 \in R,$$

因此应拒绝 H_0, 即新工艺生产不理想.

例 8.17   机器包装食盐, 每袋盐的净重 X 服从正态分布, 若质量标准规定, 每袋盐净重 (单位: g)500, 标准差不超过 10. 某日抽查 9 袋盐的净重分别为 $497, 507, 510, 475, 484, 488, 524, 491, 515$, 问该日包装机工作是否正常?

解   包装机工作情况有平均净重和标准差两个指标, 因此需检验两个假设:

$$H_0 : \mu = \mu_0 = 500, H_1 : \mu \neq \mu_0 \text{ 和 } H_0' : \sigma^2 \leqslant \sigma_0^2 = 10^2, H_1' : \sigma^2 > \sigma_0^2$$

先检验 H_0. 取 $\alpha = 0.05$. 因 σ^2 未知, 故取统计量

$$T = \frac{(\overline{X} - \mu_0)\sqrt{n}}{S} \sim t(n-1).$$

现知 $n = 9$, 故 $T \sim t(8)$, 由 $P(|T| > \lambda_1) = 0.05$, 查表知 $\lambda_1 = 2.306$.

又由样本知 $\overline{x} = 499$, $s^2 = 16.03^2$, 故 $\frac{s}{\sqrt{n}}\lambda_1 = 12.32$, 拒绝域为

$$R_1 = \{\overline{X} < 487.68 \quad \text{或} \quad \overline{X} > 512.32\}.$$

因 $\overline{x} = 499 \notin R_1$, 故不能拒绝 H_0, 即应认为每袋盐的净重符合要求.

再检验 H_0'. 已知 $n = 9$, $\sigma_0 = 10$, $s = 16.03$, 取统计量

$$W = \frac{(n-1)S^2}{\sigma_0^2} \sim \chi^2(n-1).$$

$$w = \frac{(n-1)s^2}{\sigma_0^2}, \quad P(W > \lambda_2) = 0.05,$$

查表得 $\lambda_2 = 15.5$, 故拒绝域为 $R_2 = \{w > 15.5\}$. 因为 $w = 20.56 \in R_2$, 所以应拒绝 H_0', 即抽样表明各袋净重相差较大, 包装机工作不够稳定.

<h3 style="text-align:center">习　题　8.3</h3>

1. 由经验知道某种零件质量 $X \sim N(\mu, \sigma^2)$, $\mu = 15$, $\sigma^2 = 0.05$. 技术革新后, 随机抽取了 6 个样品, 测得质量 (单位: g) 为 $14.7, 15.1, 14.8, 15.0, 15.2, 14.6$. 已知方差不变, 问平均质量是否为 15 g $(\alpha = 0.05)$?

2. 在 U 检验中, 双侧假设检验可否从 $P(|U| \leqslant \lambda) = \alpha$ 入手, 求 λ 后确定拒绝域?

3. 微波炉炉门关闭时的辐射量是一重要的质量指标. 某厂产品该项指标 $X \sim N(\mu, \sigma^2)$, 长期以来, $\sigma = 0.1$, 均值达标, 不超过 0.12. 为检查近期产品的质量, 抽查了 25 台, 得炉门关闭时辐射量的均值 $\bar{x} = 0.120\ 3$. 试问在 $\alpha = 0.05$ 的显著性水平下该厂微波炉炉门关闭时的辐射量是否升高了?

*4. 根据长期资料的分析, 知道某种钢筋的强度服从正态分布. 今随机抽取 6 根钢筋进行强度试验, 测得强度 (单位: MPa) 为 $48.5, 49.0, 53.5, 49.5, 56.0, 52.5$. 问: 能否认为该种钢筋的平均强度为 52.0 MPa $(\alpha = 0.05)$?

*5. 某电视台广告部称某类企业在该台黄金时段播放广告后平均受益 (平均利润增加量) 至少为 15 万元, 设广告播出后的受益近似地服从正态分布, 现随机抽样 20 个, 平均受益 13.2 万元, 标准差 3.4 万元. 试在 $\alpha = 0.05$ 的显著性水平下判断该广告部的说法是否正确?

阅读材料 7　方兴未艾的数理语言学

　　数理语言学 (mathematical linguistics) 是数学化的语言学; 是数学渗透到语音学、文字学、词汇学、语义学、形态学、句法学等语言分支的产物; 是计算机时代语言学和数学有机结合的产物.

　　语言文字学和数学虽然看似大相径庭, 但却有着深刻的内在联系. 一般语言和数学语言都是由符号组成, 都遵循一定的规则和结构, 而语言符号所具有的许多特点和数学的思想方法有着内在的关联. 因此法国数学家阿达马 (J.S.Hadamard, 1865—1963) 曾深刻地指出"语言学是数学和人文科学之间的桥梁".

一、数理语言学的形成与发展

运用数学方法来研究语言现象的设想始于 19 世纪中叶.1847 年, 俄国数学家布里亚柯夫斯基认为, 可以用概率论进行语法、词源及语言历史比较的研究.1894 年, 瑞士著名语言学家索绪尔指出 "在基本性质方面, 语言中的量和量之间的关系可以用数学公式有规律地表达出来", 1916 年他在其名著《普通语言学教程》中又指出, 语言学好比一个几何系统, "它可以归结为一些待证的定理". 1904 年, 波兰语言学家库尔特内认为, 语言学家不仅应该掌握初等数学, 而且还有必要掌握高等数学.他相信语言学将日益接近精密科学, 将根据数学的模式, 一方面 "更多地扩展量的概念", 一方面 "将发展新的演绎思想的方法". 1933 年, 美国语言学家布龙菲尔德提出了 "数学不过是语言所能达到的最高境界" 的观点.

不少学者则将上述设想付诸实际的行动. 1851 年英国数学家德·摩根将词长作为文章风格的一个特征进行过统计研究; 1867 年, 苏格兰学者坎贝尔用统计方法来确定柏拉图著作的执笔时期; 1881 年, 德国学者迪丁贝尔格进一步用统计方法把柏拉图著作的执笔时期分为前期、中期和后期三个阶段; 1887 年美国学者门登荷尔对英国不同时期的文学著作进行统计分析, 特别是研究了莎士比亚的作品; 1898 年, 德国学者凯定编制了世界上第一部频率词典《德语频率词典》; 1913 年, 俄国著名数学家马尔可夫 (A.A.MapkoB, 1856—1922) 在研究普希金叙事长诗《欧根·奥涅金》中俄语字母序列的生成问题时, 发现了其中的数学规律, 提出了马尔可夫随机过程论; 1935 年, 美国语言学家齐夫发表了齐夫定律; 1944 年, 英国数学家尤勒发表著作《文学词语的统计分析》, 大规模地使用概率和统计方法来研究语言.

我国著名教育学家陈鹤琴早在 20 世纪 20 年代就开始进行汉字的频率统计研究.他和 9 名助手费时两三年, 从儿童用书、报刊、妇女杂志、小学生课外作品、古今小说、杂类等六大类语料共 554 478 个汉字中, 得不同汉字 4 261 个, 于 1925 年完成了《语体文应用语汇》一书, 1928 年出版.书末有按照汉字的绝对频率排列的 "字数次数对照表".1946 年 8 月, 四川省教育科学院根据陈鹤琴和杜佐周、蒋成堃的研究成果编成《常用字选》, 总计 2 000 个常用字.

20 世纪下半叶, 科学技术迅猛发展, 科技文献浩如烟海.1946 年第一台电子计算机问世以后, 不仅为文献的收集、整理和检索提供了强有力的工具, 同时也提出了运用计算机进行自动翻译、自动检索等新课题.为了对自然语言作信息处理, 并能实现 "人机对话", 就必须建立语言的数学模型, 用精密的数学方法对词法、句法、语义结构和语言文字进行

严格的形式化的描述. 随着计算机和计算机技术的发展, 数学渗透到了语言学的许多领域. 例如:

1946 年, 英国工程师布斯和美国工程师韦弗提出了用电子计算机进行翻译的设想, 1954 年美国 IBM 公司支持乔治敦大学进行了世界上第一次机器翻译试验, 同年美国海军军械试验站用 IBM701 机建成了世界上第一个自动情报检索系统. 而机器翻译和自动检索的基础是需要进行**词的切分**, 即把连续的字母 (或汉字) 符号串按单词进行切分, 因此要深入研究构词法, 并给出计算机单词自动形态分析规则. 专家们通过运用离散数学中有限自动机理论来设计自动形态分析模型, 从而控制单词的形态切分过程, 使这一关键问题得到了解决.

机器翻译时不仅要找出两种语言的词汇对应关系, 还要作**句法分析**. 苏联数学家库拉金娜用集合论方法建立了语言模型, 精确地定义了一些语法概念, 这一模型成为苏联科学院数学研究所和语言研究所联合研制的法俄机器翻译系统的理论基础. 此外, 数理逻辑学家巴希勒提出了范畴语法, 建立了一套形式化的句法类型及演算规则, 通过有限步骤, 可以判断一个句子是否合乎语法. 从而大大推动了传统的句法分析方法向精密化方向发展.

20 世纪 60 年代出现了计算机高级程序语言, 以及它的形式描述: 巴科斯 – 瑙尔范式 (Backus-Naur normal form, 简称 BNF). 后来发现 BNF 和语言学家乔姆斯基的上下文无关文法 (Context–Free Grammar, 简称 CFG, 又称短语结构语法) 等价, 即二者的数学形式实质上完全一致. 因此乔姆斯基的形式语言理论成为计算机科学的基石之一. 乔姆斯基还曾预言: "**普遍语法**的数理研究, 很可能成为语言理论的中心领域." 人们在使用高级程序语言 ALGOL60 中发现它存在二义性, 即有歧义. 计算机科学家们纷纷寻找机械的方法以便判断一种程序语言是否具有二义性, 为此绞尽脑汁. 后来, 乔姆斯基从理论上证明了, 一个任意的 CFG 是否有二义性的问题是不可判定的, 由于 CFG 与 BNF 等价, 而 ALGOL60 的形式描述正是 BNF, 因此, 这种程序设计语言是否有二义性的问题也是不可判定的. 利用 CFG 和 BNF 在数学上的一致性, 回答了计算机科学中的这一重大理论问题, 显示了数学在语言学理论和计算机科学理论中的作用.

随着机器翻译研究的深入, 以及立足于模式匹配的自然语言理解系统的研制, 自动句法分析的研究也进一步深入, 而这些研究都带有浓厚的数学色彩. 语言学家们提出了一系列相当形式化的 **语法理论**, 有着数学一般的严谨风格; 许多计算机专家和人工智能学者, 也用数学方法来研究句法, 提出了一系列便于直接用来进行算法设计、便于在计算机上实现的理论和方法. 一大批兼通语言学、数学和计算机科学的人才崭露头角. 如语言学家布列斯南和卡普兰提出的词汇功能语法, 处处都使用了数学论证的方法. 这种语法理论本身就是语言学和数学相互渗透的结晶.

语音的自动合成与分析是语音信息处理的一个重要方面, 它涉及语音的语声统计特性、语言信号短期平均处理、频谱分析与合成、短期傅里叶变换、语言的线性预测分析等数学问题, 这是语言学与数学各展所长相得益彰的研究领域.

文字学研究已与**图像识别**相结合. 图像识别的一般理论和方法也涉及许多数学问题. 我国的汉字识别研究独具特色, 采用选取汉字特征点和数学形态学的方法来提取汉字结构特征. 我国研制的印刷体汉字识别系统具有版面分析、文本识别、识别结果后处理、自动纠错、自动编辑、自动输出等功能. 联机手写体汉字识别也已达到相当高的水平. 随着汉字编码研究水平的不断提高, 汉字在计算机上的输入输出速度也不断加快.

近 30 年来, **语义学**的研究取得了一系列新的成就, 如乔姆斯基关于深层结构和表层结构的理论、卡茨等人的解释语义学、菲尔摩的格语法、麦考利等人的生成语义学、威尔克斯的优选语义学等, 在这些新的语义学理论中, 都采用了数理逻辑的方法, 而有的数学家和计算机学家也提出了有价值的语义学理论. 如数理逻辑学家蒙德鸠的蒙德鸠文法、计算机学家杉克的概念依存理论、人工智能专家西蒙的语义网络理论等.

20 世纪 50 年代起, 数理语言学开始进入高等学校课堂. 1955 年, 哈佛大学首先创办了数理语言学讨论班, 1957 年正式开设数理语言学课程. 接着, 麻省理工学院、密歇根大学、加利福尼亚大学等相继开设该课程. 同年, 日本成立计量语言学会, 德国波恩大学开设该门课程. 1958 年, 莫斯科大学、高尔基大学等分别给数学系和语文系的学生开设数理语言学选修课, 并在列宁格勒大学设置了数理语言学专业. 此外, 东欧、西欧不少国家成立了数理语言学研究机构, 有的还创办了专门刊物.

我国从 20 世纪 50 年代起便开展了数理语言学的研究工作. 1982 年, 北京大学中文系给汉语专业的学生开设了 "语言学中的数学问题" 的选修课. 1985 年, 上海知识出版社出版了我国的第一本数理语言学专著《数理语言学》. 我国传统的语言学家已注意到数学的定量的研究方法, 并取得了一定的成就.

当今, 数理语言学正在进一步发展, 并有与计算机语言学合流的趋向.

二、语言符号的特性及同数学的联系

中国社会科学院语言文字应用研究所研究员冯志伟在其著作《数学与语言》一书中, 详尽分析了语言符号的七大特点以及语言与数学之间的联系. 即: 语言符号的随机性与统计数学, 语言符号的冗余性与信息论, 语言符号的离散性与集合论, 语言符号的递归性与公理化方法, 语言符号的层次性与图论, 语言符号的非单元性与数理逻辑, 语言符号的模糊性与模糊数学. 下面分别作简要介绍.

语言是一种表达观念的符号系统, 在实际运用时, 语言成分的出现是一种随机事件. 例如英语名词前有时加定冠词有时不加定冠词 (如 in the spring 和 Spring has come), 汉语描写动作的状语大多用 "地" 也可不用 "地" (如 "他不动声色地一件件处理" 和 "他不动声色逐个处理"), 可见语言符号具有随机性. 因此, 数理统计方法是研究各种语言现象十分有效的工具. 这类研究包括关于字频和词频的统计, 语音语调的统计分析, 方言特征及其分区的数量测定, 个人言语特征和风格的定量研究 (计算风格学), 以及对古代语言的研究 (语言年代学) 等.

我们在写文章或讲话时, 文字或音素的出现随时间而变, 在每一时刻出现什么文字或音素是随机的, 因此可以把语言的使用看成是一个随机过程. 从信息论的角度看, 也就是从语言的发送者通过通讯媒介传输到语言的接收者的过程. 随机过程的一个重要特征是前后符号的相关性, 即由消息的历史可以预测消息的将来. 由于语言有结构性就会有冗余性, 语言符号的冗余性是语言的结构性在语言使用过程中的体现. 例如: 在书面语和口语中, 根据前文或前面的话, 往往可以预测到后文或后面的话; 在文字中, 有的字虽然少了个别笔画仍能猜测出来; 在某个语音中, 并非它的一切特征 (如音强、音高等) 对于辨别它都是必不可少的. 语言符号的这种冗余性, 使语言在不理想的条件下 (如书面文章中有遗漏、谈话时有嘈杂声、书写的字母不清楚、发音不清晰等), 仍然保证语言发挥其交际功能, 但在通过线路传输语言信息时, 却可能加重信道的负荷. 因此, 对语言符号冗余性的研究很有必要. 因语言结构性而产生的语言中冗余成分的百分比叫做冗余度 (redundance), 对冗余度的研究要用到马尔可夫链、熵等数学知识.

连续不断的语流是由许多离散单元组成的. 语言符号的这种离散性在语流的停延时表现得特别明显. 例如: 他说 / 不下去了, 他 / 说不下去了; 5 加 4/ 乘 6/ 减 3 等于 51, 而 5 加 4/ 乘 /6 减 3 等于 27 等等, 语流中不同的停延表达了不同的含义. 语言离散的单元可以看成是集合中的元素, 然后用集合论的方法对其进行分类, 就可以制定出一些严格的语法概念, 如族、域、型等, 对自然语言作形式化的描述, 并可把复杂的结构逐步化为不能再归约的简单结构. 库拉金娜建立的语言符号集合论模型被成功地用于法俄机器翻译系统.

人们可以运用有限个语言规则造出无限多的句子来, 是由于语言具有递归性. 例如; This is the cat(这是猫), This is the cat that caught the rat(这是抓老鼠的猫), This is the cat that caught the rat that ate the cheese (这是抓吃乳酪的老鼠的猫) 等等, 在英语中 that 从句可以任意加下去, 在汉语中定语从句、宾语从句也可无限地扩展. 乔姆斯基指出, 对于自然语言中由于语言符号的递归性而形成的句法结构中的各种一层套一层的套叠现象, 可以用有限的规则来加以描述. 他在 1956 年提出了形式语言理论, 这一理论和挪威数学家图厄 (Axel Thue) 提出的公理系统是一致的, 正由于语言的生成过程可通过公理系统这一形式化的手段得到严格的描述, 所以乔姆斯基的形式语言理论在计算机程序语言的设计和自然语言信息处理的研究中 (如机器翻译、人机对话), 得到了广泛应用并取得了很好的效果.

　　语言具有分层结构, 即语言符号具有层次性. 例如名词短语 "old men and women" 可以有两种层次和两种不同的理解: old men/and women (年老的男人和所有的女人) 及 old/men and women (年老的男人和年老的女人). 再如: 热爱 / 人民的总理, 和热爱人民的 / 总理, 前者是述宾结构, 后者是偏正结构, 二者含义不同. 又如多年前就流传的一个趣话: 客人希望留宿, 写了 "下雨天, 留客天". 主人加上四个字并稍为改动一下层次, 变成 "下雨, 天留客; 天留, 人不留". 客人将这句话的层次再作改动则成为 "下雨天, 留客天. 留人不? 留". 语言的这种层次性可以用树形图清楚地表示出来. 例如第一个例子的两种表述, 我们用 N, NP, ADJ, CONJ 分别表示名词, 名词短语, 形容词和连接词, 则有树形图 8.6. 因此, 语言研究就可以借助于数学中图论的方法. 图中的二叉树为自然语言的二分特性提供了有力的研究手段.

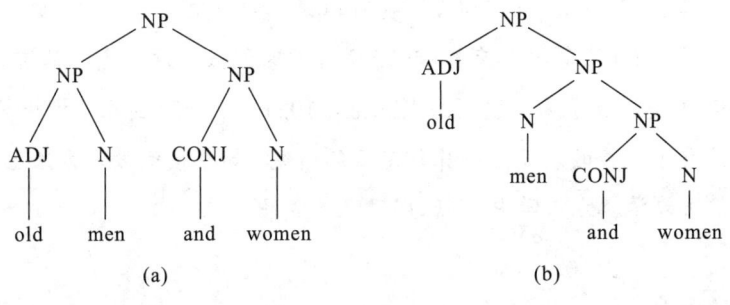

图　8.6

　　语言符号的非单元性也就是语言符号特征的复杂性. 自然语言的结构虽然倾向于二分, 但二分法和二叉树形图并非是到处可行的, 特别是在汉语中, 许多语法形式采用多分法可以更加合理地解释语言现象 (如 "努力学习数学" 中, 状语 "努力" 究竟是修饰述语 "学习", 还是修饰述语 ＋ 宾语 "学习数学", 从语感上很难判别, 一次把它分成为努力 / 学习 / 数学这三部分更好); 此外, 单标记树形图不宜区分自然语言中的歧义结构. 例如一个 NP(名词短语) 加上一个 VP(动词短语) 既可构成主谓结构 (如 "小王 / 咳嗽"), 又可构成偏正结构 (如 "程序 / 设计", "程序" 是定语, "设计" 是中心语), 再如动词 "考" 加上不同的 NP 作宾语时, 这些宾语与 "考" 的语义关系十分复杂. 在 "考学生" 中, 学生是 "考" 的受事者; 在 "考数学" 中, 数学是 "考" 的范围; 在 "考北大" 中, 北大是 "考" 的目的; 在 "考一百分" 中, 一百分是 "考" 的结果. 由此可见, 在汉语句子的描述中, 仅仅采用词类或词组类型这样的单值标记是远远不够的, 必须再加上句法功能特征和语义关系特征, 甚至还要加上单词本身固有的语法和语义特征, 才有可能全面地表达句中包含的语言信息, 进而进行汉语句子的自动分析, 建立机器翻译系统和人机对话系统. 我国学者于 1981 年对乔姆斯基的短语结构语法进行了重要的改进, 用多值标记函数来代替原有的单值标记函数, 接着又进一步采用多叉树形图来代替二叉树型图, 提出了 "汉语句子的多叉多标记树形图分析法" (简称 MMT 法), 并成功地用于汉语与法、英、日、俄、德等多种语言的机器翻译系统. 国外的一些语言学家也对语言符号的非单元性进行了研究, 基于语言符号的 "复杂特征" (complex features) 采用数理逻辑中的 "合一" (unification) 运算方法 (即通过转换使表达式一致的运算方法). 如 1985 年马丁 · 凯 (Martin Kay) 提出的 "功能合一语法" 等. 且在 20 世纪 80 年代产生了计算语言学. 合一运算已被广泛应用于高阶逻辑、计算复杂性理论、可计算性理论、逻辑程序设计、计算语言学、机器翻译、自然语言理解和人工智能等领域.

语言符号具有模糊性. 诸如: 大、小、快、慢、带绿色的、有点甜、秃头、老人等的含义并没有严格划定的界限; 在语法中, 汉语中单复句的划分、兼类词 (如 "编辑" "工作" 等算名词还是动词)、离合词 (如 "理发" 也可以说 "理一次发", "理发" 算一个词还是 "理" "发" 分别算一个词) 等也具有模糊性, 语言学家们虽然注意到了语言符号的模糊性, 但是, 直到 1965 年美国数学家扎德 (L.A.Zadeh, 1921—2017) 创立了模糊数学后, 才使语言符号的模糊性有了完善的表示方法并作定量的研究. 如今模糊数学方法已广泛应用到词典学、词源学、修辞学、方言学中, 并取得了很多成果.

三、 几个典型的例子

1. 现代汉语常用字表的编制

汉字成千上万, 成书于 1716 年的《康熙字典》共收入 47 043 个字头, 2008 年社会科学文献电子音像出版社出版的《康熙字典》修订版共收录汉字 57 557 个, 比 1986 年至 1990 年出版的《汉语大字典》多收字约 3 000 个. 但是, 真正常用的汉字并不太多, 编制一本常用字典无论是对学校教育还是对成人自学都是极为重要的. 1952 年 6 月 5 日, 我国教育部曾公布过《常用字表》, 收字 2 000 个.1964 年《简化字总表》公布后,《常用字表》中的字精简合并成 1 968 个. 从 1986 年 6 月起, 国家语言文字工作委员会汉字处又根据社会用字的实际情况利用计算机重新研制《现代汉语常用字表》. 为此, 从已有的 29 种常用资料中抽样统计了 15 种, 从 28 种通用字资料中抽样统计了 5 种, 共计汉字 8 938 个. 然后按照下列原则选取常用字: (1) 优先选取出现频率较高的; (2) 当使用频率相同时选取学科分布广、使用度高的; (3) 选取构字能力和构词能力强的;

(4) 对于在书面语中很少使用但在日常生活中却常使用的字也斟酌取舍. 1988 年 1 月制定成《现代汉语常用字表》, 其中收字 3 500 个, 含常用字 2 500 个, 次常用字 1 000 个. 该字表定稿后, 为了检验它所收的常用字是否合理, 山西大学计算机科学系抽样统计 2 011 076 个字的语料, 共有 5 141 个不同的汉字, 属于《现代汉语常用字表》中的有 3 464 个 (包括常用字 2 499 个和次常用字 965 个), 占该字表总收字数的 98.97%. 属于《现代汉语常用字表》而未出现的 36 个字, 都是书面语中很少用到而在日常生活中常用的. 由此可见,《现代汉语常用字表》收字是合理的、实用的.

2. 计算风格学在 "作者考证" 中的成功应用

词长和句长可以代表人们遣词造句的风格. 所谓词长, 就是单词中的音节数; 所谓句长, 就是句子中的单词数. 文章中的平均词长和平均句长可以反映出作者的风格. 如果再辅之以作者用词的习惯等特点, 就可以得出合理的推断.

1964 年, 美国统计学家摩斯泰勒和瓦莱斯考证出了美国 18 世纪末期 12 篇署名为 Federalist 的报刊文章的真实作者. 可供考证的作者一位是美国开国政治家汉弥尔顿 (Hamilton, 1757—1804), 另一位是美国第四任总统麦迪逊 (Madison, 1751—1836). 当两位统计学家作统计分析时, 遇到了一个很大的困难, 就是作为风格重要特征的平均句长在这两个作者的已有著作中几乎完全相同, 于是他们转而从用词习惯上寻找两位作者的有区别性的风格特征, 并且终于找到了两人在某些虚词的使用上有明显的不同: 汉弥尔顿在其 14 篇文章中根本不用 enough; 汉弥尔顿喜欢用 while 而麦迪逊总是用 whilst; 汉弥尔顿喜欢用 upon 而麦迪逊则很少用. 由此再与 12 篇署名 Federalist 的文章相比较, 最后推断这些文章出自麦迪逊之手, 从而了结了这一现代考据学上的公案.

苏联作家肖洛霍夫 (М.А.Шолохов 1905—1984) 以其名著《静静的顿河》于 1965 年获诺贝尔文学奖. 但该书在 1926 年出版后, 1928 年就有人说它是从克留柯夫那儿抄袭来的, 到了 1974 年又有人匿名在巴黎出书, 断言克留柯夫才是《静静的顿河》的真正作者, 肖洛霍夫充其量不过是个合作者罢了, 特别是该书的第一、二卷更是如此. 在这种情况下, 捷泽 (Kjetsaa) 等学者决定用计算风格学的方法来考证该名著的真正作者. 他们从《静静的顿河》(简称《静》) 中随机挑选出 2 000 个句子, 再从肖洛霍夫 (简称肖) 和克留柯夫 (简称克) 各一篇小说中分别随机挑选出 500 个句子, 一共是三种样本, 3 000 个句子, 输入计算机进行处理, 步骤如下:

第一步, 统计平均句长, 三种样本十分相似. 再按不同的长度细分成若干组, 将三种样本中相应的句子组进行比较, 发现肖的小说与《静》比较吻合, 而克的小说则与《静》相距甚远.

第二步, 进行词类统计分析. 从三种样本中各取出 1 万个单词, 用 χ^2 分布的方法求出词类在三种样本中的分布. 结果发现, 除了代词之外, 有六类词肖的小说都与《静》相同, 而克的小说则与之不符.

第三步, 统计各种词类在句中的不同位置. 有人曾研究过, 对于俄语这样词序相当自由的语言, 词类在句中的不同位置可以很好地反映文体的风格, 特别是句子开头的两个词和结尾的三个词往往可以起到区分文体风格的作用. 捷泽等人统计了三种样本句子开头和结尾的词类, 发现肖的小说与《静》十分接近, 而克的小说则与《静》有相当的距离.

第四步, 分析句子结构. 结果发现肖的小说和《静》的最常见句式是用 "介词 + 体词" 开头, 而克的小说最常见的句式则是用 "主语 + 动词" 开头.

第五步, 统计样本中频率最高的 15 种开始句子的结构, 发现肖的小说有 14 种结构与《静》相符, 而克的小说只有 5 种出现于《静》中.

第六步, 统计样本中频率最高的 15 种结束句子的结构. 发现肖的小说与《静》完全相同, 而克的小说则与《静》完全不同.

根据上述统计分析, 捷泽等人已可认定《静》确为肖洛霍夫的作品. 但对于这一世界文学界的大事, 他们慎之又慎, 精益求精, 到 1977 年, 已经分析了取自三种样本的 14 万个单词, 其中包括取自《静》第四卷的新材料, 他们的结论是: 《静静的顿河》确实是肖洛霍夫的手笔, 不过, 他在写作时或许参考过克留柯夫的手稿. 1990 年 5 月 19 日, 新华社报道苏联发现了《静静的顿河》的两篇原稿, 专家证明均出自肖洛霍夫的手笔. 至此, 这一公案终可了结.

关于我国的名著《红楼梦》作者问题的研究, 计算风格学也显示了威力. 1980 年 6 月在美国威斯康星大学召开的首届国际《红楼梦》研究会上, 华裔学者陈炳藻宣读了论文《从词汇的统计论〈红楼梦〉的作者问题》. 1987 年复旦大学数学系李贤平教授在威斯康星大学对《红楼梦》进行了统计分析, 他把全书 120 回看成是 120 个样本, 然后确定与情节无关的虚词出现的频数和频率作为变量, 利用计算机对每回统计了 47 个虚字 (词) 的出现频率或句长, 采用聚类分析法进行分类, 发现全书前 80 回是一类, 后 40 回是另一类, 鉴于作家在使用实词上一般无显著差异而在使用虚词上则体现出不同的风格, 可见全书不是出于同一人之手. 李贤平还进一步对曹雪芹的其他著作作了类似的统计分析, 证实《红楼梦》前 80 回确是曹雪芹一人所写. 而统计分析表明, 后 40 回还可分为不同类别, 因此并非高鹗一人所写.

3. 模糊数学起源于对语言的研究

1965 年, 加利福尼亚大学数学教授扎德发表了开创性论文《模糊集》(fuzzy sets). 他在模糊数学方面的研究工作是从观察语言符号的模糊性开始的. 例如 "老年" 这个概念,

70 岁算不算"老年"? 如果算, 那么 60 岁算不算?55 岁呢? 这很难精确地回答. 扎德把"老年"作为"年龄"这个论域上的一个集合, 而把 70 岁、60 岁、55 岁都看成是这个集合中的元素, 这样就可以研究这些元素相对于"老年"这个集合的隶属关系. 这种隶属关系很难用经典集合论中的"属于"或"不属于"某个集合来描述. 也就是说, 一个模糊集合 S 的特征是存在着一个隶属函数 $\mu_s(x)$, 对于论域 U 中的每个元素 x, 都有一个确定的值 $\mu_s(x)$ 作为 x 隶属于模糊集合 S 的程度的量度. 例如, 设 $U = (0, 150)$, "老年"集合的隶属函数公式为

$$\mu_{老年}(x) = \begin{cases} 0, & x \leqslant 50, \\ \left[1 + \left(\dfrac{x - 50}{5}\right)^{-2}\right]^{-1}, & x > 50. \end{cases}$$

从而可算得 $\mu_{老年}(55) = 0.5, \mu_{老年}(60) = 0.8, \mu_{老年}(65) = 0.9$. 亦即 55 岁, 60 岁和 65 岁属于"老年"的程度分别是 0.5, 0.8 和 0.9.

在对模糊词作定量描述的基础上, 还可以把否定词"非"、连接词"或""与"("且")以及程度副词"极""很""相当""比较""有点儿""稍微有点儿"等, 分别用下列隶属函数来加以定量的刻画:

$$\mu_{非A} = 1 - \mu_A,$$

$$\mu_{A或B} = \mu_A \vee \mu_B, \quad \mu_{A与B} = \mu_A \wedge \mu_B,$$

$$\mu_{极A} = (\mu_A)^4, \quad \mu_{很A} = (\mu_A)^2, \quad \mu_{相当A} = (\mu_A)^{1.25},$$

$$\mu_{比较A} = (\mu_A)^{0.75}, \quad \mu_{有点儿A} = (\mu_A)^{0.5}, \quad \mu_{稍微有点儿A} = (\mu_A)^{0.25}.$$

例如, 一个 60 岁的人属于"老年"的隶属函数值为 0.8, 那么, 他属于"非老年"这一模糊集合的隶属函数值就是 $1 - 0.8 = 0.2$. 而属于"很老"的隶属函数值为 $0.8^2 = 0.64$, 等等.

再如, 某人属于"高个子"的程度是 0.9, 而属于"胖子"的程度为 0.4, 那么他属于"高个子或者胖子"的程度为 $0.9 \vee 0.4 = 0.9$, 而属于"高而且胖"的程度为 $0.9 \wedge 0.4 = 0.4$.

普通集 A 完全由其特征函数来刻画, 特征函数的取值为 0 或 1, 它描写"非此即彼"的清晰概念; 而模糊集描写模糊现象, 它容许"亦此亦彼"的中介状态存在, 相应的特征函数被推广为可取 $[0,1]$ 上的任何值的隶属函数, 当隶属函数只取 0, 1 这两个值时, 模糊集就变成普通集, 模糊性就变为确定性了.

语言符号的随机性是指对事件的发生与否而言, 事件本身的含义是确定的. 随机性放弃了"一因一果"的决定论, 反映了"一因多果"的规律性. 它是由于因果律破缺而造成的一种不确定性, 对此, 数理统计方法可以大显身手.

语言符号的模糊性是指元素对集合的隶属关系而言,事件本身的含义是不确定的.模糊性摆脱了"非此即彼"的确定性,反映了"亦此亦彼"的规律性.它是由于排中律破缺而造成的一种不确定性,对此,正是模糊数学的用武之地.

值得注意的是,模糊数学起源于数学家扎德对自然语言中模糊现象的研究;而随机过程理论则起源于数学家马尔可夫对《叶甫盖尼·奥涅金》的字母序列的研究.随机过程理论和模糊数学的发展,又反过来大大推动了语言学的研究.这是语言学和数学相互交叉渗透,相互促进发展的生动例证.

第三篇
线性代数简介

代数是搞清楚世界上数量关系的智力工具.

怀特黑德 (A.N.Whitehead)

在中学里我们知道, 代数是用符号代替数字进行计算的数学. 我国古代数学家李冶在《测圆海镜》(1248) 和《益古演段》(1259) 中曾系统阐述了天元术, 用 "天元" 表示未知数, 列出方程后再求解; 1303 年朱世杰在其名著《四元玉鉴》中将天元术发展为 "四元术", 用天元、地元、人元和物元来表示四个不同的未知数, 列出多元高次方程和高次方程组, 进而用消元法求解. 16 世纪西方彻底完成了数字符号化, 此后的二三百年, 代数学研究的中心问题有两个, 其中一个是证明代数方程根的存在性.1799 年, 高斯在其博士论文中证明了代数基本定理 (系数为复数的代数方程至少有一个复根), 从而圆满地回答了这个问题. 另一个问题是如何求代数方程的根式解, 即寻求由方程的系数经加、减、乘、除和开方构成的公式来表示方程的根. 人们比较顺利地得到了一次至四次代数方程的根式解, 但寻找五次及更高次代数方程根式解的企图都失败了, 直到 1824 年, 才由阿贝尔证明了五次及五次以上一般方程不可能有根式解; 1829—1831 年间, 伽罗瓦 (É.Galois, 1811—1832) 进一步给出了方程有根式解的充分必要条件, 从而彻底地解决了这个问题. 到 19 世纪中叶以后, 代数学从研究方程转向对集合与集合上代数运算的研究, 从而进入了近世代数, 即抽象代数的新时代. 如今代数学已广泛应用于日常生活、科学技术和众多学科领域.

线性代数是研究线性空间、线性变换以及与之有关问题的数学分支. 所谓 "线性" 就是 "一次". 例如, 一次方程 $2x + 3y = 5$ 也称为线性方程, 它的图像是一条直线. 几个一次方程联立在一起则称为线性方程组. 本篇我们简要介绍线性代数的一点最基础知识: 矩阵和线性方程组. 重点是初等变换的思想方法.

第九章 矩 阵

§9.1 矩阵的概念与运算

一、 矩阵的概念

在日常生活和工作中, 常常会看到各种表格, 例如全班同学期末考试各科成绩统计表, 某市某日各主要菜场蔬菜价格表, 银行存款利率表, 企业不同型号产品日产量表, 等等. 这些表格的核心内容都是其中的数字, 抽去它们的实际背景, 得到的就是排成若干行和列形如矩形的一个数表.

一般地, 由 $m \times n$ 个数排成的 m 行 n 列的数表

$$\begin{pmatrix} a_{11} & a_{12} & \cdots & a_{1n} \\ a_{21} & a_{22} & \cdots & a_{2n} \\ \vdots & \vdots & & \vdots \\ a_{m1} & a_{m2} & \cdots & a_{mn} \end{pmatrix}$$

称为一个 $m \times n$ **矩阵**. 其中数 a_{ij} 称为矩阵的第 i 行第 j 列的元素, $i = 1, 2, \cdots, m; j = 1, 2, \cdots, n$. 在我们的讨论中, 所涉及的数都是实数.

矩阵的英文名词 matrix 大约于 1850 年为英国数学家西尔维斯特 (Sylvester) 所用, 1885 年, 凯莱 (Cayley) 在《矩阵论的研究报告》中创立了矩阵的记号, 定义了矩阵的基本运算.

通常用大写的黑体拉丁字母 $\boldsymbol{A}$, $\boldsymbol{B}$, $\boldsymbol{C}$ 等表示矩阵, 并可将上面的矩阵简记为 $\boldsymbol{A} = (a_{ij})_{m \times n}$, 或 $\boldsymbol{A}_{mn}$. 元素全为零的矩阵称为零矩阵, 记作 $\boldsymbol{O}$.

$n \times n$ 矩阵称为 n **阶矩阵**或 n **阶方阵**, 记作 $\boldsymbol{A}_n$. 一阶矩阵就是一个数.

$1 \times n$ 矩阵称为 n 维**行向量**, $n \times 1$ 矩阵称为 n 维**列向量**.

从方阵的左上角到右下角的斜线称为主对角线. 主对角线以外的元素全为零的方阵称为**对角矩阵**. 主对角线上的元素全为 1 的对角矩阵称为**单位矩阵**, 记作 $\boldsymbol{E}_n$ 或 $\boldsymbol{I}_n$, 在不会引起混淆时也简记为 $\boldsymbol{E}$ 或 $\boldsymbol{I}$, 即

$$E = \begin{pmatrix} 1 & 0 & \cdots & 0 \\ 0 & 1 & \cdots & 0 \\ \vdots & \vdots & & \vdots \\ 0 & 0 & \cdots & 1 \end{pmatrix}.$$

具有相同行数、列数的两个矩阵 $A = (a_{ij})_{m \times n}$ 和 $B = (b_{ij})_{m \times n}$ 称为同型矩阵, 如果它们的所有元素对应相等, 即 $a_{ij} = b_{ij}, i = 1, 2, \cdots, m; j = 1, 2, \cdots, n$, 则称它们相等, 记作 $A = B$.

二、 矩阵的运算

1. 矩阵的加法

两个同型矩阵相加就是将它们所有对应位置的元素相加, 即

$$A + B = C = (c_{ij})_{m \times n}, \qquad c_{ij} = a_{ij} + b_{ij}.$$

$(-a_{ij})_{m \times n}$ 称为 $A = (a_{ij})_{m \times n}$ 的负矩阵, 记作 $-A$.

利用负矩阵可定义矩阵的减法:

$$A - B = A + (-B).$$

2. 数 k 与矩阵的乘积 (数乘)

$$k(a_{ij})_{m \times n} = (ka_{ij})_{m \times n}.$$

3. 矩阵的乘法

一个 $m \times s$ 矩阵 A 可以和一个 $s \times n$ 矩阵 B 相乘, 其乘积 AB 是一个 $m \times n$ 矩阵 C, C 的第 i 行第 j 列元素 c_{ij} 是 A 的第 i 行第 k 个元素 a_{ik} 与 B 的第 j 列第 k 行元素 $b_{kj}(k = 1, 2, \cdots, s)$ 的乘积之和:

$$c_{ij} = a_{i1}b_{1j} + a_{i2}b_{2j} + \cdots + a_{is}b_{sj} = \sum_{k=1}^{s} a_{ik}b_{kj},$$

$$i = 1, 2, \cdots, m; j = 1, 2, \cdots, n.$$

$$\begin{pmatrix} & \vdots & \\ \cdots & c_{ij} & \cdots \\ & \vdots & \end{pmatrix} = \begin{pmatrix} \vdots & \vdots & & \vdots \\ a_{i1} & a_{i2} & \cdots & a_{is} \\ \vdots & \vdots & & \vdots \end{pmatrix} \begin{pmatrix} \cdots & b_{1j} & \cdots \\ \cdots & b_{2j} & \cdots \\ & \vdots & \\ \cdots & b_{sj} & \cdots \end{pmatrix}.$$

例如, 一个 2×2 方阵和一个 2×1 矩阵相乘, 乘积矩阵是 2×1 矩阵:

$$\begin{pmatrix} a_1 & b_1 \\ a_2 & b_2 \end{pmatrix} \begin{pmatrix} x \\ y \end{pmatrix} = \begin{pmatrix} a_1 x + b_1 y \\ a_2 x + b_2 y \end{pmatrix}.$$

因此, 二元一次方程组

$$\begin{cases} a_1 x + b_1 y = c_1, \\ a_2 x + b_2 y = c_2 \end{cases} \tag{1}$$

就可以借助矩阵写成下面的形式:

$$\begin{pmatrix} a_1 & b_1 \\ a_2 & b_2 \end{pmatrix} \begin{pmatrix} x \\ y \end{pmatrix} = \begin{pmatrix} c_1 \\ c_2 \end{pmatrix}.$$

易知, $\boldsymbol{A}_{mn}\boldsymbol{E}_n = \boldsymbol{A}_{mn}$, $\boldsymbol{E}_m\boldsymbol{A}_{mn} = \boldsymbol{A}_{mn}$, $\boldsymbol{A}_n\boldsymbol{E}_n = \boldsymbol{E}_n\boldsymbol{A}_n = \boldsymbol{A}_n$.

方阵的方幂 n 阶方阵 $\boldsymbol{A}$ 的 s 次幂 $\boldsymbol{A}^s$ 就是 s 个 $\boldsymbol{A}$ 连乘.

例 9.1 已知关系式

$$\begin{cases} y_1 = a_1 x_1 + b_1 x_2, \\ y_2 = a_2 x_1 + b_2 x_2, \end{cases} \qquad \begin{cases} z_1 = c_1 y_1 + d_1 y_2, \\ z_2 = c_2 y_1 + d_2 y_2. \end{cases} \tag{2}$$

试求 z_1, z_2 与 x_1, x_2 之间的关系.

解 可将第一组关系代入第二组关系, 但计算较繁. 如利用矩阵, 组 (2) 即

$$\begin{pmatrix} y_1 \\ y_2 \end{pmatrix} = \begin{pmatrix} a_1 & b_1 \\ a_2 & b_2 \end{pmatrix} \begin{pmatrix} x_1 \\ x_2 \end{pmatrix}, \qquad \begin{pmatrix} z_1 \\ z_2 \end{pmatrix} = \begin{pmatrix} c_1 & d_1 \\ c_2 & d_2 \end{pmatrix} \begin{pmatrix} y_1 \\ y_2 \end{pmatrix}.$$

因此, 有

$$\begin{pmatrix} z_1 \\ z_2 \end{pmatrix} = \begin{pmatrix} c_1 & d_1 \\ c_2 & d_2 \end{pmatrix} \begin{pmatrix} a_1 & b_1 \\ a_2 & b_2 \end{pmatrix} \begin{pmatrix} x_1 \\ x_2 \end{pmatrix}$$

$$= \begin{pmatrix} c_1 a_1 + d_1 a_2 & c_1 b_1 + d_1 b_2 \\ c_2 a_1 + d_2 a_2 & c_2 b_1 + d_2 b_2 \end{pmatrix} \begin{pmatrix} x_1 \\ x_2 \end{pmatrix}.$$

显然, 如果关系式 (2) 不是两组而是有多组时, 矩阵算法的优越性就更明显.

例 9.2 计算 $\boldsymbol{AB}$ 与 $\boldsymbol{BA}$, 已知

$$\boldsymbol{A} = (a_1\ a_2\ a_3), \qquad \boldsymbol{B} = \begin{pmatrix} x_1 \\ x_2 \\ x_3 \end{pmatrix}.$$

解

$$\boldsymbol{AB} = (a_1\ a_2\ a_3) \begin{pmatrix} x_1 \\ x_2 \\ x_3 \end{pmatrix} = a_1 x_1 + a_2 x_2 + a_3 x_3,$$

$$BA = \begin{pmatrix} x_1 \\ x_2 \\ x_3 \end{pmatrix} (a_1 \ a_2 \ a_3) = \begin{pmatrix} x_1a_1 & x_1a_2 & x_1a_3 \\ x_2a_1 & x_2a_2 & x_2a_3 \\ x_3a_1 & x_3a_2 & x_3a_3 \end{pmatrix}.$$

$AB \neq BA$. 因此, 矩阵的乘法不满足交换律.

4. 矩阵的转置

将矩阵 A 的行和列互换得到的矩阵称为 A 的**转置矩阵**, 记作 A^{T} 或 A'. 例如

$$A = (a_1, a_2, a_3), \quad A^{\mathrm{T}} = \begin{pmatrix} a_1 \\ a_2 \\ a_3 \end{pmatrix}; \quad B = \begin{pmatrix} 2 & -1 & 0 \\ 1 & 4 & 3 \end{pmatrix}, \quad B^{\mathrm{T}} = \begin{pmatrix} 2 & 1 \\ -1 & 4 \\ 0 & 3 \end{pmatrix}.$$

三、 矩阵的运算律

1. 矩阵的加法满足交换律和结合律: $A + B = B + A, (A + B) + C = A + (B + C)$.

2. 矩阵的乘法满足结合律: $(AB)C = A(BC)$.

3. 矩阵的加法和乘法有分配律: $A(B + C) = AB + AC, (B + C)A = BA + CA$.

4. 矩阵的数乘满足: 设 k, l 为实数, 有 $k(lA) = (kl)A, (k+l)A = kA + lA, k(A + B) = kA + kB, k(AB) = (kA)B = A(kB)$.

5. 矩阵的转置满足: $(A^{\mathrm{T}})^{\mathrm{T}} = A, (A + B)^{\mathrm{T}} = A^{\mathrm{T}} + B^{\mathrm{T}}, (kA)^{\mathrm{T}} = kA^{\mathrm{T}}, (AB)^{\mathrm{T}} = B^{\mathrm{T}}A^{\mathrm{T}}$.

习　题　9.1

已知

$$A = \begin{pmatrix} 1 & -1 & 2 \\ 0 & -3 & 3 \end{pmatrix}, B = \begin{pmatrix} -1 & 1 & 2 \\ -2 & 1 & 3 \end{pmatrix}, C = \begin{pmatrix} 1 & 5 \\ -2 & 4 \\ 3 & -1 \end{pmatrix}.$$

求 $A + B, A - B, 2A - B, AC, CA, ACB, AB^{\mathrm{T}}$.

§9.2　矩阵的初等变换和逆矩阵

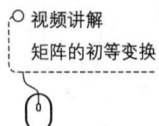
视频讲解
矩阵的初等变换

一、 矩阵的初等变换

定义 9.1　矩阵的**初等行变换**是指下列三种变换:

(1) 互换矩阵中两行的位置;

(2) 用一个非零的数乘矩阵的某一行;

(3) 将矩阵某一行的 k 倍加到另一行.

上面的变换如果是对矩阵的列进行, 则称为矩阵的**初等列变换**. 矩阵的初等行变换和初等列变换统称为矩阵的 **初等变换**.

定义 9.2 矩阵中每个非零行的第一个非零元素称为**主元素**. 所有主元素左下方元素全为零的矩阵称为**阶梯形矩阵** (若某行全为零, 则它下面的行也全为零). 例如

$$\begin{pmatrix} 1 & 0 & 2 \\ 0 & 2 & 1 \\ 0 & 0 & -1 \end{pmatrix}, \quad \begin{pmatrix} 0 & 1 & 2 & -1 \\ 0 & 0 & 2 & 1 \\ 0 & 0 & 0 & 0 \end{pmatrix}, \quad \begin{pmatrix} 1 & 1 & 0 & 1 & 1 \\ 0 & 0 & 2 & 1 & 0 \\ 0 & 0 & 0 & 1 & 2 \end{pmatrix}$$

都是阶梯形矩阵. 因为初等行变换可以改变行的位置、元素的大小, 以及使某个元素变为 0, 因此, 任意一个矩阵总能经过一系列初等行变换变成阶梯形矩阵.

例 9.3 设

$$\boldsymbol{A} = \begin{pmatrix} 2 & 0 & 1 & 3 \\ 0 & -3 & 3 & 1 \\ 1 & -1 & 2 & 0 \end{pmatrix},$$

交换 $\boldsymbol{A}$ 的第一行和第三行, 记作 ①$\leftrightarrow$③ , 得

$$\boldsymbol{A}_1 = \begin{pmatrix} 1 & -1 & 2 & 0 \\ 0 & -3 & 3 & 1 \\ 2 & 0 & 1 & 3 \end{pmatrix};$$

将 $\boldsymbol{A}_1$ 的第一行的 (-2) 倍加到第三行, 记作 (-2)①$+$③, 结果为

$$\boldsymbol{A}_2 = \begin{pmatrix} 1 & -1 & 2 & 0 \\ 0 & -3 & 3 & 1 \\ 0 & 2 & -3 & 3 \end{pmatrix};$$

以 $(-1/3)$ 乘 $\boldsymbol{A}_2$ 的第二行, 记作 $(-1/3)$②, 得

$$\boldsymbol{A}_3 = \begin{pmatrix} 1 & -1 & 2 & 0 \\ 0 & 1 & -1 & -1/3 \\ 0 & 2 & -3 & 3 \end{pmatrix};$$

再将 $\boldsymbol{A}_3$ 的第二行的 (-2) 倍加到第三行, 记作 (-2) ②$+$③, 得

$$\boldsymbol{A}_4 = \begin{pmatrix} 1 & -1 & 2 & 0 \\ 0 & 1 & -1 & -1/3 \\ 0 & 0 & -1 & 11/3 \end{pmatrix}.$$

A_4 已经是一个阶梯形矩阵, 还可以进一步将它化为**最简形**, 即每个主元素都是 1, 且主元素所在列中的其余元素均为 0. 只需对 A_4 作行变换 ②+① 得:

$$A_5 = \begin{pmatrix} 1 & 0 & 1 & -1/3 \\ 0 & 1 & -1 & -1/3 \\ 0 & 0 & -1 & 11/3 \end{pmatrix},$$

再对 A_5 作行变换 ③+①, (-1)③+② 和 (-1)③, 即得到最简形:

$$A_6 = \begin{pmatrix} 1 & 0 & 0 & 10/3 \\ 0 & 1 & 0 & -4 \\ 0 & 0 & 1 & -11/3 \end{pmatrix}.$$

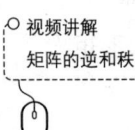

视频讲解
矩阵的逆和秩

二、矩阵的逆

定义 9.3　设 A 为 n 阶方阵, 如果有 n 阶方阵 B, 使得

$$AB = BA = E,$$

则称方阵 A 是可逆的, 并称 B 是 A 的逆矩阵.

由矩阵的乘法法则, 显然只有方阵才可能有逆矩阵. 当然, 并非所有方阵都有逆矩阵, 例如 $\begin{pmatrix} 1 & 0 \\ 0 & 0 \end{pmatrix}$ 就没有逆矩阵. 此外, 如果 B 和 C 都是 A 的逆矩阵, 则有 $BA = E, AC = E$, 从而有

$$B = BE = B(AC) = (BA)C = EC = C.$$

也就是说, 如果一个矩阵可逆, 则其逆矩阵是唯一的. 因此, 当 A 可逆时, 其逆矩阵可记作 A^{-1}. 此外, 按定义可以证明:

(1) 若 $A^{-1} = B$, 则 $B^{-1} = A$, 亦即 $(A^{-1})^{-1} = A$;

(2) 若数 $k \neq 0$, A 可逆, 则 kA 也可逆, $(kA)^{-1} = k^{-1}A^{-1}$;

(3) 若 n 阶方阵 A, B 均可逆, 则 AB 也可逆, 且 $(AB)^{-1} = B^{-1}A^{-1}$.

例 9.4　证明 A, B 互为逆矩阵, 并求 C 的逆矩阵 $(a \neq 0)$:

$$A = \begin{pmatrix} 2 & 5 \\ 1 & 3 \end{pmatrix}, \quad B = \begin{pmatrix} 3 & -5 \\ -1 & 2 \end{pmatrix}, \quad C = \begin{pmatrix} a & 0 & \cdots & 0 \\ 0 & a & \cdots & 0 \\ \vdots & \vdots & & \vdots \\ 0 & 0 & \cdots & a \end{pmatrix},$$

解 因为

$$\begin{pmatrix} 2 & 5 \\ 1 & 3 \end{pmatrix} \begin{pmatrix} 3 & -5 \\ -1 & 2 \end{pmatrix} = \begin{pmatrix} 1 & 0 \\ 0 & 1 \end{pmatrix} = \begin{pmatrix} 3 & -5 \\ -1 & 2 \end{pmatrix} \begin{pmatrix} 2 & 5 \\ 1 & 3 \end{pmatrix},$$

所以

$$A^{-1} = B = \begin{pmatrix} 3 & -5 \\ -1 & 2 \end{pmatrix}, \quad B^{-1} = A.$$

此外, 显然有 $C^{-1} = a^{-1}C$. 特别地, $E^{-1} = E$.

三、 用初等行变换求逆矩阵

求逆矩阵有不同的方法, 我们这里介绍一种用初等行变换求 A^{-1} 的方法: 将 A 和 E 并排放在一起, 组成一个 $n \times 2n$ 矩阵 (A, E), 对矩阵 (A, E) 施以初等行变换, 将其左半部分的 A 化为 E, 与此同时, 右半部分的 E 就成为 A^{-1}.

例 9.5 求例 9.4 中的 A 的逆矩阵. 逐步施以行变换:

$$\begin{pmatrix} 2 & 5 & 1 & 0 \\ 1 & 3 & 0 & 1 \end{pmatrix} \xrightarrow{①\leftrightarrow②} \begin{pmatrix} 1 & 3 & 0 & 1 \\ 2 & 5 & 1 & 0 \end{pmatrix} \xrightarrow{(-2)①+②} \begin{pmatrix} 1 & 3 & 0 & 1 \\ 0 & -1 & 1 & -2 \end{pmatrix}$$

$$\xrightarrow{3②+①} \begin{pmatrix} 1 & 0 & 3 & -5 \\ 0 & -1 & 1 & -2 \end{pmatrix} \xrightarrow{(-1)②} \begin{pmatrix} 1 & 0 & 3 & -5 \\ 0 & 1 & -1 & 2 \end{pmatrix}.$$

由此求得 A^{-1} 就是例 9.4 中的 B.

如果对一个方阵施以初等行变换, 出现其中某一行或某一列全为 0 的情况, 则此方阵没有逆矩阵. 例如

$$A = \begin{pmatrix} 1 & 2 & 3 \\ 0 & 1 & -1 \\ 1 & 4 & 1 \end{pmatrix} \rightarrow \begin{pmatrix} 1 & 2 & 3 \\ 0 & 1 & -1 \\ 0 & 2 & -2 \end{pmatrix} \rightarrow \begin{pmatrix} 1 & 2 & 3 \\ 0 & 1 & -1 \\ 0 & 0 & 0 \end{pmatrix},$$

故知 A 没有逆矩阵.

习 题 9.2

1. 求下列矩阵的逆矩阵:

$$A = \begin{pmatrix} 1 & 3 \\ -1 & 2 \end{pmatrix}, \quad B = \begin{pmatrix} 2 & 3 & 0 \\ 1 & 1 & -1 \\ 0 & 2 & 1 \end{pmatrix}, \quad C = \begin{pmatrix} 2 & 0 & 1 \\ 0 & -3 & 3 \\ 1 & -1 & 2 \end{pmatrix}.$$

2. 试按定义证明: 若 n 阶方阵 A、B 均可逆, 则有 $(AB)^{-1} = B^{-1}A^{-1}$.

§9.3　矩阵的秩

上一节我们指出, 任意一个矩阵总能经过初等行变换变成阶梯形矩阵, 并可将它化为最简形. 一个矩阵的最简形是确定的、唯一的; 它的阶梯形矩阵不唯一, 但是主元素的个数是相同的, 是由该矩阵本身的性质确定的.

定义 9.4　若矩阵 A 的阶梯形矩阵主元素的个数为 k, 则称矩阵 A 的**秩** (rank) 为 k, 记作 $r(A) = k$.

例 9.6　求下列矩阵的秩:

$$A = \begin{pmatrix} 2 & 0 & 1 & 3 \\ 0 & -3 & 3 & 1 \\ 1 & -1 & 2 & 0 \end{pmatrix}, \qquad B = \begin{pmatrix} 2 & 0 & 1 & 3 \\ 0 & -3 & 3 & 1 \\ 4 & 0 & 2 & 6 \end{pmatrix}.$$

解　这里的 A 就是例 9.3 中的矩阵, 它的一个阶梯形矩阵 A_4 有 3 个主元素, 所以 $r(A) = 3$. 因为对 B 施以初等行变换,

$$B = \begin{pmatrix} 2 & 0 & 1 & 3 \\ 0 & -3 & 3 & 1 \\ 4 & 0 & 2 & 6 \end{pmatrix} \xrightarrow{(-2)①+③} \begin{pmatrix} 2 & 0 & 1 & 3 \\ 0 & -3 & 3 & 1 \\ 0 & 0 & 0 & 0 \end{pmatrix},$$

所得阶梯形矩阵有 2 个主元素, 所以 $r(B) = 2$.

例 9.7　求矩阵 A 的秩

$$A = \begin{pmatrix} 0 & 3 & 0 & 0 & 1 \\ 3 & 0 & 6 & 0 & 1 \\ 1 & -1 & 2 & 1 & 0 \\ 2 & 2 & 4 & -1 & 0 \end{pmatrix}.$$

解　$a_{11} = 0$ 不是主元素, 将 $a_{i1} \neq 0$ 所在的行与第一行互换, 为了消元方便, 将第三行与第一行互换, 得

$$\begin{pmatrix} 1 & -1 & 2 & 1 & 0 \\ 3 & 0 & 6 & 0 & 1 \\ 0 & 3 & 0 & 0 & 1 \\ 2 & 2 & 4 & -1 & 0 \end{pmatrix};$$

将第一列中主元素下方的非零元素化为 0: (-3) ①+②, (-2) ①+④, 得

$$\begin{pmatrix} 1 & -1 & 2 & 1 & 0 \\ 0 & 3 & 0 & -3 & 1 \\ 0 & 3 & 0 & 0 & 1 \\ 0 & 4 & 0 & -3 & 0 \end{pmatrix};$$

$a_{22} \neq 0$ 是主元素, 将它下方的非零元素化为 0: (-1) ②+③, $\left(-\dfrac{4}{3}\right)$ ②+④, 得

$$\begin{pmatrix} 1 & -1 & 2 & 1 & 0 \\ 0 & 3 & 0 & -3 & 1 \\ 0 & 0 & 0 & 3 & 0 \\ 0 & 0 & 0 & 1 & -\dfrac{4}{3} \end{pmatrix};$$

$a_{34} \neq 0$ 是主元素, 将它下方的非零元素化为 0: $\left(-\dfrac{1}{3}\right)$ ③+④, 得

$$\begin{pmatrix} 1 & -1 & 2 & 1 & 0 \\ 0 & 3 & 0 & -3 & 1 \\ 0 & 0 & 0 & 3 & 0 \\ 0 & 0 & 0 & 0 & -\dfrac{4}{3} \end{pmatrix};$$

这已经是阶梯形矩阵, 有 4 个主元素: $1, 3, 3, -\dfrac{4}{3}$, 所以 $r(\boldsymbol{A}) = 4$.

习　题　9.3

求下列矩阵的秩:

$$\boldsymbol{A} = \begin{pmatrix} 2 & 3 & 0 & 2 \\ 1 & 1 & -1 & 3 \\ 2 & 2 & -2 & 6 \end{pmatrix}, \qquad \boldsymbol{B} = \begin{pmatrix} 2 & -2 & 4 & -1 & 0 \\ 1 & -1 & 2 & 1 & 0 \\ 3 & 0 & 6 & -1 & 1 \\ 0 & 3 & 0 & 0 & 1 \end{pmatrix}.$$

阅读材料 8　　转移矩阵与天气预测

在现实生活中, 往往会遇到这样的情况, 一系列相继发生的事件, 后一事件的发生与前一事件的发生有一定的关联. 例如, 若将天气分为晴、阴和下雨这三种状态, 根据多年的统

计资料, 发现某地某个时期, 如果当日是晴、阴或下雨, 则第二天是晴、阴或下雨的概率如下表所示 (表中的晴阴雨, 横行是当日, 竖列为次日):

	晴	阴	雨
晴	0.750	0.500	0.250
阴	0.125	0.250	0.500
雨	0.125	0.250	0.250

例如, 如果当日晴, 则第二天是晴、阴、雨的概率分别为 (第 1 列) 0.750, 0.125, 0.125; 如果当日下雨, 则第二天是晴、阴、雨的概率分别为 (第 3 列) 0.250, 0.500, 0.250. 这些概率值称为 **转移概率**, 由它们组成的矩阵

$$\boldsymbol{A} = \begin{pmatrix} 0.750 & 0.500 & 0.250 \\ 0.125 & 0.250 & 0.500 \\ 0.125 & 0.250 & 0.250 \end{pmatrix}$$

称为**转移矩阵**. 如果记今天为晴、阴、雨的概率分别为 P_1^0, P_2^0, P_3^0, 明天为晴、阴、雨的概率分别为 P_1^1, P_2^1, P_3^1, 则由全概率公式, 知

$$P_1^1 = 0.750P_1^0 + 0.500P_2^0 + 0.250P_3^0,$$
$$P_2^1 = 0.125P_1^0 + 0.250P_2^0 + 0.500P_3^0,$$
$$P_3^1 = 0.125P_1^0 + 0.250P_2^0 + 0.250P_3^0.$$

亦即, 如令

$$\boldsymbol{P}^0 = \begin{pmatrix} P_1^0 \\ P_2^0 \\ P_3^0 \end{pmatrix}, \qquad \boldsymbol{P}^1 = \begin{pmatrix} P_1^1 \\ P_2^1 \\ P_3^1 \end{pmatrix},$$

则有

$$\boldsymbol{P}^1 = \boldsymbol{A}\boldsymbol{P}^0. \tag{1}$$

因此, 如果知道了 $\boldsymbol{P}^0$, 即知道了当日天气晴、阴、雨的概率, 则由 (1) 式就可以知道第 2 天晴、阴、雨的概率 $\boldsymbol{P}^1$. 进而, 由同样的讨论可知第 3 天晴、阴、雨的概率为

$$\boldsymbol{P}^2 = \boldsymbol{A}\boldsymbol{P}^1 = \boldsymbol{A}(\boldsymbol{A}\boldsymbol{P}^0) = \boldsymbol{A}^2\boldsymbol{P}^0.$$

一般地, 第 $n+1$ 天晴、阴、雨的概率为

$$\boldsymbol{P}^n = \boldsymbol{A}^n\boldsymbol{P}^0, \quad n = 1, 2, \cdots \tag{2}$$

亦即到第 $n+1$ 天, 转移矩阵为 $\boldsymbol{A}^n$.

利用 (2) 式, 我们就可以提前作出天气预测. 例如, 如果我们已经知道 1 号晴、阴、雨的概率分别为 $0, 0.5$ 和 0.5, 要预测 4 号的天气情况, 只需计算

$$\boldsymbol{P}^3 = \boldsymbol{A}^3 \boldsymbol{P}^0 = \begin{pmatrix} 0.625 & 0.594 & 0.570 \\ 0.207 & 0.227 & 0.242 \\ 0.168 & 0.180 & 0.188 \end{pmatrix} \begin{pmatrix} 0 \\ 0.5 \\ 0.5 \end{pmatrix} = \begin{pmatrix} 0.582 \\ 0.235 \\ 0.184 \end{pmatrix},$$

就可以知道 4 号晴、阴、雨的概率大约分别为 0.58, 0.24 和 0.18. 进一步的计算可以发现, 在若干天之后, 晴、阴、雨的概率大约稳定在 0.61, 0.22 和 0.17.

　　以当前状态来预测下一段时间不同状态的概率的模型, 称为**马尔可夫链**, 在概率论中对此有深入的研究.

第十章　线性方程组

§10.1　基本概念

m 个方程 n 元线性方程组

$$\begin{cases} a_{11}x_1 + a_{12}x_2 + \cdots + a_{1n}x_n = b_1, \\ a_{21}x_1 + a_{22}x_2 + \cdots + a_{2n}x_n = b_2, \\ \cdots\cdots\cdots\cdots \\ a_{m1}x_1 + a_{m2}x_2 + \cdots + a_{mn}x_n = b_m, \end{cases} \tag{1}$$

如果记

$$\boldsymbol{A} = \begin{pmatrix} a_{11} & a_{12} & \cdots & a_{1n} \\ a_{21} & a_{22} & \cdots & a_{2n} \\ \vdots & \vdots & & \vdots \\ a_{m1} & a_{m2} & \cdots & a_{mn} \end{pmatrix}, \quad \boldsymbol{X} = \begin{pmatrix} x_1 \\ x_2 \\ \vdots \\ x_n \end{pmatrix}, \quad \boldsymbol{B} = \begin{pmatrix} b_1 \\ b_2 \\ \vdots \\ b_m \end{pmatrix},$$

则可以表示成

$$\boldsymbol{AX} = \boldsymbol{B}. \tag{2}$$

$\boldsymbol{A}$ 称为方程组 (1) 的**系数矩阵**, 而称矩阵

$$\overline{\boldsymbol{A}} = \begin{pmatrix} a_{11} & a_{12} & \cdots & a_{1n} & b_1 \\ a_{21} & a_{22} & \cdots & a_{2n} & b_2 \\ \vdots & \vdots & & \vdots & \vdots \\ a_{m1} & a_{m2} & \cdots & a_{mn} & b_m \end{pmatrix}$$

为方程组 (1) 的**增广矩阵**.

如果方程组 (1) 中 $b_1, b_2, \cdots, b_m$ 都是 0, 则称它是**齐线性方程组**.

当 $m = n$ 时, 方程组 (1) 简称为 n 元线性方程组, 其系数矩阵 $\boldsymbol{A}$ 为 n 阶方阵.

§10.2 一般线性方程组的求解

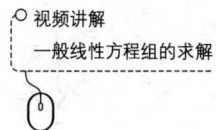

○ 视频讲解
　一般线性方程组的求解

在中学里我们已经知道, 为了求解二元线性方程组

$$\begin{cases} a_{11}x_1 + a_{12}x_2 = b_1, \\ a_{21}x_1 + a_{22}x_2 = b_2, \end{cases} \tag{1}$$

可以用加减消元法, 例如用 a_{11} 乘第二个方程减去 a_{21} 乘第一个方程, 得到

$$(a_{11}a_{22} - a_{21}a_{12})x_2 = a_{11}b_2 - a_{21}b_1,$$

当 $a_{11}a_{22} - a_{21}a_{12} \neq 0$ 时, 就得到

$$x_2 = \frac{a_{11}b_2 - a_{21}b_1}{a_{11}a_{22} - a_{21}a_{12}}. \tag{2}$$

同理, 可得

$$x_1 = \frac{a_{22}b_1 - a_{12}b_2}{a_{11}a_{22} - a_{21}a_{12}}. \tag{3}$$

对于一般的 m 个方程 n 元线性方程组

$$\boldsymbol{AX} = \boldsymbol{B}, \tag{4}$$

一个普遍可用的求解方法就是加减消元法. 这个方法实际上就是对方程组反复施以三种变换, 或者是交换其中两个方程的位置, 或者是用一个非零数去乘某个方程, 或者是用一个数乘某个方程后再加到另一个方程上去, 而所有这些变换都不会改变原来方程组的解, 因此最后所得方程组的解就是原方程组的解.

注意到对方程组的这些变换, 相当于对其增广矩阵 $\overline{\boldsymbol{A}}$ 作相应的初等行变换, 因此我们可以直接对 $\overline{\boldsymbol{A}}$ 作初等行变换来求方程组的解. 下面以例说明.

例 10.1 求解线性方程组

$$\begin{cases} 2x_1 + x_3 = 3, \\ -3x_2 + 3x_3 = 1, \\ x_1 - x_2 + 2x_3 = 0. \end{cases} \tag{5}$$

解 该方程组的增广矩阵 $\overline{\boldsymbol{A}}$ 就是例 9.3 中的矩阵. 对它施以初等行变换, 得到一个阶梯形矩阵 $\boldsymbol{A}_4$, 由 $\boldsymbol{A}_4$ 可见该方程组的系数矩阵 $\boldsymbol{A}$ 与增广矩阵 $\overline{\boldsymbol{A}}$ 具有相同的

秩,$r(\boldsymbol{A}) = r(\overline{\boldsymbol{A}}) = 3.\overline{\boldsymbol{A}}$ 的最简形为 $\boldsymbol{A}_6$, 以 $\boldsymbol{A}_6$ 作为增广矩阵的方程组

$$\begin{cases} x_1 = 10/3, \\ x_2 = -4, \\ x_3 = -11/3 \end{cases}$$

恰好给出了方程组 (5) 的解.

例 10.2　求解线性方程组

$$\begin{cases} x_1 + 2x_2 + 3x_3 = 3, \\ \qquad\quad x_2 - x_3 = 1, \\ x_1 + 4x_2 + x_3 = 0. \end{cases} \tag{6}$$

解　利用初等行变换将其增广矩阵 $\overline{\boldsymbol{A}}$ 化为阶梯形矩阵:

$$\overline{\boldsymbol{A}} = \begin{pmatrix} 1 & 2 & 3 & 3 \\ 0 & 1 & -1 & 1 \\ 1 & 4 & 1 & 0 \end{pmatrix} \xrightarrow{(-1)①+③} \begin{pmatrix} 1 & 2 & 3 & 3 \\ 0 & 1 & -1 & 1 \\ 0 & 2 & -2 & -3 \end{pmatrix}$$

$$\xrightarrow{(-2)②+③} \begin{pmatrix} 1 & 2 & 3 & 3 \\ 0 & 1 & -1 & 1 \\ 0 & 0 & 0 & -5 \end{pmatrix}.$$

最后一个矩阵第三行对应的是一个矛盾方程 $0 \cdot x_1 + 0 \cdot x_2 + 0 \cdot x_3 = -5$, 所以该方程组无解.

注意! 该方程组的系数矩阵和增广矩阵的秩不等, $r(\boldsymbol{A}) = 2, r(\overline{\boldsymbol{A}}) = 3$.

例 10.3　求解四个方程的三元线性方程组

$$\begin{cases} x_1 + 3x_2 - 2x_3 = 0, \\ 3x_1 + 2x_2 - 5x_3 = -1, \\ 2x_1 + x_2 + x_3 = -5, \\ -2x_1 + x_2 + 3x_3 = 1. \end{cases} \tag{7}$$

解　先把 $\overline{\boldsymbol{A}}$ 化为阶梯形矩阵

$$\overline{\boldsymbol{A}} = \begin{pmatrix} 1 & 3 & -2 & 0 \\ 3 & 2 & -5 & -1 \\ 2 & 1 & 1 & -5 \\ -2 & 1 & 3 & 1 \end{pmatrix} \begin{matrix} \xrightarrow{(-3)①+②} \\ \xrightarrow{(-2)①+③} \\ \xrightarrow{2①+④} \end{matrix} \begin{pmatrix} 1 & 3 & -2 & 0 \\ 0 & -7 & 1 & -1 \\ 0 & -5 & 5 & -5 \\ 0 & 7 & -1 & 1 \end{pmatrix}$$

$$\xrightarrow[\substack{②+④ \\ (-1/5)③}]{} \begin{pmatrix} 1 & 3 & -2 & 0 \\ 0 & -7 & 1 & -1 \\ 0 & 1 & -1 & 1 \\ 0 & 0 & 0 & 0 \end{pmatrix} \xrightarrow[②\leftrightarrow③]{} \begin{pmatrix} 1 & 3 & -2 & 0 \\ 0 & 1 & -1 & 1 \\ 0 & -7 & 1 & -1 \\ 0 & 0 & 0 & 0 \end{pmatrix}$$

$$\xrightarrow[\substack{(-3)②+① \\ 7②+③}]{} \begin{pmatrix} 1 & 0 & 1 & -3 \\ 0 & 1 & -1 & 1 \\ 0 & 0 & -6 & 6 \\ 0 & 0 & 0 & 0 \end{pmatrix},$$

可见 $r(\boldsymbol{A}) = r(\overline{\boldsymbol{A}}) = 3$. 再通过 $\left(-\dfrac{1}{6}\right)$ ③以及 (-1) ③+① 和 ③+②, 得最简形

$$\begin{pmatrix} 1 & 0 & 0 & -2 \\ 0 & 1 & 0 & 0 \\ 0 & 0 & 1 & -1 \\ 0 & 0 & 0 & 0 \end{pmatrix}.$$

由此可知, 方程组 (7) 中有一个方程是多余的, 它的解为

$$x_1 = -2, \quad x_2 = 0, \quad x_3 = -1.$$

例 10.4 求解线性方程组

$$\begin{cases} x_1 & +3x_2-2x_3= 0, \\ 3x_1 & +2x_2-5x_3= -1, \\ 2x_1 & -x_2 \ -3x_3= -1, \\ -2x_1+x_2 \ +3x_3= 1. \end{cases} \tag{8}$$

解 方程组 (8) 与方程组 (7) 只是第三个方程不同, 对其增广矩阵施以初等行变换, 有

$$\overline{\boldsymbol{A}} = \begin{pmatrix} 1 & 3 & -2 & 0 \\ 3 & 2 & -5 & -1 \\ 2 & -1 & -3 & -1 \\ -2 & 1 & 3 & 1 \end{pmatrix} \rightarrow \begin{pmatrix} 1 & 3 & -2 & 0 \\ 0 & -7 & 1 & -1 \\ 0 & -7 & 1 & -1 \\ 0 & 7 & -1 & 1 \end{pmatrix}$$

$$\rightarrow \begin{pmatrix} 1 & 3 & -2 & 0 \\ 0 & -7 & 1 & -1 \\ 0 & 0 & 0 & 0 \\ 0 & 0 & 0 & 0 \end{pmatrix},$$

$r(\boldsymbol{A}) = r(\overline{\boldsymbol{A}}) = 2$, 且方程组 (8) 的后两个方程是多余的, 它与方程组

$$\begin{cases} x_1 + 3x_2 - 2x_3 = 0, \\ \quad -7x_2 + x_3 = -1 \end{cases} \text{或} \begin{cases} x_1 + 3x_2 = 2x_3, \\ \quad -7x_2 = -1 - x_3 \end{cases} \tag{9}$$

同解. 对于方程组 (9), 只要任意给定 x_3 的值就可唯一地确定 x_1 和 x_2 的值, 从而得到方程组 (9) 因而也是方程组 (8) 的一个解, 因此该方程组有无穷多个解. x_3 称为 **自由未知量**. 显然, 在方程组 (9) 的第一式中消去 x_2 可以得到

$$\begin{cases} x_1 = \dfrac{-3}{7} + \dfrac{11}{7}x_3, \\ x_2 = \dfrac{1}{7} + \dfrac{1}{7}x_3. \end{cases}$$

如果令 $x_3 = C, C$ 为任意常数, 则得到方程组 (8) 的所有解为

$$\begin{cases} x_1 = \dfrac{-3}{7} + \dfrac{11}{7}C, \\ x_2 = \dfrac{1}{7} + \dfrac{1}{7}C, \\ x_3 = C. \end{cases}$$

注意方程组 (8) 有 3 个未知量, $r(\boldsymbol{A}) = r(\overline{\boldsymbol{A}}) = 2 < 3$, 有 $3 - 2 = 1$ 个自由未知量.

一般地, 可以证明, m 个方程 n 元线性方程组 (4) 有解的充分必要条件是 $r(\boldsymbol{A}) = r(\overline{\boldsymbol{A}})$. 当方程组 (4) 有解时, 若 $r(\boldsymbol{A}) = n$, 则解唯一; 若 $r(\boldsymbol{A}) < n$, 则有无穷多解, 自由未知量有 $n - r(\boldsymbol{A})$ 个.

因为恒有 $r(\boldsymbol{A}) \leqslant \min\{m, n\}$, 因此, 如果 $m < n$, 则当方程组 (4) 有解时, 必有无穷多解.

又因对于齐线性方程组而言, 必有 $r(\boldsymbol{A}) = r(\overline{\boldsymbol{A}})$, 因此齐线性方程组一定有解; 当 $r(\boldsymbol{A}) < n$ 时, 有无穷多解.

具体求解步骤如下:

(1) 写出线性方程组的增广矩阵 $\overline{\boldsymbol{A}}$;

(2) 利用初等行变换将 $\overline{\boldsymbol{A}}$ 化为阶梯形矩阵;

(3) $r(\overline{\boldsymbol{A}})$ 等于阶梯形矩阵主元素的个数, $r(\boldsymbol{A})$ 等于不含最后一列的主元素的个数. 若 $r(\overline{\boldsymbol{A}}) \neq r(\boldsymbol{A})$, 则线性方程组无解; 若 $r(\overline{\boldsymbol{A}}) = r(\boldsymbol{A})$, 则线性方程组有解;

(4) 如果有解, 进一步把阶梯形矩阵化成最简形;

(5) 写出与最简形对应的线性方程组, 把与主元素对应的未知量放在方程的左边, 如果还有其他的未知量, 则将它们移到右边作为自由未知量;

(6) 令自由未知量等于任意常数, 写出原方程组的解.

习　题　10.2

利用初等行变换求解下列线性方程组:

1. $\begin{cases} 2x_1 - 3x_2 = 5, \\ x_1 + 5x_2 = -4. \end{cases}$
　　　2. $\begin{cases} x_1 + 2x_2 - 2x_3 = 5, \\ 3x_1 + 2x_2 - 5x_3 = 10. \end{cases}$

3. $\begin{cases} x_1 + 2x_2 - 2x_3 = 5, \\ 3x_1 + 2x_2 - 5x_3 = 10, \\ 2x_1 - x_2 - 3x_3 = 4, \\ 2x_1 + x_2 + 3x_3 = 0. \end{cases}$
　　4. $\begin{cases} x_1 + 2x_2 - 2x_3 = 0, \\ 3x_1 + 2x_2 - 5x_3 = 0, \\ 2x_1 - x_2 - 3x_3 = 0, \\ 2x_1 + 3x_2 - 4x_3 = 0. \end{cases}$

§10.3　行列式与克拉默法则

求解线性方程组也可利用行列式与克拉默法则.

一、行列式的定义

n 阶行列式 (determinant)

$$\begin{vmatrix} a_{11} & a_{12} & \cdots & a_{1n} \\ a_{21} & a_{22} & \cdots & a_{2n} \\ \vdots & \vdots & & \vdots \\ a_{n1} & a_{n2} & \cdots & a_{nn} \end{vmatrix} \tag{1}$$

是一个数, 它可递推地加以定义, 为此需要先定义两个概念:

定义 10.1　在 n 阶行列式中, 划去元 a_{ij} 所在的第 i 行、第 j 列的元, 剩下的元按原来

的排列顺序组成的 $n-1$ 阶行列式

$$
\begin{vmatrix}
a_{11} & \cdots & a_{1,j-1} & a_{1,j+1} & \cdots & a_{1n} \\
\vdots & & & & & \\
a_{i-1,1} & \cdots & a_{i-1,j-1} & a_{i-1,j+1} & \cdots & a_{i-1,n} \\
a_{i+1,1} & \cdots & a_{i+1,j-1} & a_{i+1,j+1} & \cdots & a_{i+1,n} \\
\vdots & & \vdots & \vdots & & \vdots \\
a_{n1} & \cdots & a_{n,j-1} & a_{n,j+1} & \cdots & a_{nn}
\end{vmatrix}
$$

称为元 a_{ij} 的**余子式**, 记作 M_{ij}, 而称

$$
A_{ij} = (-1)^{i+j} M_{ij}
$$

为元 a_{ij} 的**代数余子式**, $i, j = 1, 2, \cdots, n$.

定义 10.2   二阶行列式定义为

$$
\begin{vmatrix}
a_{11} & a_{12} \\
a_{21} & a_{22}
\end{vmatrix} = a_{11}a_{22} - a_{12}a_{21} = a_{11}A_{11} + a_{12}A_{12}. \tag{2}
$$

定义 10.3   假设 $n-1(n > 2)$ 阶行列式已有定义, 则 n 阶行列式 (1), 简记为 d, 定义为

$$
d = a_{11}A_{11} + a_{12}A_{12} + \cdots + a_{1n}A_{1n} = \sum_{j=1}^{n} a_{1j}A_{1j}. \tag{3}
$$

上式就是行列式 d 的第 1 行的元 a_{1j} 和其代数余子式 A_{1j} 的乘积之和. 因此, (3) 式也称为 d 按第 1 行的展开式.

可以证明, 行列式 d 按任何一行或按任何一列展开的结果都是一样的. 亦即

$$
\begin{aligned}
d &= \sum_{j=1}^{n} a_{ij}A_{ij} \quad (i = 1, 2, \cdots, n) \\
&= \sum_{i=1}^{n} a_{ij}A_{ij} \quad (j = 1, 2, \cdots, n).
\end{aligned}
$$

例如将三阶行列式按第一行展开, 得

$$
\begin{vmatrix}
a_1 & a_2 & a_3 \\
b_1 & b_2 & b_3 \\
c_1 & c_2 & c_3
\end{vmatrix} = a_1 \begin{vmatrix} b_2 & b_3 \\ c_2 & c_3 \end{vmatrix} - a_2 \begin{vmatrix} b_1 & b_3 \\ c_1 & c_3 \end{vmatrix} + a_3 \begin{vmatrix} b_1 & b_2 \\ c_1 & c_2 \end{vmatrix}
$$

$$= a_1(b_2c_3 - b_3c_2) - a_2(b_1c_3 - b_3c_1) + a_3(b_1c_2 - b_2c_1)$$
$$= a_1b_2c_3 + a_2b_3c_1 + a_3b_1c_2 - a_3b_2c_1 - a_2b_1c_3 - a_1b_3c_2.$$

这正是中学里介绍的计算三阶行列式的公式.

例 10.5 计算行列式

$$d = \begin{vmatrix} 1 & 2 & 3 \\ 0 & 1 & -1 \\ -1 & 4 & 1 \end{vmatrix}.$$

解 注意到 d 的第 1 列含有数 0, 将它按第 1 列展开比较方便:

$$d = 1 \times (-1)^{1+1} \begin{vmatrix} 1 & -1 \\ 4 & 1 \end{vmatrix} + 0 + (-1) \times (-1)^{3+1} \begin{vmatrix} 2 & 3 \\ 1 & -1 \end{vmatrix}$$

$$= 5 + 0 + 5 = 10.$$

注意余子式前面的符号相继正负相间. 建议读者再按 d 的第 1 行展开, 验证计算结果相同, 同时体会按含有数 0 的行或列来展开会给计算带来方便.

定义 10.4 方阵 $\boldsymbol{A} = (a_{ij})_{n \times n}$ 的行列式如同 (1) 式, 记作 $|\boldsymbol{A}|$ 或 $\det \boldsymbol{A}$.

定义 10.5 n 元线性方程组的系数矩阵的行列式称为该方程组的**系数行列式**.

二、 行列式的性质

性质 10.1 行列式转置, 其值不变.

性质 10.1 表明, 行列式中行与列的地位是对称的, 因此关于行的性质对列也成立, 下面几个性质只对行给出.

性质 10.2 交换两行, 其值变号.

因此, 如果 d 有两行的元相同, 则 $d = 0$.

性质 10.3 行列式某行的公因子可以提到行列式外面来.

因此, 数 k 乘行列式, 相当于用 k 乘其中的某一行. 例如

$$\begin{vmatrix} 10 & -5 \\ 4 & 1 \end{vmatrix} = 5 \times \begin{vmatrix} 2 & -1 \\ 4 & 1 \end{vmatrix} = 5 \times (2 + 4) = 30.$$

由性质 10.3 可知, 若行列式 d 中有一行的元全为零, 则 $d = 0$. 又若 d 中有两行的元成比例, 也有 $d = 0$(提出比例因子后这两行的元相同).

性质 10.4　如果行列式某一行是两组数的和, 则它等于两个行列式的和:

$$\begin{vmatrix} a_{11} & \cdots & a_{1n} \\ \vdots & & \vdots \\ b_1+c_1 & \cdots & b_n+c_n \\ \vdots & & \vdots \\ a_{n1} & \cdots & a_{nn} \end{vmatrix} = \begin{vmatrix} a_{11} & \cdots & a_{1n} \\ \vdots & & \vdots \\ b_1 & \cdots & b_n \\ \vdots & & \vdots \\ a_{n1} & \cdots & a_{nn} \end{vmatrix} + \begin{vmatrix} a_{11} & \cdots & a_{1n} \\ \vdots & & \vdots \\ c_1 & \cdots & c_n \\ \vdots & & \vdots \\ a_{n1} & \cdots & a_{nn} \end{vmatrix}.$$

性质 10.5　将行列式某行的 k 倍加到另一行上, 其值不变.

性质 10.6　n 阶方阵 $\boldsymbol{A}, \boldsymbol{B}$ 乘积的行列式等于它们行列式的乘积: $|\boldsymbol{AB}| = |\boldsymbol{A}||\boldsymbol{B}|$.

例 10.6　计算行列式

$$\begin{vmatrix} 0 & 2 & 1 & 0 \\ 1 & -1 & 0 & -1 \\ 2 & 1 & 1 & -1 \\ 1 & 1 & 1 & 1 \end{vmatrix}.$$

解　由性质 10.5, 利用矩阵行变换的记号, (-2) ②+③和 (-1) ②+④, 得

$$\begin{vmatrix} 0 & 2 & 1 & 0 \\ 1 & -1 & 0 & -1 \\ 2 & 1 & 1 & -1 \\ 1 & 1 & 1 & 1 \end{vmatrix} = \begin{vmatrix} 0 & 2 & 1 & 0 \\ 1 & -1 & 0 & -1 \\ 0 & 3 & 1 & 1 \\ 0 & 2 & 1 & 2 \end{vmatrix} \text{(依第一列展开)}$$

$$= -\begin{vmatrix} 2 & 1 & 0 \\ 3 & 1 & 1 \\ 2 & 1 & 2 \end{vmatrix} ((-1) \text{①}+\text{③})$$

$$= -\begin{vmatrix} 2 & 1 & 0 \\ 3 & 1 & 1 \\ 0 & 0 & 2 \end{vmatrix} \text{(依第三行展开)}$$

$$= -2\begin{vmatrix} 2 & 1 \\ 3 & 1 \end{vmatrix} = 2.$$

三、克拉默法则

§10.2 中用加减消元法得到的二元线性方程组 (1) 的解 (2) 式和 (3) 式用行列式表示, 就是

$$x_1 = \frac{\begin{vmatrix} b_1 & a_{12} \\ b_2 & a_{22} \end{vmatrix}}{\begin{vmatrix} a_{11} & a_{12} \\ a_{21} & a_{22} \end{vmatrix}}, \qquad x_2 = \frac{\begin{vmatrix} a_{11} & b_1 \\ a_{21} & b_2 \end{vmatrix}}{\begin{vmatrix} a_{11} & a_{12} \\ a_{21} & a_{22} \end{vmatrix}}. \tag{4}$$

上式的分母是该方程组的系数行列式 $|\boldsymbol{A}|$, 如用 $|\boldsymbol{B}_k|$ 表示将 $|\boldsymbol{A}|$ 中第 k 列的元换成常数项后得到的行列式, 则 (4) 式就是

$$x_k = \frac{|\boldsymbol{B}_k|}{|\boldsymbol{A}|}, \quad k = 1, 2. \tag{5}$$

一般地, 如果 n 元线性方程组的系数行列式 $|\boldsymbol{A}| \neq 0$, 则它有唯一解

$$x_k = \frac{|\boldsymbol{B}_k|}{|\boldsymbol{A}|}, \quad k = 1, 2, \cdots, n. \tag{6}$$

这就是关于求解线性方程组的**克拉默** (G.Cramer, 1704— 1752)**法则**.

如例 10.1 中的方程组的系数行列式

$$|\boldsymbol{A}| = \begin{vmatrix} 2 & 0 & 1 \\ 0 & -3 & 3 \\ 1 & -1 & 2 \end{vmatrix} = -3 \neq 0,$$

故该方程组有唯一解. 又

$$|\boldsymbol{B}_1| = \begin{vmatrix} 3 & 0 & 1 \\ 1 & -3 & 3 \\ 0 & -1 & 2 \end{vmatrix} = -10, \quad |\boldsymbol{B}_2| = \begin{vmatrix} 2 & 3 & 1 \\ 0 & 1 & 3 \\ 1 & 0 & 2 \end{vmatrix} = 12, \quad |\boldsymbol{B}_3| = \begin{vmatrix} 2 & 0 & 3 \\ 0 & -3 & 1 \\ 1 & -1 & 0 \end{vmatrix} = 11,$$

所以方程组的解为

$$x_1 = 10/3, \quad x_2 = -4, \quad x_3 = -11/3.$$

克拉默法则只适用于系数矩阵为方阵, 且其行列式不等于零的线性方程组, 不如初等行变换应用广, 但对于二元、三元线性方程组和一些特殊类型的线性方程组用克拉默法则求解还是比较方便的.

此外, 由克拉默法则可知, 如果 n 元齐次线性方程组的系数行列式不等于零, 它就只有零解. 换句话说, 如果 n 元齐次线性方程组有非零解, 则它的系数行列式必定等于零.

注 10.1 矩阵的秩还可利用行列式定义如下:

在矩阵 $\boldsymbol{A}_{mn}$ 中, 任意选定 k 行 k 列, k 不超过 m 和 n, 位于这些行和列交叉点上的 k^2 个元按原来顺序组成的一个 k 阶行列式, 称为 $\boldsymbol{A}$ 的一个 k 阶**子式**.

如果矩阵 $\boldsymbol{A}_{mn}$ 中存在一个 k 阶子式不为零, 而所有的 $k+1$ 阶子式全为零, 则称 $\boldsymbol{A}$ 的**秩**为 k, 记作 $r(\boldsymbol{A})=k$.

因为初等行变换不会改变矩阵的子式是否为零的性质, 因此这一定义与定义 9.4 是等价的. 通常利用初等变换求矩阵的秩比较方便.

注 10.2　可以证明, 方阵 $\boldsymbol{A}$ 有逆矩阵的充分必要条件是 $|\boldsymbol{A}|\neq 0$. 当 $|\boldsymbol{A}|\neq 0$ 时, $\boldsymbol{A}$ 有逆矩阵

$$\boldsymbol{A}^{-1}=\frac{1}{|\boldsymbol{A}|}\boldsymbol{A}^{*},$$

式中

$$\boldsymbol{A}^{*}=\begin{pmatrix} A_{11} & A_{21} & \cdots & A_{n1} \\ A_{12} & A_{22} & \cdots & A_{n2} \\ \vdots & \vdots & & \vdots \\ A_{1n} & A_{2n} & \cdots & A_{nn} \end{pmatrix}$$

称为矩阵 $\boldsymbol{A}$ 的**伴随矩阵**, 其中 A_{ij} 是 $\boldsymbol{A}$ 的元 a_{ij} 的代数余子式. 应当注意的是, $\boldsymbol{A}^{*}$ 的第 i 行是矩阵 $\boldsymbol{A}$ 第 i 列元的代数余子式.

注 10.3　当 $|\boldsymbol{A}|\neq 0$ 时, $\boldsymbol{A}$ 可逆, 用 $\boldsymbol{A}^{-1}$ 去乘矩阵等式 $\boldsymbol{AX}=\boldsymbol{B}$ 的两边: $\boldsymbol{A}^{-1}\boldsymbol{AX}=\boldsymbol{A}^{-1}\boldsymbol{B}$, 由此即得方程组的解为

$$\boldsymbol{X}=\boldsymbol{A}^{-1}\boldsymbol{B}. \tag{7}$$

如例 10.1, 其系数矩阵的逆矩阵 $\boldsymbol{A}^{-1}$ 利用习题 9.2 第 1 题中矩阵 $\boldsymbol{C}$ 的结果, 则有

$$\boldsymbol{A}^{-1}\boldsymbol{B}=\begin{pmatrix} 1 & 1/3 & -1 \\ -1 & -1 & 2 \\ -1 & -2/3 & 2 \end{pmatrix}\begin{pmatrix} 3 \\ 1 \\ 0 \end{pmatrix}=\begin{pmatrix} 10/3 \\ -4 \\ -11/3 \end{pmatrix}.$$

由此即得该方程组的解.

习　题　10.3

1. 计算下列行列式:

$$\begin{vmatrix} 2 & 1 \\ -3 & 3 \end{vmatrix},\quad \begin{vmatrix} 2 & 0 & -1 \\ 1 & 2 & 3 \\ -1 & 1 & 4 \end{vmatrix},\quad \begin{vmatrix} 1 & -1 & 1 & 0 \\ 1 & 0 & 2 & 1 \\ -1 & -1 & 1 & 2 \\ 0 & 1 & 3 & 1 \end{vmatrix}.$$

2. 用克拉默法则求解下列线性方程组:

$$(1)\quad \begin{cases} 2x_1 - 3x_2 = 1, \\ 5x_1 - 4x_2 = 7. \end{cases} \qquad\qquad (2)\quad \begin{cases} x_1 \quad + 2x_2 + x_3 = 3, \\ -2x_1 + x_2 - x_3 = -3, \\ x_1 \quad - 4x_2 + 2x_3 = -5. \end{cases}$$

阅读材料 9　《九章算术》中的消元法

至迟在公元前 1 世纪成书的《九章算术》是中国古典数学中最重要的著作. 书中给出的求解线性方程组的消元法要比欧洲早 1600 年.

以该书"方程"章第一题为例："今有上禾三秉, 中禾二秉, 下禾一秉, 实三十九斗; 上禾二秉, 中禾三秉, 下禾一秉, 实三十四斗; 上禾一秉, 中禾二秉, 下禾三秉, 实二十六斗. 问上中下禾实一秉各几何?"题中"禾"为黍米, "秉"指捆, "实"是打下来的粮食, 要求上、中、下禾各一秉打下的粮食. 如设它们分别为 x, y, z（斗）, 则问题相当于求解一个三元一次联立方程组:

$$\begin{cases} 3x + 2y + z = 39, \\ 2x + 3y + z = 34, \\ x + 2y + 3z = 26. \end{cases}$$

《九章算术》没有表示未知数的符号, 是用算筹将 x, y, z 的系数和常数项排成一个长方阵, 自右至左纵向排列, 如图 10.1 所示, 只是将筹算数码换成阿拉伯数字. 这就是"方程"名称的来源."方程术"的算法叫"遍乘直除", 用于本题就是先用图 10.1 右列上禾 (x) 的系数 3 "遍乘"中列和左列各数, 然后从所得结果按列分别"直除"右列, 即连续减去右列对应各数, 就得到图 10.2 所示的新方程. 其次, 以图 10.2 中列中禾 (y) 的系数 5 "遍乘"左列各数再"直除"中列并约分, 得图 10.3 所示新方程; 第三步, 以图 10.3 左列下禾 (z) 的系数 4 "遍乘"中列和右列各数再分别"直除"左列并约分, 得图 10.4 所示新方程; 第四步, 以图 10.4 中列中禾 (y) 的系数 4 "遍乘"右列各数再"直除"中列并约分, 得图 10.5 所示新方程. 由此即得

$$\text{上禾 } (x) = 9\frac{1}{4}, \quad \text{中禾 } (y) = 4\frac{1}{4}, \quad \text{下禾 } (z) = 2\frac{3}{4}.$$

显然, "遍乘直除"法本质上就是我们介绍的求解线性方程组的初等行变换法.

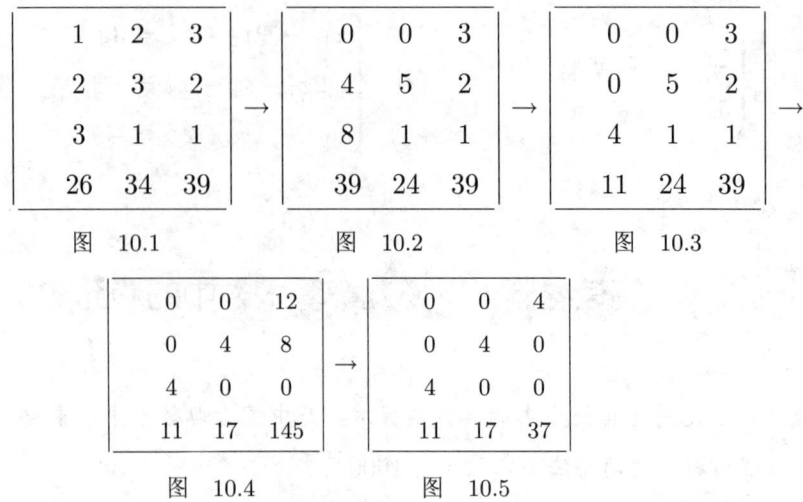

图 10.1　　　　　　　图 10.2　　　　　　　图 10.3

图 10.4　　　　　　　图 10.5

阅读材料 10　异军突起的数理经济学

作为一门学科的经济学是随着产业革命一起出现的.在其发展过程中始终离不开数学工具和数学方法的使用.以亚当·斯密、李嘉图等人为代表的古典学派使用的主要只是算术而已,19 世纪中叶以后,微积分才进入经济学领域.瓦尔拉斯和杰文斯提出了"边际效用理论",杰文斯还指出经济学的本性是数学的,数学方法是使经济学进步的必要条件.此后形成了边际效用学派.1874 年瓦尔拉斯提出了著名的"一般经济均衡论",他认为每个消费者和生产者都在可选择的范围内作出使自己获得最大经济效益的选择,其结果将导致市场的供需正好平衡.他还给出了产品市场供求平衡的联立方程组.但这一理论的关键问题:证明存在使得供需平衡的商品价格即所谓平衡价格,直到 80 年后才解决.

从 20 世纪 30 年代起,数学与经济学的交叉渗透沿着两个方向加速发展并取得了巨大的成就.

一个方向是运用数理统计方法,根据实际统计数据,对经济系统数学模型的参数进行估计,进而检验理论并进行经济预测,产生了**计量经济学** (econometrics).其开拓者挪威数理统计学博士弗里希 (R.Frisch, 1895— 1973) 和荷兰物理学博士丁伯根 (J.Tinbergen, 1903— 1994) 于 1969 年分获第一届诺贝尔经济学奖.社会学硕士、经济学博士,具有极好数学基础的美籍俄裔经济学家列昂惕夫 (W.Leontief, 1906— 1999) 利用线性代数的理论和方法,研究一个经济系统(企业、地区、国家等)的各部门之间错综复杂的联系,建立相应的数学模型,用于经济分析和预测,创立了**投入产出分析**方法,因此获得 1973 年诺贝尔经济学奖.1980 年诺贝尔经济学奖获得者、美国学者克莱因 (L.R.Klein, 1920— 2013) 对于大范围经济计量模型编制和预测作出了重大贡献. 他是文学硕士、哲学博士, 但对数学有浓厚的兴趣, 在校期间选修过所有能选到的数学课程.

另一个方向是运用现代数学方法来描述已有的经济理论, 并进行推理、证明, 产生了数学化的经济学**数理经济学** (mathematical economics), 并异军突起迅速发展. 数理经济学首先建立描述经济系统中各变量之间关系的方程组, 然后解方程并讨论解的存在性、稳定性、合理性、能控性、一定时间内到达合理轨道的能达性. 就方法论而言, 计量经济学用的是归纳法, 数理经济学用的是演绎法.

哈佛大学经济学博士、麻省理工学院经济学教授萨缪尔森 (P.A.Samuelson, 1915—2009) 荣获 1970 年诺贝尔经济学奖. 他在 1947 年出版的博士论文《经济分析基础》中, 提出所有经济行为的研究都可以直接或间接地运用数学分析的方法来解决最大化的问题, 这是现代经济学家观点转变的重要里程碑. 他应用数学语言在经济学的广泛领域中进行了重新验证. 他还和珀曼 (R.Porman) 及索洛 (R.Solow) 合著《线性规划和经济分析》, 成功地将价格理论、线性规划和经济增长结合在一起.

1954 年, 美国学者阿罗和德布鲁发表了经典论文《竞争经济均衡的存在》, 他们运用拓扑学中的不动点定理, 在很一般的假设条件下对平衡价格的存在性给出了严格的数学证明, 彻底解决了瓦尔拉斯的一般均衡理论中遗留的关键问题. 阿罗是数学硕士、经济学博士, 斯坦福大学经济学、运筹学教授. 他还在 1951 年的博士论文《社会选择与个人价值》中, 运用数理逻辑的方法严格证明了 "不可能性定理" (由个体偏好不可能形成合理的群体决策), 奠定了现代社会选择理论的基础. 阿罗由于对**一般均衡理论**和福利理论的贡献, 1972 年获诺贝尔经济学奖.

德布鲁出生于法国, 1945 年底在巴黎高等师范学校毕业后就着手将数学理论应用于经济学的研究. 1948 年去美国, 继与阿罗合作证明了一般均衡的存在性之后, 1959 年又出版了名著《价值理论: 经济均衡的公理分析》, 他运用集合论和拓扑学, 而不是微积分和矩阵代数, 成功地以最简练最精确的方法阐述了竞争价格理论的传统结论. 1970 年他又运用微分拓扑中的萨德 (Sard) 定理证明了那种不具有局部唯一平衡性的经济可以忽略不计. 德布鲁是加利福尼亚大学伯克利分校经济学和数学教授. 由于他运用抽象分析法和纯数学模型重新全面构造了一般经济均衡理论, 于 1983 年获诺贝尔经济学奖.

苏联杰出的数学家康托罗维奇 (Л.В.Канторович, 1912— 1986) 在数学的许多领域有过重要贡献, 他在 1975 年荣获诺贝尔经济学奖是因为他发现了**线性规划**方法, 并对最优资源配置理论作出了贡献. 1938 年, 列宁格勒一家胶合板工厂遇到了一大难题: 如何给 8 台车床安排 5 种规格的胶合板产量, 使得能够按给定的比例来生产最终产品. 时任列宁格勒大学教授的康托罗维奇, 从这个特殊问题入手, 给出了这样一类关于在约束条件下目标函数的最大化问题的一般解决方法, 即后来被美国学者丹齐格称之为的线性规划. 康托罗维奇还探讨了数量配给的构成与价格构成之间的对偶性概念和影子价格的概念. 他的《生产组织和计划中的数学方法》(1939) 和《经济资源的最佳利用》(1959) 被认为是数理经济学和管理科学早期的经典著作. 丹齐格也独立地发现了线性规划, 并在 1947 年给出了计算线性规划问题的 "单纯形法".

　　20 世纪 40 年代以来, **对策论** (Game Theory) 在经济学中的应用取得了巨大的成就. 对策论又叫做**博弈论**. 在社会生活中, 从小赌输赢的扑克游戏到生死攸关的企业竞争, 从错综复杂的政治角逐到刀光剑影的军事交锋, 运用何种策略才有最佳效果? 采取什么对策才是取胜之道? 一些数学家建立了现代对策论, 找到了答案. 1928 年, 冯·诺伊曼 (J.L.von Neumann, 1903— 1957) 证明了在任何一人所得恰是另一人所失的两人对抗中, 总是存在一种双方应使用的可能的最佳对策. 制胜的最好对策, 就是研究所有的选择, 算出它们可能的最坏的结果, 然后选取坏处最小的一个策略. 这就是**极小化极大定理**. 1944 年, 他与奥地利经济学家莫根施特恩合作的名著《对策论与经济行为》出版, 书中提出了标准型、扩展型和合作型博弈模型解的概念和分析方法, 奠定了现代对策论的基础. 普林斯顿大学数学系博士研究生纳什 (J.F.Nash, 1928— 2015), 进一步研究了非合作博弈与非零和对策, 1950 年和 1951 年发表的论文:《N 人博弈的均衡点》《讨价还价问题》和《非合作博弈》, 在一般意义上定义了非合作博弈的均衡解, 并证明了均衡解的存在, 奠定了非合作博弈论的基础. 他所定义的均衡现通称为 "**纳什均衡**". 在一博弈中, 由各个博弈方的各一个策略组成的一个策略组合称为该博弈的一个纳什均衡, 如果其中任一博弈方的策略, 都是对其余博弈方策略的组合的最佳对策. 也就是说, 在构成 "纳什均衡" 的策略组合中, 任何参与者单独改变策略都不会给自己带来任何好处. 例如, 甲是国内企业, 乙是国外企业. 产品 A 必须由甲、乙合作才能成功生产, 双方的产值均可达到 10 亿美元; 产品 B 甲、乙均可单独生产, 但产值只有 5 亿美元. 两企业可能做出的策略组合有四种: (A, A), (A, B), (B, A), (B, B), 相应的产值为: $(10, 10)$, $(0, 5)$, $(5, 0)$, $(5, 5)$. 这里 (A, A) 和 (B, B) 都是纳什均衡, 因为其中任何一方单方面改变策略都不会给自己带来好处.

　　纳什均衡是对策论的核心, 也是争议的源泉, 原因之一是纳什均衡对博弈者来说并非一定是最好的策略, 而且即使最好的策略组合是纳什均衡, 但因纳什均衡常常不止一个, 博弈者不知道应该如何选择. 例如 A、B 两人开车冲向悬崖边, 首先胆怯而放弃的人算输. 这时有两个纳什均衡: A 放弃时 B 继续向前开, 或是在 A 朝前开时 B 放弃. 但 A、B 彼此无法料定对方的策略, 如果两人都继续向前开, 结果是一场灾难; 如果两人都放弃也就是一起输, 将是较好的结果, 但这并不是一个纳什均衡.

　　从纳什之后, 对策论研究者分为两大阵营: 一方集中考察一些经典博弈来揭示问题的精髓; 另一方寻求将对策论加以拓展, 使之更符合现实. 两大派别在经济学、社会学、政治学、生物学等领域都取得了重要成果. 20 世纪 80 年代以来, 对策论迅速成为主流经济学的重要组成部分, 其研究对象包括不完全竞争、市场均衡、谈判、产品质量、保险、委托 — 代理关系、歧视、公共物品等微观领域, 并已扩展到宏观经济学、产业组织理论等. 对策论告诉人们, 要达到某种目的, 最重要的是要设计出一种 "激励相容的机制", 这样才可能实现个人理性与集体理性的一致. 1994 年的诺贝尔经济学奖授予了为建立和发展对策论作出重要贡献的数学家纳什及泽尔腾、豪尔绍尼.

20 世纪 70 年代以后, 随机分析进入了经济学领域, 1973 年布莱克和斯科尔斯 (S.Scholes, 1941—　) 将期权定价问题归结为一个随机微分方程的解, 从而导出了相当符合实际的布莱克 — 斯科尔斯期权定价公式, 在**金融数学**方面取得突破. 此后, 默顿 (R.C.Merton, 1944—　) 进一步完善了布莱克 — 斯科尔斯理论. 默顿和斯科尔斯荣获 1997 年度诺贝尔经济学奖 (已去世的布莱克未能分享这一荣誉).

经济现象是极其复杂的社会现象, 几乎所有的数学分支, 包括 20 世纪 70 年代诞生的混沌动力学, 都被应用到经济学的研究之中, 这种交叉渗透也极大地促进了数学的发展. 值得一说的是, 在诺贝尔奖中原来既无数学奖, 也无经济学奖. 1969 年瑞典国家银行出资设立了诺贝尔经济学奖, 自 1969 年颁奖以来, 获奖者大都有极好的数学功底, 有些就是数学家兼经济学家. 有兴趣的可查看 B.S. 卡茨著《诺贝尔经济学奖获得者传记辞典》(香玲等译, 中国财政经济出版社, 1991) 等资料.

第四篇

数学科学精神与思想方法

在绝对真理的长河中, 人们对于在各个一定发展阶段上的具体过程的认识只具有相对的真理性. 无数相对的真理之总和, 就是绝对的真理.

毛泽东

在科学上面是没有平坦的大路可走的, 只有那在崎岖小路的攀登上不畏劳苦的人, 才有希望到达光辉的顶点.

马克思

课本中字斟句酌的叙述, 未能表现出创造过程的斗争、挫折, 以及在建立一个可观的结构之前, 数学家所经历的艰苦漫长的道路. 学生一旦认识到这一点, 他将不仅获得真知灼见, 还将获得顽强地追求他所攻问题的勇气, 并且不会因为自己的工作并非完美无缺而感到颓丧. 实在说, 叙述数学家如何跌跤, 如何在迷雾中摸索前进, 并且如何零零碎碎地得到他们的成果, 应能使搞研究工作的任一新手鼓起勇气.

M. 克莱因

数学中每一步真正的进展都与更有力的工具和更简单的方法的发现密切联系着, 这些工具和方法同时会有助于理解已有的理论并把陈旧的、复杂的东西抛到一边. 数学科学发展的这种特点是根深蒂固的. 因此, 对于个别的数学工作者来说, 只要掌握了这些有力的工具和简单的方法, 他就有可能在数学的各个分支中比其他科学更容易地找到前进的道路.

D. 希尔伯特

数学在它五千多年的发展过程中, 为人类社会的物质文明和精神文明的不断进步发挥了重要作用, 作出了巨大贡献. 我们在学习前人积累、创造、发展的数学知识, 在赞叹数学宝库的浩瀚、数学方法的精巧、数学思想的奇妙、数学家们的睿智的时候, 更应当回顾前人锲而不舍探求真理的艰辛历程, 汲取数学科学内在的精神, 领悟数学的思想和方法, 这样才能在学习数学知识的基础上, 进一步领会数学科学的真谛, 并自觉地运用数学科学的精神、思想和方法来指导、帮助或改进我们的学习、工作和生活. 做到了这一点, 才是学习数学的最大收获.

本篇我们选取一些对人类文明的发展起过重要作用、在深化人类对世界的认识或推动人类对世界的改造方面有某种里程碑意义的主题，抓住主要的线索和本质的内容，介绍数学文化的丰富内涵和古今中外一些著名数学家的优秀品质及历史功绩，揭示数学科学的精神，说明数学的思想与方法.

第十一章　数学科学精神——数学史话五题

§11.1　数学的三次危机

数学追求至善至美的境界, 数学遵循严格的逻辑原则, 进行精确的推演论证. 虽然数学常常借助于经验和直觉, 往往也并非尽善尽美, 但如同人的眼睛里容不得一点沙尘一样, 在数学体系中不容许有半点逻辑的缺陷和基本原理的漏洞, 一旦发现, 就要弥补和克服. 在数学发展史上曾出现过三次大的问题, 因为每次都涉及数学理论的根基, 所以史称数学的三次危机, 而它们又都与悖论有关.

一、何谓悖论

从字面上讲, 悖论就是违背道理的理论. 悖论也常指一种导致逻辑矛盾的命题, 由其真可推出其假, 而由其假又可推出其真. 我们来看几个著名的例子:

柏拉图与苏格拉底悖论 柏拉图调侃他的老师: "苏格拉底老师下面的话是假话." 苏格拉底回答说: "柏拉图上面的话是对的." 苏格拉底的话是真是假?

芝诺悖论 古希腊数学家芝诺提出过几个著名的悖论, 其中有一个是说希腊一位善跑的名将阿基里斯永远追不上一只乌龟, 因为若乌龟的起跑点领先一段距离, 阿基里斯必须首先跑到乌龟的出发点, 而在这段时间里乌龟又向前爬过一段距离, 如此直至无穷. 这一推理显然与常识不符, 你能用数学知识加以说明吗?

伽利略悖论 伽利略将全体正整数的集合 $\{n\}$ 与它的一个真子集 $\{n^2\}$ 进行比较, 他将 n 与 n^2 相对应, 从而得到结论: 前者的元素并不比后者多, 但根据 "整体大于部分" 这一条公理, 前者的元素又应比后者多. 你知道问题出在哪里吗?

理查德悖论 1905 年理查德给出过这样一个悖论: 每个正整数均可用有限多个英文字母来描述. 如果一个字母重复出现几次就算几个字母, 则 3(three) 由 5 个字母描述, 100(hundred) 由 7 个字母描述. 当然还可用短语来描述数, 例如 100 可用 "小于 101 的最大正整数" 或 "大于 99 的最小正整数" 等短语来描述. 如果将 "一切至多只用 100 个英文字母就能描述的正整数的集合" 记为 S, 则 S 中最多只有 27^{100} 个元素 (因为共有 100 个位置, 每个位置上都有 26 个英文字母可选, 或者空位, 亦即有 27 种选择), 故 S 是有限集. 记 N_+ 为全体正整数的集合, 则 $M = N_+ - S$ 不是空集. 设 M 中最小的正整数是 m, 则 m 便是 "用至多 100 个英文字母所不能描述的正整数中的最小正整数". 译成英文就是:the least positive integer which cannot be described in at most one hundred letters. 但其中只有 70 个英文字母和 13 个空位, 因此 m 就是一个 "用少于 100 个英文字母可以描述的正整数", 这与 m 的性质矛盾!

理发师悖论 1919 年英国哲学家、数学家罗素 (B.Russell, 1872—1970) 给出了一个著名的悖论: 某村中所有刮胡子的人可分为两类, 一类是给自己刮胡子的, 另一类是不给自己刮胡子的. 村中一位刮胡子的理发师规定: 他给而且只给村里不给自己刮胡子的人刮胡子. 试问他本人属于哪一类? 如果说他属于给自己刮胡子的一类, 按规定他不能给自己刮胡子, 因此他就是一个不给自己刮胡子的人; 若说他是属于不给自己刮胡子的一类, 按规定, 他又必须给自己刮胡子, 故又是一个给自己刮胡子的人了. 总之, 怎么讲都讲不通. 这个悖论的症结何在?

悖论还可以举出很多, 如语义学中的悖论: "我现在说的是一句假话", 你说此话是真是假? 等等. 我们下面所提到的数学史中出现的悖论是指:

如果某一理论的公理和推理原则看上去是合理的, 但在这个理论中却推出了两个相互矛盾的命题, 或者证明了这样一个复合命题, 其中肯定等价于否定.

二、 第一次数学危机

公元前 5 世纪出现的第一次数学危机, 起因于无理数的发现动摇了古希腊数学家 "自然数是万物之母"、 "万物皆数" 的根本理念和逻辑基础.

古希腊毕达哥拉斯学派发现多边形、音乐和天体运动等都与数有关, 逐步形成了 "万物皆数" 的信念, 并相信任何量都可以表示成两个整数之比, 即为有理数. 在几何上这相当于说: 对于任何两条给定的线段, 总能找到某个第三条线段, 以它为单位可将这两条线段分成整数段. 希腊人称这样的两条线段为 "可公度量", 意即有公共的度量单位.

但毕达哥拉斯学派的成员后来却发现正方形的对角线和它的一边是不可公度的, 即无理的对此, 在亚里士多德的著作中记载了毕达哥拉斯学派的如下证明: 若正方形的对角线与一边可公度, 设它们的比为 $\alpha : \beta$, 整数 α 和 β 互素 (无公因子), 则由勾股定理有 $\alpha^2 = 2\beta^2$, 故 α^2 为偶数, 从而 α 也必为偶数. 设 $\alpha = 2\rho$, 则 $4\rho^2 = 2\beta^2, \beta^2 = 2\rho^2$, 故 β^2 为偶数, β 也为偶数, 这与 α 和 β 互素矛盾, 故不可公度. 上述证明和我们今天证明 $\sqrt{2}$ 是无理数的方法相同.

这种不可公度量的发现, 不仅从根本上动摇了毕达哥拉斯学派关于宇宙万物皆依赖于整数的信条, 也违反了当时人们的常识, 因而被认为是荒谬的. 相传在希帕苏斯 (Hippasus, 公元前 470 年左右) 说出这一发现后, 惊恐不已的其他成员将他抛进了大海. 但此后希腊学者又发现了 $\sqrt{2}$ 以外的一些无理数, 这些 "怪物" 深深地困惑着古希腊的数学家们. 希腊数学中出现的这一逻辑困难史称 "第一次数学危机".

如何来认识和理解不可公度量? 毕达哥拉斯学派提出了单子概念来试图排除它. 所谓单子是一种如此之小的度量单位, 以致本身是不可公度量却又要保持为一种单位. 但这又引起了新的悖论: 芝诺提出, 一个单子或者是零, 或者不是零. 如果是零, 则无穷多个单子相加也产生不了长度; 如果不是零, 则无穷多个单子组成的有限长线段应该是无限长的. 总之, 不论怎么讲都是矛盾.

大约一个世纪以后, 欧多克索斯 (Eudoxus, 约公元前 408—约前 355) 提出了新比例理论, 欧几里得 (Euclid, 约公元前 330—前 275) 在《原本》(中译名为《几何原本》) 第五卷中, 以欧多克索斯的工作为基础给出了比例的定义, 这一定义并未限制所涉及的量是否可以公度, 从而可用来证明早期毕达哥拉斯学派只对可公度量证明了的很多命题, 这就在当时的认识水平上消除了由不可公度量引起的数学危机. 但这只是巧妙地回避了无理量引起的麻烦, 直到 19 世纪, 当人们对无理数作出严格定义之后, 这场危机才得到根本解决.

第一次数学危机深刻地影响了数学的发展. 在此以前的数学都是 "算术", 也就是计算和提供算法, 几何也只是 "应用算术". 例如泰勒斯预测日食, 利用影子距离计算金字塔高度, 测量船只离岸距离等, 都属于应用算术和计算方法. 数学主要靠经验和直觉. 第一次数学危机表明: 直觉和经验未必靠得住, 推理证明才是可靠的. 从此希腊人开始重视几何的演绎推理, 导致了公理几何学和古典逻辑的诞生. 这是数学思想上的一次巨大革命.

三、 第二次数学危机

第二次数学危机发生在 18 世纪, 起因是微积分的理论基础问题.

如阅读材料 4 中所述, 在微积分诞生后的一个多世纪里, 其理论和应用有了巨大的发展, 但整个微积分却建立在含糊不清的无穷小概念上, 极限理论也没有牢固的基础. 1734 年贝克莱指出牛顿首末比方法中的增量 o 一会儿不等于零一会儿又等于零的逻辑矛盾, 史称贝克莱悖论, 引发了数学史上的第二次危机. 贝克莱等人的讥讽与抨击, 促使数学家们努力完善微积分的理论基础. 柯西系统地发展了极限论, 魏尔斯特拉斯实现了分析的严格化, 康托尔建立了集合论, 魏尔斯特拉斯、戴德金、康托尔用不同的方法建立了严格的实数定义, 证明了实数系的完备性, 给微积分奠定了基石, 从而使第二次数学危机得以解除. 例如, 根据函数极限的 $\varepsilon - \delta$ 定义 1.4, 就很容易回答贝克莱的责难.

为了使大家对实数理论有所了解, 我们先从有理数谈起.

有理数系是人们遇到的第一个比较完美的数系. 因为有理数加、减、乘、除之后仍是有理数 (也就是说它对四则运算是封闭的), 而且有理数是 "稠密" 的. 因为如果用数轴上坐标为有理数的点来代表有理数, 并称它们为有理点, 则对任意两个有理点 r_1 和 r_2, 不管它们相距多么近, 总有点 $r_3 = \dfrac{1}{2}(r_1 + r_2)$ 介于 r_1 和 r_2 之间 (从而也就有无穷多个有理点介于 r_1 和 r_2 之间). 有理数的稠密性保证了用它来作为测量的数时可以达到任意的精确度.

但有理数系也存在严重的缺陷. 首先, 有理点并没有填满整个数轴, 例如 $\sqrt{2}, \dfrac{\sqrt{2}}{n}$, $n\sqrt{2}(n$ 为非零整数) 都不是有理点. 事实上, 在有理点之间空隙非常之多, 这在几何上显然是不完美的. 其次, 从代数上看, 有理数的开方可能不再是有理数, 因此有理数系对开方运算不封闭. 再者, 从分析上看, 有理数序列的极限可能不再是有理数, 也就是说有理数系对极限运算不封闭. 例如在 e^x 和 $\ln(1+x)$ 的麦克劳林展开式 §4.3(4) 式和 (7) 式中令 $x = 1$, 可知

有理数序列

$$S_n = 1 + 1 + \frac{1}{2!} + \cdots + \frac{1}{n!} \to e \ (n \to \infty),$$

$$S_n = 1 - \frac{1}{2} + \frac{1}{3} - \frac{1}{4} + \cdots + (-1)^{n+1} \frac{1}{n} \to \ln 2 \ (n \to \infty),$$

而 e 和 ln 2 都是无理数. 有理数系的这种不完备性是一个本质上的缺陷, 这使得有理数系不能作为微积分学的基础, 而需要建立实数系.

实数系的建立有不同的方法, 但都是利用有理数的某些集合来定义无理数, 并且彼此在逻辑上是等价的. 这里只介绍 **戴德金分割 (分划) 法**.

戴德金把一切有理数的集合 Q 划分为两个非空不相交的子集 A_1 和 A_2, 使得 A_1 中的每一个元素都小于 A_2 中的每一个元素, 称这样的一个划分为有理数的一个分割 (又称分划), 记为 (A_1, A_2). 这样的分割只能有三类:

(1) 在 A_1 中有最大数 r, 而在 A_2 中没有最小数;

(2) 在 A_2 中有最小数 r, 而在 A_1 中没有最大数;

(3) 在 A_1 中没有最大数, 在 A_2 中也没有最小数.

对于前两种情形, 称该分割是由有理数 r 产生, 或者说这个分割定义了有理数 r; 在第三种情形下, 分割不能定义任何有理数, 就得到了一个新数, 即无理数. 例如, 规定 A_2 是由满足 $x^2 > 2$ 的一切正有理数 x 所组成, A_1 是由一切其余的有理数所组成, 则分割 (A_1, A_2) 就定义了一个无理数. 因此戴德金就把一切实数组成的集合 R 定义为有理数的一切分割, 而一个实数 α 就是一个分割 (A_1, A_2). 进而戴德金严格证明了实数具有有序性 (任何两个实数可以比较大小)、完备性 (又称连续性)、实数有四则运算并有结合律、分配律和交换律.

这样, 长期以来围绕着实数概念的逻辑循环得以彻底消除, 第二次数学危机得到解决, 第一次数学危机也随之彻底消除.

四、第三次数学危机

第三次数学危机发生在 20 世纪初, 本质是需要解决什么是整个数学的基础.

有没有实实在在的由无穷多个元素组成的集合即 "无穷集合"? 什么是无穷集合? 这是困扰了数学家们两千多年的问题. 在分析的严格化过程中, 一些基本概念如实数、极限、级数等的研究都涉及无穷集合, 对不连续函数和级数收敛问题的研究也涉及无穷集合. 这一切促进了对集合理论的研究. 1874—1897 年间, 康托尔建立并系统发展了一般点集的理论, 指出无穷集合的本质是它可以和它的一个子集建立元素之间的一一对应. 数学家们普遍认为集合论可以作为整个数学的基础. 1900 年, 大数学家庞加莱在巴黎召开的第二次国际数学家大会上宣称"现在我们可以说,完全的严格性已经达到了."但万万没有料到, 1902 年罗素悖论出现了.我们在前面介绍的理发师悖论是这一著名悖论的通俗说法.罗素最初的表述比较抽象,他把集合分为两种,一种是自己属于自己的集合 (例如"一切概念所组成的集",由于它本身也是一个概念,所以它是其自身的一个元素),另一种是自己不属于自己的集合 (例如"所有人的集合",由于它并不是一个人,所以它不是其自身的一个元素).罗素悖论是:设 N 是以一切自己不属于自己的那种集合为元素构成的集合,试问 N 是否属于自己?如果 $N \in N$,则由 N 的定义应有 $N \bar\in N$;如果 $N \bar\in N$,则由 N 的定义又应有 $N \in N$. 总之都导出矛盾.

在罗素悖论之前也有人发现了集合论中的悖论,但这些悖论都涉及相当专门的术语和概念,在当时并未引起重视,人们一般以为是因某些推理环节上的失误所致.罗素悖论则不然,由于它除了集合概念本身以外没有涉及任何其他概念,从而明白无疑地揭示了作为数学基础的集合论本身确实存在着矛盾,因此在数学界引起了极大震撼.罗素将他的发现写信告诉了数理逻辑的先驱、德国数学家弗雷格 (F.L.G.Frege, 1848—1925),弗雷格在他已经付印的符号逻辑专著《算术基础》第二卷末尾添加的后记中写道:"正当工作完成时,基础却倒塌了,科学家也许不会遭遇比这更不幸的结局了.当本书即将印刷完毕时,罗素先生给我的一封信使我陷入的正是这种困境."数学史上的第三次危机发生了.与前两次危机相比,集合论悖论所涉及的问题更深刻,涉及的范围也更广阔.

罗素本人认为这类悖论的产生是由于一个待定义对象用了包含该对象在内的一类对象来定义.这种定义也叫"非直谓定义".策梅洛 (E.Zermelo, 1871—1953) 等人进一步指出,分析中一些基本概念 (如一非空实数集的最小上界即上确界等) 的定义也属非直谓定义,因此不仅集合论,而且整个经典分析都包含着悖论.

为了消除悖论,数学家们对康托尔的"朴素集合论"进行了改造,加以公理化. 1908 年策梅洛提出了第一个集合论公理系统, 1921—1923 年间弗伦克尔 (A.A.Fraenkel, 1891—1965) 对该系统作了改进,并用逻辑符号将公理表示出来,形成了目前世所公认的**集合论公理系统**,简称 **ZF 系统**,再加上选择公理,就是著名的 **ZFC 系统**.这一系统包括十条公理,只有在这些公理所允许的限度内构造出来的集才承认是集合,从而将罗素悖论等迄今已经出现的逻辑悖论和数学悖论予以排除,同时确保了实数集的合法性.只要 ZFC 系统无矛盾,微积分等数学理论都能在 ZFC 公理集合论上严格地建立起来.至此,第三次数学危机可以算是过去了.但问题并未就此结束.因为使数学家不能完全满意的是 ZFC 系统本身的无矛盾性 (亦即相容性) 至今尚无证明,因此谁能保证在这个系统中今后永远不会出现别的什么悖论?虽然 ZFC 系统至今尚未出现过矛盾.

关于数学系统相容性的问题,引发了 20 世纪前 30 年间数学家们对数学基础的广泛、深入的探讨, 并形成了以罗素为代表的逻辑主义学派、以布劳威尔 (L.E.J.Brouwer,1881—1966) 为代表的直觉主义学派和以希尔伯特为代表的形式主义学派. 三大学派各抒己见、激烈辩论, 虽都未能对数学基础问题作出令人满意的解答, 但将人们对数学基础的认识推进到空前的深度. 特别是奥地利数学家哥德尔 (K.Gödel, 1906—1978), 在关于系统中存在不可判定的命题亦即系统的 "不完全性" 问题的研究中, 给出了世人震惊的结果.

1931 年, 哥德尔证明了在任一形式系统中, 一定存在一个不可判定命题, 即总有某个命题不能从此系统的公理出发而得到证明. 这就是**哥德尔第一不完全性定理**. 换句话说, 任何形式系统都不能完全刻画数学理论. 更使很多人大失所望的是, 他又进一步证明了**哥德尔第二不完全性定理**: 在真的但不能由公理来证明的命题中, 包括了这些公理是相容的这一论断本身. 也就是说, 即使一个数学形式系统本身是相容的, 但其相容性问题在该系统内也是不可证明的.

在这里, 哥德尔破天荒地第一次分清了数学中 "真" 与 "可证" 是两个不同的概念. 可证明的命题固然是真的, 但真的命题却未必是可形式地证明的. 为了克服形式化数学的局限性, 数学家们在放宽工具限制的情况下创造了 "超限归纳法" 等一些新方法, 1936 年根岑 (G.K.E.Gentzen, 1909—1945) 在运用超限归纳法的条件下证明了算术公理系统的相容性.

五、 一点感想

世间没有永远笔直的路, 但光明与危机共存, 希望与困难同在, 顺利和挫折相依. 其最终结果, 关键取决于当事者的态度. 这对于一个人, 一个单位, 一个国家, 一个事业, 一门科学, 盖乃如此. 数学发展史上的三次危机和数学家们迎难而上战胜危机的历史, 对我们做人, 做事, 做学问应当有所启迪. 从对这一历史的回顾中, 我们也应感受到数学科学特有的严谨和自我完善的精神, 感受到数学家们一丝不苟地追求真理、追求完美的执着.

为什么第一次数学危机发生在希腊而没有发生在中国? 这是好事还是缺憾? 古代中国、印度、巴比伦和埃及都发现了音调和弦长有关的事实, 并由此制定了音律, 但没有进一步深思. 希腊学者却将种种现象上升到哲学得出结论: 要认识世界, 就必须找出事物中的数和数的规律, 离开了 "数", 就不可能发现一个可以理解的宇宙. 从而把数学置于极其崇高的地位, 这正是希腊人的高明之处. 中国等文明古国也发现了 $\sqrt{2}$ 这一类不尽根数, 但也没有深究.《九章算术》中有 "若开之不尽者, 为不可开", 泰然处之, 不足为怪. 这是因为他们的目的仅在应用, 而没有把数作为人类文明的基础. 中国没有经历这样的危机, 因而也长期停留在实验科学即算术的阶段, 而希腊则走上了由经验科学发展为演绎科学的大道.

§11.2　非欧几里得几何的创立与启示

数学起源于人类的社会活动和生产实践. 从数数、记数, 到形成算术; 从对自然形体的直感, 生产生活器皿的制作, 土地的测量, 民居寺庙祭坛的建筑设计, 绘画装饰, 以及天文观测等, 而有了几何学. 数学前进的动力既来自于社会生产实践的需要, 也来自于数学自身的矛盾和为解决矛盾的探索. 数学的三次危机是一个生动的例子, 非欧几里得几何的创立也是一个值得回味的典型. 正如希尔伯特所说: **19 世纪最富有启发性和最值得注意的成就是非欧几里得几何的发现**.

一、 欧几里得的《原本》

在古希腊数学中最早成熟的是几何学. 泰勒斯 (Thales, 约公元前 625—前 547) 开创了对几何性质必须进行严密的逻辑证明的论证几何学, 后经毕达哥拉斯、柏拉图、欧多克索斯、亚里士多德等人的发展, 无论是在几何知识的积累上, 还是在数学论证的逻辑原理上, 都为欧几里得几何体系的形成奠定了基础.

公元前 3 世纪, 欧几里得把形式逻辑的公理演绎方法应用于几何学, 集前人研究之大成, 完成了光辉巨著《原本》 (Elements). 该书共分 13 卷, 从 23 个定义、5 条公设和 5 条公理出发, 演绎出 96 个定义和 465 条命题, 构成了历史上第一个数学公理体系. 该书第 1—4 卷和第 6 卷包括了平面几何的一些基本内容, 如全等形、平行线、多边形、圆、毕达哥拉斯定理、初等作图及相似形等, 第 2、6 卷还涉及用几何形式来处理代数问题, 第 5 卷讲比例论, 第 7—9 卷讲数论, 第 10 卷讨论不可公度量, 第 11—13 卷是立体几何.《原本》中的公理化体系, 提供了使知识条理化和严密化的强有力的手段, 被西方科学奉为"圣经", 也是整个科学史上流传最广的著作之一. 除早期的抄本外, 仅从 1482 年第一个拉丁文印刷本问世以来, 已用各种文字出了一千多版. 我国明朝时期学者徐光启 (1562—1633) 和意大利传教士利玛窦 (Matteo Ricci, 1552—1610) 合译了该书的前 6 卷, 于 1607 年出版, 定名为《几何原本》.

徐光启高度评价说: "此书有四不必: 不必疑, 不必揣, 不必试, 不必改. 有四不可得: 欲脱之不可得, 欲驳之不可得, 欲减之不可得, 欲前后更置之不可得. 有三至三能: 似至晦, 实至明, 故能以其明明他物之至晦; 似至繁, 实至简, 故能以其简简他物之至繁; 似至难, 实至易, 故能以其易易他物之至难. 易生于简, 简生于明, 综其妙在明而已."

欧几里得按照亚里士多德的界定, 把一切科学公有的真理叫做**公理**, 而将为某一门科学所接受的第一性原理称作**公设**. 公理和公设是不证自明的基本原理, 是建立其他命题的共同出发点. 他在《原本》中给出的 5 条公理和 5 条公设是

公理 1   等于同量的量彼此相等.

公理 2   等量加等量, 和相等.

公理 3   等量减等量, 差相等.

公理 4   彼此重合的图形是全等的.

公理 5   整体大于部分.

公设 1   从任意一点到任意一点可作一直线.

公设 2   一条有限直线可不断延长.

公设 3   以任意中心和直径可以画圆.

公设 4   凡直角都彼此相等.

公设 5   若一直线与两条直线相交所构成的同旁内角和小于两直角, 那么把两直线无限延长, 它们将在同旁内角和小于两直角的一侧相交.

二、 对第五公设的质疑

从公元前 3 世纪到 18 世纪末, 几何领域是欧几里得的一统天下. 虽然解析几何改变了几何研究的方法, 但没有从实质上改变欧几里得几何本身的内容. 欧几里得几何作为数学严格性的典范始终保持着神圣的地位, 许多数学家和哲学家都相信它是绝对真理. 笛卡儿在发明了解析几何之后仍坚持对每一个几何作图给出综合证明, 牛顿在首次公开其微积分发明时也给它披上了几何的外衣.

然而欧几里得几何的第五公设 (又称平行公设) 却使数学家们伤透脑筋. 由于它的陈述与内容不像其他公设那样简洁明了, 人们也不能凭经验而一目了然, 因此从一开始就有人怀疑它不像一个公设而更像是一个定理. 那么, 它是不是多余的? 它能否从其他公理和公设中逻辑地推导出来? 两千多年中无数的数学家试图证明第五公设的努力都失败了. 与此同时也有不少人想用更为简明的命题来代替第五公设. 例如我们中学几何课本上常用的 "过已知直线外的一点只能作一条直线平行于该直线", 还有如 "过任何三个不在同一直线上的点可作一圆" 等. 这些新的假设同样也无法通过欧几里得的其他假设推导出来.

意大利人萨凯里 (G.Saccheri, 1667—1733) 试图用归谬法证明第五公设, 得到了有价值的结果. 他在名为《欧几里得无懈可击》(1733) 一书中, 给出了四边形 $ABCD$(参看图 11.1), 其中 $\angle A$ 和 $\angle B$ 均为直角, $AD = BC$. 不用平行公设容易证明 $\angle C = \angle D$. 此后他假

定这两个角可能均为直角、钝角或锐角, 并分别称为直角假定、钝角假定和锐角假定. 可以证明直角假定与第五公设等价, 萨凯里试图先证明后两个假定不成立, 根据归谬法只有直角假定成立, 这样就证明了第五公设.

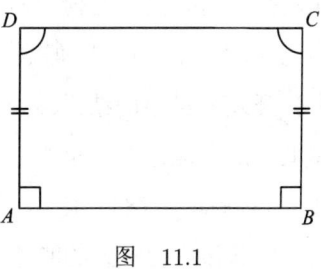

图　11.1

萨凯里在假定直线为无限长的情况下, 首先由钝角假定导出了矛盾, 随后考虑锐角假定, 他得到了一系列新奇有趣的结果, 如三角形三内角之和小于两直角; 过给定直线外一给定点, 有无穷多条直线不与该直线相交; 立于固定直线上的定长垂线的顶点轨迹是凹曲线等. 虽然这些结果 (实际上是后来非欧几何的命题) 并不包含矛盾, 但他觉得它们不太合情理, 便以为是自己导出了矛盾而判定锐角假定是不真实的.

1763 年德国数学家克吕格尔 (G.S.Klügel, 1739—1812) 首先指出萨凯里的工作实际上并未导出矛盾, 只是得到了似乎与经验不符的结论. 克吕格尔是第一位对平行公设能否由其他公理、公设加以证明表示怀疑的数学家. 他的见解启发了瑞士数学家兰伯特 (J.H.Lambert, 1728—1777) 作更深入的研究. 1766 年兰伯特在《平行线理论》一书中, 对一个有三个直角的四边形, 假设其第四个角可能是直角、钝角或锐角, 在默认直线的无限性的前提下钝角假设很快导致矛盾, 所以被放弃. 但与萨凯里不同的是, 兰伯特并不认为锐角假设导出的结论是矛盾, 而且他认识到一组假设如果不引起矛盾的话就提供了一种可能的几何. 因此, 兰伯特最先指出了通过替换平行公设展开新的无矛盾的几何学的道路.

法国数学家勒让德则对三角形的内角和作了等于、大于或小于两直角的假定. 他也在承认直线的无限性前提下取消了第二种假定, 但也未能排除第三种假定.

萨凯里、克吕格尔、兰伯特等人都可看作是非欧几何的先行者, 但当他们走到非欧几何的门槛前时, 却由于各自不同的原因, 或者却步后退 (如萨凯里在证明了一系列非欧几何的定理后却宣布 "欧几里得无懈可击"), 或者徘徊不前 (兰伯特在生前没有发表自己的结论,《平行线理论》一书是他死后由朋友发表的). 突破两千年来奉为圣明的经典和权威的束缚需要站得更高、更有勇气的巨人. 这样的条件在 19 世纪初成熟了, 并且和微积分的创立一样, 几乎是同时在不同的国度里出现了这样的巨人.

三、 非欧几里得几何的诞生

高斯最先认识到在欧几里得几何之外还可以有逻辑上相容的新几何系统, 并且可以像欧几里得几何一样正确地描述物质空间. 从高斯身后的遗稿中可以了解到, 他在 1799 年已意识到第五公设不能从欧几里得的系统中推出来, 并从 1813 年起发展了他称之为 "非欧几里得几何"的新几何. 他还实际测量了三个高峰构成的三角形的内角之和来检验他的非欧几何的应用可能性. 但高斯除在给朋友的信中对其非欧几何的思想有所透露外, 一直没有公开发表自己的结果. 这可能是他感到自己的发现与当时哲学权威康德断言的 "统治知识世界的只能是欧几里得几何" 等相抵触, 担心世俗的攻击. 他在 1829 年给数学家贝塞尔 (F.W.Bessel, 1784—1846) 的信中说, 如果公布自己的发现, "黄蜂就会围着耳朵飞", 并会 "引起波哀提亚人的叫嚣" (波哀提亚人是古希腊的一个部落, 向以愚昧著称).

当高斯秘而不宣自己的发现时, 1832 年 2 月 14 日, 高斯的一位匈牙利朋友将其儿子波尔约 (J.Bolyai, 1802—1860) 的一篇题为《绝对空间的科学》的论文寄给他, 请他对论文发表意见. 波尔约论述的 "绝对几何" 就是非欧几里得几何. 高斯在回信中说: "称赞他 (即波尔约) 就等于称赞我自己. 整篇文章的内容, 您儿子所采取的思路和获得的结果与我在 30 至 35 年前的思考不谋而合." 波尔约对高斯的回复深感失望, 认为高斯想剽窃自己的成果. 1840 年俄国数学家罗巴切夫斯基关于非欧几何的德文著作出版后, 波尔约更加灰心丧气, 从此便不再发表数学论文. 但他父亲指出: "很多事物都有那么一个时期, 届时它们就在很多地方同时被人们发现了, 正如春季看到紫罗兰处处开放一样." 波尔约的上述论文作为其父亲一本数学著作的附录出版于 1832—1833 年间.

第一个系统地阐明了非欧几里得几何理论, 并且始终坚定地宣传和捍卫自己的新思想的, 是被誉为 "几何学上的哥白尼" 的俄国青年数学家罗巴切夫斯基 (Н.И.Лобачевский, 1792—1856). 他看到了第五公设是不能通过其余的公理、公设来证明的, 在欧几里得几何之外, 还可以存在新的几何系统. 他在保留欧几里得几何前四个公设的前提下, 引进了一个

与第五公设相悖的假设: 过直线 AB 外的一点 C 的所有直线, 对于 AB 而言可分成两类, 一类直线与 AB 相交, 另一类不相交. 如图 11.2 所示, p 和 q 是与 AB 不相交的直线, 构成这两类的边界, 称为 AB 的平行线. 亦即, 设点 C 与直线 AB 垂直距离为 d, 则存在一个角 $\pi(d)$, 使得所有过点 C 而与 CD 所成角小于 $\pi(d)$ 的直线与 AB 相交, 其他经过 C 的

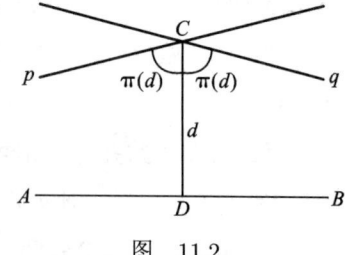

图　11.2

直线不与 AB 相交. 与 CD 成角 $\pi(d)$ 的两直线是平行线, $\pi(d)$ 称为平行角. 除平行线外, 过 C 而不与 AB 相交的直线称为不相交直线. 这样的直线有无穷多条. 罗巴切夫斯基由此出发, 构建了一个全新的几何系统. 1826 年 2 月 23 日, 罗巴切夫斯基在俄罗斯喀山大学发表了 "简要论述平行线定理的一个严格证明" 的演讲, 报告了自己关于非欧几何的发现, 1829 年发表了题为 "论几何原理" 的论文, 这是历史上第一篇公开发表的非欧几何文献, 但因是用俄文刊登在《喀山通讯》上而未引起数学界的注意. 罗巴切夫斯基后来为发展、阐释这种新几何学付出了毕生心血. 在他的许多论著中, 1835—1838 年间的系列论文 "具

有完备的平行线理论的新几何学原理"较好地表述了他的思想, 而 1840 年用德文出版的《平行理论的几何研究》则引起高斯的关注, 这使罗巴切夫斯基在 1842 年成为德国哥廷根科学协会会员.

罗巴切夫斯基发现, 平行角 $\pi(d)$ 是点 C 到直线 AB 的距离 d 的函数:

$$\tan \frac{\pi(d)}{2} = \mathrm{e}^{-d},$$

当 $d \to 0$ 时, $\pi(d)$ 单调增加趋于 $\frac{\pi}{2}$; $\pi(d) = \frac{\pi}{2}$ 时就得到欧几里得平行公设; 而当 $d \to \infty$ 时, $\pi(d)$ 单调减少趋于 0. 也就是说, 如果在距直线 AB 很远处作一条与其垂线夹角很小的直线, 那么沿此直线前进, AB 是遥不可及的.

在罗巴切夫斯基非欧几何中, 有许多在欧几里得几何看来无法理解的结果. 例如, 三角形三内角之和小于两直角; 假如三角形变大, 使它所有三条高都无限增长, 则它的三个内角全部趋于零; 如果两个三角形的三个角相等, 它们就全等; 圆周长 p 与半径 r 的关系为

$$p = \pi k(\mathrm{e}^{\frac{r}{k}} - \mathrm{e}^{-\frac{r}{k}}) = 2\pi r\left(1 + \frac{1}{6}\frac{r^2}{k^2} + \cdots\right),$$

其中常数 k 依赖于长度单位, $k \to \infty$ 时, 就得到欧氏几何中的结果 $p = 2\pi r$.

罗巴切夫斯基几何的一系列命题同人们的传统概念和朴素直觉是不相容的, 因此当这些命题公布后的确遭到了高斯所预料的"波哀提亚人的叫嚣". 许多人群起而攻之, 说新几何是"荒唐的笑话", 是"对有学问的数学家的嘲讽", 有人写文章讥讽说: "为什么不把黑的想象成白的, 把圆的想象成方的", "为什么不把标题《几何学原理》写成例如《对几何学的讽刺》、《几何学漫画》呢?"著名诗人哥德也写诗嘲笑: "有几何兮, 名为非欧, 自己嘲笑, 莫名其妙". 但罗巴切夫斯基勇敢地直面这些攻击, 直到他去世前一年的 1855 年, 已是一位双目失明老人的他, 还以口授发表了一本题为《泛几何学》的法文著作, 坚信自己的新几何学是正确的. 而且他还在《新几何原理》一书中指出, 这种新几何学"也是可以像别的物理规律一样用实验 (譬如天文观测) 来检验的."这一观点后来被证实.

四、 非欧几何的发展与认可

非欧几何从发现到获得普遍认可, 经历了曲折的过程. 要做到这一点, 需要证明非欧几何系统自身的相容性及其现实意义.

最先理解非欧几何全部意义的是黎曼. 他发展了罗巴切夫斯基等人的思想, 将高斯创立的研究欧几里得空间中曲面内在性质的内蕴微分几何推广到任意空间, 建立了一种更广泛的几何——**黎曼几何**. 1854 年, 28 岁的他在哥廷根大学任讲师前报告的论文"关于几何

基础的假设"中, 把 n 维空间称为一个流形, n 维流形中的点可用 n 个称为坐标的参数的值来表示, 然后从定义两点的距离出发, 定义了曲线的长度、两曲线在一点的交角、流形的曲率等概念. 如果流形的每一点的曲率都相等, 则称之为常曲率空间. 对于三维空间, 曲率或者恒等于零, 或为负常数, 或为正常数. 黎曼指出前两种情形分别对应通常的欧几里得几何与罗巴切夫斯基非欧几何, 而第三种情形则是他本人的创造, 即现在通称的**黎曼非欧几何**. 在这种几何中, 过已知直线外一点不能作任何直线与该直线平行. 这实际上就是以萨谢利等人的钝角假设为基础而展开的非欧几何学.

在黎曼之前, 人们都认为钝角假设与直线可以无限延长的假定矛盾, 但黎曼将"无限"与"无界"的概念加以区分, 认为欧几里得公设中所说直线可以无限延长只是讲直线是无端的或无界的, 而并不意味其长短是无限的. 普通球面上的几何就是黎曼几何, 其上的每个大圆可以看成是一条"直线", 大圆弧的两端可沿大圆无限延长, 任意两个大圆亦即任意两条球面"直线"都不可能永不相交.

以欧几里得几何和罗巴切夫斯基几何作为特例的黎曼几何的创立, 不仅是对已经出现的罗巴切夫斯基几何的承认, 而且显示了创造其他非欧几何的可能性. 但黎曼的理论仍然难以被同时代的人理解. 他在报告上述论文时, 虽然已经去掉了许多技术性的细节, 但据说除了高斯外没有人能听懂黎曼的意思.

19 世纪 70 年代以后, 意大利数学家贝尔特拉米 (E.Beltrami, 1835—1900)、德国数学家克莱因 (C.F.Klein, 1849—1925) 和法国数学家庞加莱等先后在欧几里得空间中给出了非欧几何的直观模型, 从而揭示出非欧几何的现实意义和相容性问题, 使非欧几何获得了广泛的理解和认可.

贝尔特米拉的模型较为复杂, 亦未完全解决罗巴切夫斯基几何的相容性问题. 克莱因的模型比较简明. 克莱因在普通欧几里得平面上取一个圆, 将此圆的内部 (不含圆周) 称为"平面", 圆的不含两个端点的弦叫"直线", 进而可以证明, 这种圆内的欧几里得几何事实, 就变成罗巴切夫斯基几何的定理, 反之亦然. 从而只要欧氏几何没有矛盾, 罗氏几何也不会有矛盾. 如图 11.3 所示, 过直线 (弦)AB 外一点 C 可作直线 (弦)ACD 和 BCE, 过点 C 夹在这两条直线之间的其他直线显然不与 AB 相交, ACD 和 BCE 就相当于罗氏几何中直线 AB 的平行线 (图 11.2 中的 p 和 q). 当然, 关于线段的长度、两直线的交角等需要重新定义. 例如, 对于圆内两点 P, Q 之间的距离 (图 11.4), 克莱因定义为

$$d(P,Q) = \log \frac{QS \cdot PT}{PS \cdot QT},$$

其中 S, T 是 P, Q 确定的直线与圆周的交点.

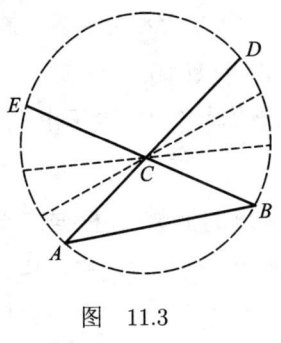
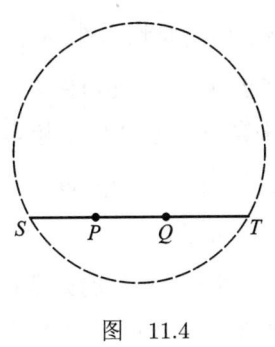

图 11.3   图 11.4

在克莱因之后, 庞加莱也在欧几里得系统中构造了一个罗巴切夫斯基几何的模型, 而将罗氏系统的相容性归结为欧氏系统的相容性. 这个模型简单地讲是用一条直线 a 将欧氏平面划分为上、下两个半平面, 把不包括直线 a 的上半平面作为罗巴切夫斯基平面, 其上的欧氏点当作罗氏几何的点, 而把以 a 上任意一点为中心, 任意长为半径所作的半圆周作为罗氏几何的直线, 与 a 垂直的直线是这种半圆周的极限情况, 也视为罗氏直线. 在这样的模型下, 欧氏和罗氏几何的前四个公设都是满足的, 但从图 11.5 可见, 过罗氏平面上任一罗氏直线 l 外的一点 P, 确实可以作出两条罗氏直线与 l 平行 (注意, 欧氏直线 a 上的点并非罗氏系统的几何元素, 两个半圆相交于 a 上某一点可视为相交于无穷远, 而在有穷范围内并未相交). 这样一来, 只要按上述规定将几何元素间的对应名称进行转换, 欧氏几何的命题和罗氏几何的命题就可以转换; 一旦罗氏几何中出现了两个相悖的命题, 欧氏几何中也就会有两个相悖的命题, 欧氏系统也就矛盾了. 因此, 只要承认欧氏几何是无矛盾的, 那么罗氏几何也就一定是相容的了.

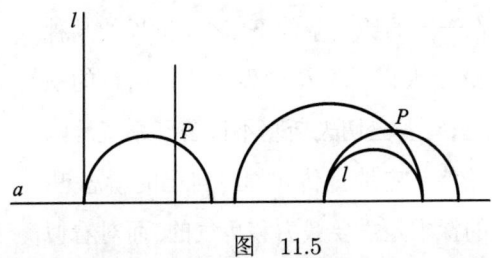

图 11.5

上面所说的相容性是 "相对相容性", 即只要假定两个系统中的一个是相容的, 则另一个也必定是相容的. 克莱因、庞加莱的模型证明了欧氏几何和罗氏几何是相对相容的, 因为欧氏几何的相容性是人们所公认的, 因此罗氏几何也是相容的. 由此也可以得出结论: 只要承认欧几里得几何的相容性, 其第五公设就独立于其他假定, 即不可能由其他假定推导出来. 因为, 如果在欧氏几何系统中第五公设可被推出来, 则在罗氏几何中也同样可被推出, 从而在这一系统中就同时成立第五公设和与之矛盾的罗巴切夫斯基平行公设, 因此罗氏几何体系不相容, 由相对相容性, 欧氏几何体系也不相容. 从此, 历经两千多年探求的第五公设问题得到了解决, 非欧几何作为一种几何的合法地位也得以确认.

罗巴切夫斯基非欧几何的相容性, 把几何学从传统的模型中解放了出来, 几何学的概念、公理、公设不必一定要反映人们已认识到的客观实体的性质, 也不必束缚于空间观念的直觉成分, 人们可以对一系列几何对象及其关系进行高度的抽象, 并根据需要选择一些公设, 只要使之构成一个相容的公理体系, 于是一些"人造的几何"陆续产生.

现在人们把一切不同于欧几里得公理系统的几何系统称为非欧几何. 并且人们也已经认识到欧几里得几何并不是唯一的在经验能够证实的范围内来描述物质空间的几何, 非欧几何的客观实在性已被证实. 例如爱因斯坦的广义相对论所刻画的物理空间, 就可以用黎曼几何来描述; 牛顿的引力理论刻画的则是曲率很小的时空所产生的极限情形; 再如, 从正常的有双目视觉的人心理上观察到的空间称为视空间, 1947 年人们发现, 这样的空间最好用罗巴切夫斯基非欧几何来描述.

五、 非欧几何的启示

从对欧几里得第五公设的质疑到非欧几里得几何的出现, 生动地告诉我们, 人类对客观真理的认识是一个不断深化的过程. 欧几里得几何、罗巴切夫斯基几何、黎曼几何都是在绝对真理的长河中人们所探求到的相对真理. 欧几里得几何描述了我们生活的物质空间, 而黎曼几何则描述了宇观的物质空间, 这正如牛顿力学和相对论力学对于客观世界的刻画.

和微积分的创立一样, 非欧几何在不同的国度由不同的人几乎同时独立地发现, 反映了在一定的历史条件下, 客观世界的某种规律被人们揭示的必然性, 这是人们对客观世界的认识由量的积累到质的飞跃. 但这些人中, 只有罗巴切夫斯基不仅公开系统地阐明了非欧几何的理论, 而且始终坚定地宣传和捍卫自己的新思想, 这再一次告诉我们, 对真理的探求是需要毅力和勇气的, 而对看似有悖于常理的客观真理的揭示和坚持则是更为困难的. 用爱因斯坦的话说, 罗巴切夫斯基是向公理挑战. 任何人向一个两千多年来

罗巴切夫斯基

为大多数数学家认为是必要的和合理的"公认的真理"挑战, 是在拿他的科学声誉冒险. 他的大胆挑战, 以及挑战的结果, 鼓舞着其他数学家和科学家向其他的"公理"挑战. 爱因斯坦就是其中之一, 他挑战了牛顿的经典力学. 罗巴切夫斯基能够做到这一点并非偶然. 他 1792 年 12 月 1 日生于俄国的下诺伏哥罗德, 7 岁丧父, 自小家境贫寒. 14 岁入喀山大学学习, 1811 年获物理数学硕士学位并留校工作, 1816 年任副教授, 1822 年任教授. 他平时为

人正直, 由于其行政才能, 1820 年任数学物理系主任, 1827—1846 年任喀山大学校长. 在任校长期间, 他敢于坚持原则, 抵制教育部门的一些不符合教育规律的指令. 在他的卓越领导下, 喀山大学很快从混乱不堪的状态发展为能与当时欧洲著名大学相匹敌的大学.

人们的思维不应局限于或拘泥于某一个方向, 善于从不同的侧面甚至从相反角度的考察, 往往会是山重水复疑无路, 柳暗花明又一村. 萨凯里、罗巴切夫斯基等人为我们树立了发散思维和逆向思维的典范.

建立非欧几何时, 波尔 20 多岁, 罗巴切夫斯基 34 岁, 黎曼 28 岁, 年轻人思想敏锐, 敢想敢做, 充满活力; 无名小辈不为名累, 没有负担, 敢于创新. 青年人应该充分发挥自己的优势, 多作贡献. 高斯当时是公认的最权威的数学家, 1799 年也就是他 22 岁时已经意识到第五公设不能由其他欧氏公理推出, 36 岁时进一步发展了非欧几何, 但他一直未敢公开自己的成果. 鉴于当时德国和欧洲的哲学环境和自己极高的学术地位, 他的犹豫虽然不无遗憾但也属情有可原. 但由于波尔约的父亲是高斯的同学和挚友; 罗巴切夫斯基的老师巴特尔斯 (J.M.Bartels) 是高斯的好友, 1805 至 1807 年他们在一起度过, 此后还保持通信; 老波尔约和巴特尔斯是知道高斯对欧氏几何的怀疑的, 因此波尔约和罗巴切夫斯基很可能都间接地受到过高斯思想的影响, 而且高斯后来对罗巴切夫斯基和黎曼的工作给予了理解和一定的支持. 从这些往事中我们看到, 科学的发展需要一代代人的努力, 青年人要尊重前人并善于取得前辈的支持, 年长的学者更要关爱和提携年轻才俊.

非欧几何诞生于欧洲当时经济相对落后的俄国的一个不大的城市喀山; 一生贫病交加只活了 27 年的阿贝尔, 对椭圆函数理论和群论作出过重大贡献, 他也生长在当时欧洲一个经济相对落后的国家挪威. 这些事实说明, 与一些对于物质技术条件依赖较大的学科不同, 数学在条件较差的环境里也能生长, 也能涌现出杰出的数学家, 身处劣境中的人们不应放弃自身的努力.

数学的发展有其自身的规律, 它常常不直接考虑应用, 似乎远离具体的应用, 但正是这样一种特性, 当它回到应用中去的时候, 它就可以深入到各种不同的领域. 一开始谁能想到非欧几何会同改变人类时空观的相对论密切相关? 抽象的数论成了密码编制的理论基础; 起初不被人们承认的复变函数理论成了飞机、汽车、轮船设计的重要工具, 利用复变函数理论设计的滤波器和高增益放大器使远距离电话通讯成为可能; 更为抽象的群论则在量子力学、物理学和化学里大显身手, 如此等等.《美国数学的现在和未来》一书 (中译本由复旦大学出版社 1986 年出版) 中指出: "人们现在更深刻地认识到一个事实: 那些仅仅靠着整理自然界秩序的冲动而得以发展起来的深奥抽象的数学思想系统, 最后几乎总无例外地在科学中得到了应用." 这正是数学发展的辩证法.

§11.3　费马大定理的证明与启示

如果有人要问, 20 世纪在数学界里影响最大、最为轰动的事件是什么? 在数学科学取得的众多新的重大成果中, 最具标志性的成果是什么? 数学家们会普遍地认为是费马大定理的证明. 为什么一个定理的证明会有如此大的影响? 这只需回顾一下数学家们 358 年艰难的攀登过程, 从中我们会得到宝贵的教益.

一、费马给世人留下了一个不解之谜

大家熟知的勾股定理的数学表达式

$$x^2 + y^2 = z^2$$

可以看成是一个不定方程, 它的正整数解称为勾股数, 例如 3, 4, 5 就是一组勾股数;$3n, 4n, 5n(n$ 为正整数) 也是勾股数. 那么, 如果方程中的平方改为立方、四次方, 或一般地改为 n 次方之后, 不定方程

$$x^n + y^n = z^n \quad (n > 2) \tag{1}$$

是否仍有正整数解呢?

1637 年左右, 法国数学家、解析几何创立者之一的费马在阅读古希腊数学家丢番图《算术》一书时, 在页边写了一段话: "一个立方数不能分拆为两个立方数, 一个四次方数不能分拆为两个四次方数, 一般说来, 除平方之外, 任何次幂都不能分拆为两个同次幂. 我已找到了一个奇妙的证明, 但书边空白太窄, 写不下." 也就是说, 方程 (1) 在 $n > 2$ 时没有正整数解. 这个如此简洁的命题就是著名的费马大定理.

1670 年这一论断公之于世后, 一代代数学家, 包括欧拉、高斯、柯西、勒贝格这样一些各领风骚上百年的数学大师, 以各种方法试图给出它的证明, 但都没有成功. 直到 1994 年才被英国青年数学家怀尔斯彻底解决.

从费马作出论断到怀尔斯给出严格的证明, 前前后后一共 358 年. 这一艰难的攀登大致可以分为三个阶段: 第一阶段, 1637—1840 年间对 n 逐个地研究; 第二阶段, 1840—1982 年间取得了第一次重大突破; 第三阶段, 1983—1994 年间取得第二次重大突破和问题得到彻底解决.

二、 200 年里只前进了四小步

在 1637—1840 年间, 人们所掌握的数学知识还只能对这个问题逐个地、具体地研究. 但问题是如此艰难, 200 年里, 人们只证明了当 n 为 3, 4, 5, 7 这些值时命题成立, 在那无尽头的正整数的长河中只前进了小小的四步.

费马本人用他创造的无限下降法证明了 $n = 4$ 的情况.

1770 年欧拉给出了 $n = 3$ 的证明. 这个证明以 "无限下降法" 为基础, 并用到一个关键的性质: 在由 $a + b\sqrt{-3}$ 形式的数组成的数系 $\{a + b\sqrt{-3}\}$(a, b 为任意整数) 中, 存在唯一因子分解定理, 即每一个整数都可唯一地分解为这个数系中素数的乘积. 但欧拉的方法当 $n = 5$ 时就行不通了. 因为公元 4 世纪时欧几里得证明的 "算术基本定理" (每个自然数都可唯一地分解为素因数的乘积, 亦即自然数系中有唯一因子分解定理) 一旦引进虚数就未必成立了. 事实上, 人们后来知道, 对于形如 $\{a + b\sqrt{-n}\}$ 的数系 (当 $n - 3$ 可被 4 整除时, a, b 可取整数或半整数; 此外, a, b 只取整数), 仅当 n 为 1, 2, 3, 7, 11, 19, 43, 67, 163 这 9 个值时, 才存在唯一因子分解定理. 例如在数系 $\{a + b\sqrt{-5}\}$ 中, 数 6 就有两种分解: $6 = 3 \times 2 = (1 + \sqrt{-5})(1 - \sqrt{-5})$.

从 1670 年算起, 100 年后才有了 $n = 3$ 的欧拉证明, 而这一证法又与费马的无限下降法有很大不同, 这使人们感到要想证明一般的情形实在是太遥远了. 1816 年巴黎科学院为证明费马大定理设立大奖和奖章, 以点燃人们的热情.

人们注意到两个简单的事实: 第一, 如果当 $n = m$ 时方程 (1) 没有正整数解, 则当 $n = km$ (k 为正整数) 时也没有正整数解 (因为如果 $x^{km} + y^{km} = z^{km}$ 成立, 则 x^k, y^k, z^k 就是 (1) 的一组解); 第二, 只需考虑 n 为大于 2 的奇素数和 $n = 4$ 的情形 (这是因为, 大于 2 的奇数, 或为奇素数, 如 3、5 等; 或可分解为奇素数的乘积, 如 9=3 × 3 等, 因此, 由第一个事实可知, 当 n 是大于 2 的奇数时, 都可以归结为对奇素数的研究; 大于 2 的偶数, 或为奇数的 2 倍, 如 6 = 2 × 3, 它们可以归结为对奇数, 从而可以进一步归结为对奇素数的研究; 或为偶数的 2 倍, 即 4 的倍数, 如 4 = 1 × 4, 8 = 2 × 4, 它们则可以归结为对 $n = 4$ 的研究), 由于 $n = 3$ 和 $n = 4$ 的情形已经解决, 因此为了证明费马大定理, 只需进一步考虑 n 是 5、7、11、13 等奇素数的情形.

在这期间法国有位自学成才的女数学家热尔曼, 她证明了当 n 是素数且 $2n + 1$ 也是素数时, 如果方程 (1) 有正整数解 x, y, z, 则 n 必定能整除其中的某一个.

在热尔曼工作的基础上, 1825 年, 狄利克雷和勒让德分别独立地证明了 $n = 5$ 的情形. 1839 年法国数学家拉梅 (C.Lamé, 1795—1870) 对热尔曼的方法作了进一步的、巧妙的补充, 证明了 $n = 7$ 的情形, 但他的证明用了与 7 本身密切相关的巧妙工具, 因此难以推广到

$n = 11$ 的情形.

1847 年 3 月 1 日拉梅和柯西在巴黎科学院都宣称自己即将完成这个定理的证明, 并在 4 月份发表了一些证明细节. 但 5 月 24 日刘维尔 (J.Liouville, 1809—1882) 在巴黎科学院宣读了德国数学家库默尔 (E.E.Kummer, 1810—1893) 的来信, 信中指出, 在引进虚数后的整数系中唯一因子分解定理一般是不成立的. 而拉梅和柯西的证明都要用到这一定理, 因此他们的努力宣告失败.

三、 自学成才的杰出女数学家热尔曼

这里要特别介绍一下索菲·热尔曼. 她出生于一个商人家庭, 13 岁时从数学史书上看到阿基米德在罗马士兵攻破城池并将他刺死之前还在研究几何学而深受感动, 并立志把一生献给 "这门能使人达到如此崇高的英雄主义境界的科学". 当她的父母看到女儿竟夜以继日地埋头学习一本《数学大全》时非常吃惊和担心, 便没收了她的蜡烛和可以取暖的东西来阻止她继续学习. 但她仍然半夜三更起来, 裹着被单在滴水成冰的房间里偷偷读书. 深受感动的父亲为她买回来刚出版的《微

热尔曼

分学与积分学教程》. 热尔曼在自学了拉丁文和希腊文后, 又开始攻读牛顿和欧拉的著作. 1794 年巴黎综合理工大学成立, 18 岁的热尔曼多么盼望能进入这所学府聆听全法国一流数学教授的讲课啊, 但这所学校 (直到她逝世多年之后也) 不收女生. 热尔曼只好冒名为一个已经离开综合理工大学的学生勒布朗, 设法领取了学校给勒布朗印发的教材和习题, 并以此化名上交习题解答和自己写的读书心得. 两个月后, "勒布朗" 这位原本以糟透了的数学能力而出名的学生, 如今在作业中显示出来的才华, 引起了大数学家拉格朗日的注意. 他要这位学生来见他, 拉格朗日见到热尔曼后十分震惊和高兴, 并成了热尔曼的导师. 1804 年热尔曼又将学习高斯的数论专著《算术研究》后写的论文, 以及她关于费马大定理研究的成果, 署名 "勒布朗" 寄给高斯. 高斯看后认为此人绝非一个普通的业余数学爱好者. 1806 年拿破仑入侵普鲁士, 热尔曼担心阿基米德的惨剧在高斯身上重演, 她写信给她家的朋友、法军指挥官帕尼提将军, 请求他保证高斯的安全, 将军对高斯给予了特别的照顾, 并向他解释是热尔曼小姐挽救了他的生命. 高斯非常感激也很惊讶, 因为他从未听说过索菲·热尔曼. 热尔曼只好给高斯写信, 勉强地透露了自己的真实身份, 她深感担忧地写道: "我以前曾用勒布朗的名字与您通信, 这些信件无疑不值得您答复……我希望今天向您吐露的真情不会剥夺您给予我的荣幸, 并恳请您抽出几分钟时间向我介绍一些您自己的情况". 高斯充满慈爱

和鼓励地回信说:"我如何向您描述当我看到我的尊敬的信友勒布朗先生变为一个极为杰出的女士时是多么钦佩和吃惊呢? 她给出了一个使人难以相信的光辉榜样. 一般说来, 对抽象科学, 特别是对数的奥秘, 很少人感兴趣. 这门卓越的科学只向那些有勇气深入探索的人展现她迷人的魅力. 由于我们的习惯和偏见, 女性要熟悉这些棘手的研究必然遇到比男性多得多的困难. 但是当一个女性成功地超越了这些障碍, 深入到其中最难解的部分, 那就毫无疑问, 她必定具有最崇高的勇气, 非凡的才能和超人一等的天才." 1809 年, 法国科学院根据拿破仑的建议设立了一项特别奖, 奖励能够在数学上解释弹性板的克拉尼实验结果的研究者. 由于热尔曼关于弹性板的振动研究的出色成果, 法国科学院于 1816 年将这项特别奖授予了她. 鉴于热尔曼的杰出成就, 高斯说服了哥廷根大学授予她名誉博士学位, 可悲的是, 在哥廷根大学于 1837 年授予她这个荣誉的, 她却不幸患乳腺癌已于六年前去世. 终身未婚的热尔曼生活在一个妇女没有平等地位的年代, 当国家官员为这位杰出女性出具死亡证明书时, 竟将她的身份记为无职业未婚妇女而不是女数学家. 事情还不止于此, 在建造埃菲尔铁塔的过程中工程师们必须特别注意所用材料的弹性, 但铁塔落成之时在这座高耸的建筑物上镌刻的 72 位专家的名字中, 却找不到这位对金属弹性理论的建立作出过巨大贡献的天才女性.

四、 库默尔取得了第一次重大突破

1840—1850 年间, 高斯的学生、德国数学家库默尔用他创立的理想数理论, 历史上第一次对一批指数 n 证明了费马大定理, 取得了第一次重大突破.

1801 年, 高斯在《算术研究》中创立了复整数理论, 把通常整数中的问题扩大到复整数中去考虑. 复整数是形如 $a + bi$ 的复数, 其中 i 是虚单位, a, b 是整数, 高斯发现, 复整数也像普通整数那样可以唯一地表示成有限个高斯复素数之积, 即唯一分解定理成立. 库默尔将高斯的复整数理论推广到形如

$$a_0 + a_1 \zeta_p + \cdots + a_{p-1} \zeta_p^{p-1}$$

的数, 其中每个 a_i 都是普通整数, $\zeta_p = e^{2\pi i / p}$. 库默尔起初以为对于这一类数, 唯一分解定理仍成立, 并在此前提下给出了费马大定理的证明. 但不久狄利克雷指出这一前提是错误的.

为了重建唯一分解定理, 库默尔在 1844—1847 年间创立了理想数理论, 进而严格证明了: 对于 100 以内除了 $37, 59, 67$ 之外的所有奇素数 p 费马大定理成立. 这是历史上第一次对一批指数 n 证明了费马大定理.

巴黎科学院在 1850 年又一次宣告将为解决这一问题的人提供一枚金质奖章和 3 000

法郎的奖金, 但仍然无人成功, 1856 年巴黎科学院决定撤销对这一问题的竞赛, 而将大奖授给库默尔, "以表彰他关于由单位根和整数组成的复数所做的美妙工作". 库默尔大大推动了代数数论这一数学分支的发展, 库默尔的"理想数"后来发展成为代数数论中环的"理想"概念.

库默尔之后, 费马大定理的研究长期停滞不前, 勒贝格给出的证明也错了, 希望似乎比以前更渺茫了. 20 世纪初, 众多领域吸引着新一代的数学家, 人们不愿陷入那些似乎不可能解决的问题的死胡同而不能自拔. 但出人意料的是, 1908 年 6 月 27 日, 德国哥廷根皇家科学协会宣布, 根据实业家保罗·沃尔夫斯凯尔的遗嘱, 设立 10 万马克的巨额奖赏, 用来授予在 2007 年 9 月 13 日之前第一个证明费马大定理成立的人. 这再次唤起了人们对费马问题的关注.

随着数学的进步, 电子计算机的发明, 加上巨额奖金的激励, 对费马大定理的研究取得了一些新成果. 1926 年, 美国数学家范迪维尔 (Vandiver, 1882—1973) 纠正了库默尔证明中的错误, 1929 年又用新的判据证明了奇素数值 $p < 211$ 时费马大定理成立. 此后, 数学家们逐步改进奇素数 p 的取值, 从 1954 年起, 借助计算机, 速度大大加快, 1954 年为 $p < 2\,521$, 1955 年为 $p < 4\,001$, 1967 年为 $p < 25\,000$, 1977 年达到 $p < 125\,000$, 1987 年为 $p < 15$ 万, 截至 1993 年已达到 $p < 400$ 万. 但是这种办法不可能彻底解决问题.

五、 法尔廷斯取得了第二次重大突破

1983 年德国数学家法尔廷斯 (G.Faltings, 1954—   ) 取得了第二次重大突破, 他证明了莫德尔 (L.J.Mordell, 1888—1972) 在 1922 年提出的一个重要猜想, 由此即知方程 $x^n + y^n = 1 (n \geqslant 4)$ 至多有有限多个有理数解. 但因如果 (a, b, c) 是方程 $x^n + y^n = z^n$ 的非零整数解, 则 $(a/c, b/c)$ 就是 $x^n + y^n = 1$ 的有理数解, 因此, 如果 $x^n + y^n = z^n (n \geqslant 4)$ 有非零整数解 (无公因子) 的话, 它至多只能是有限多个.

法尔廷斯的结果虽未证明费马大定理, 但却把存在无穷多个解的可能性降低到了至多只能有有限多个解. 1986 年, 法尔廷斯获得了有"数学诺贝尔奖"之称的菲尔兹奖 (参看阅读材料 11).

六、 谷山 – 志村猜想, 弗雷命题和里贝特的突破

法尔廷斯取得突破之后十年, 怀尔斯登上了费马大定理这座高峰. 与从费马到法尔廷斯等前人不同的是, 最后攻克顶峰的武器, 综合利用了现代数学许多分支的成就, 特别是 1950 年

以来算术代数几何领域中关于椭圆曲线的深刻结果.

所谓 "椭圆曲线", 并非我们通常所说的椭圆, 而是指形如 $y^2 = f(x)$[$f(x)$ 为 x 的三次多项式] 的方程所刻画的曲线. 由于过去在计算椭圆的周长和行星轨道的长度时导致研究这类方程, 因而称之为椭圆曲线. 1955 年, 日本数学家谷山丰 (Taniyama, 1927—1958) 猜测椭圆曲线与模形式之间存在某种联系, 这一猜测后经法国数学家韦依 (A.Weil, 1906—1998) 和志村五郎 (Shimura, 1930—   )进一步精确化而形成了所谓谷山 – 志村猜想, 简单地说就是: 有理数域上的椭圆曲线都可以模形式化.

当时没有人想到这个非常抽象的猜想会与费马大定理有什么联系, 但是 30 年后的 1984 年, 德国数学家弗雷 (Frey) 指出: 假定费马大定理不成立, 即存在一组非零整数 A, B, C 使得 $A^n + B^n = C^n (n > 2)$, 那么用这组数构造出的形如 $y^2 = x^3 + (A^n - B^n)x^2 - A^n B^n$ 的椭圆曲线 (后称 "弗雷曲线") 不可能被模形式化. 也就是说, 谷山 – 志村猜想对这条椭圆曲线不成立.

换句话说, 弗雷的命题与谷山 – 志村猜想是矛盾的. 因此, 只要能够证明这两个命题都成立, 那么根据反证法就可以知道, 弗雷命题的前提 "费马大定理不成立" 这一假定是错误的, 从而也就证明了费马大定理.

弗雷所给的证明是有欠缺的, 1986 年, 美国数学家里贝特 (K.Ribet) 给出了弗雷命题的严格证明, 这样, 证明费马大定理的希望便集中于证明谷山 – 志村猜想, 怀尔斯走完了这最后的一步.

七、怀尔斯历尽艰辛有志事成

安德鲁·怀尔斯 1953 年生于英国剑桥. 1963 年的一天, 怀尔斯在家乡图书馆里看到贝尔写的一本关于费马大定理的书《The Last Problem》, 30 年后他回忆当时的感受说: "它看上去如此简单, 但历史上所有的大数学家都未能解决它. 这里正摆着一个我——一个 10 岁的孩子——能理解的问题, 从那时刻起, 我知道我永远不会放弃它, 我必须解决它." 怀尔斯从研究历史上最富有创造力并在对费马的挑战中首先取得突破的数学家的工作着手, 他研究得愈多, 对问题难度的认识也愈深, 也愈感到需要进一步学习, 于是进入剑桥大学学习数学. 1974 年毕业后继续在剑桥大学攻读博士学位, 按照导师科茨 (J.Coates) 教授的意见认真地研究椭圆曲线并取得了出色的成绩. 从 24 岁起, 他就在一些声誉卓著的大学和研究所工作. 1977—1980 年在美国哈佛大学做助理教授, 1981 年任普林斯顿高等研究院研究员, 1982 年任普林斯顿大学教授, 1984 年起任该校讲座教授, 1988—1990 年他还兼任牛津大学皇家协会研究教授. 怀尔斯在数论、模形式、分圆域理论和椭圆曲线方面, 是数学界公认的最优秀的专家之一.

虽然怀尔斯曾一度认为费马大定理或许只是一个孤立的难题,但里贝特的结果使他下定决心,从 1986 年起全身心地向顶峰冲击. 除了继续参加研讨班、上课和指导研究生外,他放弃了所有与证明费马大定理无直接关系的研究工作,不再参加各种学术活动,尽量回避可能使自己分心的事而在家里工作. 虽然椭圆曲线是他读博士时专攻的方向,但向顶峰前进的每一步都是十分艰难的.

怀尔斯

他先用一年半的时间,阅读了所有的最新杂志,熟悉以前曾被用于椭圆曲线或模形式的以及由此导出的全部数学工具,熟练地掌握了所有的技巧和方法. 继而经过一年的仔细思考,决定用数学归纳法来寻求无穷多个椭圆曲线和无穷多个模形式之间的关系. 所谓数学归纳法,是说如果我们第一步能够证明一个命题当 $n = 1$ 时成立,而且第二步还能证明: 只要这个命题当 $n = k$ 时成立,则当 $n = k + 1$ 时该命题也成立,那么我们就可以断言这个命题对每一个正整数 n 都成立. 因此数学归纳法是用有限的"两步"来解决"无穷多个"问题的一个有力武器. 怀尔斯运用伽罗瓦群的思想成功地走出了至关重要的第一步. 但要继续走完关键的第二步却遇到了难以想象的困难. 两年中毫无进展,文献中的各种方法和技巧都解决不了问题. 1990 年,他开始研究并改进岩泽 (Iwasawa) 理论,一度似乎取得进展,但一年后归于失败. 1991 年夏,在一次学术会议上,他从科茨教授那里得知了一种研究椭圆曲线的新方法: 科利瓦金 – 弗莱切 (Kolyvagin–Flach) 方法. 他熟悉并改造了这一方法,终于柳暗花明,迅速取得了进展. 为了核对其中的证明,1993 年 1 月他征得普林斯顿大学同事凯兹教授的帮助,以给研究生开设"椭圆曲线的计算"系列讲座为名,请凯兹帮助审核. 没有发现问题,看来大功已经告成. 1993 年 6 月 21 日到 23 日,怀尔斯在剑桥大学牛顿数学研究所作了以"模形式、椭圆曲线与伽罗华表示"为题的三次报告. 他的主要结果是证明了: 对有理数域上所有"半稳定"的椭圆曲线谷山 – 志村猜想成立,而弗雷曲线恰好属于这一大类曲线. 因此他的结果实际上是证明了费马大定理.

怀尔斯的报告立即在全世界引起了轰动,但在对其长达 200 多页的论文作正式发表前的审查时,六位专家以数学家特有的严谨发现其中关于欧拉系的构造有严重缺陷,而这与科利瓦金 – 弗莱切方法有关. 此后怀尔斯置外界的巨大压力于不顾,为弥补这一缺陷作最后的努力,但想尽办法毫无进展. 他向好友萨纳克承认自己所面临的绝境,准备承认失败. 萨纳克向他暗示困难的一部分来自怀尔斯缺少一个他可以信赖的能够与之探讨想法的人,也没有能鼓励他利用一些其他处理方法的人. 萨纳克建议怀尔斯找一个信得过的人,再作一次弥补缺陷的尝试. 怀尔斯邀请了他的一个学生,审稿人之一的剑桥大学讲师理查德·泰勒,于 1994 年 1 月来到普林斯顿和他一道工作. 但直到夏季, 他们仍毫无进展. 经过 7 年多不间断的努力和一生的迷恋, 怀尔斯准备遗憾地承认失败. 他告诉泰勒, 他看不出继续进行修改证明的尝试有什么指望, 泰勒建议再坚持一个月, 如果到 9 月底还没有能够修改的迹象, 就公开承认他们的失败并发表那个有缺陷的证明, 使其他人有机会研究它. 难道与这道数学难题的搏斗注定要以失败而告终吗? 怀尔斯仔细回顾了自己在过去 8 年里走过的路程, 就在他仔细检查为什么会在迷宫里不能自拔的苦苦思索中, 突然间峰回路转, 绝处逢生. 1994 年 9 月 19 日早晨, 他突然发现, 单靠岩泽理论不足以解决问题, 单靠科利瓦金 – 弗莱切方法也不足以解决问题, 但把它们结合在一起却可以完美地互相补足. 最后的堡垒终于攻克, 费马大定理这个困惑了世间智者 358 年的谜终于彻底解开. 1995 年 5 月美国《数学纪事》(Annals of Mathematics) 刊登了这一证明.

1996 年怀尔斯获得沃尔夫奖, 成为获此殊荣的最年青学者; 1997 年, 就在哥廷根皇家科学协会规定的最后期限只剩下 10 年的时候, 怀尔斯收到了 5 万美元的沃尔夫斯凯尔奖金; 1998 年, 第 23 届国际数学家大会在柏林举行, 为了表彰怀尔斯对数学科学事业作出的特别重大的贡献, 破天荒地给他颁发了 "特别贡献奖": 一块国际数学联盟银牌; 2005 年, 怀尔斯又荣获被称为 "东方诺贝尔奖" 的邵逸夫数学科学奖 (参看阅读材料 11).

八、 几点启示

从费马留下不解之谜到怀尔斯彻底完成证明, 一代代数学家们前赴后继, 奋力攀登, 留下了丰富的数学遗产, 更留下了宝贵的精神财富.

1. 应当注意数学直觉能力的培养

费马有过不少数学猜想, 其中绝大多数被后人所证实. 费马的过人之处是他的数学直觉. 虽然他在《算术》书边写的 "我已找到了一个奇妙的证明" 可能只是一个有漏洞的证明, 但他的结论却是对的. 事实上, 直觉和猜想是数学创造的重要源泉, 合理的猜测, 推动数学科学的不断发展.

正如钱学森先生所说: **"科学上的创新光靠严密的逻辑思维不行, 创新的思想往往开始于形象思维, 从大跨度的联想中得到启迪, 然后再用严密的逻辑加以验证."** (见 2005 年 11 月 22 日《光明日报》). 在数学教学中, 过于偏重演绎推理和逻辑思维能力的培养, 而忽视或忽略对学生的数学直觉和形象思维能力的培养, 甚至使学生淹没在题海之中, 是不可能培养出创新人才的. 而我们自己在学习和研究中, 也应当注意和加强直觉能力的培养.

2. 特有的严格、严密和精确是数学科学特有的精神

费马大定理的研究十分鲜明地反映了数学科学有别于其他学科的特点. 观测、试验、联

想、猜测是很多学科探索客观规律所共用的方法. 对于一些实验性学科和工程技术而言, 如果一项试验有数十次或数百次成功, 通常已可以认为结论是可信的了. 但数学则不然, 即使一个命题、一个猜想验证了几百万次、几千万次都是对的, 也不能说它已经得到了证明. 只有当它被逻辑地、丝毫无误地证明了对于一切情形都正确时, 才能作出定论. 数学这种特有的严格、严密和精确是数学科学特有的精神. 这是数学科学的特点, 也是她的难点.

3. 要研究好的数学问题

什么才是好的数学问题? 怀尔斯说: **"判断一个数学问题是否是好的, 其标准就是看它能否产生新的数学, 而不是问题本身."** 有些数学问题看上去好像并没有什么实际意义, 但其证明过程却大大丰富和发展了数学的理论和方法, 有些则对数学的发展产生了难以估量的影响.

希尔伯特曾把费马大定理喻为是 **"一只会下金蛋的鹅"**. 的确, 费马大定理的证明过程, 极大地推动了代数数论和代数几何等数学分支的发展. 科茨说: **"用科学的术语来说, 这个最终的证明可与分裂原子或发现 DNA 的结构相比, 对费马大定理的证明是人类智力活动的一曲凯歌, 同时, 不能忽视的事实是它一下子使数论发生了革命性的变化. 对我来说, 安德鲁的成果的美和魅力在于它是走向代数数论的巨大的一步."** 1996 年和怀尔斯一道分享沃尔夫奖的还有一位数学家朗兰兹 (Langlands, 1936—   ). 20 世纪 60 年代, 他被谷山 – 志村猜想将椭圆曲线和模形式这两个完全不同的领域统一起来所具有的潜力所吸引, 进一步提出了一个使数学不同领域之间的证明统一化的猜想, 即著名的朗兰兹纲领 (Langlands programme). 怀尔斯通过对谷山 – 志村猜想的证明, 将椭圆曲线和模形式统一了起来, 这个成功表明, 一个领域中的问题可以通过并行领域中的对应问题来解决. 沃尔夫奖委员会认为, 怀尔斯的证明就其本身来说是一个令人震惊的成就, 而同时它也给朗兰兹纲领注入了生命力. 这是一个可能使数学进入又一个解决难题的黄金时期的突破性工作. 当代数学正走向综合和统一.

4. 只有付出, 才有所得

马克思有一句名言: **"在科学上面是没有平坦的大路可走的, 只有那在崎岖小路的攀登上不畏劳苦的人, 才有希望到达光辉的顶点."** 数学研究是极其艰苦的劳动, 浅尝辄止, 急功近利, 遇难而退, 自暴自弃, 成不了大业. 热尔曼的自尊自信、自强不息; 怀尔斯的胸怀大志、专注执着是光辉的榜样.

霍华德.W. 伊夫斯说 **"一个高超的问题解答者必须具备两种不协调的素质——永不安分的想象和极具耐心的执拗."** 没有不断创新的精神和能力不行; 没有耐得住寂寞和清贫, 十年面壁志破壁的精神和毅力也不行. 因此, 能够到达光辉顶点的人只是那些出类拔萃的人. 但是, 我们每一个人在自己人生的道路上都会面对一座座高低不等的山峰, 我们都可以也应当尽力去征服这一座座山峰, 并达到自己力所能及的最高点.

5. 要有科学的态度和方法

怀尔斯的成功, 固然是由于他的天赋和勤奋, 但与他科学的研究方法, 严谨的治学态度, 虚心向他人学习, 以及善于和他人合作的精神也是密不可分的.

怀尔斯是厚积薄发的榜样. 为了圆其童年时代的梦想, 他在大学和研究生期间打下了坚实的数学基础, 并在随后的科研工作中增长了才干, 掌握了规律. 在他决定向费马大定理发起攻击的时候, 他用了两年多的时间详细地研究资料, 熟悉已有的理论, 熟练地掌握已有的方法、技巧, 十分清楚研究的现状和困难所在, 找准了突破口, 采用了合适的方法. 怀尔斯的成功告诉我们, 最基本的也是最重要的. 怀尔斯的成功也告诉我们, 数学爱好者不要盲目地去做数学难题. 我们每一个从事科研工作的人从怀尔斯的成功中也都可以得到启发, 学到东西.

怀尔斯是继承创新的典范. 他的专业是数论, 研究方向是椭圆曲线理论, 但他在椭圆曲线和属于不同研究领域的模形式之间解决了架起桥梁的难题; 他借鉴、利用、改进了前人创造的伽罗瓦群、岩泽理论、科利瓦金 – 弗莱切方法, 并将不同的方法相互补充, 创立了新的方法. 数学科学理论的新的生长点常常是孕育在不同学科、不同分支以及不同方法的交叉融合之中. 在数学本身不同分支的交融中得到启发; 在数学内部各种不同工具和方法的相互补充中完善; 在数学与其他学科的相互渗透中开拓. 这种交叉融合正是当代数学科学的一个重要特点和发展趋势.

怀尔斯的成功, 是互相学习, 交流合作的成果. 虽然, 在怀尔斯向堡垒冲击的前 7 年他完全处于秘密状态, 但当他在归纳证明最关键的第二步一筹莫展的时候, 是由于出席学术会议才从导师科茨教授那里知道了一种新的研究方法; 在他即将完成第一次文稿时, 是由于同事凯兹教授的帮助才能通过开设系列讲座来帮助核对; 在他自以为证明没有问题的时候, 是审稿人帮助他找到漏洞, 从而避免了不可挽回的遗憾; 在他试图弥补论文中的缺陷毫无进展时, 是好友萨纳克教授的提醒, 使他请来自己过去的学生泰勒讲师协助研究; 并且正是泰勒的鼓励, 使他得以在最后一次的坚持努力之中绝处逢生. 怀尔斯不会忘记这些帮助他攀上顶峰的老师、同事、朋友和学生. 从这当中, 我们既可以看到怀尔斯虚心向他人学习, 善于和他人合作的优良品质; 也可以进一步懂得再能干的人也需要别人帮助的道理. 要向前人学习, 向老师学习, 也要向同行学习, 向自己的学生学习, 真正做到虚怀若谷, 不耻下问. 要独立钻研, 也要相互讨论. 对于科研工作者来说, 参加学术会议, 组织专题讨论班、研究班, 不仅是重要的也是必要的.

6. 好的体制, 助人成功

怀尔斯取得成功与普林斯顿大学对教学科研人员的科学的管理体制是分不开的. 一方

面, 学者们不应当短视浮躁、急功近利; 另一方面, 有远见的管理者们应当努力创造一个良好的环境和机制. 只有这样, 科学家才可能静下心来解决一些大问题, 文学家才可能有传世之作.

§11.4   中国传统数学的辉煌与衰退

数学史上继希腊几何兴盛之后是一个漫长的东方时期. 中世纪数学的主角是中国、印度和阿拉伯地区的数学. 与希腊数学相比, 中世纪东方数学表现出强烈的算法精神, 特别是中国和印度数学, 着重算法的概括, 不讲究命题的形式推导. 所谓 "算法", 是为了解决一整类实际或科学问题而概括出来的、带一般性的计算方法. 这一时期中国数学家们创造了大量结构复杂、应用广泛的算法, 它们是归纳思维的产物, 与欧几里得几何的演绎风格迥然不同但相辅相成. 东方数学在文艺复兴以前传到欧洲, 与希腊式的数学交汇结合, 孕育了近代数学的产生.

早在公元前 500 年左右, 中国就有了严格的十进位值制筹算记数, 筹算数码有纵横两式, 代表数 $1, 2, 3, 4, 5, 6, 7, 8, 9$ 的筹算数码分别是

纵式 | ‖ ‖‖ ‖‖‖ ‖‖‖‖ 丅 丆 丅丅 丗

横式   − = ≡ ≣ ≣ ⊥ ⊥ ⊥ ≟

记数时按照从个位数起向左将算筹纵横相间排列的规则, 零则以空位表示. 例如, ‖⊥ ≣| 表示 26031. 这一创造是对世界文明的一大贡献. 从公元前后至 19 世纪, 中国传统数学取得过辉煌成就, 在两汉时期和魏晋南北朝时期有过两次发展高潮, 到宋元时期则达到了顶峰, 明清时期渐次衰退.

一、 两汉时期(《周髀算经》与《九章算术》)

在现存的中国古代数学著作中, 最早的一部是成书于公元前 2 世纪西汉时期的 **《周髀算经》** (作者不详), 书中涉及的数学、天文知识, 有的可以追溯到西周 (公元前 11 世纪—前 8 世纪). 该书数学上的主要成就是分数运算、勾股定理及其在天文测量中的应用. 其中尤以 "勾广三, 股修四, 径隅五" (勾股定理的特例) 和 "……以日下为勾, 日高为股, 勾股各自乘, 并而开方除之, 得邪至日." (勾股定理的一般形式) 最为突出. 最早完成勾股定理证明的中国数学家是公元 3 世纪三国时期的赵爽.

至迟在公元前 1 世纪成书的《**九章算术**》是中国古典数学中最重要的著作, 它是从先秦至西汉中叶经众多学者编纂、修改而成的. 该书分为方田、粟米、衰分、少广、商功、均输、盈不足、方程、勾股等九章, 均按先提问后给解法的方式叙述. 其主要成就是:

在算术方面, 给出了完整的分数四则运算和约分、通分法则, 数字比例算法 (欧洲出现颇晚), 创立"盈不足"术, 即以盈亏类问题为原型, 通过两次假设未知量来求解繁难算术问题. 此法经丝绸之路西传中亚, 中世纪阿拉伯数学著作中称它为"契丹算法"(即中国算法), 后来欧洲人称它为"双假设法".

在代数方面的成就具有世界意义. 书中早于欧洲 1600 年给出了求解线性方程组的消元法 (参看阅读材料 9); 引进了负数并建立了正、负数的加减运算法则, 这是人类对数系认识的重大突破 (印度至 7 世纪才出现负数概念, 欧洲则更晚, 直到 16 世纪, 著名代数学家韦达 (F.Vieta, 1540—1603) 在其著作中还回避使用负数); 给出了开平方和开立方的算法. 应当强调的是, 古希腊发现无理量是演绎思维的产物, 并且因此产生了巨大的震撼和迷惑, 而中算发现负数和无理量则是算法思维的产物. 正如刘徽在《九章算术注》中所说:"两算得失相反, 要令正负以名之", 以及《九章算术》在开方术中指出"若开之不尽者, 为不可开", 在他们看来这都是很自然的事, 因此泰然处之, 不足为怪.

在几何方面, 以实际应用为背景, 给出了 8 种平面图形如梯形、圆等的面积公式 (与农田测量有关), 14 种立体如棱锥、棱台、圆台等的体积公式 (与工程土方计算有关). 并且与欧几里得《原本》中将代数问题几何化的做法相反,《九章算术》则将几何问题算术化和代数化, 这种做法经刘徽和宋、元数学家的发扬成为中国古典数学的重要特征.

1957 年, 苏联将《九章算术》译成俄文出版, 并受到科学界的重视.

二、 魏晋南北朝时期 (刘徽和祖冲之的成就)

从公元 220 年东汉分裂到 581 年隋朝建立的魏晋南北朝期间, 是中国历史上的动荡时期, 但同时也是思想相对活跃的时期. 在长期独尊儒学之后, 学术界思辨之风再起. 在数学上也兴起了论证的趋势, 许多研究以注释《周髀算经》和《九章算术》的形式出现, 实质上是要寻求这两部著作中一些重要结论的数学证明. 其中最杰出的代表是刘徽和祖冲之父子.

公元 263 年刘徽撰《**九章算术注**》, 该书包含了刘徽本人的许多创造, 完全可以看成是独立的著作, 奠定了他在中国数学史上的不朽地位. 刘徽最突出的成就是"割圆术"和体积理论. 他在《九章算术》方田章"圆田术"注中, 提出了割圆术, 即将圆内接正多边形的边数逐次加倍, 计算它们的周长和面积, 从而逐步逼近圆的周长和面积. 他得到圆周率 π 的近似值 157/50 (即 3.14, 史称"**徽率**"), 成为中国第一个建立可靠的理论来推算圆周率的数学家. 他还在推证《九章算术》中的一些立体体积公式时灵活地使用了两种无限小方法: 极限方法和不可分量方法, 为了求出球的体积公式, 他转而试图求 "牟合方盖" 的体积, 为祖冲之父子彻底解决问题打下了基础. 该书的第十卷发展了古代天文学中的 "重差术", 后来以《海岛算经》为名单独刊行, 成为勾股测量学的典籍.

著名数学家吴文俊 (1919— 2017) 曾对《九章算术》和刘徽《九章算术注》有过精辟的评价, 他说 **"我国传统数学在从问题出发以解决问题为主旨的发展过程中建立了以构造性与机械化为其特色的算法体系……《九章》与《刘注》是这一机械化体系的代表作, 与公理化体系的代表作欧几里得《几何原本》可谓东西辉映, 在数学发展的历史长河中, 数学机械化算法体系与数学公理化演绎体系曾多次反复互为消长, 交替成为数学发展的主流……《九章》与《刘注》所贯串的机械化思想, 不仅曾经深刻影响了数学的历史进程, 而且对数学的现状也正在发扬它日益显著的影响. 它在进入 21 世纪后在数学中的地位, 几乎可以预卜."**

刘徽的数学思想和方法, 到南北朝时期 (公元 420— 589 年) 被祖冲之和他的儿子祖暅推进和发展了.

祖冲之出生于历法世家, 做过南徐州 (今镇江) 的一个小官,《南齐书 · 祖冲之传》说他 "注九章, 造缀术数十篇", 还说他 "探异今古" "革新变旧". 公元 462 年祖冲之创制了一部当时最先进的历法《大明历》, 但遭到当朝权臣戴法兴等人的竭力反对. 祖冲之在皇帝面前与戴法兴展开辩论, 并将其论点写成《驳议》一文, 说他早年 "专攻数术", 发现《九章算术》中球体积公式和东汉学者刘歆所用圆周率数值 3.154 7 都是错误的, 是 "算氏之剧疵", 他本人则 "昔以暇日, 撰正众谬, 理据炳然". 由此可见他很看重自己在球体积和圆周率计算方面的成就. 十分遗憾的是, 祖冲之的数学著作《缀术》竟如《惰书 · 律历志》中所说: "学官莫能究其深奥, 是故废而不理," 公元 10 世纪后即失传了.

祖冲之计算圆周率的值介于 3.141 592 6 和 3.141 592 7 之间. 史料上没有关于他计算方法的记载, 一般认为是沿用了刘徽的割圆术. 事实上, 如按刘徽割圆术从正六边形出发连续算到正 24 576 边形时恰好可以得到祖冲之的结果. 祖冲之还确定了圆周率的分数形式的近似值: **约率** 22/7 和 **密率** 355/113. 其推算方法同样不得而知. 在现代数论中如果将 π 表示成连分数, 其渐近分数是

$$\frac{3}{1}, \frac{22}{7}, \frac{333}{106}, \frac{355}{113}, \frac{103\,993}{33\,102}, \cdots.$$

第二项是约率, 而第四项正是密率. 这是分子、分母不超过 1 000 的分数中最接近 π 真值的分数. 密率也称 "**祖率**". 关于 π 的计算成就, 直到 1427 年才被阿拉伯人阿尔 · 卡西超过, π 的分数近似值直到 16 世纪才被德国人奥托和荷兰人安托尼茨重新得到.

祖冲之及其儿子祖暅应用"出入相补"原理和"幂势既同, 则积不容异"的祖氏原理成功地求得"牟合方盖"的体积从而证明了球的体积公式. 祖氏原理比西方文献中的卡瓦列里原理早了 1 000 年 (详见阅读材料 2).

三、 隋唐时期("算学"制度与《算经十书》)

大唐盛世并没有产生与其前的魏晋南北朝和其后的宋元时期相媲美的数学大家, 但在隋唐时期中国开始建立数学教育制度和进行数学典籍的整理.

7 世纪初, 隋代开始在国子监中设立"算学", 唐代进一步在科举考试中设立数学科目"明算科". 算学制度及明算开科都需要适用的教科书, 李淳风奉唐高宗之令对以前的十部数学著作进行注疏整理, 于公元 656 年编成, 史称《**算经十书**》, 即《周髀算经》《九章算术》《海岛算经》《孙子算经》《张邱建算经》《夏侯阳算经》《五曹算经》《五经算术》《缀术》和《缉古算经》. 除了前面介绍过的著作外, 其他算经中也有一些重要的数学成就. 例如:

《孙子算经》中的"物不知数"问题:"今有物不知其数, 三三数之剩二, 五五数之剩三, 七七数之剩二, 问物几何?"这相当于求解一次同余组

$$N \equiv 2(\mathrm{mod}\ 3) \equiv 3(\mathrm{mod}\ 5) \equiv 2(\mathrm{mod}\ 7).$$

(注:$a \equiv b(\mathrm{mod}\ c)$ 表示 a 和 b 对模 c 同余, 即 $a - b$ 能被 c 整除. 该表达式可读作"a 同余于 b, 模 c").《孙子算经》给出的求解方法列成算式就是

$$N = 70 \times 2 + 21 \times 3 + 15 \times 2 - 2 \times 105 = 23.$$

1592 年程大位在《算法统宗》中将上述解法以诗云曰:"三人同行七十稀, 五树梅花廿一枝, 七子团圆正月半, 除百零五便得知". 该口诀就是说将被 3 除的余数 2 乘 70, 被 5 除的余数 3 乘 21, 被 7 除的余数 2 乘 15, 将上述结果相加后逐次减去 105 即可得到最小正整数解 23. 128, 233 等也是解.

《张邱建算经》中的"百鸡问题":"今有鸡翁一, 直钱五; 鸡母一, 直钱三; 鸡雏三, 直钱一, 凡百钱买鸡百只, 问鸡翁、母、雏各几何?"此题相当于解三元一次不定方程组

$$x + y + z = 100, \quad 5x + 3y + \frac{1}{3}z = 100.$$

张邱建给出了 $x_1 = 4, y_1 = 18, z_1 = 78; x_2 = 8, y_2 = 11, z_2 = 81; x_3 = 12, y_3 = 4, z_3 = 84$ 这三组解, 它们恰好是所有可能的整数解. "百鸡问题"是世界著名的不定方程问题, 13 世

意大利人斐波那契 (L.Fibonacci, 1170—1230) 的《算经》和 15 世纪阿尔·卡西的《算术之钥》中均有相同的问题.

《缉古算经》是世界上最早讨论三次方程组代数解法的著作, 书中用 "开带从立方法"(求三次方程正根的数值解法) 解决工程问题, 给出了 28 个一元三次方程的正有理根, 但没有解题的方法. 这一问题的研究比阿拉伯人早 300 年.

四、 宋元时期(秦九韶的《数书九章》和朱世杰的《四元玉鉴》)

宋元时期 (公元 960—1368) 是中国传统数学发展的鼎盛时期, 一批数学家取得了世界领先、空前辉煌的成就. 从唐代之后五代十国的分裂战乱中重新统一了的中国封建社会, 发生了一系列有利于数学发展的变化. 农业技术的新发展、商业的繁荣、手工业的兴盛以及由此引起的技术进步 (指南针、火药和活字印刷等三大发明是在宋代完成并获得广泛应用), 给数学的发展带来新的活力. 这一时期数学家的卓越代表, 如通常称为 "宋元四大家" 的杨辉、秦九韶、李冶、朱世杰以及贾宪等人, 在世界数学史上占有光辉的地位; 这一时期印刷出版、记载着中国古典数学最高成就的宋元算书, 也是世界文化的重要遗产.

约 1050 年, 北宋人贾宪完成了一部叫《黄帝九章算术细草》的著作, 原书丢失, 但其主要内容被南宋数学家杨辉著《详解九章算法》 (1261) 摘录, 故能传世. 贾宪创造了一种可适用于开任意高次方的非常有效和高度机械化 (程序化) 的算法——增乘开方法, 这种方法与现代通用的 1819 年由英国人霍纳 (W.G.Horner, 1786—1837) 给出的 "霍纳算法" 已基本一致. 与此方法相关的是贾宪发现的二项展开式系数的规律——"贾宪三角" (又称 "杨辉三角"), 西方称之为 "帕斯卡三角", 但帕斯卡是直到 1654 年才发现的.

秦九韶(约公元1202—1261)将贾宪的增乘开方法推广为求高次方程的完整算法——"**正负开方术**", 1247 年写成代表作《**数书九章**》, 共 18 卷 81 题, 分九大类. 书中用 "正负开方术" 给出了求解一元高次方程的一个机械化的迭代程序, 该书共有 21 个高次方程, 次数最高的是 10 次. 在《数书九章》中秦九韶还明确、系统地叙述了求解一次同余方程组的一般方法——"**大衍总数术**", 并将它用来解决历法、工程、赋役和军旅等实际问题.

"大衍总数术" 中的关键部分, 是如何计算那些被秦九韶称为 "乘率" 的值, 为此, 他发明了 "**大衍求一术**". 可以证明, 秦九韶的算法是完全正确且十分严密的, 虽然他本人没有给出这一证明. 500 年后, 欧拉 (1743) 和高斯 (1801) 分别对一次同余组作了详细研究, 重新独立地获得与秦九韶 "大衍求一术" 相同的定理, 并对模数两两互素的情形作了严格的证明. 1876 年德国人马蒂生指出秦九韶的方法与高斯算法是一致的, 因此关于一次同余组求解的剩余定理现称为 "**中国剩余定理**".

中国古典数学的发展与天文历法有特殊的关系, 一部历法的起算点称为"历元", 历元的计算本质上是一个一次同余组问题; 天算家们观察出天体运动的不均匀性, 由此推动了内插计算法的发展. 隋唐时期刘焯 (544—610) 首创"等间距二次内插算法", 于 600 年编制了《皇极历》; 一行和尚改进刘焯的内插算法为"不等间距二次内插法", 727 年编制了《大衍历》. 但由于天体运动的加速度也不均匀, 二次内插仍不够精密, 随着历法的进步, 到宋元时代便出现了高次内插法. 1280 年郭守敬、王恂在《授时历》中认定天体运行的距离是时间的三次函数, 并用差分表求解, 他们称自己的方法为"招差". 1303 年朱世杰在其名著《四元玉鉴》中进一步创立了 **招差术**, 给出了四次内插公式 (有限差分公式), 这一公式欧洲直到 1676—1678 年间才在牛顿的著作中出现.

《四元玉鉴》是宋元数学的又一高峰, 在该书中, 朱世杰除创立了高次内插法的"招差术"外, 还发展前人成果创立了" **垛积术** " (高阶等差级数求和) 以及" **四元术** " (多元高次联立方程组与消元解法).

高阶等差级数求和的研究在中国始于北宋的沈括 (1031—1095), 他在《梦溪笔谈》中给出了关于长方台形垛积的求和公式, 此后杨辉在《详解九章算法》中明确得到了一些高阶等差数列的求和公式, 而朱世杰则进一步得到了 p 阶等差级数求和的一般公式, 并指出了与贾宪三角以及与招差术之间的关系.

"四元术"及其前身"天元术"都是用专门的记号来表示未知数, 进而列方程、解方程的方法, 这一代数符号化的尝试是代数学的重要进步. 李冶 (原名李治, 1192—1279) 在《测圆海镜》 (1248) 和《益古演段》 (1259) 中系统阐述了天元术, 用"天元"表示未知数, 列出方程后再用增乘开方法求解. 朱世杰则将天元术发展为"四元术", 即用天元、地元、人元和物元来表示四个不同的未知数, 列出多元高次方程和高次方程组, 进而用消元法求解. 这种消元法,欧洲直到 1779 年才在法国人贝祖 (É.Bézout, 1730—1783) 的著作中有系统的表述.

五、 明清时期(传统数学的衰退和西方数学的传入)

明清两代 (1368—1911) 正是西方文艺复兴 (14—16 世纪) 和资本主义兴起与发展的时期, 中国却由于多方面的原因, 由一个庞大的封建帝国渐次沦为一个半封建半殖民地的国家, 传统数学也逐步衰退, 以至大大落后于西方.

封建社会晚期日趋僵化与腐朽, 数学发展缺乏社会动力和思想刺激. 元代以后, 科举考试废除了明算科, 唯以八股取士, 数学家社会地位低下, 自由探讨也被束缚禁锢. 明初后的300 余年间, 除了珠算的发展及与之相关的著作如程大位的《算法统宗》外, 中国传统数学的研究不仅没有新的创造反而倒退了. 而且在清中叶乾嘉学派重新发掘研究之前, "天元术""四元术"竟长期失传无人通晓.

　　明朝末年, 西方数学逐渐传入. 1582 年意大利传教士利玛窦来华, 后与徐光启合译欧几里得《原本》前六卷, 1607 年以《几何原本》为名出版, 首创几何学名词译名点、直线、平面、四边形、多边形、平行线、对角线、直角、钝角、相似、外切等. 17 世纪后, 三角学、透视学、代数学、对数相继传入. 鸦片战争后, 解析几何、微积分、无穷级数论、概率论等近代数学传入. 1857 年李善兰 (1811—1882) 与英国传教士伟烈亚力 (Wylie) 合译了《原本》后九卷, 1859 年又合译美国数学家罗密士 (Loomis) 的微积分著作《代微积拾级》. 李善兰创造的许多数学名词译名, 如函数、微分、积分、级数、切线、法线、渐近线、抛物线、双曲线、指数、 多项式、代数等, 一直沿用至今. 李善兰还与他人合译了德·摩根的《代数学》等数学著作. 华蘅芳 (1833—1902) 翻译出版了《微积溯源》(1874) 以及在中国流传的第一本概率论著作《决疑数学》(1880).

　　清代中晚期戴震、焦循、汪莱、李锐、李善兰等人在研究宋元数学的基础上, 虽然在代数方程、高阶级数等方面取得了一系列独立研究的成果, 李善兰还创造了"尖锥术"(相当于卡瓦列里的早期积分学), 得到过著名的"李善兰恒等式", 但中国数学已大大落后于西方了.

六、 小结

　　回顾中国传统数学, 她曾创造过辉煌, 但就其本身而言也存在着弱点.

　　1. 长于算法弱于理论, 注重归纳忽略演绎, 重在应用缺少证明, 关注具体问题而缺乏哲学思考. 中国古算书的结构通常都是先给出问题, 然后就是"答曰"或"术曰", 只有算法或计算程序, 而没有或很少证明. 算法创造固然是数学进步的必要因素, 但缺乏演绎论证的算法与缺乏算法创造的演绎, 同样难以升华为现代数学.

　　2. 书写方法和符号体系落后. 公元前 500 年左右就已严格使用的中国筹算系统十进位值记数制, 是对世界文明的一大贡献, 但筹算本身却有很大的局限性. 在筹算框架内发展起来的符号代数"天元术"与"四元术", 就不能突破筹算的限制演进为彻底的符号代数, 筹算方程运算不仅烦琐累赘, 而且对五个以上未知量的方程组就无能为力; 古汉语竖行书写, 自右向左, 表达数学计算极不方便, 而且用文字作为数学符号, 例如李善兰所译《代微积拾级》中将公式

$$\int \frac{\mathrm{d}x}{a+x} = \ln|a+x| + c$$

翻译成很不方便的文字等式

$$ 禾\frac{甲\perp 天}{彳天} = (甲\perp 天)对\perp 丙. $$

3. 传统思想文化和封建制度的制约. 孔孟之道主张"寓理于算", 既然结果已经给出, 道理似乎就不言而喻. 儒家提出"学有所止", 也就不必去追根究源; 朝廷唯以"八股"取士, 数学没有了群众基础; 再加上夜郎自大, 故步自封, 盲目排外, 在这僵化的封建社会制约下, 中国传统数学的衰退也就不足奇怪了.

§11.5　中国现代数学的发展

一、 中国现代数学的起步与发展

鸦片战争后的一系列丧权辱国事件, 使每一个有良知的中国人看到了科学和教育的重要. 20 世纪初, 在变革图新, 寻求救国救民真理的历史背景下, 一些有识之士竭力主张改革国内数学教育, 一批有志青年出国学习西方数学, 毕业后怀抱赤子之心回到祖国开创数学事业, 成为中国现代数学的一代栋梁. 中国现代高等数学教育逐步兴起. 1912 年, 中国第一个大学数学系——北京大学数学门成立 (1918 年改"门"为"系"), 留学日本的冯祖荀 (1880—1940) 任系主任; 1917 年胡明复 (1891—1927) 在美国哈佛大学获博士学位, 成为中国第一位数学博士, 回国后合办了上海大同大学, 任数学教授; 姜立夫 (1890—1978) 于 1919 年在哈佛大学获博士学位, 次年在天津创办南开大学数学系, 20 世纪 40 年代主持筹建中国第一个数学研究所——中央研究院数学研究所; 1927 年清华学校大学部算学系正式成立, 留美数学家郑之蕃 (1887—1963) 出任系主任, 1928 年清华学校改称清华大学, 郑之蕃举荐留学法国、回国后主持东南大学数学系的熊庆来 (1893—1969) 出任算学系主任, 1930 年, 中国大学的第一个研究生院在清华诞生, 次年开始招收数学研究生; 1929 年陈建功 (1893—1971) 在日本获博士学位后回国任浙江大学数学系第一任主任, 1931 年苏步青 (1902—2003) 博士亦从日本回国, 他与陈建功在浙江大学创办了中国第一个数学讨论班. 此外还有 10 多所大学先后创办了数学系. 从 20 世纪 20 年代末起, 中国数学家已开始取得具有国际水平的现代数学成果. 抗日战争期间, 一些大学迁到内地, 如清华大学、北京大学和南开大学三校迁往昆明, 成立了西南联合大学; 浙江大学迁到贵州湄潭. 在极端艰苦和动荡的环境里, 师生们不顾日寇空袭的危险, 坚持教学, 坚持开展科学研究. 1937 年陈省身从法国回国、1938 年华罗庚从英国回国、1940 年许宝騄从英国回国后都来到西南联合大学任教, 华罗庚的名著《堆垒素数论》、苏步青的专著《射影曲线概论》等就是在西南联合大学期间撰写的.

1935 年 7 月 25 日, 33 位数学家聚会上海交通大学图书馆, 正式宣告中国数学会成立, 通过了学会章程, 选举了学会领导, 决定出版全国性数学刊物, 成立了数学名词审查委员会, 审查确定数学名词 3 426 条, 并将此前长期并用的"算学"与"数学"两词确定用"数学"作为学科名称.

1949 年中华人民共和国成立后, 中国发生了翻天覆地的巨大变化, 中国的现代数学也取得了世人瞩目的巨大成就. 现代数学教育和科研体制已经建立并日益完善, 数学研究队伍空前壮大, 不少数学分支的研究成果进入世界前沿, 涌现了一大批成就卓著在国际上有影响的数学家. 中国数学在国际上的地位日益提高, 2002 年 8 月 20— 28 日, 国际数学家大会在北京举行, 这是 21 世纪数学界的首次最高盛会, 也是历史上第一次在发展中国家举办的国际数学家大会, 是我国数学在世界上的地位和影响空前提高的重要标志.

中国现代数学家的杰出代表是华罗庚和陈省身, 他们的生平和业绩是中国现代数学发展的写照.

二、 自学成才鞠躬尽瘁的国际数学大师华罗庚

华罗庚

华罗庚 (1910—1985), 江苏金坛人. 金坛初中数学老师李月波引导和培养了华罗庚对数学的兴趣. 1925 年他初中毕业考取上海中华职业学校, 学商科会计专业, 曾获上海市珠算比赛冠军. 1927 年年初因经济困难辍学回家, 帮助父亲经营小杂货店, 同时刻苦自学. 他用珠算比赛的奖金买了《范氏大代数》, 向李月波老师借了《解析几何》, 并抄录了留法回国的王维克老师的一本 50 页的《微积分》, 潜心钻研. 1929 年 12 月, 华罗庚在上海《科学》杂志上发表了"施图姆定理之研究", 1930 年初因伤寒病在腿部落下残疾, 同年 12 月又在《科学》上发表论文《苏家驹之代数的五次方程式解法不能成立之理由》, 指出苏家驹将一个 12 阶行列式算错了. 此文引起了千里之外的清华大学数学系主任熊庆来的注意, 破例推荐华罗庚于 1931 年到清华大学任数学系助理员. 在清华良好的学术环境里和在熊庆来、杨武之等教授的指导下, 华罗庚如鱼得水, 拼命学习, 全面掌握了高等数学的基础知识, 并致力于数论的学习和对华林 (E.Waring, 1734—1798) 问题的研究. 1933 年破格任助教并讲授微积分, 1935 年破格任教员, 1934—1936 年发表学术论文 21 篇, 其中 17 篇发表在国外杂志上. 1936 年经来清华讲学的美国数学家维纳的推荐,

华罗庚有幸作为访问学者到当时解析数论研究的世界中心剑桥大学, 在著名数学家哈代 (G.H.Hardy, 1877—1947) 名下研究数论, 得以与一批优秀青年数学家们相互切磋. 在英国两年, 他发表论文 18 篇, 在华林问题、仆罗黑—塔利问题、完整三角和估计等方面取得重要成果, 引起国际同行的关注. 1938 年, 在抗日烽火中华罗庚毅然回国到国立西南联合大学任教, 被破格聘任为教授. 1940—1942 年间他写成了专著《堆垒素数论》, 1946 年由苏联科学院正式出版 (至 1965 年该书已先后被译为中文、德文、匈牙利文、日文与英文出版, 是数论最优秀的经典著作之一). 从 20 世纪 40 年代起, 华罗庚的研究已从数论向群论、矩阵几何学、自守函数论、多复变函数等多个领域开拓, 并取得了一系列卓越的成就. 1946 年 2—6 月他应苏联科学院和苏联对外文化协会之邀访问了苏联. 1946 年 7 月华罗庚去美国普林斯顿高级研究院从事研究工作并教授数论课, 1948 年被伊利诺伊大学聘为终身教授.

1949 年 10 月 1 日中华人民共和国成立, 华罗庚毅然放弃在伊利诺伊大学的优裕条件于 1950 年 2 月携全家回国. 他在归国途中发表的"致中国全体留美学生的公开信"中深情地说: "梁园虽好, 非久居之乡, 归去来兮!""为了抉择真理, 我们应当回去; 为了国家民族, 我们应当回去; 为了为人民服务, 我们也应当回去". 回国后他执教于清华大学数学系, 1952 年被任命为新成立的中国科学院数学研究所所长, 1955 年又被任命为中国科学院数理化学部委员 (现改称为院士) 和数理化学部副主任. 他在数学所工作期间, 广罗人才, 组织队伍, 卓有成效地开展各个数学分支的研究, 并亲自组织领导了"数论导引"和"哥德巴赫猜想"两个讨论班以及多复变函数及代数方面的工作. 他悉心培养指导了一批后来取得杰出成就的人才, 如中国科学院院士王元、万哲先、陈景润、潘承洞、陆启铿和著名数学家龚昇等. 华罗庚的一批重要著作相继问世: 1957 年《数论导引》(1982 年被译成英文出版)、1959 年《多复变数函数论中的典型域的调和分析》(该书被译为俄文与英文出版)、1963 年《指数和估计及其在数论中的应用》、1963 年《典型群》(与万哲先合作). 华罗庚关于四类典型域上的完整正交系的工作在 1956 年获得第一届国家自然科学奖一等奖. 1952 年毛泽东主席会见华罗庚时曾希望他培养出一些好学生来. 华罗庚除在数学所内十分注意培养人才外, 还十分注意数学知识的普及. 从 1956 年起, 他倡导了高中学生的数学竞赛活动, 并为中学生写了科普小册子《从杨辉三角谈起》(1956),《从祖冲之的圆周率谈起》(1962),《从孙子的"神奇妙算"谈起》(1963),《数学归纳法》(1963),《谈谈与蜂房结构有关的数学问题》(1964).

1957 年的反右, 华罗庚受到冲击, 从 1958 年开始他的数学研究工作明显减慢. 1958 年他被任命为中国科学技术大学副校长兼数学系主任, 但工作重心仍在数学所, 1964 年后则被迫完全离开数学所去了中国科学技术大学. 1966 年"文化大革命"开始后, 华罗庚被数次抄家, 手稿散失殆尽, 并被批判斗争, 甚至被勒令打扫数学所的卫生. 幸亏毛泽东主席和周恩来总理的特别关照和保护, 到 1967 年他得以安静地待在家里, 并可外出普及 "双法": 优选法和统筹法. 1958 年后, 华罗庚致力于数论方法在近似分析中的应用以及混合型偏微分方程的研究. 从 1965 年起到他逝世, 近 20 年里他把主要精力投入到数学方法在工业的普及应用, 不辞劳苦到 20 多个省、市、自治区, 深入基层推广普及 "双法", 并写了《统筹方法平话及补充》(1965) 和《优选法平话及其补充》(1971).

打倒 "四人帮" 之后, 华罗庚的又一批科研成果出版, 其中有专著《数论在近似分析中的应用》(1978, 与王元合作; 后被译成日文、英文出版),《从单位圆谈起》(1977, 后译为英文),《二阶两个自变数两个未知函数的常系数线性偏微分方程组》(1979, 与林伟、吴兹潜合作, 有英译本),《高等数学引论》(第一卷 1963, 第二卷 1981, 余篇 1984),《优选学》(1981),《华罗庚论文选集》(1983) 等. 他以学者身份三次较长时间出国讲学. 1978 年他被任命为中国科学院副院长, 1980 年担任中国科学院数学研究所和应用数学研究所所长. 法国南锡大学 (1979)、香港中文大学 (1983) 和美国伊利诺伊大学 (1984) 授予他荣誉博士称号. 他还是美国科学院的第一位中国籍院士 (1982)、第三世界科学院院士 (1983) 和德国巴伐利亚科学院院士 (1985). 1985 年 6 月 12 日, 华罗庚在日本东京大学作完演讲, 突发心脏病而不幸去世.

华罗庚曾担任第一到第六届全国人大常委会委员, 第六届全国政协副主席, 中国民主同盟副主席. 1979 年 6 月加入中国共产党.

华罗庚以初中学历自学成才, 经过艰苦的努力成为国际公认的世界级的大数学家. 在他研究的数论、代数、矩阵几何学、典型群、多复变函数论、调和分析与应用数学的众多领域中, 都有以他的名字命名的定理与方法, 如数论中关于圆法的 "华氏不等式", 关于完整三角和估计的 "韦伊—华氏不等式""华罗庚定理", 关于近似分析的 "华—王方法"(王指王元), 代数学中的 "嘉当—布劳威尔—华氏定理", 复分析中的 "华氏算子" 等. 华罗庚为中国和世界的数学事业作出了巨大的贡献.

1956 年华罗庚先生在《中国青年》第 7 期发表的题为 "聪明在于学习, 天才在于积累" 的文章中说 "有些同志也许觉得我在数学方面有什么天才, 其实从我身上是找不到这种天才的痕迹的. 我读小学时, 因为成绩不好就没有拿到毕业证书, 只拿到一张修业证书. 在初中一年级时, 我的数学也是经常补考才及格的. 但是说来奇怪, 从初中二年级以后, 就发生了一个根本转变, 这就是因为我认识到既然我的资质差些, 就应该多用点时间来学习, 别人只学一个小时, 我就学两个小时, 这样我的数学成绩就不断得到提高. 一直到现在我也贯彻这个原则, 别人看一篇东西要三小时, 我就花三个半小时, 经过长时间的劳动积累, 就多少可以看出成绩来. 并且在基本技巧烂熟以后往往能够一个钟头就能看完一篇人家看十天半月也看不透的文章. 所以, 前一段时间的加倍努力, 在后一段时间内却收到预想不到的效果. 是的, **聪明在于学习, 天才在于积累.** "他还说过: "**埋头苦干是第一, 熟练生出百巧来, 勤能补拙是良训, 一分辛勤一分才.** "这些应当成为我们的座右铭.

华先生说, 学数学要做到"拳不离手, 曲不离口"; 读书要做到"由薄到厚, 由厚到薄"; 做科研"要有速度 (数量), 还要有加速度 (质量)"; "努力在我, 评价在人". 常言道自不量力是班门弄斧, 而华先生却认为"弄斧必到班门", 因为这样才可以检验自己工作的水平, 并向能人请教. 当他步入老年时, 他说"树老易空, 人老易松, 科学之道, 戒之以空, 戒之以松, 我愿一辈子从始以终".

1984 年 8 月 25 日, 华罗庚先生在"述怀"中写道: "学术权威是浮云, 百万富翁若敝屣, 为人民服务, 鞠躬尽瘁而已". 他就是这样, 一生热爱祖国, 热爱人民; 勇攀高峰, 无私奉献; 鞠躬尽瘁, 死而后已. 在对待人生、对待挫折、对待学习与研究、对待国家和人民等方面, 华罗庚都是中国数学工作者和中国知识分子的榜样, 他的这种精神应当代代相传, 不断弘扬.

三、 情系桑梓的微分几何学世界级领袖陈省身

陈省身 (1911— 2004), 浙江嘉兴人, 当代数学大师, 微分几何学世界级领袖. 美国国家科学院院士 (1961)、中国科学院外籍院士 (1994); 英国皇家学会 (1985)、意大利国家科学院 (1988) 、法国科学院 (1989) 等国外院士. 1975 年获美国国家科学奖, 1982 年获德国洪堡奖, 1983 年获沃尔夫奖, 2004 年获首届邵逸夫数学科学奖. 2004 年 11 月 2 日, 国际天文学联合会下属小天体命名委员会决定, 将一颗永久编号为 1998CS$_2$ 号的小行星命名为"陈省身星", 以表彰他对全人类的贡献.

陈省身

陈省身的父亲是晚清秀才, 1922 年全家迁到天津, 1926 年陈省身考入南开大学数学系, 姜立夫对他有很大影响. 1931 年考入清华研究院, 随孙光远学习投影微分几何. 1934 年获公费出国留学, 在杨武之帮助安排下如愿去德国汉堡大学随布拉施克 (Blaschke, 1885—1962) 研究自己钟爱的微分几何, 1936 年 2 月获博士学位, 9 月由布拉施克推荐去巴黎随几何学大师嘉当 (E.G.Cartan, 1869—1951) 工作一年. 在巴黎期间嘉当安排陈省身每隔一周到他家去讨论一小时, 从中获得巨大教益. 1937 年夏陈省身受聘于清华大学, 并随清华内迁到西南联大任教, 开设了李群、圆球几何学和外微分形式等一系列新课, 培养了王宪钟、严志达和吴光磊等数学家, 杨振宁、黄昆等物理学家也受到他的数学熏陶. 当时, 陈省身的研究成果已为国际数学界关注, 1942 年美国普林斯顿高级研究院邀请他去做研究员,

在1943—1945 年间陈省身完成了最具影响的重大工作: 给出了"高斯—博内公式的一个新的内蕴证明", 进而发现了"陈示性类", 为整体微分几何奠定了基础. 1946 年 4 月陈省身回到上海后, 接替姜立夫筹建中央研究院数学研究所, 他以"训练新人"为宗旨, 致函国内各著名大学数学系, 请他们推荐三年内毕业的最优秀的学生. 应征者十分踊跃, 还有一些年资较高者则通过另外的推荐进入数学所. 陈省身每周为他们讲 12 小时的拓扑学, 由此培养了一批优秀学者如吴文俊、廖山涛、张素诚、孙以丰、陈国才等. 1948 年底陈省身应邀携全家离开上海前往美国普林斯顿高级研究院, 1949—1960 年在当时世界上最好的数学研究中心芝加哥大学任教授, 此后直到 1979 年退休他在加州大学伯克利分校数学系工作, 将该系建成世界著名的几何学中心. 退休后他于 1981—1984 年担任新成立的伯克利数学研究所所长.

陈省身一直情系桑梓关注祖国数学事业的发展, 从 1972 年起常回国讲学, 晚年定居中国. 在他的倡议下 1980 年在中国举办了微分几何和微分方程国际学术讨论会; 并为 2002 年在北京召开国际数学家大会作出了重要贡献. 1985 年他在天津南开大学创建了数学研究所, 除捐赠了自己珍藏的 5 000 余册数学书和数万美元外, 还捐赠了所获沃尔夫奖的全部奖金 5 万美元以及邵逸夫数学奖的部分奖金. 由于他的指导和影响, 南开大学数学研究所成为中外瞩目的国际学术中心.

陈省身是享誉世界的数学家, 尤其在微分几何学及拓扑学方面做出了非常杰出的贡献, 被公认为 20 世纪后半叶几何学的领袖人物. 他在几何结构及等价问题、积分几何、欧氏微分几何、极小子流形、全纯映射、网、外微分系统和偏微分方程、高斯 – 博内公式、示性类等方面的重要成果包含在 S.S.Chen.Selected Papers.Vol. 1–4. New York: Springer–Verlag 中. 陈省身曾于 1950, 1958, 1970 年三次应邀在国际数学家大会上作报告, 这在数学界十分罕见.

陈省身除了他的科学成就赢得世人的崇敬和赞誉之外, "无数的同事、学生和朋友对他怀有深厚的感情和敬意", 因为他"总是对他人显示友谊、热情和关怀, 他始终如一地像致力于自己的研究工作那样来帮助年轻的数学家充分发展他们的潜能" (见主要参考书 [24], 318). 他培养了数十名杰出的学者, 其中包括 1983 年获菲尔兹奖的美籍华人丘成桐 (1949—   ).

张奠宙教授曾于 1991 年 10 月拜访过陈省身先生, 并写了"陈省身访谈录" (主要参考书 [14], 218— 229), 现摘其中陈先生的一些论述供学习、思考.

"我读数学没有什么雄心, 我只是想懂得数学. 如果一个人的目的只是名利, 数学不是一条捷径.……做研究实在是吃力而不一定讨好的事, 所以学业告一段落便不再继续那是自然现象, 中外皆然.……长期钻研数学是一件辛苦的事. 何以有人愿这样做, 有很多原因. 对我来说,主要是这种活动给我满足.杨武之先生赠诗于我说"独步遥登百丈台",实道出一种心境.我平生写了很多文章,甘苦自知,不是一言可尽的."

"我觉得搞数学的人,要做'以后有发展的东西',不能只看眼前.看今后不是订计划,写在纸上,而是思考方向.有了方向,才能提出自己的问题,自己的构想.解决别人提出的猜想固然很好,很重要,但解决自己提出的有重大意义的理论课题,岂非更好更重要?"

"当然必须用功.不过,用功与否不能看表面.成天待在办公室里,没日没夜地看书、计算,草稿几麻袋,这是一种用功.但有些人东跑西看,散散步,谈谈天,也是在用功,而且说不定成就更大.……他东跑西看时,其实也在思考.""数学大厦的结构需要数学家去设计,而新学科的开辟,往往有赖于新的数学观念和思想,这些光靠坐在办公室里练技巧是不成的,必须广为涉猎,与人交谈通信,融会贯通,扩大视野.""我喜欢与人交往:我和韦伊的友谊已有半个世纪了;和……著名数学家也都合作写过论文.此外,我带学生,由我任导师获博士学位的超过40人;我也和许多年轻数学家交往,联合发表论文."

"我自己就不愿意负责行政事务,曾经辞谢美国数学主席的职务.但开创性的事务如创办数学研究所,则是有意思的."

陈省身一直希望中国数学能跻身于世界数学领导地位.他觉得要达此目的必须做到:一要培养出一批年轻、有抱负、有信心、不求个人名利且要"青出于蓝而胜于蓝"的数学工作者;二要有足够的经费支持,充实的图书,完善的研究室以及国内外的数学交流.20世纪90年代,他曾在天津南开大学发起和主持过两次规模巨大的"21世纪中国数学展望学术讨论会",并提出中国数学有望在各门学科中率先达到世界先进水平.有人问他:"中国成为'21世纪数学大国'的愿望能实现吗?"陈先生说:"'数学大国'并不是要'雄踞全球'、'征服一切',只要能在中国本土上建立起数学队伍,与国外数学家进行平等的、独立的交往就好了.以中国之大,人口之多,实现这一点应该是不成问题的." 2002年有记者问他"您到了晚年,把自己的钱,您自己的生活全部留给了中国,留给了您的母校南开.那么所有这一切都是为了圆一个什么梦呢?"他说:"因为我,**一般中国人觉得我们不如外国人,所以我要把这个心理给改过来,某些事情可以做得跟外国人同样好,甚至于更好**.中国人有能力的,我要把这个心理改过来."

陈省身先生把自己的一生献给了数学.他说过:数学有很多简单而困难的问题.这些问题使人废寝忘食,经年不决,一旦发现了光明,其快乐是不可形容的.他在生命的最后一年,仍在考虑一些重大的数学问题,他在弥留之际说的话是:"我要走了,要去数学的圣地希腊报到了.天堂里,一定也有数学之美."

四、一点感想

从对数学史的简单回顾中,我们看到世界数学发展的中心几次大的转移:从公元前 5 世纪至公元 6 世纪的古希腊地区—公元 3 世纪至 15 世纪的东方 (中国、印度和阿拉伯地区)—公元 15 世纪至 20 世纪的西方 (由意大利—英国—德国与法国—美国), 21 世纪, 世界数学的中心又将在哪里?

数学的发展离不开社会经济与生产的发展, 数学中心的转移无不与此有关; 数学的发展离不开安定的社会环境, 连年的战乱是古希腊数学衰落的重要原因, 两次世界大战导致欧洲大批数学家流亡到美国; 数学的发展需要政府开明的政策和良好的用人机制, 希特勒对犹太人的残暴迫害使德国哥廷根学派毁于一旦, 而美国向世界开放、广揽人才则使之成为世界数学新的中心; 数学的发展需要创新的精神, 18 世纪英国数学中心地位的丧失盖因狭隘地固守自己的传统; 当然数学的发展更离不开数学家们的刻苦钻研、勇攀高峰和无私奉献、薪火相传. 当今中国已经具有向世界一流数学强国冲击的诸多良好条件, 只要我们坚持改革开放, 坚持人才为本, 创造更好的学术环境和用人机制, 团结奋斗, 努力创新, 21 世纪的中国就有可能成为世界数学的中心.

中世纪的中国数学曾经达到过世界数学的巅峰, 明清时期渐次衰落, 进入 20 世纪后逐渐并快速复兴. 中国现代数学的复兴归功于中国社会的进步, 也归功于开放的政策和数学家们的爱国精神. 那么一大批青年怀抱理想出国留学, 而正当青春年华, 才智横溢, 成果频出的时候, 他们毅然放弃了国外优越的条件回到祖国, 传播了数学知识, 也弘扬了道德风范. 想起他们我们怎能不肃然起敬! 而不少数学家承受了抗日战争的磨难, 经历了极 '左' 思潮、政治动乱的冲击, 无怨无悔, 鞠躬尽瘁, 他们的确不愧为民族的脊梁. 现在国家更加开放和进步, 青年人有各种自由选择, 可以更好地去实现自己的理想, 展示自己的才华, 与此同时, 是否也应当更多地想想自己对国家和对民族的责任?

我们前面介绍了华罗庚和陈省身的主要业绩, 这既归功于他们个人的才智和勤奋, 也得益于受到世界一流学者的指导和一流研究环境的熏陶. 此外, 本书第一版第 263 至 267 页还介绍了著名数学家苏步青、许宝騄 (1910—1970)、吴文俊的生平和成就. 新中国成立以来, 培养了一大批优秀的数学家, 中国数学研究工作的水平和质量有了明显进步, 对外交流日趋活跃, 在国际数学界的地位和影响也有了很大的提升. 但是应当承认, 我国数学界的总体实力和研究水平与世界先进水平仍有不少差距, 与我国在当今世界上的地位也不相称. 应当说, 我国现在的经济基础、科研条件和学术环境是历史上最好的时期, 但从小学到大学的应试教育严重地压抑和挫伤了青少年的聪明才智、创新精神和实践能力; 高水平人才的流失,增加了国内学术切磋、研讨攻关的困难; 急功近利、实用主义、物质利益至上的思想则侵蚀着学术队伍的肌体与灵魂, 我们应当更好地正视问题, 正本清源, 振奋精神, 锲而不舍, 为我国数学事业重新登上世界数学的巅峰, 对人类文明作出更大的贡献而努力奋斗.

阅读材料 11　几个国际数学大奖

大家知道, 诺贝尔在遗嘱中决定奖励在物理学、化学、生理学或医学领域作出最重要发现的科学家; 写出优秀文学作品的作者, 以及对世界和平事业作出杰出贡献的人. 但是诺贝尔为何不设数学奖? 一种流行的说法是诺贝尔不希望一位瑞典数学家获得该奖. 也有人认为, 真正的原因是诺贝尔是 19 世纪典型的极赋天才的发明家, 炸药的发明需要材料、果断和直觉, 但不需要高等数学知识.

如今国际数学奖项有数十种 (参看主要参考书 [14], 461— 468), 其中影响最大并被公认为是目前数学家能获得的最高奖有菲尔兹奖和沃尔夫奖. 而阿贝尔奖、邵逸夫奖, 以及以我国数学家命名的第一个国际数学大奖——苏步青奖, 正越来越受到人们的关注.

一、菲尔兹奖

菲尔兹数学奖是根据加拿大数学家菲尔兹 (J.C.Fields, 1863—1932) 的倡议而设立的. 1924 年多伦多大学教授菲尔兹以其卓越的组织才能使国际数学家大会 (简称 ICM) 取得很大成功. 他建议利用这次大会结余的经费设立一项国际性的数学奖, 在每 4 年一届的 ICM 上奖给两位杰出的年轻数学家. 1932 年 8 月 9 日菲尔兹不幸病逝, 临终前他立下遗嘱并将一笔个人的捐款加到前述剩余经费中, 请人转交给 1932 年在苏黎世召开的 ICM. 大会接受了这笔资金, 但没有采纳菲尔兹关于此奖不要以个人、国家或机构来命名, 而用 "国际奖" 的名义的要求, 决定命名为 "菲尔兹奖", 作为对他的纪念.

首届菲尔兹奖在 1936 年奥斯陆 ICM 上颁发, 迄至 2014 年已颁发 18 次, 获奖者共有56 人, 每次授予 2 至 4 人不等, 在 1974 年 ICM 上还明确规定该奖只授予 40 岁以下的数学家. 1994 年底前完成费马大定理证明的怀尔斯在 1998 年柏林 ICM 上只获得一项特别贡献奖而未能获菲尔兹奖, 因为他已超过 40 岁了 (参看主要参考书 [13], 378—380; [14], 135—141).

菲尔兹奖是一枚金质奖章和 1 500 美元, 奖章的正面是阿基米德的头像, 反面用拉丁文镌刻着 "超越人类极限, 做宇宙主人". 菲尔兹奖主要是奖励已获得的成果, 但也含有鼓励获奖者取得进一步的成就的希望, 这意味着菲尔兹奖是授予那些能对未来数学发展起重大作用的人, 因此只授予年轻人.

菲尔兹奖受到世人重视, 客观上是因为数学已渗透到几乎所有的学科并走向社会的各个角落, 人们越来越关注当今数学的成就, 但最根本的原因是获奖者的出色才干. 他们不仅在获奖前已经取得重大成果, 而且日后仍然不断前进. 如今, 很多人把菲尔兹奖看作是数学界的诺贝尔奖.

1949 年出生在中国的美籍华人丘成桐, 由于他在 1976 年解决了微分几何领域里著名的 "卡拉比猜想", 还解决了一系列与非线性偏微分方程有关的其他几何问题, 并证明了广义相对论中的正质量猜想等杰出成就, 于 1983 年荣获了菲尔兹奖. 1975 年出生于澳大利亚的华裔数学家陶哲轩, 由于调和分析等方面的出色研究成果, 2006 年获菲尔兹奖.

二、 沃尔夫奖

菲尔兹奖授予 40 岁以下的年轻人旨在鼓励获奖者继续探索, 努力创造, 但不能对一个数学家一生的成就给予评价. 从 1978 年开始颁发的沃尔夫奖则与菲尔兹奖互为补充, 交相辉映, 弥补了这一缺憾.

沃尔夫奖是由沃尔夫基金会资助的奖项. 捐设基金的沃尔夫 (R.S.L.Wolf, 1887—1981) 是一个传奇式的人物. 他生于德国的一个犹太人家庭, 化学博士. 第一次世界大战前移居古巴, 致力于从炼钢废物中提取金属的工艺研究近 20 年, 获得成功并致富. 他是卡斯特罗领导的古巴革命的早期支持者之一, 1961 年出任古巴驻以色列大使, 1973 年古巴和以色列断交后沃尔夫决定留在以色列并在那里度过了余生. 1976 年, 沃尔夫以其家族的名义捐赠 1 000 万美元成立沃尔夫基金会, 其宗旨是 "促进科学与艺术的发展以造福于人类", 设化学、农业、医学、物理学、数学奖, 从 1978 年开始每年颁奖一次, 从 1981 年起增设了艺术奖. 每个领域的奖金都是 10 万美元, 由获奖者均分. 章程规定获奖人的遴选应 "不分国家、种族、肤色、性别和政治观点", 每年聘请世界著名专家组成评奖委员会, 颁奖仪式在耶路撒冷举行, 由以色列总统授奖.

获奖者的极佳学术水准, 使沃尔夫奖的声誉越来越高. 多位沃尔夫奖获得者后来即获诺贝尔奖. 沃尔夫数学奖的选定是根据对候选人数学成就的综合评价, 获奖者几乎都是蜚声国际数学界多年的大数学家. 迄今获奖者的年龄平均在 60 岁以上, 最低年龄是 1996 年获奖的 43 岁的怀尔斯. 我国著名数学家陈省身于 1984 年荣获该奖 (参看主要参考书 [13], 378— 380; [14],383— 389).

三、阿贝尔奖

2001 年挪威政府宣布, 为纪念天才数学家阿贝尔诞生 200 周年, 创设阿贝尔奖. 阿贝尔是 19 世纪一颗闪亮的数学巨星, 但年仅 27 岁就因肺结核而不幸陨落. 他以证明一般五次代数方程没有根式解以及椭圆函数的工作而享有盛名, 许多重要的数学概念以他命名, 如阿贝尔群、阿贝尔簇、阿贝尔积分、阿贝尔函数. 关于设立阿贝尔奖早在 1902 年就有过提议, 但因瑞典王国和挪威王国的解体而未实现. 2002 年阿贝尔纪念基金会成立, 其目的之一是对数学领域中的杰出工作者授以阿贝尔奖, 奖金为 600 万挪威克朗, 约合 80 万美元.

2003 年 4 月 8 日, 挪威文理科学院宣告, 首届阿贝尔奖授予法国数学家塞尔 (J.P.Serre, 1926—　), "由于他在赋予数学许多分支以现代的形式中起着关键的作用, 这些学科特别包括拓扑学、代数几何学和数论". 塞尔曾于 1954 年获菲尔兹奖, 2000 年获沃尔夫奖. 2004 年度的阿贝尔奖授予了英国数学家阿蒂亚 (M.F.Atiyah, 1929—　) 和美国数学家辛格 (I.M.Singer, 1924—　), 以表彰 "他们运用拓扑、几何和分析, 发现并证明了指标定理, 以及他们在数学与理论物理之间的构建新桥梁中的杰出作用."

四、邵逸夫奖

被称为 "东方诺贝尔奖" 的邵逸夫奖, 是香港著名实业家邵逸夫 (1907—2014) 先生资助, 并于 2002 年 11 月设立的, 旨在表彰在学术研究或应用研究领域取得突出成果, 并对人类生活产生深远影响的科学家. 该奖设天文学、生命科学与医学、数学科学等三项, 每年颁奖一次, 每项奖金 100 万美元.

2004 年 5 月 27 日, 首届邵逸夫奖评选揭晓, 数学科学奖授予了陈省身, 以表彰他开辟整体微分几何学的成就, 以及他对这个数学方向一直以来的领导; 2005 年邵逸夫数学科学奖授予了怀尔斯; 我国数学家吴文俊院士因为对数学机械化的开拓性贡献, 获得了 2006 年度邵逸夫数学科学奖.

五、ICIAM 苏步青奖

2003 年 7 月, 国际工业与应用数学联合会 (ICIAM) 决定设立 ICIAM 苏步青奖. 这是 ICIAM 继设立拉格朗日 (Lagrange) 奖、科拉兹 (Collatz) 奖、创新 (Pioneer) 奖及麦克斯韦 (Maxwell) 奖后设立的第五个奖项, 旨在奖励在数学对经济腾飞和人类发展的应用方面做出杰出贡献的个人. 苏步青奖每四年颁发一次, 每次一人. 2007 年在第六届国际工业与应用数学大会开幕式上颁发了首届苏步青奖, 美国麻省理工学院的吉尔波特·斯特劳博士获此殊荣, 我国数学家李大潜 (1937—   ) 院士因对应用数学及对数学科学在发展中国家的传播所作出的杰出贡献, 于 2015 年获第三届苏步青奖.

ICIAM 苏步青奖是以我国的数学家命名的第一个国际性数学大奖. 这是国际数学界对苏步青先生的成就、为人、作用和地位的高度认可, 是苏步青先生的光荣, 也是我们国家和民族的骄傲.

第十二章　数学思想方法撷粹

数学科学的基本任务是探究客观世界的规律,解决数学问题中的矛盾,理论创造和实际应用.数学工作者通过观察、分析、猜测;归纳、类比、联想;直觉、灵感等,形成猜想、推断(命题、公式等)或建立数学模型(方程、系统等),再运用形式逻辑严格地证明命题公式,通过求解或实践来验证数学模型.数学证明有直接证法(如演绎推理、变换化归、数学归纳法)也有间接证法(如反证法、转换法、关系映射反演).

为了解决数学问题中出现的矛盾(如不变与变,有限与无限,部分与整体,具体与抽象,确定与不确定,精确与近似,离散与连续等),数学科学常用的一些思想方法,有我们在中学就知道的形数结合,变换转化,归纳演绎等;在前一段学习中,我们又体会了极限思想方法,以静求动,以不变求变,以有限求无限;了解了数理统计方法,通过部分来推断整体,在或然中寻求规律;也看到了初等变换法在线性代数中的作用和威力.

本章我们将进一步介绍数学科学的一般思想方法,并顺带介绍一些相关的数学分支,以加深对数学的了解和开阔视野.这些思想方法是:

抽象结构,符号运算(体现了数学的**抽象性,符号化**);

公理体系,演绎推理(体现了数学的**公理化,逻辑性**);

猜想推断,严格证明(体现了数学的**直觉性,严谨性**);

建立模型,求解验证(体现了数学的**实践性,精确性**);

更新工具,创新方法(体现了数学的**技巧性,创新性**);

交叉渗透,相互促进(体现了数学的**统一性,相关性**).

§12.1　抽象结构　符号运算

数学起源于埃及、巴比伦、中国、印度、玛雅等多种文明.但是到 20 世纪,世界上只有一种数学,这就是以古希腊数学和传入西方的东方数学为基础,通过文艺复兴以后在西欧形成, 并经世界各国数学家们共同努力日益发展的近现代数学. 任何一个民族, 尽管在语言、民俗、文化中仍有某些自己的数学传统, 但在国际交往中都有一种共同的数学语言, 这是因为现代数学具有共同的概念、符号和体系.

任何学科都有其特有的概念, 而概念的形成都离不开对所考察对象本质特征的科学抽象. 例如物理学中的"力"抽象为"产生加速度的原因", 而"力"可以是万有引力、弹性力、电磁力、核力等各种力; 又如人类有各种各样的语言, 不同语言的词、句结构也不相同, 人们把"语言的结构方式"抽象为"语 法"; 再如经济基础、上层建筑、生产力要素、资本等政治经济学的概念也是一种抽象.

与其他学科不同的是, 一方面数学的抽象是对现实世界中的数量关系和空间形式的抽象, 如 1+2=3, 点、线、面、四边形等; 另一方面, 数学的抽象还包括数学理性思维的抽象, 如极限、无穷大、n 维空间等, 这一类抽象不容易找到甚至找不到现实世界中的直观模型, 因此在所有学科中人们常常感到数学是最抽象的. 数学抽象还有一个特点是符号化. 它用符号来表示概念, 用符号来表达所考察对象之间的关系, 用符号运算来进行逻辑推理, 因此特别简明、方便, 但也使人感到抽象难懂. 如函数 $f(x)$ 在点 $x = x_0$ 处连续可定义为 $\lim\limits_{x \to x_0} f(x) = f(x_0)$; 等式 $1 + \mathrm{e}^{\mathrm{i}\pi} = 0$ 揭示了数 $0, 1, \mathrm{i}, \pi, \mathrm{e}$ 之间的关系; $P(|\theta| \leqslant 2) = 0.95$ 表示 $[-2, 2]$ 是参数 θ 的置信度为 0.95 的置信区间等.

正因为数学高度的抽象性, 它的概念、运算、结论并不一定要建立在具体的实际背景中, 因此一旦结论获得证明, 它在应用中就有了极大的普遍性. 例如我们可以将 $ab = b$ 理解为 $a = 1$, 数 b 可以是任意实数; 也可以理解为 a, b 是集合, $b \subseteq a, ab$ 是 a, b 两集合的交; 也可理解为 a 是一只羊, b 是一只狼, 二者相遇, 如此等等.

数学有很多分支学科, 但就数学结构而言可以归结为四大结构: 代数结构 (与运算有关, 如下面介绍的群、环、域), 拓扑结构 (与度量有关, 如中学介绍的二维平面), 序结构 (与顺序有关, 如实数可比较大小), 关系结构 (与关联关系有关, 如下面介绍的网络).

一、 代数运算和抽象代数

我们学过数的四则运算, 也学了矩阵的加法、乘法. 这些运算的本质是什么? 不妨看看整数的加法: 任意两个整数相加仍然是整数, 而且这个和是唯一的. 其实这是很多运算所共有的性质, 因此可以抽象为下面的一般代数运算的定义:

设 M 是一个非空的集合, 如果有一个确定的法则, 通过它对于 M 中任意一对有次序的元素 a 与 b, 能够得到 M 的一个唯一确定的元素 c 与它们对应, 那么这个法则就叫做集合 M 的一个**代数运算**.

例如, 数的加法、减法和乘法都是整数集的代数运算; 对元素为实数的全体 n 阶方阵所成的集合, 方阵的乘法是该集合的一个代数运算.

而数的减法不是正整数集合的代数运算, 数的除法不是整数集的代数运算.

再如, 设 $M = \{a, b\}$ 是两个元素所构成的集合. 我们规定一个对应法则, 使得

$$(a, a) \rightarrow a, \ (a, b) \rightarrow b, \ (b, a) \rightarrow b, \ (b, b) \rightarrow b, \tag{1}$$

这样的法则就是 M 的一个代数运算. 上述法则也可列成下表来表示:

$$
\begin{array}{c|cc}
 & a & b \\
\hline
a & a & b \\
b & b & b
\end{array}
\tag{2}
$$

一个代数运算可以用符号 "∘" 来表示, 并把 $(a, b) \rightarrow c$ 记作 $a \circ b = c$. 因此 (1) 和 (2) 也可以表示为

$$a \circ a = a, \ a \circ b = b, \ b \circ a = b, \ b \circ b = b. \tag{3}$$

而且, 我们也可以不用 "∘" 而用其他的符号如 "+" 或 "·" 来表示, 并称它为加法或乘法, 因此 (3) 式也可记作

$$a + a = a, \ a + b = b, \ b + a = b, \ b + b = b.$$

或

$$a \cdot a = a, \ a \cdot b = b, \ b \cdot a = b, \ b \cdot b = b.$$

在这里, 我们已初步看到了数学的抽象. 这种抽象有用吗? 如果我们把 a 代表羊, 把 b 代表狼, 则羊羊相遇、羊狼相遇、狼羊相遇及狼狼相遇的结局就可以用上面的 "代数运算" 来刻画.

我们再来进一步考察代数运算有什么规律? 我们知道整数的加法和乘法都满足结合律和交换律. 一般地, 设 ∘ 是集合 M 的一个代数运算, 如果对于 M 中的任意三个元素 a, b, c, 都有

$$(a \circ b) \circ c = a \circ (b \circ c),$$

则称代数运算 ∘ 满足结合律. 而若都有

$$a \circ b = b \circ a,$$

则称代数运算 ∘ 满足交换律. 例如, 方阵的乘法满足结合律, 不满足交换律.(2) 式定义的 $M = \{a, b\}$ 上的运算不满足交换律.

数学上进一步从所有定义了一个代数运算的集合中, 将运算满足结合律并且有单位元和逆元的集合称之为**群**, 如果运算还满足交换律, 则称为**可换群**或 **阿贝尔群**. 例如全体非零有理数集对普通乘法来说构成一个群, 并且是可换群.

再进一步, 如果一个集合 R 有两个代数运算, 分别称为加法和乘法, R 对于加法来说构成一个可换群, 乘法满足结合律, 并且加法与乘法被分配律联系着, 则称它是一个**环**.

如果乘法还满足交换律则称为**可换环**.例如有理数集对普通加法和乘法来说构成一个可换环, 全体 n 阶矩阵对于加法和乘法构成一个环.

一个可换环如果至少有一个不等于零的元素, 并且乘法有逆运算时, 叫做**域**或**体**. 如实数域等.

群、环、域都是数学的又一分支**抽象代数**所研究的对象.

抽象代数使代数结构成为代数学研究的中心.代数结构是由集合以及集合元素之间的一个或几个运算组成.在这里, 集合的元素是抽象的, 并不赋予具体的含义, 而运算则只需满足一定的公理.正因为此, 抽象代数的研究就具有极大的一般性并能演绎出极其丰富的内容, 它不仅在数学的其他分支中, 而且在量子力学、物理学、化学、计算机科学与技术等许多学科中有着广泛的应用.

二、 一笔画问题与拓扑学

所谓一笔画问题是问什么样的图形可以一笔画成, 要求笔不离纸且每条线只画一次不得重复.这个问题最早因哥尼斯堡七桥问题由欧拉提出并圆满解决.

18 世纪初俄国西部普雷格尔河畔有个哥尼斯堡城, 河中小岛与陆地以七座桥相连 (参看图 12.1) .当时居民们热衷于一个难题: 行人能否每座桥只经过一次而走遍这七座桥? 很多人的尝试都失败了, 但不知原因何在, 一位小学教师写信向欧拉求教.欧拉不是如常人采取走了试试的办法, 而是思考并解决了一个更一般的问题: 如果是一个任意的河道有任意多座桥时, 如何来判断能否每座桥只经过一次而全部走遍?1736 年他在圣彼得堡科学院报告了自己的独到思路.

欧拉指出, 七桥问题既不是一个代数问题, 也不同于平面几何问题, 在这个问题中, 小岛和陆地的形状与大小, 桥的准确位置和长度都是无关紧要的, 关键在于它们之间的相互关系和联结情况.他用点 A 表示小岛, 点 B 表示河的南岸, 点 C 表示河的北岸, 点 D 表示两条支流间的区域, 并用两点之间的连线来表示它们之间的桥, 由此得到一个由 4 个点 7 条线组成的图形 (参看图 12.2), 哥尼斯堡七桥问题也就变成了一个一笔画问题: 能不能一笔画出这个图形并且最后返回起点?

容易看出, 在画图时, 如果从某一点出发到某一点终止, 在这中间经过的每一点只要有一条线进去, 就必定有一条线出来, 因此它们都应该和偶数条线相联结.至于起点和终点, 如果二者相重合, 那么起 (终) 点也应该和偶数条线相联结; 如果起点和终点不相同, 则它们都将只和奇数条线相联结.换句话说, 如果一个图形能一笔画成, 则其中和奇数条线相联结的点的个数要么是 0, 要么是 2.现在图 12.2 中, 点 A 和 5 条线相连, B,C,D 都和 3 条线相连, 也就是说有 4 个点与奇数条线相联结, 当然不可能一笔画成, 因此欧拉断言, 企图不重复地一次走遍这七座桥是不可能的.

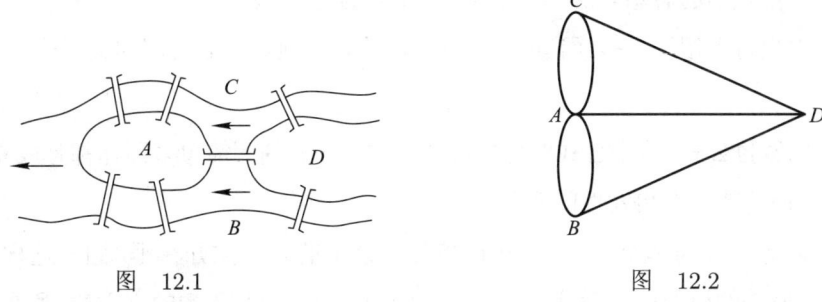

图　12.1　　　　　　　　　　　　图　12.2

欧拉的非凡是他从这样一个具体问题中看到了一笔画问题与欧几里得几何问题完全不同, 这里无需考虑长度、面积、交角、连线的长短和曲直, 关键是点、线之间的相互位置和如何联结, 欧拉把它称为**位置几何学**, 并进一步把由有限条线段 (可直可曲) 组成的图形抽象为**网络**, 其中的每条线段都有两个不同的端点, 这些线段叫做网络的**边或弧**, 其端点叫网络的**顶点**. 以某个顶点为端点的弧的个数叫该顶点的**度或次数**, 次数是奇数的叫**奇顶点**, 次数是偶数的叫 **偶顶点**. 如果一个网络中任意两个顶点都能用一些弧连接起来则称它是**连通的**. 如果一个网络的全部弧可以排成互相衔接的一条路, 则称这个网络是**一笔画**的. 欧拉证明了一个网络是一笔画的充分必要条件是: 它是连通的, 并且奇顶点的个数是 0 或 2. 从而彻底解决了一笔画问题.

把一笔画问题抽象成网络问题, 不仅使讨论变得方便, 而且大大开阔了考察的范围. 纸上的图形可以看成网络, 电子线路、校园网、输电网、铁路网、航线、自来水管网、细胞神经网络等都可以看作网络, 从而数学上关于网络研究的成果就可以应用到广阔的领域. 网络研究也已发展成数学的一个分支——**图论**.

我们看到, 图 12.2 是否为一笔画的性质与图中连线的曲直、长短是无关的. 这种性质在数学上的抽象就是所谓 "拓扑性质".

一张橡皮膜可以任意地压缩、拉伸成各种不同的形状, 只要不使它断裂或者黏合; 数 2, 3, 7, 字母 C, L, S 等可以经过连续形变变成为 1; 正方形、三角形、平行四边形等可以经过连续形变变成为圆, 如此等等. 上述现象的共同特点是可以连续地变过去, 也可以连续地变回来, 而且前后两个图形的点之间有一一对应的关系. 数学上把这种一一对应、双向连续的映射称为**同胚映射**. 并且在同胚的观点下, 把两个相互同胚的图形不加区别, 例如三角形和圆可以看作是相同的, 长方体和球可以看作是相同的, 进而研究图形在同胚映射下的不变性质 (称它为**拓扑性质**), 例如一个网络的顶点数、边数是拓扑性质, 连通性也是拓扑性质. 研究拓扑性质的数学分支叫做**拓扑学**. 在拓扑学中, 最基本的则是拓扑结构. 拓扑学和抽象代数、泛函分析是现代数学的三大基础, 并且拓扑学已深入到物理学、化学、分子生物学以及心理学等学科之中.

为了说明拓扑学的思想方法, 我们再举一个著名的例子.

有的高中教材介绍了正多面体的面数 f、棱数 e 和顶点数 v 之间的关系式:

$$f + v - e = 2. \tag{4}$$

这就是著名的**欧拉公式**. 这个公式对任何一个（与球同胚的）简单多面体都是成立的, 它有多种证法, 下面是特别有启发性的一种.

我们可以先从多面体上挖去一个面, 然后将余下的图形摊开在平面上, 这样就可以得到一个网络, 原来的棱变成了联结原来的顶点的边. 如图 12.3 所示的立方体, 原来是 6 面、8 顶、12 棱, 变成了 8 个顶点 12 条边的网络. 如果把边围成的区域叫做面. 仍用 f 表示, 则 f 减少了 1 而由 6 变为 5, 因此, 为了证明欧拉公式 (4), 就可以改为**对平面网络证明有公式**

$$f + v - e = 1. \tag{5}$$

我们就从图 12.3(2) 开始: 先去掉该网络的一个外边, 例如 EH, 这时 e 和 f 均减少 1 而 v 不变, 因此 $f + v - e$ 保持不变. 如此可以将所有的外边去掉, 得图 12.4(1). 这时点 E、F、G、H 均称为 "尾" 顶点. 再将 E 和通向它的边 AE 去掉, 于是 e 和 v 各减少 1 而 f 不变, 从而 $f + v - e$ 仍保持不变. 因此又可以将所有 "尾" 顶点及通向它们的边去掉, 得图 12.4(2). 按照上述方法继续下去, 最后就得到一个只有一个顶点的网络, 如图 12.4(5), 这时 $v = 1, e = f = 0$, 从而 (5) 式成立, 于是欧拉公式 (4) 也成立. 显然, 将任意网络按上述方法处理, 最后都剩下一点, 故上面这一证法对于任意平面网络都是可行的.

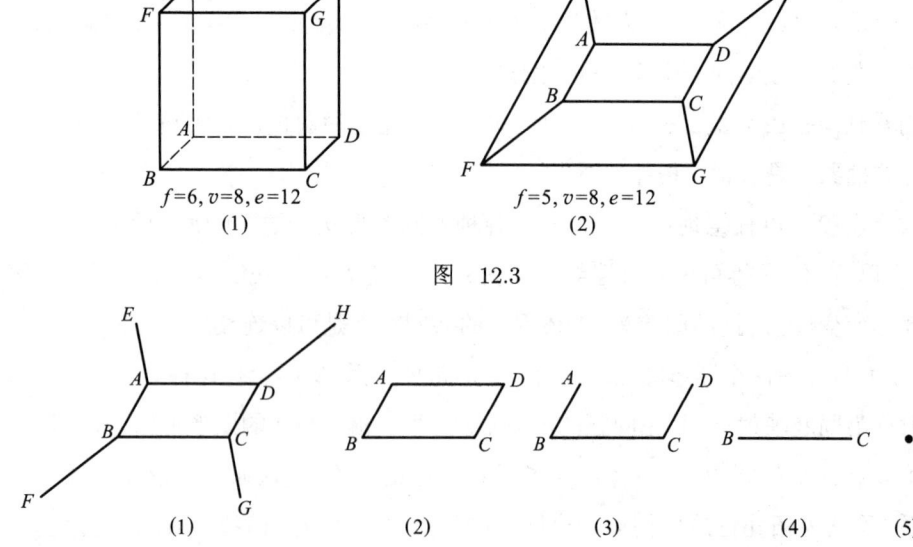

$f=6, v=8, e=12$
(1)

$f=5, v=8, e=12$
(2)

图   12.3

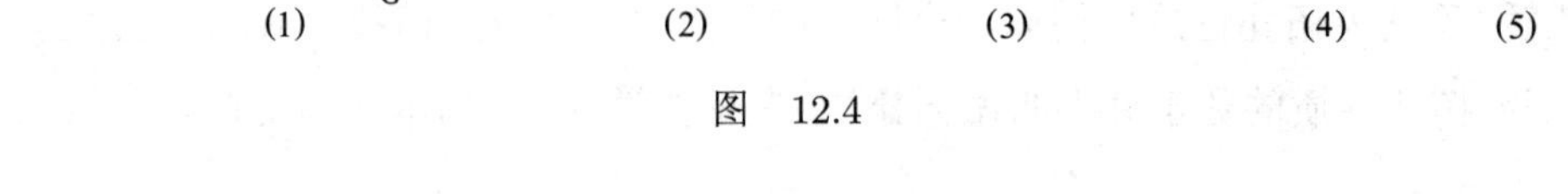

(1)   (2)   (3)   (4)   (5)

图   12.4

§12.2　公理体系　演绎推理

数学教材给人的印象往往就是定义、定理的组合. 新的定义需要由已知的概念来界定, 因此追根溯源最初要有一些不加定义的原始概念; 定理的证明需要根据, 新的定理可以借助于已知的定理推出, 追根溯源, 最初也需要有一些不加证明而人们所公认的原理即公理. 由原始定义和公理出发, 再按照逻辑规则推导出其他命题, 从而建立起一个公理化演绎系统, 这是数学的一种重要思想方法. 这样的方法也称为公理化方法.

一、几何学基础

古代数学公理化方法的最高成就是欧几里得的《原本》, 它由一些定义、公理和公设出发, 演绎出其他的定义和命题, 构成了历史上第一个数学公理体系. 但这一体系是不够完善的, 其不足主要有三: 一是有些定义是不自足的, 亦即往往使用一些未加定义的概念去对别的概念下定义; 二是有些定义是多余的, 略去它并不影响往后的演绎和展开; 三是定理的证明往往依赖于图形的直观. 为了完善这一公理体系, 不少数学家做了有益的工作.

希尔伯特总结发展了前人的成果, 于 1899 年出版了近代数学公理化的典范著作《**几何学基础**》, 此后又不断修改完善, 于 1930 年出了第七版. 该书彻底解决了欧几里得几何的不足之处, 不仅在公理的表述和定理的论证中摆脱了空间观念的直觉成分, 而且奠定了对一般的几何对象及其关系进行更高一级抽象的基础, 开创了形式公理化方法的新阶段.

希尔伯特给出的欧几里得几何公理系统的结构是:

两类基本概念: 3 个基本元素 (点、直线、平面) 和 3 种基本关系 (结合关系、顺序关系、合同关系).

五组共 20 条公理: 8 条结合 (或称关联) 公理, 4 条顺序公理, 5 条合同公理, 1 条平行公理和 2 条连续公理.

其中基本概念是脱离直觉形象的, 例如基本元素的定义为

设有三类不同的对象: 一为点、二为直线、三为平面, 分别以 "$A, B, C, \cdots$" "$a, b, c, \cdots$" "$\alpha, \beta, \gamma, \cdots$" 表示.

在这里, "点" "直线" 和 "面" 只是不同 "对象" 的名称, 不必是通常理解的欧氏几何

中的点、直线和面, 只要它们满足系统内所有公理的要求就可以了.

古代几何学家总是直觉地认为"直线上必有无穷多个点", 并将它在论证中无条件地使用, 也不明确地列为公理. 在希尔伯特的公理系统中, 由顺序公理 II_2 (任给两点 A 和 C, 则过 A 和 C 的直线上至少还存在着一点 B, 使得 C 在 A 和 B 之间) 及顺序公理 II_3(直线上任意三点, 至多只有一点在其余两点之间) 就可以推出直线的无限性.

系统中的连续公理 V_2 有时也称为康托尔公理, 它保证了直线上的一切点可以和实数一一对应.

希尔伯特从上述基本概念和五组公理出发导出了欧氏几何的若干基本定理, 此后人们继续演绎推导, 直至证得欧几里得《原本》中的所有定理, 并且充分显示出希尔伯特公理系统已经克服了《原本》的不足.

数学公理化系统有严格的要求. 其原始概念必须是最少几个无需定义的概念, 而其余所有概念都能够且必须由原始概念逐步定义出来, 并且在定义中不得包含循环的成分. 系统中公理的选取和设置则必须符合三个条件: 一是协调性, 又称无矛盾性或相容性, 亦即在系统内不能从所取公理出发, 既能证明某个命题 A 成立, 又能证明 "非 A" 也成立; 二是独立性, 亦即不允许有一条公理能用其他公理推出, 换句话说公理的数目要减少到最低限度; 三是完备性, 亦即要确保从公理系统能够导出所论数学分支的全部命题.

由此可见, 数学公理化方法可以把一个数学分支的基础分析得清清楚楚, 从而将各个数学分支的实质性的异同看得清清楚楚, 因此它又是创建新理论的重要方法之一. 对于欧氏几何第五公设的质疑, 实际上是对公理系统独立性要求的追求, 而非欧几何的创立则是公理化方法创新理论的范例之一. 20 世纪以来, 公理化方法在研究几何基础方面所取得的成就, 促使这一方法迅速渗透到数学的其他许多分支, 如**数理逻辑** (§11.1 介绍的 ZFC 公理化集合论是数理逻辑的研究领域之一)、**抽象代数**、**泛函分析**、**拓扑学**、**概率论** (参看阅读材料 5) 等分支, 而且渗透到其他自然科学领域, 如 20 世纪 40 年代巴拿赫完成了**理论力学**的公理化, 物理学家还将相对论表述为公理化体系等.

二、 泛函分析

在泛函分析中, 首先把人们所熟知的 "两点之间的距离" 这一概念最本质的性质加以抽象, 得到 "距离空间" 的概念:

设 X 是任一非空集, 对 X 中任意两点 x, y 有一实数 $d(x, y)$ 与之对应, 且满足:

(1) $d(x, y) \geqslant 0$, 且当且仅当 $x = y$ 时 $d(x, y) = 0$;

(2) $d(y, x) = d(x, y)$(对称性);

(3)　$d(x,y) \leqslant d(x,z) + d(z,y)$(三角形不等式),

则称 $d(x,y)$ 为 X 中的一个**距离**. 定义了距离 d 的集 X 称为一个**距离空间**, 记为 (X,d). 在不引起混乱的情况下也简记为 X.

有了距离就可以进一步定义以点 x_0 为中心, 以 r 为半径的**开球** $S(x_0,r) = \{x \in X | d(x,x_0) < r\}$, 进而定义集合的**内点**、**开集**、**邻域**、**极限点**等概念. 有了距离, 就可以和微积分中类似地定义**极限**、**连续**等概念. 例如, 设 $\{x_n\}$ 是距离空间 (X,d) 中的一个点列, x_0 是 X 中一点, 如果当 $n \to \infty$ 时, $d(x_n,x_0) \to 0$, 则称当 $n \to \infty$ 时, $\{x_n\}$ 以 x_0 为**极限**, 或当 $n \to \infty$ 时, $\{x_n\}$ **收敛**于 x_0. 如此等等. 问题的关键在于, 上面的定义中已对所考虑的对象没有任何具体的限制. 例如, 我们可以考虑区间 $[a,b]$ 上所有连续函数的集合, 设 $x(t)$ 和 $y(t)$ 是 $[a,b]$ 上任意两个连续函数, 定义

$$d(x,y) = \max_{a \leqslant t \leqslant b} |x(t) - y(t)|,$$

就构成一个距离空间, 通常记为 $C[a,b]$. 因此, 这样的距离空间具有很大的一般性. 微积分中许多重要的极限过程都可以在距离空间中讨论.

人们注意到距离空间的基本概念本质上是基于开集的概念引进的, 因此又可以从另一个角度出发, 在一个集中直接定义开集, 从而给出了下述 "拓扑空间" 的概念:

设 X 是任一集, τ 是 X 的子集构成的集族, 且满足条件:

(1)　集 X 与空集 $\varnothing$ 属于 τ;

(2)　τ 中任意个集的并集属于 τ;

(3)　τ 中任意有限个集的交集属于 τ,

则称 τ 是 X 上的一个**拓扑**. 集 X 上定义了拓扑 τ, 称它是一个**拓扑空间**, 记为 (X,τ). 凡属于 τ 中的集称为**开集**.

有了拓扑空间的定义, 在具体研究时就有了更大的灵活性. 在此基础上进一步引进连续、同胚、连通、维数等一系列概念, 研究拓扑空间的紧致性、可分性、连通性等, 形成了**点集拓扑学** (又称**一般拓扑学**). 此外, 从研究几何图形在连续形变下保持不变的性质出发, 运用代数组合的方法, 继而主要利用抽象代数方法, 发展形成了**代数拓扑学**. 点集拓扑学和代数拓扑学都运用了公理化方法.

§12.3　猜想推断　严格证明

抽象性、符号化; 逻辑性、公理化是数学的特点和思想方法, 但数学的发现离不开直觉和灵感. 观察、分析、猜测、归纳、类比和联想等也是数学的重要的思想方法. 观察、分析

和猜测产生猜想, 归纳、类比和联想形成推断, 但这些猜想或推断是否正确, 必须经过严格的证明. 下面我们来看几个例子.

一、 数学猜想几例

例 12.1　梅森素数

所谓素数是只有数 1 和其本身是它的因数的整数, 否则叫合数. 例如 $2, 3, 5, 7$ 都是素数, $4, 6, 8, 9$ 则是合数. 在欧几里得《原本》中指出, 每个大于 1 的整数均可唯一地表示成有限个素数 (可以重复) 的乘积, 这就是**算术基本定理**; 还指出, 素数有无穷多个, 并用反证法作了十分精彩的证明: 如果素数只有 $p_1, p_2, \cdots, p_N$ 这有限多个. 考察数 $p = p_1 p_2 \cdots p_N + 1$, p 不能被 $p_1, p_2, \cdots, p_N$ 整除, 亦即 p 不能被所有的素数整除, 因此 p 不是合数而是素数, 但 p 比 $p_1, p_2, \cdots, p_N$ 都大, 也就是说又找到一个更大的素数, 这与假设矛盾, 故定理得证.

1644 年, 法国数学家梅森 (M.Mersenne, 1588— 1648) 研究了形如

$$M_n = 2^n - 1 \quad (n > 1)$$

的数, 现称**梅森数**, 当它是素数时则称为**梅森素数**. 容易证明, 如果 M_n 是素数, 则 n 必为素数. 也就是说梅森素数一定形如 $2^p - 1$, 其中 p 是素数.

梅森认为, 当 p 为 $2, 3, 5, 7, 13, 17, 19, 31, 67, 127, 257$ 时 M_p 为素数, 小于 257 的其他素数 p 所对应的 M_p 都是合数. 1867 年人们发现 M_{67} 是合数, 但对它的因子一无所知, 1903 年, 美国数学家科尔具体给出了 M_{67} 的因子. 1947 年, 人们又发现 M_{257} 也不是素数, 而 M_{61}, M_{89}, M_{107} 则是素数. 1952 年以后, 人们借助电子计算机又陆续发现一些梅森素数, 1996 年 5 月美国威斯康星州克雷研究所发现了第 34 个梅森素数 $M_{1\,257\,787}$, 它是一个 378 632 位数. 迄今人们尚不清楚梅森素数是否有无穷多个? 有人曾猜想, 如果 M_p 是素数, 那么 M_{M_p} 也是一个素数. 这个猜想当 $p = 2, 3, 5, 7$ 时是对的, 但借助计算机已经证明, 当 $p = 13, 17$ 和 19 时, 这个猜想是错的. 梅森素数如此繁难, 为什么还要研究? 这固然与它在代数编码等应用学科中有用有关, 但更大的动因则是数学家们对整数种种奇特性质追根到底的兴趣和执着.

例 12.2　正多边形作图和费马素数

古希腊人十分讲究理性思维, 讲究精确、严谨. 他们相信仅靠直尺和圆规就可以绘出各种各样的图形来. 正三边形、正四边形、正五边形和正六边形的尺规作图问题很快解决了, 但对正七边形却遇到了麻烦. 两千多年过去了, 仍无法回答究竟能不能只用没有刻度的直尺和圆规把它作出来.

1640 年, 费马在给梅森的一封信中断言: 形如

$$F_n = 2^{2^n} + 1$$

的数永远是素数. 后人把这类素数称为费马素数. 易知

$$F_0 = 3, F_1 = 5, F_2 = 17, F_3 = 257, F_4 = 65\ 537,$$

它们确为素数, 但 100 年后欧拉指出 $F_5 = 641 \times 6\ 700\ 417$ 并非素数, 而且人们发现 F_6, F_7, F_8 也不是素数. 费马这回可猜错了! 迄今人们还只知道 F_0 到 F_4 这 5 个费马素数, 因此又有人猜测: 费马素数只有有限个. 但对此也未证明.

令人惊讶不已的是, 1796 年 19 岁的高斯证明了正 17 边形可尺规作图, 五年后的 1801 年他在数论的划时代著作《算术研究》中又给出了下述定理.

高斯定理 对奇数 n, 当且仅当 n 是一个费马素数, 或者是若干个不同的费马素数的乘积时, 正 n 边形才能用直尺和圆规作出来.

例如, 3 和 5 是费马素数, 正三边形和正五边形能够尺规作图; 而 7 不是费马素数, 所以正 7 边形不可能尺规作图; 同样, 正 11 边形、正 13 边形也不能尺规作图. 至于正 9 边形, 由于 $9 = 3 \times 3$ 是两个相同的费马素数之积, 因此也不能尺规作出. 而 17 和 257 都是费马素数, 所以可以用尺规作出正 17 边形和正 257 边形. 哥廷根大学的一位教授根据高斯的理论作出了正 257 边形.

由于等分圆周即可得到正多边形, 因此能否用尺规作正多边形相当于能否用尺规等分圆周. 又因只要能作正 n 边形, 通过等分它的每个中心角, 就可以得到正 $2n$ 边形, 而正四边形易作, 因此, 关于正 n 边形能否尺规作图的问题, 只需讨论 n 为奇数就够了. 换句话说, 上面的高斯定理已彻底解决了这个问题.

一个使无数人绞尽了脑汁, 两千多年未能解决的难题, 竟与一个猜错的猜想相关联, 这样的奇事有谁能料到呢?

例 12.3 素数定理

在古希腊, 人们就注意到素数有许多奇妙的性质. 例如 3 和 5 这样两个仅相差 2 的素数像 "孪生兄弟" 一样, 称之为孪生素数. 在 1 亿以内的数中有 10 万多对孪生素数, 如 $5, 7; 11, 13; \cdots 101, 103; 107, 109; \cdots; 3\ 389, 3\ 391; \cdots; 99\ 999\ 999\ 959, 99\ 999\ 999\ 961; \cdots$ 人们还发现一系列以 $1, 3, 7, 9$ 为尾数的所谓四生素数, 如 $11, 13, 17, 19; 101, 103, 107, 109; 191, 193, 197, 199;$ 等等.

为了研究素数, 人们将素数排成了表. 1791 年高斯仔细观察、分析素数表, 发现素数的出现虽然没有规律, 但它们之间的间隔却表现出某种秩序. 如果用 $\pi(x)$ 表示不超过 x 的素数的个数, 则有下页表:

x	$\pi(x)$	$\dfrac{x}{\ln x}$	$\pi(x) \cdot \dfrac{\ln x}{x}$
100	25	21.7	1.15
1 000	168	145	1.16
10 000	1 229	1 086	1.13
100 000	9 592	8 686	1.10
1 000 000	78 498	72 382	1.084
10 000 000	664 579	620 417	1.071

也就是说 $\pi(x)$ 和 $x/\ln x$ 越来越接近, 从而猜测有下面的定理.

素数定理 $\lim\limits_{x \to \infty} \dfrac{\pi(x)\ln x}{x} = 1.$

1850 年, 俄国数学家切比雪夫 (П.Л.Чебышёв, 1821—1894) 证得

$$\frac{\ln 2}{3} \cdot \frac{x}{\ln x} < \pi(x) < 6\ln 2 \cdot \frac{x}{\ln x}.$$

1896 年, 法国数学家阿达马和比利时数学家普桑运用复变函数的理论几乎同时独立地证明了素数定理, 1949 年, 塞尔贝格和厄尔都斯给出了既不用复变函数也不用微积分的证明. 素数定理告诉我们, 当 n 充分大时, 前 n 个正整数中的素数大约有 $\dfrac{n}{\ln n}$ 个, 亦即大约占 $\dfrac{1}{\ln n}$.

例 12.4 哥德巴赫猜想

1742 年 6 月 7 日, 德国数学家哥德巴赫 (C.Goldbach, 1690—1764) 在给欧拉的信中提出了关于正整数和素数之间关系的两个猜测, 可以表述为两个命题: (A) 每个不小于 6 的偶数都可以表示成两个奇素数之和;(B) 每个不小于 9 的奇数都可以表示成三个奇素数之和. 命题 (A) 称为关于偶数的哥德巴赫猜想, 命题 (B) 称为关于奇数的哥德巴赫猜想, 由于 $2n + 1 = 2(n - 1) + 3$, 所以如果 (A) 成立, 则 (B) 也一定成立.

人们具体地对正整数进行试验, 这两个猜想好像都是对的. 例如: $6 = 3 + 3, 8 = 3 + 5, 10 = 3 + 7, \cdots, 9 = 3 + 3 + 3, 11 = 3 + 3 + 5, 13 = 3 + 3 + 7, \cdots$. 欧拉 1742 年 6 月 30 日在给哥德巴赫的信中说: 我认为这是一个肯定的定理, 尽管我还不能证明出来. 此后 100 多年里无数人对这一猜想进行研究, 美国人拼纳不厌其烦, 孜孜不倦地从十几岁到七十多岁, 一直算到 100 万, 结论均正确, 但这不是证明.1900 年希尔伯特把它作为 23 个重大问题中第 8 个问题的一部分提出来, 期待人们在 20 世纪能取得突破.

1920 年, 英国数学家哈代和李特尔伍德 (I.E.Littlewood, 1885—1977) 将他们创造的圆法应用于数论研究, 哥德巴赫猜想研究举步维艰的局面终于改变.1923 年他们在广义黎曼

猜想正确的前提下证明了每个充分大的奇数都是三个奇素数之和, 以及几乎所有偶数都是两个奇素数之和. 但黎曼猜想迄今尚未证明.

1937 年, 苏联数学家维诺格拉多夫 (И.М.Виноградов, 1891— 1983) 利用圆法和他自己的指数和估计法无条件地证明了每个充分大的奇数都是三个奇素数之和. 有人算过, 只要奇数 $n > \exp(e^{16.038})$ 即可表示为三个奇素数之和, 虽然此数太大, 但哥德巴赫命题 (B) 可以认为已被证明了.

最为关键的命题 (A) 的进展主要是依靠改进筛法取得的. 任何一个偶数很容易写成两个整数之和, 如 $30 = 10 + 20$, 但 10 有两个素因子 2 和 5, 20 有三个素因子 2、 2 和 5, 只有写成 $13 + 17$ 才是两个奇素数之和的形式.

通常用记号 (k, l) 表示大偶数分解为素因子的个数分别不超过 k 和 l 的两个整数之和, 也就是说哥德巴赫命题 (A) 相当于 $(1, 1)$.

1919 年, 挪威数学家布朗利用他的新筛法证明了每个充分大的偶数都可表示为两个素因子个数均不超过 9 的整数之和, 亦即证明了 $(9, 9)$. 此后, 数学家们利用各种改进的筛法逐步减小 k, l, 向着 $(1, 1)$ 的最终目标攀登.

1924 年, 德国数学家拉德马哈尔证明了 $(7, 7)$.

1932 年, 英国数学家麦斯特曼证明了 $(6, 6)$.

1938 年, 苏联数学家布赫夕塔勃证明了 $(5, 5)$, 1940 年他又证明了 $(4, 4)$.

1948 年, 瑞尼证明了 $(1, c)$, 其中 c 为一不确定大数.

1954 年, 库恩证明了 (a, b), 其中 $a + b \leqslant 6$.

1956 年, 维诺格拉多夫证明了 $(3, 3)$.

华罗庚在 1938 年曾证明过命题 (A) 对几乎所有的偶数都成立. 1953 年, 他又在中国科学院数学所组织领导了哥德巴赫猜想讨论班, 取得了丰硕成果.

1957 年, 王元证明了 $(2, 3)$.

1962 年, 潘承洞证明了 $(1, 5)$, 1963 年又改进为 $(1, 4)$.

到了 1965 年, 布赫夕塔勃、维诺格拉多夫和意大利数学家邦别里等三人差不多同时证明了 $(1, 3)$.

1966 年陈景润进一步证明了 $(1, 2)$, 即得到了下面的定理:

陈氏定理 任给一个大偶数 N, 总可找到素数 p_1, p_2, 或 p', p'', p''', 使得下列两式至少有一式成立:

(1) $N = p_1 + p_2$, 或 (2) $N = p' + p''p'''$.

定理的详细证明于 1973 年发表. 陈氏定理被认为是 "筛法发展的顶峰" "筛法理论的光辉顶点", 它离哥德巴赫猜想的最终证明 $(1, 1)$ 似乎只有一步之遥, 但至今仍无人能够跨越. 除了筛法之外, 人们呼唤新方法的诞生.

我们上面所举四个例子都属于数论的范畴. **数论**是研究整数性质的一个数学分支. 它主要包括**初等数论**、**解析数论**、**代数数论**、**丢番图逼近**、**超越数论**等. 现代数论已深入到数学的一切分支. 初等数论以算术方法为主要方法, 上面介绍的梅森素数、费马素数即属初等数论的范畴. 解析数论以分析作为其主要工具, 哥德巴赫猜想的研究是最著名的一个例子. 普通数论研究的是整数, 而代数数论则研究更广泛的一类数. 数论的研究成果已经在计算机科学、组合数学、代数编码、计算方法、信号的数字处理等领域得到广泛的应用.

二、 归纳、类比与联想

数学猜想是从何而来的? 有的是靠观察、分析和猜测, 有的则是靠直觉和灵感. 数学中还常常通过归纳、类比和联想形成某些推断. 归纳是由个别或特殊去发现一般, 是揭示同类事物之间的联系和共有的规律. 类比和联想是由此及彼或由彼及此, 是发现不同类事物之间的联系或相似的规律. 现举几例.

例 12.5　n **个正整数整数幂的和**

大家都知道下面的求和公式:

$$S_{1n} = 1 + 2 + 3 + \cdots + n = \frac{n(n+1)}{2}, \tag{1}$$

$$S_{2n} = 1^2 + 2^2 + 3^2 + \cdots + n^2 = \frac{n(n+1)(2n+1)}{6}. \tag{2}$$

公式 (1) 容易证明, 公式 (2) 是如何得到的呢? 从

$$1^2 = 1, \quad 1^2 + 2^2 = 5, \quad 1^2 + 2^2 + 3^2 = 14,$$

$$1^2 + 2^2 + 3^2 + 4^2 = 30, \cdots$$

很难看出规律来. 如果我们多算几项并列成下表:

n	1	2	3	4	5	6	7	8
S_{1n}	1	3	6	10	15	21	28	36
S_{2n}	1	5	14	30	55	91	140	204
$\dfrac{S_{2n}}{S_{1n}}$	1	$\dfrac{5}{3}$	$\dfrac{7}{3}$	$\dfrac{9}{3}$	$\dfrac{11}{3}$	$\dfrac{13}{3}$	$\dfrac{15}{3}$	$\dfrac{17}{3}$

似乎可以看到有下面的规律:

$$\frac{S_{2n}}{S_{1n}} = \frac{2n+1}{3},$$

于是似可得到

$$S_{2n} = \frac{2n+1}{3} S_{1n} = \frac{n(n+1)(2n+1)}{6}.$$

运用数学归纳法, 我们可以证明这一通过观测归纳而形成的推断是正确的. 公式 (2) 的证明固然是必要的, 但它的发现则是前提, 二者缺一不可.

问题是, S_{2n} 知道了, S_{3n} 等于多少呢? 我们还能如法炮制吗?

$$1^3 = 1, \quad 1^3 + 2^3 = 9, \quad 1^3 + 2^3 + 3^3 = 36,$$

$$1^3 + 2^3 + 3^3 + 4^3 = 100, \cdots$$

似乎有下面的规律:

$$S_{3n} = (S_{1n})^2. \tag{3}$$

(3) 式当 $n = 1, 2, 3, 4$ 时都是对的, 但不能由此就断言它对一切正整数都对. 这可以用数学归纳法来证明. 设 $n = k$ 时 (3) 式成立, 即有 $S_{3k} = (S_{1k})^2$, 则当 $n = k + 1$ 时, 有

$$
\begin{aligned}
S_{3(k+1)} &= S_{3k} + (k+1)^3 = (S_{1k})^2 + (k+1)^3 \\
&= \frac{k^2(k+1)^2}{4} + (k+1)^3 \\
&= \frac{1}{4}(k+1)^2[k^2 + 4(k+1)] \\
&= \frac{1}{4}(k+1)^2(k+2)^2 = (S_{1(k+1)})^2.
\end{aligned}
$$

亦即 (3) 式当 $n = k + 1$ 时仍成立. 由于已知 (3) 式当 $n = 1$ 时成立, 所以 (3) 式对一切正整数均成立.

那么 S_{4n} 等于多少呢? S_{5n}, S_{6n} 呢? 这里给出一个可以逐步求出它们的办法. 注意到

$$(k+1)^2 - k^2 = 2k + 1, \tag{4}$$

依次令 $k = 1, 2, \cdots, n$, 然后将等式两边所得结果分别相加就可以得到

$$(n+1)^2 - 1^2 = 2S_{1n} + n,$$

由此式即可得到公式 (1). 再由

$$(k+1)^3 - k^3 = 3k^2 + 3k + 1,$$

依次令 $k = 1, 2, \cdots, n$, 然后将等式两边所得结果分别相加, 则可得到

$$(n+1)^3 - 1 = 3S_{2n} + 3S_{1n} + n,$$

因 S_{1n} 已知, 由上式即可求得 S_{2n}. 如法炮制不就可以求出 $S_{3n}, S_{4n} \cdots$ 了吗?

例 12.6   几个 p 级数的和

在 §4.1 中我们知道, p 级数 $\sum \dfrac{1}{n^p}$ 当 $0 < p \leqslant 1$ 时发散, 当 $p > 1$ 时收敛. 欧拉曾经证得

$$\sum_{n=1}^{\infty} \frac{1}{n^2} = \frac{\pi^2}{6}, \tag{5}$$

他发现这一结果用的是类比法. 欧拉从下面的事实出发: 如果偶次方程

$$a_0 - a_1 x^2 + a_2 x^4 - a_3 x^6 + \cdots + (-1)^n a_n x^{2n} = 0 \tag{6}$$

有一个根 c, 则 $-c$ 也一定是它的根. 现设 (6) 有根

$$c_1, -c_1, c_2, -c_2, \cdots, c_n, -c_n.$$

显然它们也是方程

$$a_0\left(1 - \frac{x^2}{c_1^2}\right)\left(1 - \frac{x^2}{c_2^2}\right) \cdots \left(1 - \frac{x^2}{c_n^2}\right) = 0 \tag{7}$$

的根. 方程 (6), (7) 的根相同且常数项也相等, 因此 x 同次幂项的系数也应相等. 特别地, x^2 项的系数应当相等, 亦即有等式

$$a_1 = a_0\left(\frac{1}{c_1^2} + \frac{1}{c_2^2} + \cdots + \frac{1}{c_n^2}\right). \tag{8}$$

现在类比地考察下面的方程. 由 $\sin x$ 的麦克劳林级数可以知道: 方程

$$\frac{\sin x}{x} = 0 \tag{9}$$

可以写成

$$1 - \frac{x^2}{3!} + \frac{x^4}{5!} - \frac{x^6}{7!} + \cdots + (-1)^n \frac{x^{2n}}{(2n+1)!} + \cdots = 0, \tag{10}$$

因此方程 (10) 和 (9) 有同样的根, 即

$$\pi, \ -\pi, \ 2\pi, \ -2\pi, \ \cdots, \ n\pi, \ -n\pi, \ \cdots.$$

而这些值也是方程

$$\left(1 - \frac{x^2}{\pi^2}\right)\left(1 - \frac{x^2}{2^2\pi^2}\right) \cdots \left(1 - \frac{x^2}{n^2\pi^2}\right) \cdots = 0 \tag{11}$$

的根. 比较方程 (10) 和 (11), 类比 (8) 式可以得到

$$\frac{1}{3!} = \frac{1}{\pi^2} + \frac{1}{2^2\pi^2} + \cdots + \frac{1}{n^2\pi^2} + \cdots,$$

由此即得 (5) 式.

当然, 这种类比不等于证明. 因为 (6)、(7) 式只包含有限多个项, 而 (10)、(11) 式包含无穷多个项. 但是类比可以发现规律. 为了进一步确认, 欧拉将 $\pi^2/6$ 和 $\sum n^{-2}$ 分别计算

到小数点后 6 位, 二者均为 1.644 934, 这更使他相信这一结果是正确的, 大约 10 年之后, 他又对这一结论给出了严格的证明, 而且他还在求 (5) 式的基础上, 进一步比较方程 (10) 和 (11) 的系数, 得到了

$$\sum_{n=1}^{\infty} \frac{1}{n^4} = \frac{\pi^4}{90},$$

并且猜测

$$\sum_{n=1}^{\infty} \frac{1}{n^{2m}} = \frac{\pi^{2m}}{p} \quad (p \text{ 是某个正整数}).$$

例 12.7 (1) n 条直线最多可将平面划分为多少块?

(2) n 个平面最多可将空间分成多少部分?

我们知道, 1 条直线将平面分成 2 块, 2 条直线可将平面分为 4 块, 那么, n 条直线, 其中没有两条平行, 也没有 3 条经过同一点, 它们能把平面分成几块? 亦即 n 条直线最多可把平面分成几块呢?

通过作图容易知道, 3 条直线最多可将平面分成 7 块. 直线从 1 条变为 2 条, 块数增加 2; 从 2 条变成 3 条, 块数增加 3; 那么, 从 $n-1$ 条变成 n 条似乎应该增加 n 块. 这一猜测是对的. 因为这新添上去的一条直线将被原来的 $n-1$ 条直线分成 n 段, 而每一段将一块平面分成两块, 总共就要增加 n 块. 因此, 如果用 S_n 表示 n 条直线将平面分成的块数, 则有

$$S_n = S_{n-1} + n.$$

由这个递推公式, 利用 $S_1 = 2$, 就可得到

$$\begin{aligned}
S_n &= n + S_{n-1} = n + (n-1) + S_{n-2} \\
&= \cdots = n + (n-1) + \cdots + 2 + S_1 \\
&= n + (n-1) + \cdots + 2 + 2 = 1 + \frac{1}{2}n(n+1).
\end{aligned} \tag{12}$$

这就是问题 (1) 的答案.

关于问题 (2), 我们约定, 空间中的 n 个平面中没有两个平面平行, 也没有三个平面交于一条直线, 也没有四个平面通过同一点. 这时, 我们知道 1 个平面把空间分为 2 部分, 2 个平面可把空间分成为 4 部分, 3 个平面可把空间分成为 8 部分. 如果我们由此猜测 n 个平面可把空间分为 2^n 部分, 那可就错了. 事实上, 如果设 $n-1$ 个平面最多可将空间分成 F_{n-1} 部分, 则新添加一个平面后, 这个平面与原来的 $n-1$ 个平面有 $n-1$ 条交线, 由问题 (1) 知, 这 $n-1$ 条交线就把这个加进去的平面分成 $1 + \frac{1}{2}(n-1)n$ 块, 而其中的每一块又

把原有空间的 F_{n-1} 个部分中的每一个一分为二, 亦即各增加了一部分, 于是总共增加了 $1+\frac{1}{2}(n-1)n$ 部分. 因此

$$F_n = F_{n-1} + 1 + \frac{1}{2}(n-1)n$$

$$= 1 + \frac{1}{2}n^2 - \frac{1}{2}n + F_{n-1}.$$

由这个递推公式, 以及已知的 $F_1 = 2$, 就可以得到

$$
\begin{aligned}
F_n &= 1 + \frac{1}{2}n^2 - \frac{1}{2}n + F_{n-1} \\
&= 2 + \frac{1}{2}[n^2 + (n-1)^2] - \frac{1}{2}[n + (n-1)] + F_{n-2} \\
&= \cdots \\
&= (n-1) + \frac{1}{2}[n^2 + (n-1)^2 + \cdots + 2^2] - \frac{1}{2}[n + (n-1) + \cdots + 2] + F_1 \\
&= n + 1 + \frac{1}{2}\left[\frac{n(n+1)(2n+1)}{6} - \frac{n(n+1)}{2}\right] \\
&= \frac{1}{6}(n^3 + 5n + 6).
\end{aligned}
\tag{13}
$$

这就是问题 (2) 的答案.

三、 让左、右脑协调发展

本节我们举例说明了在数学中常用的观察、分析、猜测、归纳、类比、联想等思想方法, 同时介绍了数学中常用到的证明方法: 直接证法和间接证法. 例 12.5 中证明 $S_{3n} = (S_{1n})^2$ 用的数学归纳法, 例 12.7 中推导公式 (12) 和 (13) 时用的递推法都是直接证法. 而例 12.2 中欧拉用 F_5 这一反例说明费马素数猜想不正确, 以及例 12.3 中欧几里得证明素数有无穷多个时用的反证法, 则都是间接证法. 我们在学习数学时, 往往注重具体数学知识的掌握, 而不太注意它们是如何发现的, 以及是如何证明的, 这样就难以提高自己发现问题和解决问题的能力.

数学被人们看作是一门论证科学, 然而这只是它的一个方面. 已严格地提出来的数学是一门系统的演绎科学, 它不同于经验的自然科学, 但正在形成过程中的数学却是一门实验性的归纳科学. 数学的创造过程与任何其他知识的创造过程一样, 直觉和灵感在其中起着十分重要的作用. 正如光凭语法不能激起诗意, 光凭和声理论不能产生交响乐一样, 光凭逻辑也不能使人产生新思想. 庞加莱说: "**逻辑用于论证, 直觉可用于发明.**" 爱因斯坦多次说 "**我相信直觉和灵感**", 他还说: "科学不能仅仅在经验的基础上成长起来", "想象力比

知识更重要". "天才就是 1% 的灵感加上 99% 的汗水. 但那 1% 的灵感是最重要的, 甚至比那 99% 的汗水都要重要." 科学发展史表明, 那些从根本上改变旧观念的新思想, 那些重大的发明创造, 通常并不是从已有的知识中逻辑地演绎出来的, 也不是对经验资料加以简单概括而产生的, 它们来自思维运动中的飞跃, 来自科学家的直觉和灵感.

　　数学的思想方法从心理学的角度看, 一类是如上一节介绍的演绎思维, 另一类是如本节介绍的归纳思维. 前者体现了思维的条理化、系统化, 是收敛性思维; 后者则体现了直觉性、发散性, 是一种创造性思维. 前者在推理、论证中大有用处, 而后者在探索、发现中不可或缺. 这两种思维方式, 是人的左、右脑不同功能的反映. 美国心理生物学家斯佩里博士 (R.W.Sperry, 1913— 1994) 通过著名的割裂脑实验, 证实了大脑不对称性的 "左右脑分工理论", 因此 1981 年荣获诺贝尔生理学或医学奖.

　　人的左脑主要是语言的、分析的、数理的和逻辑推理的功能, 其运行犹如串行的、继时的信息处理, 是因果式的思考方式. 数学的符号化、公理化, 严密的逻辑论证、演绎推理是左脑的用武之地. 目前电子计算机的功能主要是反映了左脑的功能. 但是, 左脑虽然能处理抽象领域、逻辑领域里的问题, 却难以处理形象领域、非逻辑领域里的问题; 能在语言文字、符号数字所及的范围大显神通, 却不能处理尚未能用符号、语言表达而只能依赖直觉的问题. 脑科学的研究证明, 左脑的许多功能是与左脑组织的一定部位联系着的, 而这些部位是相互隔开, 易于划分的. 这一生理结构上的特点决定了左脑思维的特点.

　　人的右脑主要是空间的、直觉的、整体的功能, 其功能的划分不如左脑精细, 右脑的广阔区域参加完成属于其功能范围的思维活动, 其运行犹如并行的、同时的信息处理. 右脑的记忆容量大约是左脑的 100 万倍. 右脑思维具有形象性、非逻辑性, 将信息以图像化处理所以特别迅速; 有很强的识别能力和统观全局的本领, 能根据一些支离破碎互不连贯的资料, 大胆的猜测、跳跃式的前进, 达到直觉的结论; 对音乐、美术、舞蹈等艺术活动和感知抽象图形等领域, 有超常的感悟力和空间想象力, 从而能大显神通. 右脑抗干扰, 能在各种状态甚至是在睡眠状态下不停地工作. 右脑是直觉、想象、灵感、顿悟等创造性思维的发源地.

　　幼儿能够辨别亲人的声音, 能够见到年轻一点的喊叔叔、阿姨, 见到年老一点的喊爷爷、奶奶, 这表明幼儿就已经具有一定的归纳能力, 但在成长过程中, 人们常常忽视了右脑的开发. 更应当注意的问题是, 在我国学校教育和家庭教育中, 存在两种偏向, 甚至出现两种极端. 有的是从小就偏数理轻文艺, 且只注重演绎推理而忽视形象思维能力的培养; 有的则是从小就偏文艺轻数理, 放松了逻辑推理能力的训练和提高, 害怕甚至厌恶数学. 我们每个人都应当注意开发自己的大脑, 让左、右脑协调发展, 并扬己之长、补己之短, 使我们更聪明、更能干.

§12.4   建立模型   求解验证

数学起源于人类的生产、生活, 数学也为实际问题的解决提供了强有力的工具. 实际问题往往是十分复杂的, 影响一件事物或一种现象通常会有很多因素, 因此应当也只能从中找出一些主要的、起决定性作用的因素, 以此作为我们所考察的变量或参数, 将实际问题加以抽象和简化, 并且根据相关学科的已知规律, 建立这些变量、参数间的数学关系式, 从而将实际问题归结为某个数学问题, 即所谓数学模型. 然后运用各种数学手段包括计算机等辅助工具进行求解, 再对所得到的解作出科学的解释, 并放回到实际问题中去检验 (包括实验、测试、与历史资料对照验证等). 如果模型的解与实际相吻合, 这当然很好, 但一般来讲只能是近似地吻合 (因为模型本身就是近似的), 有时甚至会出现较大的误差, 这时就需要对模型作必要的调整和修正, 然后再进行求解、验证, 如此反复, 使之比较切合实际. 这是数学的一种十分重要的思想和方法, 也是当代大学生应当增强的实践能力. 从 1992 年开始, 我国每年都举行的大学生数学建模竞赛, 正是为了唤起大家对数学建模的重视, 并推动大学数学教育的改革.

数学建模涉及众多数学分支的知识, 如**数学分析**、**微分方程**、**概率统计**、**离散数学**、**最优化**、**计算数学**等. 我们这里只举几个简单的典型例子.

一、 斐波那契级数

中世纪意大利数学家斐波那契提出过一个有趣的问题: 假定每对大兔每月能生产一对小兔, 而每对小兔过一个月就能完全长成. 试问在一年里, 由一对大兔能繁殖多少对大兔来?

这个问题有趣的并不是直接的解答, 而是大兔的总对数所成的级数. 如果设大兔最初有 u_0 对, 过了一个月是 u_1 对, 过了 n 个月是 u_n 对. 由题设, $u_0 = 1$, 过了一个月, 有一对小兔生产出来了, 但大兔仍是一对, 故 $u_1 = 1$. 过了两个月, 这对小兔长成大兔, 原来的大兔又生了一对小兔, 这时 $u_2 = 2$. 如此计算下去可以得到斐波那契数列:

$$1, \quad 1, \quad 2, \quad 3, \quad 5, \quad 8, \quad 13, \quad 21, \quad 34, \quad 55, \quad 89, \quad 144, \cdots$$

一般地, 过了 $n+2$ 个月后, 除了上月的 u_{n+1} 对大兔外, 还有上上月 u_n 对大兔所生的 u_n 对小兔已经长成为大兔, 所以有关系式:

$$u_{n+2} = u_{n+1} + u_n, \quad n \geqslant 0. \tag{1}$$

上式就是大兔对数的数学模型. 我们感兴趣的是, 能不能从这个循环公式 (1) 求出一般的 u_n 值以及前 $n+1$ 项和

$$S_n = u_0 + u_1 + \cdots + u_n. \tag{2}$$

这个问题可用差分方程的理论解决. 这里介绍一种比较易懂的方法. 考虑级数

$$S(x) = u_0 + u_1 x + u_2 x^2 + \cdots + u_n x^n + \cdots, \tag{3}$$

令

$$S_n(x) = u_0 + u_1 x + \cdots + u_n x^n.$$

以 $1 - x - x^2$ 乘上式两边, 并利用关系式 (1), 则可得到

$$(1 - x - x^2) S_n(x) = [u_0 + (u_1 - u_0)x] - [(u_n + u_{n-1})x^{n+1} + u_n x^{n+2}]. \tag{4}$$

在上式中令 $x = 1$, 就得到

$$-S_n(1) = u_1 - 2u_n - u_{n-1},$$

即

$$S_n = 2u_n + u_{n-1} - u_1 = 2u_n + u_{n-1} - 1, \tag{5}$$

或

$$S_{n-2} = 2u_{n-2} + u_{n-3} - 1 = u_{n-2} + u_{n-1} - 1 = u_n - 1. \tag{6}$$

下面我们来求 u_n 的计算公式. 大家知道, 如果级数 (3) 收敛, 则当 $n \to \infty$ 时它的通项 $u_n x^n \to 0$. 因此由 (4) 式令 $n \to \infty$ 可以得到无穷级数 (3) 的和

$$S(x) = \frac{u_0 + (u_1 - u_0)x}{1 - x - x^2}.$$

将 $u_0 = u_1 = 1$ 代入, 得

$$\sum_{n=0}^{\infty} u_n x^n = \frac{1}{1 - x - x^2} = \frac{1}{\sqrt{5}} \left(\frac{1}{\frac{\sqrt{5}-1}{2} - x} + \frac{1}{\frac{\sqrt{5}+1}{2} + x} \right)$$

$$= \frac{2}{5 - \sqrt{5}} \cdot \frac{1}{1 - \frac{2x}{\sqrt{5}-1}} + \frac{2}{5 + \sqrt{5}} \cdot \frac{1}{1 + \frac{2x}{\sqrt{5}+1}}$$

$$= \frac{2}{5 - \sqrt{5}} \sum_{n=0}^{\infty} \left(\frac{2x}{\sqrt{5}-1} \right)^n + \frac{2}{5 + \sqrt{5}} \sum_{n=0}^{\infty} (-1)^n \left(\frac{2x}{\sqrt{5}+1} \right)^n,$$

比较等式两边 x^n 的系数, 即得

$$u_n = \frac{2}{5 - \sqrt{5}} \cdot \frac{2^n}{(\sqrt{5}-1)^n} + (-1)^n \frac{2}{5 + \sqrt{5}} \cdot \frac{2^n}{(\sqrt{5}+1)^n}$$

$$= \frac{1}{\sqrt{5}} \left[\left(\frac{1+\sqrt{5}}{2} \right)^{n+1} - \left(\frac{1-\sqrt{5}}{2} \right)^{n+1} \right]. \tag{7}$$

这一结果是如此出人意料, 虽然所有的 u_n 都是正整数, 但它们却由一些无理数表示出来. 注意到 $\frac{1}{2}(\sqrt{5}-1) \approx 0.618 < 1$, 而 u_n 是整数, 因此, 若用 $[a]$ 表示不超过 a 的最大整数 ($\S 1.1$ 习题 2(3)), 则当 n 为奇数时,

$$u_n = \left[\frac{1}{\sqrt{5}}\left(\frac{1+\sqrt{5}}{2}\right)^{n+1}\right];$$

当 n 为偶数时,

$$u_n = \left[\frac{1}{\sqrt{5}}\left(\frac{1+\sqrt{5}}{2}\right)^{n+1}\right] + 1.$$

换句话说, 在实际计算时, 并不需要算出 $\frac{1}{\sqrt{5}}\left(\frac{1-\sqrt{5}}{2}\right)^{n+1}$ 的数值. 例如斐波那契的问题, 一年里由一对大兔能繁殖出的大兔对数为

$$u_{11} = \left[\frac{1}{\sqrt{5}}\left(\frac{1+\sqrt{5}}{2}\right)^{12}\right] = 144.$$

直接计算斐波那契数列, 容易验证上述结果是正确的. 有趣的是, 斐波那契数列出现在一些想象不到的地方. 例如, 植物有 "叶序周" 公式, 如 $1/2, 1/3, 2/5, 3/8, 5/13$ 等. $1/2$ 表示在茎上每螺旋上升 1 圈便长出 2 片叶子, $2/5$ 表示每绕茎上升 2 圈便长出 5 片叶子等. 不同的植物有不同的规律, 如小麦、水稻是 $1/2$ 型; 桑树是 $1/3$ 型; 桃、李是 $2/5$ 型; 菊花、大麻是 $3/8$ 型; 褪色柳是 $5/13$ 型. 其中出现的数都是斐波那契数. 再如毛茛属植物的花瓣是 5 个, 雏菊花朵中的 "花瓣" 数通常为 21, 34, 55 或 89 个. 又如, 向日葵盘面上的籽粒构成顺时针和逆时针的螺线状条纹, 条纹上的籽粒数通常是两个相继的斐波那契数, 大多数是 34 和 55, 少数为 21 和 34, 据说有一种巨大的向日葵, 籽数为 89 和 144.

二、 原子蜕变与马王堆一号墓的年代

长沙马王堆一号墓于 1972 年 8 月出土, 经考证该墓大约是 2 千年前西汉末年的. 这一估计是怎样作出的呢? 其中的一种方法是利用 ^{14}C 年代测定法.

大家知道, 放射性元素的原子是不稳定的, 在一定的时间里, 有一定比例的原子会自然衰变而形成新元素的原子. 物理学家卢瑟福证明了一种物质的衰变率与该物质现有的原子数 $N(t)$ 成正比, 即有关系式

$$\frac{\mathrm{d}N}{\mathrm{d}t} = -\lambda N, \tag{8}$$

其中正常数 λ 称为该物质的衰变常量, 负号表明原子数随时间增长而减少. 一定数量的某种放射性物质衰变掉一半所需时间称为该物质的半衰期, 记作 T.

(8) 式中含有未知函数 $N(t)$ 及其导数, 称为**微分方程**. 这就是原子衰变的数学模型. 为了求解方程 (8), 可将它的变量 N 和 t 分离, 成为

$$\frac{\mathrm{d}N}{N} = -\lambda\mathrm{d}t,$$

然后两边积分 [t 由 t_0 到 t, N 相应地由 $N(t_0)$ 到 $N(t)$]

$$\int_{N(t_0)}^{N(t)} \frac{\mathrm{d}N}{N} = -\lambda \int_{t_0}^{t} \mathrm{d}t,$$

得

$$\ln N(t) - \ln N(t_0) = -\lambda(t - t_0),$$

$$N(t) = N(t_0)\mathrm{e}^{-\lambda(t-t_0)}. \tag{9}$$

这就是方程 (8) 的解. 如果已知 $N(t_0) = N_0$, 就可以求出该物质在任意时刻 t 的原子数 $N(t)$.

如令 $N(t) = \dfrac{N_0}{2}$, 则得半衰期 T 与 λ 的关系为

$$\frac{1}{2} = \mathrm{e}^{-\lambda T} \quad \text{或} \quad T = \frac{1}{\lambda}\ln 2. \tag{10}$$

例如 ^{14}C 的半衰期是 5 568 a(又说 5 730 a), ^{238}U 的半衰期为 4.5×10^8 a.

1960 年诺贝尔化学奖获得者利贝在 1949 年发明了一种精确测定考古发掘物年龄的方法: ^{14}C 法. 这种方法的依据是: 地球大气层在宇宙射线的轰击下产生的中子同氮作用产生 ^{14}C, 这种具有放射性的碳又结合到二氧化碳中在大气中漂动而被植物吸收. 动物则因吃植物而把 ^{14}C 带入它们的组织. 在活的组织中, ^{14}C 的摄取率正好与 ^{14}C 的衰变率相平衡, 但当组织死亡后, 它就停止摄取 ^{14}C, 从而 ^{14}C 的浓度随其衰变而减少.

设 $N(t)$ 为 t 时刻木炭样品中 ^{14}C 的数量, $N(0) = N_0$ 为样品形成时的数量, λ 是 ^{14}C 的衰变常量, 则由 (9) 式, 有

$$N(t) = N_0\mathrm{e}^{-\lambda t}.$$

从而

$$\frac{N'(t)}{N'(0)} = \frac{-\lambda N(t)}{-\lambda N(0)} = \frac{N(t)}{N_0} = \mathrm{e}^{-\lambda t},$$

$$t = \frac{1}{\lambda}\ln\frac{N'(0)}{N'(t)} = \frac{T}{\ln 2}\ln\frac{N'(0)}{N'(t)}. \tag{11}$$

因此, 只要我们能测出木炭样品中 ^{14}C 目前的衰变率 $N'(t)$, 并取相当数量的现在活的树木中 ^{14}C 的衰变率作为 $N'(0)$(这里用到一个物理假定: 地球大气层被宇宙射线轰击的程度

现在与过去一样, 从而可用现在活的树木中 ^{14}C 的衰变率作为过去活的树木中 ^{14}C 的衰变率), 再用 (11) 式即可求出木炭样品的年龄.

长沙马王堆一号墓开墓时测得木炭中 ^{14}C 的平均原子衰变数量是 29.78 次 /min, 而活树木中 ^{14}C 的平均衰变数为 38.37 次 /min, 又已知 ^{14}C 的半衰期为 $T = 5\,568$ a, 从而得到

$$t = \frac{5\,568}{\ln 2} \ln \frac{38.37}{29.78} \text{ a} = 2\,036 \text{ a}.$$

因此估计该墓大概是 2 000 年前西汉末年的 (如取 $T = 5\,730$, 得 $t = 2\,095$).

三、人口模型

人口是一个离散的变量, 但当人口数量很大时, 近似地作为连续变量来处理仍能很好地与客观情况相吻合. 下面我们假定人口是时间 t 的连续可微函数.

假设某地区居民没有迁出和迁入, 在 t 时刻人口数为 $x = x(t)$, 如果人口的净增长率为 k, 则可得到人口方程 (马尔萨斯人口定律)

$$\frac{\mathrm{d}x}{\mathrm{d}t} = kx. \tag{12}$$

假定式中 k 为常数, 且已知当 $t = t_0$ 时, $x(t_0) = x_0$, 则方程 (12) 的解为

$$x(t) = x_0 \mathrm{e}^{k(t-t_0)}. \tag{13}$$

上式当人口基数不是太大且时间 t 不是很长时, 能较好地反映人口增长的规律. 例如, 根据 1700— 1961 年的人口数据, 此式很好地吻合. 再如, 据估计 1965 年 1 月世界人口总数约为 33.4 亿, 1960 至 1970 年间, 世界人口平均增长率为 2%, 这样就可得到人口增长的规律为

$$x(t) = 33.4\mathrm{e}^{0.02(t-1965)}. \tag{14}$$

如果人口增长率 0.02 不变, 则到 2000 年 1 月, 世界人口的计算数为 67.3 亿, 实际上, 1999 年 10 月 12 日被宣布为 "世界 60 亿人口日". 这两个数字虽有差距, 但还不算太大. 但是, 如果想用 (14) 式来预见一下未来, 则可算得 2100 年世界人口为 497 亿, 2200 年为 3 672 亿, 2400 年为 200 497 亿, 这时人均占有地球的陆地面积将不到 2 m^2. 显然, 这样的估计是不对的.

问题在于, 随着人口基数的增大, 人口的增长受环境因素如自然资源、食物、居住条件等的影响会很快增大, 不计自然和人为的灾难, 诸如战争、瘟疫、地震等, 统计结果表明, 在方程 (12) 中应增加一项 $-bx^2$, 反映环境对人口增长的影响, 其中 b 是一正常数. 1837 年荷兰数学家、生物学家弗尔哈斯特引进了人口增长率方程

$$\frac{\mathrm{d}x}{\mathrm{d}t} = kx - bx^2. \tag{15}$$

其中常数 k、b 称为生命系数, b 相对于 k 而言是一个很小的数, 当 x 不大时, $-bx^2$ 这一项与 kx 相比可以忽略, 但当 x 很大时, 就不能忽略了.

下面利用方程 (15) 来研究人口增长趋势. 设

$$x(t_0) = x_0, \quad k - bx_0 > 0. \tag{16}$$

将 (15) 分离变量并积分之, 可以解得

$$x(t) = \frac{kx_0}{bx_0 + (k - bx_0)\mathrm{e}^{-k(t-t_0)}}. \tag{17}$$

由此可以看出:

(1) 当 $t \to +\infty$ 时, $x(t) \to \dfrac{k}{b}$. 亦即不管人口的初值如何, 总人口都将趋于一个极限 $\dfrac{k}{b}$. 因为 b 是反映环境对人口增长的制约的, 因此环境条件好的地区和国家, 将有利于人口的增长.

(2) 为了预测地球上未来的人口数, 必须先估计方程中出现的生命系数 k 和 b. 某些生态学家估计, k 的自然值为 0.029. 至于 b 值, 我们前面已介绍当人口数为 33.4 亿时, 人口的增长率大约是 2%, 亦即 $\dfrac{1}{x} \cdot \dfrac{\mathrm{d}x}{\mathrm{d}t} = 0.02$, 从而由 (15) 式可知

$$0.02 = k - (3.34 \times 10^9)b.$$

将 $k = 0.029$ 代入, 可得

$$b = 2.695 \times 10^{-12}.$$

于是, 地球上人口总数估计极限值将是

$$\frac{k}{b} = \frac{0.029}{2.695 \times 10^{-12}} = 107.6(亿).$$

(3) 利用公式 (17), 取 $k = 0.029, b = 2.695 \times 10^{-12}, t_0 = 1\,965, x_0 = 3.34 \times 10^9$, 则 2000 年 1 月世界人口数为

$$x(2\,000) = \frac{0.029 \times 3.34 \times 10^9}{0.009 + 0.02\mathrm{e}^{-0.029 \times 35}} = 59.61(亿).$$

这一数值与联合国估计的 1999 年底将突破 60 亿的数值是相当接近的, 比用 (12) 式估计的数值精确度要高得多.

(4) 下面分析一下人口模型 (15) 的解 (17) 的变化情况. 首先, 因 $x > 0$, $k - bx$ 与 $k - bx_0$ 同号, 而 $k - bx_0 > 0$, 故 $\dfrac{\mathrm{d}x}{\mathrm{d}t} = x(k - bx) > 0$, 即人口数量始终是增加的. 又对 (15) 式两边求导, 得

$$\frac{\mathrm{d}^2x}{\mathrm{d}t^2} = k\frac{\mathrm{d}x}{\mathrm{d}t} - 2bx\frac{\mathrm{d}x}{\mathrm{d}t} = (k - 2bx)(k - bx)x.$$

由此可见, 当 x 小于、等于或大于 $\dfrac{k}{2b}$ 时, 分别有 $\dfrac{\mathrm{d}^2 x}{\mathrm{d}t^2}$ 大于、等于或小于零. 所以 $x = \dfrac{k}{2b}$ 时出现拐点, 在人口数未达到极限值 $\dfrac{k}{b}$ 的一半时, 是加速增长时期$\left(\dfrac{\mathrm{d}x}{\mathrm{d}t}\text{ 是增函数}\right)$, 而在达到 $\dfrac{k}{2b}$ 之后, 人口增长的速度逐渐减小并趋于 0, 人口数最终趋向于 $\dfrac{k}{b}$(参看图 12.5). 如前所述, 地球上人口总数的极限值大约是 107.6 亿, 现在已超过 60 亿, 因此人口增长的速度将逐渐减缓.

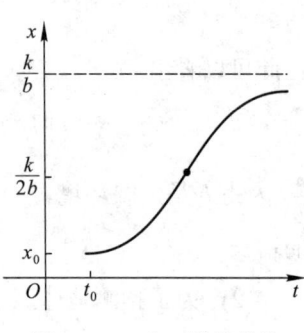

图 12.5　人口增长曲线

珀尔 (Pearl) 和里德 (Reed) 在 1920 年曾用模型 (15) 分析美国的人口, 他们利用 1790 年, 1850 年和 1910 年三年的人口普查数字找出参数 k 和 b 的值, 并预报了 1930 年, 1940 年, 1950 年, 1960 年和 1970 年美国人口的数值, 这些值与后来的实际统计值的误差分别为 $0.3\%, 3.8\%, -1.1\%, -0.9\%$ 和 -17.4%. 而这些预测都没有考虑大规模移民所造成的人口波动, 以及在此期间美国数次卷入战争的影响. 由此可见, 人口模型中的参数 k 和 b 的值应当随实际情况的变化而作相应的调整.

1980 年 5 月 1 日公布的我国人口, 在 1979 年底为 97 092 万人, 假设当时的人口增长率为 1.45%, 按公式 (17) 可以算得下面的结果:

年底	1982	1988	1990	2000	2010	2020	2050	$t \to \infty$
人口/亿	10.131 3	10.969 1	11.244 8	12.577 5	13.801 5	14.885 4	17.221 3	19.42

根据抽样调查公布的 1988 年底我国人口数为 10.961 4 亿. 我国第三、四、五、六次人口普查公布的全国人口总数, 1982 年 7 月 1 日为 10.318 8 亿, 1990 年 7 月 1 日为 11.600 2 亿, 2000 年 11 月 1 日为 12.953 3 亿, 2010 年 11 月 1 日为 13.705 4 亿. 普查数与理论计算数之间的误差分别为 1.82%、 3.06%、 2.90%、 -0.7%, 其原因与假设人口增长率为 1.45% 有关, 事实上, 根据我国人口普查的结果, 1982 到 1990 年间, 人口年平均增长率为 1.48%, 而 1990 到 2000 年间已降为 1.07%. 当然, 公式 (17) 也只是个近似公式. 按此公式, 2500 年我国人口将达到 19.418 4 亿极限数为 19.42 亿.

还应指出, 人口模型实际上是种群繁衍的模型, 因此也可用于其他一些生物. 例如有人观测一种繁殖得很快的鼠类, 其净增率大约是每月 40%, 假设 $t = 0$ 时有一对这样的鼠, 按公式 (13), t 月后鼠数为 $p(t) = 2e^{0.4t}$, $p(10) = 109.196\ 3$. 而实际观测 10 个月后为 109, 二者很吻合. 再如, 生物学家高思 (Gáuse) 曾对一类原生动物做了一个实验, 他把 5 个个体置于一个装了培养液的试管里, 观察 6 天. 当它们数量不大时, 净增率为每天 230.9%, 到第四天达到 375 个, 充塞了整个试管 (相当于 $\dfrac{k}{b} \approx 375$). 根据这些数据, 利用公式 (17) 可以得到

$$p(t) = \frac{375}{1 + 74\mathrm{e}^{-2.309t}},$$

这一理论结果与实测的数字很好地吻合.

从上面几例可以看到, 不是只满足于书本知识的学习, 而且关注各种各样的实际问题, 并善于将它们转化为数学模型, 求解后再回到实际中去, 这种素质和能力的提高既需要知识的积累, 更要不懈地实践. 我们很多人在这方面的不足或欠缺, 与以往对此重视不够有很大的关系, 我们应当共同努力, 加以改进.

§12.5 更新工具 创新方法

德国著名数学家希尔伯特曾精辟地指出: **数学中每一步真正的进展都与更有力的工具和更简单的方法的发现密切联系着, 这些工具和方法同时会有助于理解已有的理论并把陈旧的、复杂的东西抛到一边. 数学科学发展的这种特点是根深蒂固的.**

一、 新工具新方法推动经典数学的发展

纵观数学的发展史, 可以说是一部数学家们以工具和方法的不断创新而推动数学发展的历史. 例如, 我们已经学过的:

1. 以符号代替数字

我们都曾深切地感受过, 一些很难求解的算术问题, 运用代数方法很容易求解. 这是因为一旦用抽象的符号来代替具体的数字, 通过设立未知数, 将未知量之间的关系用方程或方程组来表示, 就可以将各种不同类型的问题归结为求解代数方程或方程组. 为了求解线性代数方程组, 中国古代数学家率先发明了**消元法**, 而一旦借助**矩阵**这个工具, 并运用**初等变换**的方法, 就不仅可以按照统一、规范的步骤, 简便地求解任何形式的线性代数方程组, 而且还从理论上彻底解决了如何判定一般的线性代数方程组是否有解, 以及解具有怎样的结构的问题.

2. 创立坐标法

在传统数学中, 算术、代数、几何是分立的, 为了解决问题, 以古希腊为代表的崇尚几何的西方数学, 是把代数问题几何化; 而以古代中国为代表的体现算法精神的东方数学, 则是把几何问题算术化、代数化. 直到 17 世纪, 笛卡儿引进了**变量**, 并和费马分别发明了**坐标法**, 将点与坐标、曲线与方程相互对应, 从而以全新的观点将几何与代数联系起来, 开创了解析几何学, 使得数学实现了质的飞跃. 此后, **微分和积分**的工具应用到几何问题的研

究, 则进一步开创了微分几何学的崭新天地.

3. 开创极限和无穷小分析方法

笛卡尔的变量是数学的转折点, 牛顿和莱布尼茨开创**极限**和**无穷小分析**方法发明微积分则是近现代数学的一个重要里程碑. 数学从研究常量和有限过程跨越到研究变量和无限过程. 而**微分积分**作为一种数学工具, 不仅催生了解析数论、微分几何、微分方程、复变函数、分析力学、理论物理等许多崭新的数学和物理学分支, 而且大大推动了自然科学和人文社会科学的发展.

4. 运用集合和公理化方法

集合概念的引进和作为一种数学工具, 辅之以**公理化方法**, 大大改变了数学的面貌. 几何学的基础得以彻底澄清, 传统概率论也实现了质的飞跃, 成为一门严谨的数学分支. 17—18 世纪初的概率论运用的数学工具主要是排列组合, 因此也称为组合概率时期. 19 世纪初, 拉普拉斯等用微积分工具来处理概率论的基本内容, 概率论进入了分析概率时期. 20 世纪初, 柯尔莫哥洛夫运用测度论和抽象积分理论, 完成了概率论公理化体系的建立, 将概率论推进到现代概率论的新阶段.

二、 电子计算机的应用改变着数学的面貌

经典数学的研究领域是规则的几何形体; 连续、可微的函数; 线性的或者是可以线性近似的对象. 对于那些极不规则、极不连续、强非线性的对象, 人们无能为力. 同时, 在人们的认识中, 确定与不确定, 有序与无序, 都是截然不同、绝对对立的. 20 世纪电子计算机的发明以及计算机技术的迅速发展, 数学理论和计算机工具的有机结合, 打开了人们的新视角, 发现了过去闻所未闻、见所未见的大量新现象、新规律, 催生了一大批崭新的交叉新学科, 如我们下一节将要介绍的混沌动力学、分形几何学.

三、 数学机械化前景广阔

早在 17 世纪, 莱布尼茨就曾有过 "推理机器" 的设想, 但直到电子计算机问世后, 才使得 "数学命题的证明实现机械化" 的梦想变成了现实. 我国著名数学家吴文俊院士在这一领域的研究中, 取得了世界领先的最系统、最出色的成果. 他在中国古算研究的基础上, 利用现代计算机科学技术, 创造性地开拓了机械化数学的崭新领域. 1977 年首先在平面几何定理的机械化证明方面取得成功, 1978 年推进到对微分几何定理的机械化证明, 到 20 世纪 80 年代更进一步扩展为广泛的数学机械化纲领.

所谓定理的机械化证明, 是对一类定理 (可能成千上万个) 提供一种统一的方法, 使得其中的每个定理都可依此给出证明. 吴文俊创立了初等几何 (泛指不含微分运算的几何, 如欧氏几何、非欧几何、仿射几何、投影几何、代数几何等) 定理证明的机械化方法, 国际上称为 "**吴方法**". 这一方法将几何命题的假设归结为一组多项式方程 $F_1 = 0, \cdots,$ $F_k = 0,$ 而结论相当于一个多项式方程 $G = 0,$ 经过一个规格化的程序, 可在有限步内判定 $G = 0$ 能否从 $F_1 = 0, \cdots, F_k = 0$ 推出. "吴方法" 还可用于几何定理的自动发现和未知关系的自动推导. 在几何定理机器证明的过程中, 必须理清多项式的零点结构, 为此吴文俊又创立了方程组求解的理论和方法, 国际上称为 "**特征列法**" 或 "**吴消元法**". 他还建立了微分几何定理机器证明和微分代数方程组求解的机械化理论和方法.

吴文俊多次强调: "数学机械化方法的应用, 是数学机械化研究的生命线". 他的研究工作已涉及许多应用领域, 如线性控制系统、机构综合设计、平面星体运行的中心构形、化学反应方程的平衡、代数曲面的光滑拼接、从开普勒定律自动推出牛顿定律、全局优化求解等. 并且, 数学机械化方法在理论物理、计算机科学、信息科学、自动推理、工程几何、机械机构学等领域也已获得初步应用. 吴文俊先生提出: 让数学机械化思想普照数学的各个角落. 这为信息时代中国数学的发展指出了一个战略方向.

吴文俊所开创的数学机械化纲领, 已经在世界范围内产生广泛的影响. 1998 年吴文俊获得国际自动推理界的最高奖埃尔布朗 (Herbrand) 奖; 1990 年第三世界科学院授予他数学大奖; 2001 年被我国政府授予首届国家最高科学技术奖; 2006 年又荣获邵逸夫数学奖.

§12.6　交叉渗透　相互促进

人类在探索自然界和社会活动客观规律的历史长河中所积累的丰富知识, 由粗浅到精深, 由一般性到专业化, 逐步形成了种类繁多、分类明确、各具特色的学科分支. 但进入信息时代后, 科学发展呈现了前所未有的新趋势: 一方面是 "知识爆炸", 新知识、新发现、新成果、新科技令人目不暇接; 另一方面则是学科交叉渗透, 相互促进, 不少学科之间的界限已趋于模糊. 这种交叉渗透相互促进, 既是当代科学发展的特点, 也是科学研究的重要思想方法. 而在这交叉渗透的大发展中, 特别突出的是各门学科与数学的交融和计算机技术的运用. 一大批新兴的学科, 如非线性科学、现代数学物理、生物数学、经济数学、定量社会学、数理语言学、计量史学、军事运筹学等应运而生.

非线性科学的崛起是 20 世纪科学界令人瞩目的亮点之一. 所谓非线性就是变量间的关系不是一次的, 对复杂的非线性现象的深入研究只是在计算机科学技术迅速发展后才成为可能. 非线性科学涉及自然科学和社会科学的众多学科领域, 这里只简要介绍其中的两个分支: 混沌动力学与分形几何学.

(一) 别开生面的混沌动力学

"混沌"(Chaos) 作为一个新的科学术语自 1975 年在数学文献中出现以来, 自然界和社会领域内几乎无处不在的混沌现象引起了科学家们前所未有的重视, 并在世界范围内兴起了对混沌理论研究的热潮. 难以胜数的论文、专著问世, 涉及数学、物理学、化学、生物学、心理学、医学、信息科学、天文学、 气象学、经济学、社会学等领域. 1987 年, 格雷克(J.Gleick) 在《混沌: 开创一门新科学》中指出: **"混沌理论对科学思想的影响最终将可与相对论和量子力学相匹敌"**. 那么, 究竟什么是"混沌"? 为什么混沌学已成为当今的前沿学科?

"混沌"一词在中国传说中是指宇宙形成以前模糊一团的景象, 也形容糊里糊涂、无知无识的样子. 古书《三五历》中有 "未有天地之时, 混沌如鸡子", 《易经·乾凿度》中则说: "混沌者, 言万物相混而未相离". "Chaos"一词源于希腊文"$\chi\alpha os$", 有混乱、无序的含义. 古希腊思想家也有世界起源于混沌的观点. 但是作为一门新兴学科的"混沌学", "混沌"一词的含义既不同于古人的理解, 也不同于人们平常所说的混乱无序、浑浑噩噩, 而有明确的科学界定.

简单地说, 混沌是一种貌似无规则但实质上是有某种规律的运动, 是确定性系统中出现的随机现象, 它的一个显著特点是具有对初始条件敏感的依赖性, 即运动状态会随着初始条件的微小变化而十分显著地改变, 差之毫厘而谬以千里.

在人类认识史上, 长期以来人们认为世界在本质上是有序的, 有序等于有规律, 因此一直致力于寻找其规律, 并逐步形成了"机械决定论"的自然观. 1687 年牛顿在《自然哲学的数学原理》中, 完整地表述了他的绝对时空观, 创立了牛顿力学. 拉普拉斯在他 1799—1827 年间出版的五卷《天体力学》中, 运用牛 顿力学计算太阳系行星及其卫星轨道, 臻于极精微的程度. 他甚至宣称, 只要给定了"起始条件", 就可以预言太阳系的整个未来. 换句话说, 未来完全包含在过去之中, 小的扰动可以忽略不计, 宇宙目前的状况决定了它以后的发展. 1846 年, 在英国学者亚当斯 (J.A.Adams, 1819— 1892) 和法国学者勒威耶(U.J.J.LeVerrier, 1811— 1877)分别独立计算出的位置上, 观察到了海王星, 从而使这种"机械决定论" 观点达到了登峰造极的地步. 从牛顿力学创立到 20 世纪 20 年代, 决定论长期处于主导地位.

就在机械决定论取得辉煌成就的同一时期, 蒸汽机和内燃机的发明推动了对气体性质的研究. 人们使用压力、温度、体积这些宏观概念, 寻求它们之间的经验规律, 建立了热力学体系. 为了从大量原子、分子运动和相互作用出发推导气体的宏观性质或流体力学方程, 人们必须运用数理统计方法, 引入粒子的"位置""速度"分布的概率假设. 因此, 随机性、概率论逐渐为人们所接受.

另一方面, 19 世纪末 20 世纪初, 人们发现牛顿力学不能反映高速运动的规律, 也不能反映微观粒子的运动规律, 相对论和量子力学从宇观和微观两个方面大大推进了人们对世界的认识.

牛顿的绝对时空观和对客观世界的确定性描述, 体现了有序性、可逆性和可预见性; 统计物理和量子力学揭示的微观粒子运动的随机性, 则体现了无序性、不可逆性和不可预见性. 那么, 确定性和随机性、决定论和概率论是不是对立的? 它们之间有没有联系? 长期以来人们看不清它们之间存在着由此及彼的桥梁. 对于大量的复杂现象, 例如湍流、人脑的活动等, 人们也难以说明, 难以理解.

反映到数学上, 人们长期以为确定性系统的行为是完全确定的, 是可以预言的, 不可能出现随机性; 不确定行为只会产生在随机系统中, 随机性只是某些复杂系统的属性. 的确, 确定性系统的短期行为是确定的, 而且线性系统的长期行为也是确定的; 随机系统的短期行为不定, 长期可能有统计规律性. 那么, 确定性系统就不可能出现随机性吗? 20 世纪 70 年代, 人们借助于计算机, 发现对于非线性的确定性系统, 可能出现一种短期行为是确定的但长期行为不好预测的混沌现象.

一、"蝴蝶效应" 引发的思考

1972 年 12 月 29 日, 美国科学发展协会第 139 次会议在华盛顿召开, 气象学家洛伦兹 (E.N.Lorenz, 1917— 2008) 作了题为 "可预报性: 在巴西一只蝴蝶拍打翅膀能够在美国得克萨斯州产生一个陆龙卷吗?" 的著名演讲 (见主要参考书 [24] 附录一). 他提出了一个含义十分深刻的问题, 即一个微小的扰动在足够长的时间以后会不会深刻地改变大气的行为? 此后, 有人把这一演讲提出的问题称作是 "蝴蝶效应". 这一问题的提出是洛伦兹对天气预报问题多年深入研究的结晶.

从 20 世纪 50 年代起, 动力气象学家开始借助计算机对大气运动方程组求数值解来预报天气. 在实践中人们发现, 初始很小的差别都将被扩大, 但没有看出这种现象的本质. 独具慧眼的麻省理工学院教师洛伦兹博士则敏锐地感到, 这种现象可能是由于方程组内在的性质决定的. 于是他以一个专业气象学家和业余数学家的方式着手工作, 先将一个含几千个变量的数值天气预报方程组简化为仅有 12 个变量, 然后用计算机作数值计算, 发现新方程组的解对于初始值仍有敏感的依赖性. 此后, 洛伦兹又将萨尔茨曼研究对流流体运动得到的方程组简化为仅含 3 个变量的著名的**洛伦兹方程组**:

$$\frac{\mathrm{d}x}{\mathrm{d}t} = \sigma(y-x), \quad \frac{\mathrm{d}y}{\mathrm{d}t} = (r-z)x - y, \quad \frac{\mathrm{d}z}{\mathrm{d}t} = xy - bz. \tag{1}$$

式中变量 t 是时间, x 正比于对流运动的强度, y 正比于水平方向温度变化, z 正比于竖直方向温度变化, $\sigma = 10, b = 8/3$, 参数 $r > 0$ 可以改变. 他在计算机上运算, 发现了解的非周期现象, 并且对于不同的 r 值, 解的性态有很大的差异, 特别是当 $r > 24.06$ 后, 一些轨道最终将如图 12.6 所示围绕着左右两个空穴不规则地交替运行, 从而形成所谓洛伦兹**奇异吸引子**, 其形状犹如蝴蝶, 如图 12.7(图取自格雷克的书).

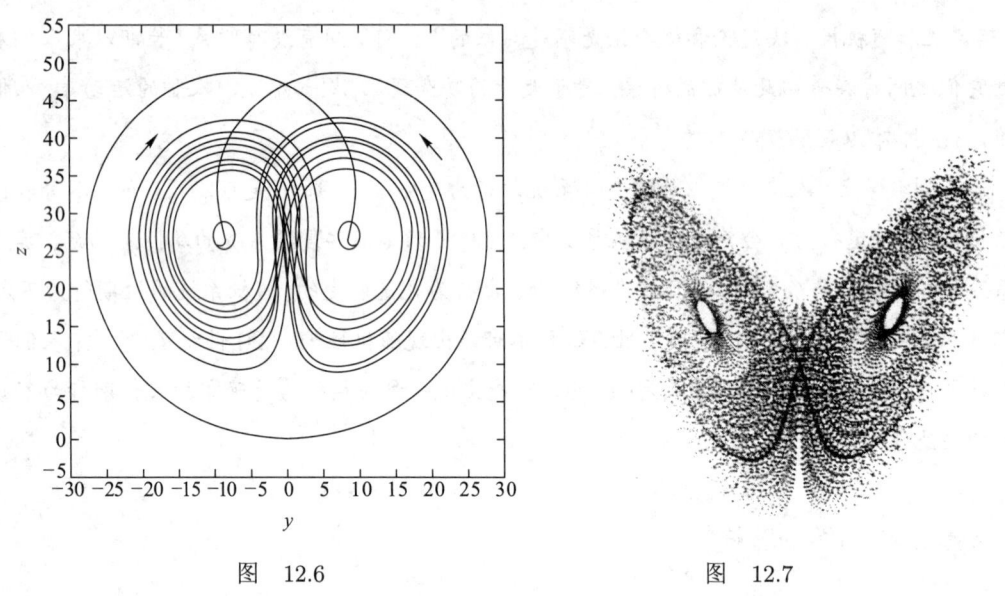

图　12.6　　　　　　　　　　　　图　12.7

　　洛伦兹方程组是一个确定性系统, 但出现了不确定的解, 1963 年, 洛伦兹以论文《确定性的非周期流》将这一重要发现发表在一气象期刊上, 当时数学家中鲜有人知. 1975 年, 在美国马里兰大学攻读博士学位的华人李天岩和导师约克发表了一篇影响深远的论文《周期 3 意味着混沌》, 第一次引入了 "Chaos" 的概念, 并给出了它的数学定义. 此后不久, 约克同气象学家法勒教授聊天时谈到最近的工作, 法勒说, 听起来这好像是洛伦兹的一篇有关非周期性的文章. 法勒将洛伦兹的论文复印给了约克和马里兰大学许多学者, 此后约克又将此文介绍给了著名数学家斯梅尔 (S.Smale, 1930——　). 斯梅尔在所谓 "马蹄" 问题的研究中, 发现大多数迭代序列是非周期的, 亦即存在着混沌. 斯梅尔又将洛伦兹的工作向其他学者作了介绍. 1977 年, 第一次国际混沌会议在意大利召开, 对混沌理论研究的热潮也在全球迅速形成.

二、一个产生混沌的简单模型

洛伦兹系统产生混沌的根源在于它是非线性的 (方程组 (1) 的后两个方程右端含二次项), 因此蕴含了内在的随机性和对初值敏感的依赖性. 这种性质即使是一些十分简单的方程也可能具有. 例如, 如果将 1 尺长的湿面柱条拉长到 2 尺, 从中点切开后把右半条移到左半条上叠合起来; 再拉长到 2 尺, 再从中切开后叠合, 如此反复地拉伸和叠加. 这一过程的数学模型就是下面简单的迭代方程:

$$x_{n+1} = \begin{cases} 2x_n, & 0 \leqslant x_n < \dfrac{1}{2}, \\ 2x_n - 1, & \dfrac{1}{2} \leqslant x_n \leqslant 1, \end{cases} \tag{2}$$

$n = 0, 1, 2, \cdots$. 取定 $[0,1]$ 中的一个值作为 x_0 (初始值) 代入 (2), 就可算出 x_1, 再将 x_1 代入 (2), 又可算出 x_2, 重复下去便得到区间 $[0,1]$ 中的一个点列.

例如, 取 $x_0 = 0$, 代入 (2) 后得 $x_1 = 0$, 反复迭代可得点列 $0, 0, 0, \cdots$;

取 $x_0 = \dfrac{5}{2^4}$, 则可依次得到 $\dfrac{5}{2^4}, \dfrac{5}{2^3}, \dfrac{1}{2^2}, \dfrac{1}{2}, 0, 0, \cdots$, 即经过 4 次迭代后得 $x_4 = 0$, 此后全为 0. 一般地, 如取 $x_0 = p/2^m (p < 2^m$ 且为奇数), 则经过 m 次迭代后得 $x_m = 0$, 此后全为 0. 亦即这类情形最后出现周期为 1 的解.

如果取 $x_0 = \dfrac{13}{28}$, 则可依次得到 $\dfrac{13}{28}, \dfrac{13}{14}, \dfrac{6}{7}, \dfrac{5}{7}, \dfrac{3}{7}, \dfrac{6}{7}, \dfrac{5}{7}, \dfrac{3}{7}, \cdots$, 最后是 $\dfrac{6}{7}, \dfrac{5}{7}, \dfrac{3}{7}$ 三数重复出现的点列, 亦即出现周期为 3 的解.

现在将初值 $\dfrac{13}{28}$ 作一很小的改变, 取为

$$\bar{x}_0 = \frac{13}{28}\left(1 - \frac{1}{8^{1\,000}}\right) = \frac{13}{28} \cdot \frac{8^{1\,000} - 1}{8^{1\,000}} = \frac{13(8^{1\,000} - 1)}{7 \cdot 2^{3\,002}},$$

上式分子分母约去公因子 7 后, 分母为 $2^{3\,002}$, 将 $\bar{x}_0$ 代入方程 (2), 经 3 002 次迭代得 $x_{3\,002} = 0$, 从而以后迭代将全为 0, 亦即最终出现周期为 1 的解.

由此可见, 虽然只对初值作了十分微小的扰动, 但在充分长的时间之后, 系统的状态竟发生了很大的变化. 而且, 如果始值 $\dfrac{13}{28}$ 被微扰成无理数 $\tilde{x}_0$, 例如

$$\tilde{x}_0 = \frac{13}{28}\left(1 - \frac{1}{\sqrt{2} \cdot 8^{1\,000}}\right),$$

则通过方程 (2) 迭代所得的序列将不会出现周期解, 而出现无规则的运动.

像方程 (2) 这样简单的确定性系统, 粗看起来, 每次迭代都有确定的结果, 似乎没有什么东西是不确定的, 但实质上它蕴含了内在的随机性, 并且可以出现极为复杂的不确定性.

三、倍周期分支通向混沌

昆虫繁衍的数学模型 (虫口模型) 可以化为常见的逻辑斯谛 (Logistic) 方程

$$x_{n+1} = \lambda x_n(1 - x_n). \tag{3}$$

改写成连续变量, 就是映射

$$f(x) = \lambda x(1 - x). \tag{4}$$

当 $x \in [0,1], 0 < \lambda \leqslant 4$ 时, f 是 $[0, 1] \to [0,1]$ 的映射, 它的图像是抛物线, 只有一个峰值, 因此又称为**单峰映射**.

通常称满足条件 $f(x) = x$ 的点 x 为映射 f 的不动点. 方程

$$\lambda x(1 - x) = x$$

恒有解 $x = 0$, 当 $\lambda > 1$ 时还有解 $\bar{x} = 1 - \dfrac{1}{\lambda}$. 它们都是映射 (4) 的不动点.

重复进行映射 (4), 则有

$$f^n(x) = f[f^{n-1}(x)], \quad n = 2, 3, \cdots.$$

如果 $f^n(x_0) = x_0$, 而当 $1 \leqslant k < n$ 时, $f^k(x_0) \neq x_0$, 则称 x_0 是 f 的一个 $n-$ 周期点 (或周期 n 点), 相应的点集 $\{x_0, f(x_0), \cdots, f^{n-1}(x_0)\}$ 称为 f 的一个 $n-$ 周期轨 (周期 n 解). $x = 0$ 与 $\bar{x} = 1 - \dfrac{1}{\lambda}$ 是映射 (4) 的 $1-$ 周期点.

运用微积分易证, 任取 $x_0 \in (0,1)$, 在映射 (3) 或 (4) 下, 令 $n \to \infty$, 当 $0 < \lambda < 3$ 时最终都趋向于 $1-$ 周期点. 但是, 当 $\lambda \geqslant 3$ 时, 则会出现 $2-$ 周期点. $4-$ 周期点等. 例如当 $\lambda = 3.2$ 时, 取 $x_0 = 0.5$ 反复迭代可以发现, 当 $n \geqslant 5$ 之后, x_n 交替地取 $0.799\,5$ 和 $0.513\,0$ (保留到 4 位小数), 也就是说出现了 $2-$ 周期点.

为了看清当 λ 变化时, 像点 x_n 的分布状况, 我们可以借助计算机作数值计算. 先取定一个小于 3 的 λ 值, 再任取一初值 $x_0 \in (0,1)$, 运用计算机作 100 次左右的迭代, 舍弃中间运算的数据, 将最后所得数值绘成一点. 对于同一个 λ 值, 绘 200 到 300 个点, 再逐渐增加 λ 值, 便得到变化的轨迹. 如图 12.8 所示, 当 $\lambda < 3$ 时是一条单线, 即得 $1-$ 周期轨; 在 $\lambda_1 = 3$ 处单线开始一分为二, 出现了 $2-$ 周期点, 得 $2-$ 周期轨, 即出现倍周期分支; 当

$\lambda_2 = 1 + \sqrt{6} \approx 3.449\ 6$ 时, 发生第二次倍周期分支, 得到 4- 周期轨; 到 $\lambda_3 \approx 3.544\ 1$ 时, 又产生第三次倍周期分支, 得到 8- 周期轨. 而且随着 λ 的继续增大, 倍周期分支出现在越来越窄的间隔里, 经 n 次倍周期分支, 得到 2^n- 周期轨. 虽然这种过程可以无限继续下去, 但参量 λ 却有个极限值 $\lambda_\infty = 3.569\ 945\ 672\cdots$, 这时由于周期无限长, 从物理上看已是非周期解了. 迭代点列的分布呈现出混沌的特征. 当 λ 越过 λ_∞ 进入 $(\lambda_\infty, 4]$ 的范围, 便进入了混沌区 (参看图 12.9).

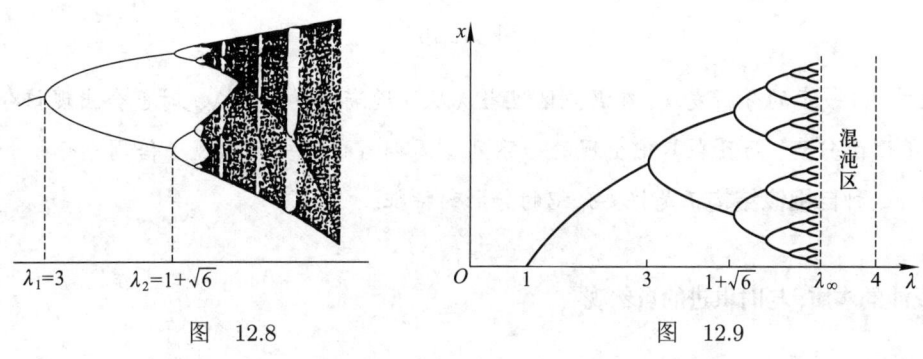

图 12.8   图 12.9

上述从倍周期分支通向混沌的过程具有很大的普遍性, 很多动力系统的混沌都是由倍周期分支产生的.

美国物理学家费根鲍姆 (M.J.Feigenbaum, 1944—) 用 λ_n 表示出现第 n 次倍周期分支的分支值, 利用计算机对序列 $\{\lambda_n\}$ 作了细致的分析研究, 发现了其中定量的规律. 1978 年他在《统计物理学杂志》上发表了轰动世界的论文 "一类非线性变换的定量的普适性", 指出: 分支值 λ_n 前后间距之比的序列

$$\delta_n = \frac{\lambda_n - \lambda_{n-1}}{\lambda_{n+1} - \lambda_n}$$

会很快收敛到一个无理数常数 $\delta = 4.669\ 20\cdots$, 该数被称为**费根鲍姆第一常数** (或**费根鲍姆 δ 常数**).

费根鲍姆还发现, 在图 12.10 中, 如果用 Δ_n 表示直线 $x = 0.5$ 与倍周期分支曲线的第 n 个交点到相应分支曲线的纵向距离, 则前后比值的序列

$$\alpha_n = \frac{\Delta_n}{\Delta_{n+1}}$$

也趋向于一个无理数极限值 $\alpha = 2.502\ 90\cdots$, 该数称为**费根鲍姆第二常数** (或 **费根鲍姆 α 常数**).

后来人们发现费根鲍姆常数不仅在逻辑斯谛映射中有, 而且对相当一大类映射也成立, 因此猜测它们可能像 π 和 e 一样是普遍适用的常数. 费根鲍姆的工作将对混沌现象的研究从定性分析推进到了定量计算的阶段.

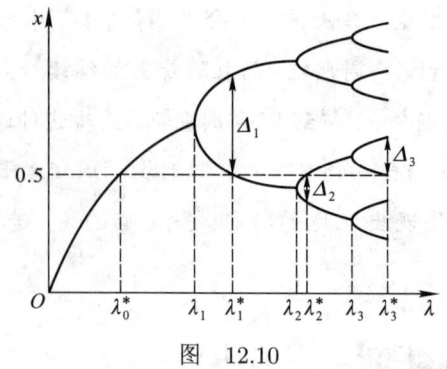

图   12.10

此外, 进一步的分析发现, 在混沌区里当 λ 从 4 逐渐减少到值 λ_∞ 时也会出现倍分支现象, 即所谓**倒分支**, 而且在其中出现的一系列 "周期窗口" 中又出现了倍周期分支和倒分支现象. 这种**自相似结构**正是将要介绍的**分形**的特征.

四、 混沌的本质, 与时俱进的自然观

由上面两个数学模型可见, 确定性与随机性并不是对立的. 确定性系统由于对初始条件的敏感依赖或倍周期分支而产生了混沌, 非线性系统内在的随机性是产生混沌的根源. 因为自然界和人类社会绝大多数系统都是非线性的, 因此 **随机性和混沌现象是客观世界的普遍属性, 这种随机性可以存在于确定性系统之中, 客观实体可以兼有确定性与随机性, 而混沌是二者之间由此及彼的桥梁.**

混沌的发现还使人们认识到, 有序与无序也不是截然对立的. 现实世界中被认为有序的事物包含着无序的因素, 仅有周期运动的动力系统是罕见的, 绝大多数非线性动力系统, 既有周期运动, 又有混沌运动. 混沌既不是具有周期性和其他明显对称性的有序态, 也不是绝对的无序. 分支、奇异吸引子、费根鲍姆常数、周期窗口、自相似结构等就是有序性的标志. 有序的过程可能出现混沌, 混沌中也蕴含着有序, 在一个混沌的状态中可以产生有序的结构. 例如, 在暴风雪的混沌天气中可以形成非常规则的六角形的雪花结构. **混沌学研究的是无序中的有序, 混沌更像是没有周期性的次序. 客观世界是有序与无序的统一体.**

第一次国际混沌会议的主持人之一, 物理学家福特认为混沌是 20 世纪物理学的第三次革命, 与前两次相似, 也冲破了牛顿力学的教规. 他说: "相对论消除了关于绝对空间与时间的幻象; 量子力学消除了关于可控测量过程的牛顿式的梦; 而混沌则消除了拉普拉斯关于决定论式可预测性的幻想."

五、 混沌现象无所不在

自然界和社会活动中, 混沌现象十分普遍, 可以说无所不在.

缓缓开启水龙头, 流水从一点一滴、点点滴滴到连绵不断直至喷涌而出, 实验表明在相当宽的速度范围内两相邻水滴时间间隔是混沌的.

受恢复力作用的单摆表现为周期振荡运动, 但若加上强迫振荡而变成受迫振动摆, 其运动形态就可能成为混沌.

化学反应中, 某些成分的浓度可能会出现不规则的随时间变化的行为, 即所谓化学混沌. 产生化学振荡的系统, 会因振荡频率的逐级分叉而出现混沌状态.

心脏猝死, 大多数是心脏出现了纤维性颤动, 即出现了混沌. 传统的生理学观点认为, 健康人的心率具有周期性是很规则的. 但精密的测量与研究发现, 人的心律在时间上是混沌的, 是一种无周期的有序. 人脑可以看成是复杂的多层次混沌动力系统, 脑的工作是混沌的, 混沌不是病态, 混沌萌生信息. 健康人的心电图、脑电图、视网膜电图等都表现为混沌运动, 而心率出现有规律的周期振荡或变化程度降低, 则可能有心脏猝死或心跳突然停止的危险. 患有癫痫病、帕金森氏病和狂郁症等精神失调病的人, 其神经系统表现出丧失多变性或出现病周期性. 究竟如何理解健康人体的功能会显示混沌的动态特性尚有待进一步研究, 也许正是由于混沌系统可在十分广泛的条件下工作, 具有高度的适应性和灵活性, 从而才能应付多变环境中出现的种种突变. 相反, 周期运动系统则无法应付多变环境, 从而导致系统损伤和功能失调.

地球上流星的成因, 现在知道是由于太阳系中的混沌运动. 火星与木星之间存在着一个小行星带, 只有偏心率达到57%的小行星的轨道才能与地球轨道相交, 而理论和具体计算证明, 混沌运动确实可以使偏心率超过57%, 从而可以使小行星进入地球大气层而成为流星.

地震的难以预测性以及对初始条件的高度敏感性正是混沌动力学的特征. 如何运用混沌和分形理论定量描述地震活动的时空复杂性, 寻找大地震发生的临界行为, 已成为人们探索地震预测的一个主攻方向.

宏观经济增长除了有一个随时间大致按指数方式增加的趋势外, 还在其上叠加了一个类似于周期性的波动. 凯恩斯学派认为宏观经济运动的不稳定机制是由经济内部因素决定的, 主张政府只需采取适当的财政政策辅以相应的货币政策进行干预即可; 新古典主义学派则认为市场经济本身是稳定的, 其波动的产生主要是由经济以外因素的冲击所致, 因此主张政府对经济的干涉越少越好. 1985年人们发现了经济中的混沌现象, 由于经济系统的非线性, 使得宏观经济运动本身具有内在的不稳定性, 因此, 即使政府按传统的方式采取财政或金融政策等宏观调控手段进行干预, 其效果也是很有限的, 不规则的经济周期是不可避免的. 但对混沌经济模型的研究表明, 只要调控得当, 经济变量仍会在一个较佳的范围内.

萨克斯管的标准音调不是混沌的, 但在它吹奏出两种不同音高产生的复合音调中又呈现出混沌. 当今有些作曲家已运用多种方法把简单方程解的涨落化为音调的序列来创作. 类似的方法也已用到美术、影视技术中去了. 1980 年, 数学家芒德布罗 (B.B.Mandelbrot, 1924—2010) 用计算机绘出了一张五彩缤纷, 绚丽无比的混沌图像 (参看图 12.16). 此后一些学者在研究分形的边界时, 也作出了精美绝伦的混沌图像, 使混沌图像成为精致的艺术品.

六、 混沌学揭开了现代科学发展的新篇章

从 20 世纪 70 年代兴起的对于混沌学研究的世界性热潮, 正从广度和深度上渗透到现代科学的几乎所有学科, 影响着现代科学的体系和人们对客观世界的认识.

对混沌运动的定性与定量的刻画离不开数学的概念与工具, 如李雅普诺夫指数、柯尔莫哥洛夫熵、分维等, 现代数学使混沌理论成为严密的科学. 而混沌的研究也推动了现代数学的发展: 微分动力系统理论是研究混沌的基本工具, 而数学混沌是微分动力系统的重要内容; 分形几何学的发展受到混沌研究的促进, 混沌吸引子就是分形集; 数论中的一些抽象深奥的概念如代数数、理想、基数等, 在混沌的研究中得到了直接的应用; 混沌研究还推动了统计数学的发展.

混沌与物理学密不可分, 对混沌现象的研究极大地促进了天体力学的发展; 湍流是物理学中的一大难题, 其基本特征是流体微团运动具有随机性, 涉及从大到小许多尺度上的运动. 一百多年来, 对湍流的发生机制及运动规律一直没有找到很好的理论解释, 混沌理论已为解决这一历史难题提供了启示; 如今人们对混沌的研究已经深入到量子系统, 量子混沌已成为一个新的前沿学科分支.

混沌理论改变了生态学种群演化理论. 过去生物学家普遍认为种群演化不可能无限地增长下去, 最终应大体稳定在一定水平上. 现在人们知道种群系统的典型行为是混沌运动, 稳定平衡只不过是一种假定; 在食物链系统中存在奇异吸引子, 也发现了倍周期分支现象. 生态学将在非线性动力学的基础上重建.

混沌理论对生物进化学说也产生了重大影响. 达尔文进化论的中心概念是 "选择", 新达尔文进化论把进化机制归结为基因突变、基因重组、自然选择和隔离, 但其核心仍是自然选择. 而分子进化论则认为分子进化是最根本的, 自然选择是次要的. 根据混沌理论, 物种进化论和分子进化论本质上并不矛盾, 只是侧重点不同. 前者是由宏观统计归纳出来的理论, 着眼种群而非个体; 后者是微观理论, 注意的是个体小尺度、短时间的进化. 真实

的生物进化过程应是宏观必然性和微观偶然性的对立统一,只有把二者结合起来才能真实反映生物的进化规律.

混沌研究的影响,不仅限于自然科学,而且涉及人文社会科学的各个领域.只要涉及动力学过程,就大多会发现混沌,运用混沌学的观点去研究,就会有所发现,有所创见.对混沌的研究已经在广阔的科学领域里推翻了经典理论的一些基本假设,同时改变了研究的方法,因此正在变革着整个科学体系的大厦.

总之,混沌是确定的非线性动力系统中出现的随机现象,混沌动力学是计算机时代的产物,是学科交叉渗透的结晶,现已成为一个内容极其丰富、应用极其广泛的研究领域.混沌学使人们对客观世界的认识大大前进了一步,而它的发展历程也启发人们在学习和科学研究中应当具有锲而不舍的精神,实事求是的态度,唯物辩证的方法,注意并善于在学科交叉与渗透中推动科学发展.

混沌学是一门新兴的学科,一系列课题需要人们进一步探索,例如,对初始条件的敏感依赖性在现实生活中是有益还是有害?当有害时应如何兴利避害?混沌是否可以控制与利用?等等.无限维动力系统中的混沌、时空混沌、混沌控制、神经网络中的混沌等更深层次的研究正吸引着众多学科的科学家和工程技术人员,也期待着有更多的年轻人投身到这一新兴学科的研究中去.

(二) 异彩纷呈的分形几何学

欧几里得几何研究规则的几何形体,如直线、圆、球等,但自然界中的很多物体有着极其复杂的形状,曲折的海岸线不是折线,雪花的边缘不是圆,翻滚的积雨云不是球,起伏的山峦不是锥,它们都很难用传统的几何学来确切地刻画.

经典的微积分研究连续、可微的函数,1872 年魏尔斯特拉斯给出了一个处处连续而又处处不可导的函数(见阅读材料 4),此后这类被认为是"病态"的函数虽又时有发现,但统统被打入了"另册"而未被深入研究.

法国数学家芒德布罗系统、深入地剖析了自然界中许多不规则的几何对象,诸如海岸线的结构、月球表面的"火山口"、太空中星系的分布、地形地貌、大气中的湍流、液体中微粒不规则的运动等,看到了它们的本质特征,并预见到对这些不规则的复杂现象深入研究的重大意义.1975 年他发表了分形几何学的奠基性著作《分形对象——形、机遇和维数》,首创了"分形"(fractal)这一术语,并指出:"如果如同我所希望的那样,分形的思想不久将融入'初等几何',这是因为分形概念不但是优美的、新颖的,也因为它是有用的, 甚至可能是必要的, 以及其他一些尚未预见的因素" (见主要参考书 [29],151). fractal 一词是从意为 "不规则的或断裂 (破碎) 的" 拉丁语形容词 "fractus" 派生出来的, 直观地讲, 它表示极不规则或极不连续、其部分与整体形式结构相同的几何图形或者自然物体, 它在数学上可以用分形维数来刻画.

为了理解分形概念我们先看几个典型的例子.

一、 科赫曲线与自相似结构

所谓 **自相似结构**, 是指其每一个局部与整体的结构是相似的. 例如, 花菜的每个分叉的剖面与整个花菜的剖面相似, 花菜就是一个自相似结构. 1904 年, 冯 · 科赫 (von Koch, 1870— 1924) 用十分简单的方法构造了一个处处连续但处处不光滑的自相似曲线. 如图 12.11 所示, 给定一个边长为 1 的正三角形, 在其每条边的中间三分之一向外作一个正三角形, 原三角形变成 12 边形; 再在 12 边形每条边的中间向外作 一正三角形, 得到 48 边形; 如此继续下去以至无穷, 得到外缘越来越精细好像是一片雪花的科赫曲线.

图   12.11   科赫曲线的构造

科赫曲线是一条连续的闭曲线, 自身不相交, 它包含在一个正凸六边形内, 因此它所包围的面积是有限的. 但在上述每一步操作后, 边长都是原来的 4/3 倍, 当 $n \to \infty$ 时, $(4/3)^n \to \infty$, 因此曲线的总长度为无穷大. 一块有限的面积具有无穷长的边界, 是由于科赫曲线的 "无限曲折". 它处处不光滑, 而其每个局部与整体的结构相似, 亦即它具有自相似结构; 在它上面任取两点, 不论它们如何 "靠近", 两点之间仍有一条无限长度的科赫曲线相连.

二、康托尔尘埃

1883 年, 康托尔构造了著名的康托尔三分集: 先截去线段 $[0,1]$ 中间的 $1/3$ 区间 $(1/3,2/3)$, 再截去留下线段 $[0, 1/3]$ 和 $[2/3, 1]$ 各自中间的 $1/3$, 如此继续, 每次将余下的各个线段截去其中间的 $1/3$, 以至无穷, 最后就得到康托尔三分集 (如图 12.12).

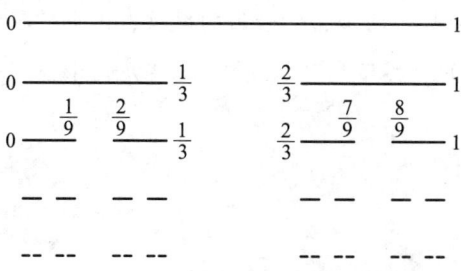

图 12.12 康托尔三分集的构造

康托尔三分集也是一种自相似结构, 只不过它是由无穷多个离散的 "点" 组成的, 但每个 "点" 经过放大后仍具有与整个集相同的结构. 特别有趣的是, 在上述过程中, 线段原长为 1, 第 1 步后剩下 $2/3$, 第 2 步后剩下 $(2/3)^2, \cdots$, 每一步截去所余线段的 $1/3$, 因此截去的长度之和为

$$\frac{1}{3}\Big[1 + \frac{2}{3} + \Big(\frac{2}{3}\Big)^2 + \cdots\Big] = \frac{1}{3} \cdot \frac{1}{1 - \frac{2}{3}} = 1.$$

换句话说, 康托尔三分集是一个处处离散的 "总长度" 为 0 的集合, 好像是尘埃一般, 因此又称它为康托尔尘埃.

三、海岸线长度与无标度性

楚辞《卜居》中有言道: "夫尺有所短, 寸有所长", 是说客观事物应当用合适的尺度去测量. 用尺去量万里长城则失之太短, 用寸来量分子或原子就嫌太长了. 比较合适的尺度, 前者是千米, 后者是 $\text{Å}(1\text{Å}= 10^{-8} \text{ cm })$. 但是, 自然界中有一类物体并没有合适的尺度可言. 例如真正未经修整的海岸线极其蜿蜒曲折, 用不同的方法和尺度去量它, 结果将是很不相同的.

一位英国学者发现, 在西班牙、葡萄牙、比利时、荷兰等国出版的百科全书中, 记录的各国各自测量的共同的国境河岸长度竟相差 20%, 因此提出了海岸线的长度问题. 芒德布罗从数学的角度, 采用科赫曲线作为海岸线的数学模型, 找到了问题的症结在于海岸线的复杂和测量时所用的不同尺度. 1967 年他在 "英国海岸线有多长, 统计自相似性与分数维"

中指出"事实上任何海岸线在某种意义上都是无穷的长,从另一种意义说,答案取决于你所用的尺的长度","随着测量尺度的变小,测出的海岸线长度无限增大.小湾内有小湾,小半岛之外有小小半岛,直到原子的尺寸方才达到终点,而那里的尺度是无限的复杂。"

像这样一类不存在合适的尺度或者说具有所谓"无标度性"的事物在自然界中是普遍存在的.例如夏天常见的积雨云,粗看很像球状,但仔细一看,在翻滚的球状云团中又是凸凸凹凹的.因此为了描述积雨云就需要大大小小的球体,而且它们的半径可以相差几个甚至几十个数量级.此外,如起伏的山峦、岩石的裂纹、闪电的径迹、湍急的水流、树木的枝叶等也都如此.进一步的观察研究可以发现,这些几何形态在一定的标度范围内也具有自相似性,也是分形结构.

四、分形维数

如何定量地来刻画上面提到的种种复杂的几何、物理对象?人们自然想到了在经典几何学和物理学中常用的一个刻画物体的重要的特征量——维数.一个几何对象或物体的维数通常被直观地理解为确定其中一点的位置所需实数(坐标)的个数.点是零维的,直线是1维的,正方形是2维的,球是3维的.对于更抽象或更复杂的对象,只要它的每个局部可以和欧几里得空间相对应,也可以确定出它的维数,并且在连续形变下保持维数不变.这样的维数叫 **拓扑维**. 抛物线经过连续形变可以变为直线,它的拓扑维是1,椭圆面经过连续形变可以变成正方形,它的拓扑维是2.拓扑维是整数,通常用 d 表示.

对维数的上述直观理解,有时会引起歧义.例如,1890年意大利数学家佩亚诺(G.Peano, 1858—1932)构造了奇妙的佩亚诺曲线,它是形如图12.13中的折线的极限.显然它自相似且处处不可微,是一个典型的分形.它的奇妙之处在于:这样一条一维的曲线竟可以完全覆盖一个二维区域,换句话说,二维区域的点可以用一个实数来表示,这显然是对传统维数概念的挑战.

为了解决这一矛盾,人们从不同的角度对维数概念作了深入的研究,提出了不少有关维数的定义,如 **自相似维数**、**容量维数**、**信息维数**、**盒子维数**、**豪斯道夫** (F.Hausdorff, 1868—1942) **维数**等,这里只介绍最简单而实用的自相似维数和盒子维数的定义.

将一条直线段分成 N 段,每小段的长度为原线段长的 $1/l$,则显然有关系式 $N = l$;

将一个正方形分成 N 个小正方形,每个小正方形的边长是原正方形边长的 $1/l$,则有关系式 $N = l^2$;

将一个立方体分成 N 个小立方体,每个小立方体的边长是原立方体边长的 $1/l$,则有关系式 $N = l^3$;

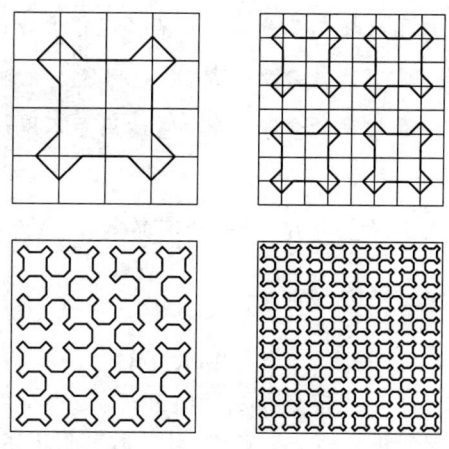

图　12.13　佩亚诺曲线的构造

　　在上面三种情况所得关系式中, l 的幂次 1, 2, 3 正好分别是直线、正方形和立方体的维数. 如果用 D 表示几何体的维数, 就有关系式

$$N = l^D. \tag{5}$$

将上式两边取对数, 得

$$\ln N = D \ln l,$$

从而有

$$D = \frac{\ln N}{\ln l}. \tag{6}$$

一般地, 对于欧几里得空间中的任一几何体, 如果可分成 N 个相似的子几何体, 每个子体的尺度是原几何体的 $1/l$, 则称由 (6) 式确定的值 D 是它的**自相似维数**.

　　例 12.8　科赫曲线, 其构造时每一步均将上一步曲线分成 4 部分, 每部分都是原长的 $1/3$, 所以 $N = 4, l = 3$, 从而

$$D = \frac{\ln 4}{\ln 3} \approx 1.261\ 9.$$

此值比科赫曲线的拓扑维 1 要大, 正反映了科赫曲线精细的复杂结构.

　　例 12.9　佩亚诺曲线, $N = 4, l = 2$, 故

$$D = \frac{\ln 4}{\ln 2} = 2.$$

此值与正方形的维数一致, 从而解决了前面所说的 "矛盾".

　　例 12.10　康托尔尘埃, $N = 2, l = 3$, 故

$$D = \frac{\ln 2}{\ln 3} \approx 0.630\ 9.$$

此值介于 0 和 1 之间, 正刻画了康托尔三分集虽似点集又很复杂的特征.

分形维数也简称为**分维**. 它可能是分数、整数, 也可能是无理数.

除自相似维数外, 还有一种常见的盒子维数. 它适用于不规则的任意图形, 且便于用计算机来算. 盒子维数的定义如下:

设 A 是包含于 n 维欧几里得空间 R^n 的一个有界集合, $N_n(A)$ 表示用来覆盖 A 所需边长为 $\dfrac{1}{2^n}$ 的小盒子的最少个数, 则称

$$D = \lim_{n \to \infty} \frac{\ln N_n(A)}{\ln 2^n} \tag{7}$$

为集 A 的**盒子维数**. 根据数列极限的一个定理, 计算时可用下述近似公式:

$$D \approx \frac{\ln N_m(A) - \ln N_n(A)}{\ln 2^m - \ln 2^n}. \tag{8}$$

例 12.11   大不列颠海岸线的盒子维数

如图 12.14 所示, 我们用方格网覆盖大不列颠海岸线, 计算所有与之相交的方格子的数目. 图 12.14(1)、(2) 中小格子的边长分别为 1/24 和 1/32, 将海岸线覆盖住的格子数分别为 194 个和 283 个. 故其盒子维数

$$D \approx \frac{\ln 283 - \ln 194}{\ln 32 - \ln 24} \approx 1.31.$$

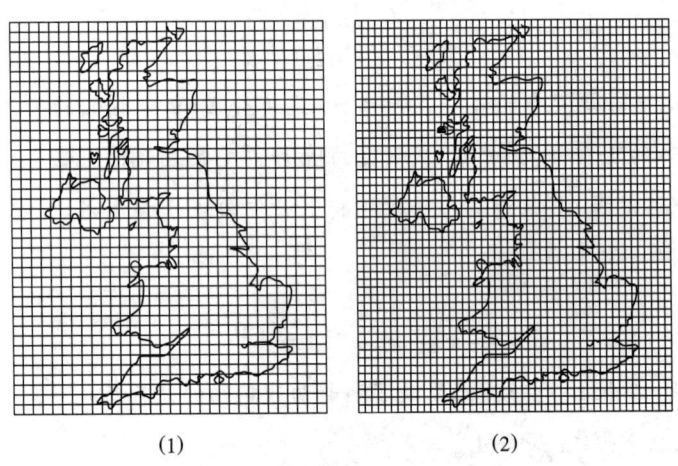

(1)   (2)

图   12.14   大不列颠海岸线的盒子维

芒德布罗计算出英国西海岸线的分维 $D = 1.25$, 澳大利亚海岸线的分维 $D = 1.13$, 南非洲海岸线的分维 $D = 1.02$, 西班牙与葡萄牙国界线的分维 $D = 1.14$. 日本名古屋大学分形研究所测定出世界各大江河主流的分维数约在 1.1 到 1.3, 若将支流考虑进去, 亚马孙河为 1.85, 尼罗河为 1.4. 支流越繁密, 分维数越大.

五、Julia 集和 Mandelbrot 集

1920 年, 朱利亚 (Julia, 1893—1978) 和法图 (Fatou, 1878—1929) 研究了复平面上的二次映射

$$P_c(z) = z^2 + c \tag{9}$$

的迭代行为, 式中 z 和 c 均为复数, $c = a + bi$, a, b 为实数. 如果令 $z = x + yi$, 则有

$$P_c(x + yi) = (x + yi)^2 + a + bi = x^2 - y^2 + a + (2xy + b)i,$$

从而得到两个实变量的迭代方程

$$\begin{cases} x_{n+1} = x_n^2 - y_n^2 + a, \\ y_{n+1} = 2x_n y_n + b. \end{cases} \tag{10}$$

取定一个复参数 $c = a + bi$, 再在平面上任取一点 (x_0, y_0) 作为始点代入 (10) 式进行迭代, 可以发现从某些始点出发的轨迹会趋向于无穷远处, 这样的始点的集合称为**逃逸集**; 而从另一些始点出发的轨迹则在有限的区域内, 这样的始点的集合称之为 Julia **填充集**, 逃逸集与填充集的分界线就是著名的 Julia **集**. 对于不同的参数值 c 将得到不同的 Julia 图形, 因此通常以 $J(a, b)$ 表示与参数 $c = a + bi$ 相对应的 Julia 集. 例如取 $c = 0$, $P_0(z) = z^2$, 取定 z_0, 则

$$z_1 = z_0^2, \quad z_2 = z_0^4, \quad \cdots, \quad z_n = z_0^{2n},$$

容易理解, 当 $|z_0| < 1$ 时, $z_n \to 0$, 当 $|z_0| > 1$ 时, $z_n \to \infty$, 而当 $|z_0| = 1$ 时, $|z_n| = |z_0|^{2n} = 1$. 因此, 单位圆周外面是逃逸集, 内部是填充集, 而单位圆周就是 Julia 集 $J(0, 0)$. 再如 $J(-0.745\,43, 0.113\,01)$ 的图形如图 12.15:

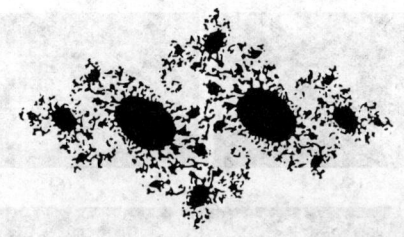

图　12.15　$J(-0.745\,43, 0.113\,01)$ 的图形

芒德布罗发现, 随着参数 c 的不同取值, Julia 填充集本身具有不同的性态, 对于某些 c 值, Julia 填充集是连通的 (通俗地讲, 就是其中任意两点之间总可用一条完全属于该集的曲线相连), 而对另一些 c 值则是不连通的.

使得 Julia 填充集为连通的参数 c 的集合称为 Mandelbrot **集**, 记作 M.

进一步的研究发现, Mandelbrot 集是由这样的参数 c 组成的: 固定起始点 $z_0 = 0$, 在 (9) 式的迭代下, 点的轨迹是有界的, 亦即

$$M = \{c \in \mathbf{C} | c, c^2 + c, (c^2 + c)^2 + c, \cdots \text{有界}\},$$

式中 $\mathbf{C}$ 表示复数集. 且集 M 完全被包含在中心为原点半径为 2 的闭圆盘内.

1980 年, 芒德布罗在计算机上绘出了 Mandelbrot 集. 如图 12.16(1) 所示, 它由一个主要的心脏形结构与一系列圆盘形的 "芽苞" 突起连接在一起, 每一个芽苞又被更细小的芽苞所环绕, 而且更为精细的 "发状" 似的分枝从芽苞向外长出, 这些细发在它的每一段上都带有与整个 M 集相似的微型样本. 如此复杂的现象竟出现在一个极其简单的迭代之中, 这是人们过去无法想象的. 特别令人惊讶的是, 如果在集 M 的某个 "芽苞" 上取一点 (它对应着一个 c 值). 然后将它尽可能放大, 人们发现所得的分形图形竟与以该点处相应参数值 c 得到的 Julia 集极其相似. 今天, M 集已成为分形最重要的标志之一.

图 12.16 (2)—(7) 给出了将图 (1) 中方框内的部分逐级放大的结果.

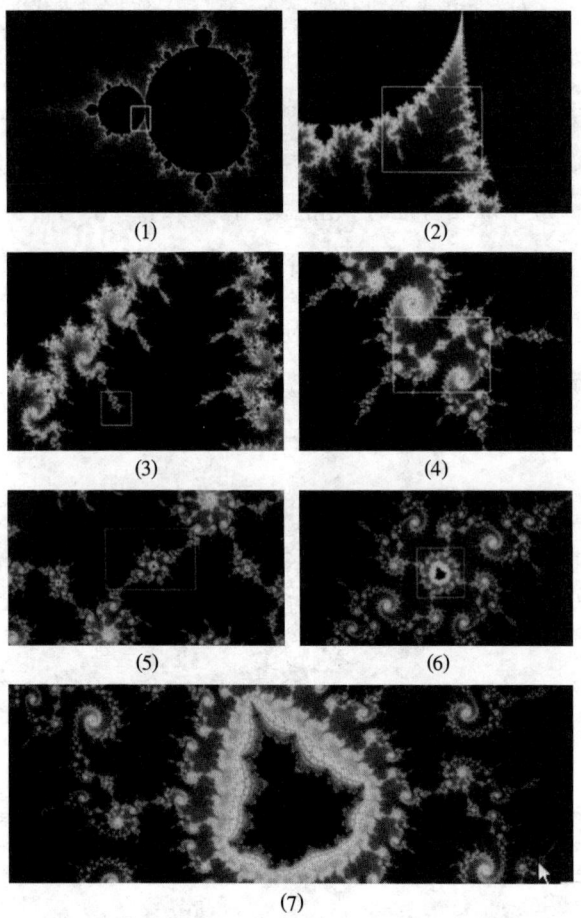

图   12.16   Mandelbrot 集及部分区域六级放大图

六、　分形几何学前景辉煌

从上面的简要介绍可以看到, **分形是对自然界复杂现象的一种几何描述**. 关于分形有一些不同的定义, 1990 年, 英国数学家福尔克纳 (Falconer) 提出, 分形的定义应该以生物学家给出"生命"定义的类似方法给出, 即不寻求分形的确切简明的定义, 而是寻求其特性. 他认为, **分形可看作是具有下列性质的集合:**

(1) 具有精细结构, 即在任意小的比例尺度内包含整体;

(2) 是不规则的, 以至于不能用传统的几何语言来描述;

(3) 通常具有某种自相似性, 或许是近似的或许是统计意义下的;

(4) 在某种方式下定义的"分数维"通常大于它的拓扑维;

(5) 它的定义常常是非常简单的, 或许是递归的.

他的这些观点已为很多人接受.

应当指出, 我们前面所讨论过的分形都有比较简单、确定的构造规则, 即使在生成过程中可能引入了一些随机性, 但最终的图形还是确定的, 因此又称为**确定分形**. 确定分形可以重复产生. 但自然界中更常见的是具有自相似分布特征的**随机分形**, 它们不具有可重复性. 最典型的例子就是布朗运动. 大约在 1827 年, 布朗发现当固体的小颗粒悬浮在液体中时, 在显微镜下可以看到不规则的复杂运动. 在高分辨力显微镜下观察, 运动的轨迹是一种处处连续而又处处不光滑的曲线, 其拓扑维为 1, 但分维数是 2. 随机分形在自然界大量存在, 例如粉末冶金, 粉粒状的原料在烧结的过程中形成各种尺寸的聚积团, 每个团都是边界面复杂的分形; 受到污染的水流中, 粘在藻类植物上的颗粒和胶状物不断因新的沉积而生长, 成为带有许多须须毛毛的枝条也是一种分形; 在破碎、断裂的岩石表面也出现分形, 如此等等. 这些过去根本无法刻画和研究的问题, 利用分形、分维及计算机模拟, 已开始形成定量描述的理论.

在生命科学领域已应用分形理论. 研究表明, 蛋白质的分子链和表面具有分形特征; 肺从气管尖端成倍地反复分岔, 使末端的表面积变得非常大, 人肺的分维数大约是 2.17; 血管、大脑都呈分形结构, 正常人视网膜血管的分维数是 1.72, 人脑表面皱褶的维数在 2.73 到 2.79 之间.

分形理论与技术已应用于远距离数字通讯噪声研究、证券市场价格波动研究、语言学与情报学研究、影视特技制作、装饰图案设计等领域.

分形和分维都是从客观存在的数和形中抽象出来的. 虽然数学家们早就提出过定义, 但"分形热"在 20 世纪 80 年代才蔓延开来, 电子计算机的图形显示帮助人们推开了分形艺术宫殿的大门，在这座具有无穷层次结构的大殿的每个角落，都存在着无限嵌套的迷宫和令人神往的奇境，许许多多科学家和艺术家们为之废寝忘食，流连忘返. 分形正以其无穷的魅力吸引着越来越多的各个领域的学者们.

值得指出的是，分形与混沌的起源不同，发展过程也不同，但二者的本质决定了它们必然会紧密地联系在一起. 混沌学研究的是无序中的有序，混沌事件在不同的时间标度下表现出相似的变化模式，与分形在空间标度下表现的相似性十分相像. 混沌学主要讨论非线性动力系统的不稳定的发散过程，但运动轨迹收敛于一定的吸引子又与分形的生成过程十分相像. 如果说混沌主要在于研究过程的行为特征，则分形更注重于吸引子本身结构的研究. 混沌吸引子就是分形集. 某些分形集则是动力学系统中不稳定轨迹的初始点集合. 有人算得洛伦兹吸引子的维数为 2.06，通常将吸引子维数是分数看成是出现混沌的一个表征.

混沌学与分形几何的产生与发展，很大程度上得益于计算机科学的进步，这两个新兴学科，不仅对纯粹数学和物理学的传统观念提出了挑战，而且大大加深了人们对自然界的认识，并触动了人们传统的世界观.

混沌动力学和分形几何学都是学科交叉的结晶，它们的开拓者大都是知识渊博、兴趣广泛的学者. 洛伦兹既是气象学家，又精通数学和计算机技术. 芒德布罗先在巴黎高等师范学校学数学，后到巴黎综合理工大学取得硕士学位，随后去加利福尼亚理工学院攻读博士学位，因名教授冯·卡门等离去，他又回到巴黎大学，于 1952 年取得数学博士学位. 次年他到普林斯顿高级研究所，成为受冯·诺伊曼指导的最后一位学者，并由此熟悉了电子计算机. 他担任过哈佛大学经济学和应用数学访问教授、耶鲁大学工程学教授和数学教授、爱因斯坦医学院生理学教授、巴黎大学数学教授、IBM 公司的研究员. 如此广博的科学兴趣和极其旺盛的创造力，才使他能够"见前人之所未见". 芒德布罗的名著《分形对象》第四版中译本共 195 页，其中收录的参考文献目录占 43 页，共 528 篇，正是这种勤奋严谨的工作作风和承继前人又敢于创新的精神，才使他能够超越前人，开拓未来. 新世纪有志攀登科学高峰的青年，应当从他们身上看到自己今后的努力方向.

附　录

表 1　泊松分布数值表

$$P(\xi = k) = \frac{\lambda^k}{k!}e^{-\lambda}$$

k	λ								
	0.1	0.2	0.3	0.4	0.5	0.6	0.7	0.8	0.9
0	0.904 8	818 7	740 8	673 0	606 5	548 8	496 6	449 3	406 6
1	0.090 5	163 7	222 2	268 1	303 3	329 3	347 6	359 5	365 9
2	0.004 5	016 4	033 3	053 6	075 8	098 8	121 7	143 8	164 7
3	0.000 2	001 1	003 3	007 2	012 6	019 8	028 4	038 3	049 4
4		000 1	000 3	000 7	001 6	003 0	005 0	007 7	011 1
5			000 1	000 2	000 4	000 7	001 2	002 0
6						000 1	000 2	000 3

k	λ								
	1.0	1.5	2.0	2.5	3.0	3.5	4.0	4.5	5.0
0	0.367 9	223 1	135 3	082 1	049 8	030 2	018 3	011 1	006 7
1	367 9	334 7	270 7	205 2	149 4	105 7	073 3	050 0	033 7
2	183 9	251 0	270 7	256 5	224 0	185 0	146 5	112 5	084 2
3	061 3	125 5	180 4	213 8	224 0	215 8	195 4	168 7	140 4
4	015 3	047 1	090 2	133 6	168 0	188 8	195 4	189 8	175 5
5	003 1	014 1	036 1	066 8	100 8	132 2	156 3	170 8	175 5
6	000 5	003 5	012 0	027 8	050 4	077 1	104 2	128 1	146 2
7	000 1	000 8	003 4	009 9	021 6	038 6	059 5	082 4	104 4
8		000 1	000 9	003 1	008 1	016 9	029 8	046 3	065 3
9			000 2	000 9	002 7	006 6	013 2	023 2	036 3
10				000 2	000 8	002 3	005 3	010 4	018 1
11				000 1	000 2	000 7	001 9	004 3	008 2
12					000 1	000 2	000 6	001 6	003 4
13						000 1	000 2	000 6	001 3
14							000 1	000 2	000 5
15								000 1	000 2

续表

k	λ					k	λ = 20	k	p
	6.0	7.0	8.0	9.0	10.0		p		
0	0.002 5	000 9	000 3	000 1		5	0.000 1	30	008 3
1	014 9	006 4	002 7	001 1	000 5	6	000 2	31	005 4
2	044 6	022 3	010 7	005 0	002 3	7	000 5	32	003 4
3	089 2	052 1	028 6	015 0	007 6	8	001 3	33	002 0
4	133 9	091 2	057 3	033 7	018 9	9	002 9	34	001 2
5	160 6	127 7	091 6	060 7	037 8	10	005 8	35	000 7
6	160 6	149 0	122 1	091 1	063 1	11	010 6	36	000 4
7	137 7	149 0	139 6	117 1	090 1	12	017 6	37	000 2
8	103 3	130 4	139 6	131 8	112 6	13	027 1	38	000 1
9	068 8	101 4	124 1	131 8	125 1	14	038 2	39	000 1
10	041 3	071 0	099 3	118 6	125 1	15	051 7		
11	022 5	045 2	072 2	097 0	113 7	16	064 6		
12	011 3	026 4	048 1	072 8	094 8	17	076 0		
13	005 2	014 2	029 6	050 4	072 9	18	084 4		
14	002 2	007 1	016 9	032 4	052 1	19	088 8		
15	000 9	003 3	009 0	019 4	034 7	20	088 8		
16	000 3	001 4	004 5	010 9	021 7	21	084 6		
17	000 1	000 6	002 1	005 8	012 8	22	076 9		
18		000 2	000 9	002 9	007 1	23	066 9		
19		000 1	000 4	001 4	003 7	24	055 7		
20			000 2	000 6	001 9	25	044 6		
21			000 1	000 3	000 9	26	034 3		
22			000 1	000 4	27	025 4			
23				000 2	28	018 2			
24				000 1	29	012 5			

表 2　标准正态分布函数值表

$$\Phi(x) = \frac{1}{\sqrt{2\pi}}\int_{-\infty}^{x} e^{-\frac{t^2}{2}}\,dt$$

x	0.00	0.01	0.02	0.03	0.04	0.05	0.06	0.07	0.08	0.09
0.0	0.500 0	0.504 0	0.508 0	0.512 0	0.516 0	0.519 9	0.523 9	0.527 9	0.531 9	0.535 9
0.1	0.539 8	0.543 8	0.547 8	0.551 7	0.555 7	0.559 6	0.563 6	0.567 5	0.571 4	0.575 3
0.2	0.579 3	0.583 2	0.587 1	0.591 0	0.594 8	0.598 7	0.602 6	0.606 4	0.610 3	0.614 1
0.3	0.617 9	0.621 7	0.625 5	0.629 3	0.633 1	0.636 8	0.640 6	0.644 3	0.648 0	0.651 7
0.4	0.655 4	0.659 1	0.662 8	0.666 4	0.670 0	0.673 6	0.677 2	0.680 8	0.684 4	0.687 9
0.5	0.691 5	0.695 0	0.698 5	0.701 9	0.705 4	0.708 8	0.712 3	0.715 7	0.719 0	0.722 4
0.6	0.725 7	0.729 1	0.732 4	0.735 7	0.738 9	0.742 2	0.745 4	0.748 6	0.751 7	0.754 9
0.7	0.758 0	0.761 1	0.764 2	0.767 3	0.770 3	0.773 4	0.776 4	0.779 4	0.782 3	0.785 2
0.8	0.788 1	0.791 0	0.793 9	0.796 7	0.799 5	0.802 3	0.805 1	0.807 8	0.810 6	0.813 3
0.9	0.815 9	0.818 6	0.821 2	0.823 8	0.826 4	0.828 9	0.831 5	0.834 0	0.836 5	0.838 9
1.0	0.841 3	0.843 8	0.846 1	0.848 5	0.850 8	0.853 1	0.855 4	0.857 7	0.859 9	0.862 1
1.1	0.864 3	0.866 5	0.868 6	0.870 8	0.872 9	0.874 9	0.877 0	0.879 0	0.881 0	0.883 0
1.2	0.884 9	0.886 9	0.888 8	0.890 7	0.892 5	0.894 4	0.896 2	0.898 0	0.899 7	0.901 5
1.3	0.903 2	0.904 9	0.906 6	0.908 2	0.909 9	0.911 5	0.913 1	0.914 7	0.916 2	0.917 7
1.4	0.919 2	0.920 7	0.922 2	0.923 6	0.925 1	0.926 5	0.927 9	0.929 2	0.930 6	0.931 9
1.5	0.933 2	0.934 5	0.935 7	0.937 0	0.938 2	0.939 4	0.940 6	0.941 8	0.943 0	0.944 1
1.6	0.945 2	0.946 3	0.947 4	0.948 4	0.949 5	0.950 5	0.951 5	0.952 5	0.953 5	0.954 5
1.7	0.955 4	0.956 4	0.957 3	0.958 2	0.959 1	0.959 9	0.960 8	0.961 6	0.962 5	0.963 3
1.8	0.964 1	0.964 9	0.965 6	0.966 4	0.967 1	0.967 8	0.968 6	0.969 3	0.970 0	0.970 6
1.9	0.971 3	0.971 9	0.972 6	0.973 2	0.973 8	0.974 4	0.975 0	0.975 6	0.976 2	0.976 7
2.0	0.977 2	0.977 8	0.978 3	0.978 8	0.979 3	0.979 8	0.980 3	0.980 8	0.981 2	0.981 7
2.1	0.982 1	0.982 6	0.983 0	0.983 4	0.983 8	0.984 2	0.984 6	0.985 0	0.985 4	0.985 7
2.2	0.986 1	0.986 4	0.986 8	0.987 1	0.987 5	0.987 8	0.988 1	0.988 4	0.988 7	0.989 0
2.3	0.989 3	0.989 6	0.989 8	0.990 1	0.990 4	0.990 6	0.990 9	0.991 1	0.991 3	0.991 6
2.4	0.991 8	0.992 0	0.992 2	0.992 5	0.992 7	0.992 9	0.993 1	0.993 2	0.993 4	0.993 6
2.5	0.993 8	0.994 0	0.994 1	0.994 3	0.994 5	0.994 6	0.994 8	0.994 9	0.995 1	0.995 2
2.6	0.995 3	0.995 5	0.995 6	0.995 7	0.995 9	0.996 0	0.996 1	0.996 2	0.996 3	0.996 4
2.7	0.996 5	0.996 6	0.996 7	0.996 8	0.996 9	0.997 0	0.997 1	0.997 2	0.997 3	0.997 4
2.8	0.997 4	0.997 5	0.997 6	0.997 7	0.997 7	0.997 8	0.997 9	0.997 9	0.998 0	0.998 1
2.9	0.998 1	0.998 2	0.998 2	0.998 3	0.998 4	0.998 4	0.998 5	0.998 5	0.998 6	0.998 6
3.0	0.998 7	0.998 7	0.998 7	0.998 8	0.998 8	0.998 9	0.998 9	0.998 9	0.999 0	0.999 0
3.1	0.999 0	0.999 1	0.999 1	0.999 1	0.999 2	0.999 2	0.999 2	0.999 2	0.999 3	0.999 3
3.2	0.999 3	0.999 3	0.999 4	0.999 4	0.999 4	0.999 4	0.999 4	0.999 5	0.999 5	0.999 5
3.3	0.999 5	0.999 5	0.999 5	0.999 6	0.999 6	0.999 6	0.999 6	0.999 6	0.999 6	0.999 7
3.4	0.999 7	0.999 7	0.999 7	0.999 7	0.999 7	0.999 7	0.999 7	0.999 7	0.999 7	0.999 8

x	3.5	3.6	3.7	3.8	3.9	4.0	4.1	4.2 ~ 4.4	≥4.5
$\Phi(x)$	0.999 77	0.999 84	0.999 89	0.999 93	0.999 95	0.999 97	0.999 98	0.999 99	1

表3 t 分布分位数值表

$$P(|T| > t_{\frac{\alpha}{2}}(n-1)) = \alpha, n 为自由度$$

n	α			n	α		
	0.10	0.05	0.01		0.10	0.05	0.01
1	6.314	12.706	63.657	18	1.734	2.101	2.878
2	2.920	4.303	9.925	19	1.729	2.093	2.861
3	2.353	3.182	5.841	20	1.725	2.086	2.845
4	2.132	2.776	4.604	21	1.721	2.080	2.831
5	2.015	2.571	4.032	22	1.717	2.074	2.819
6	1.943	2.447	3.707	23	1.714	2.069	2.807
7	1.895	2.365	3.499	24	1.711	2.064	2.797
8	1.860	2.306	3.355	25	1.708	2.060	2.787
9	1.833	2.262	3.250	26	1.706	2.056	2.779
10	1.812	2.228	3.169	27	1.703	2.052	2.771
11	1.796	2.201	3.106	28	1.701	2.048	2.763
12	1.782	2.179	3.055	29	1.699	2.045	2.756
13	1.771	2.160	3.012	30	1.697	2.042	2.750
14	1.761	2.145	2.977	40	1.684	2.021	2.704
15	1.753	2.131	2.947	60	1.671	2.000	2.660
16	1.746	2.120	2.921	120	1.658	1.980	2.617
17	1.740	2.110	2.898	∞	1.645	1.960	2.576

表 4 χ^2 分布分位数值表

$$P(W \geqslant \chi^2_\alpha(n-1)) = \alpha, \ n为自由度$$

n	α			
	0.975	0.05	0.025	0.01
1	0.000 98	3.84	5.02	6.63
2	0.050 6	5.99	7.38	9.21
3	0.216	7.81	9.35	11.3
4	0.484	9.49	11.1	13.3
5	0.831	11.07	12.8	15.1
6	1.24	12.6	14.4	16.8
7	1.69	14.1	16.0	18.5
8	2.18	15.5	17.5	20.1
9	2.70	16.9	19.0	21.7
10	3.25	18.3	20.5	23.2
11	3.82	19.7	21.9	24.7
12	4.40	21.0	23.3	26.2
13	5.01	22.4	24.7	27.7
14	5.63	23.7	26.1	29.1
15	6.26	25.0	27.5	30.6
16	6.91	26.3	28.8	32.0
17	7.56	27.6	30.2	33.4
18	8.23	28.9	31.5	34.8
19	8.91	30.1	32.9	36.2
20	9.59	31.4	34.2	37.6
21	10.3	32.7	35.5	38.9
22	11.0	33.9	36.8	40.3
23	11.7	35.2	38.1	41.6
24	12.4	36.4	39.4	43.0
25	13.1	37.7	40.6	44.3
26	13.8	38.9	41.9	45.6
27	14.6	40.1	43.2	47.0
28	15.3	41.3	44.5	48.3
29	16.0	42.6	45.7	49.6
30	16.8	43.8	47.0	50.9

部分习题答案与提示

习题 1.1

3. (1) $y = \sin u$, $u = \cos x$; (2) $y = \ln u, u = \cos v, v = x^2 + 1$;

   (3) $y = \mathrm{e}^u, u = 2x^2 + 1$.

习题 1.2

1. (1) 不存在; (2) 有极限 1; (3) 有极限 0; (4) 不存在.

*2. 不能断定. 可考虑 $\{(-1)^n\}$ 与 $\{(-1)^{n+1}\}$.

*3. 可取 $\varepsilon = -\dfrac{a}{2}$.

4. (1) $\dfrac{2}{3}$;   (2) $\dfrac{1}{2}$;   *5. $\dfrac{1}{2}$.

6. (1) 存在, 因为 $f(0-0) = 1 = f(0+0)$.

   (2) 不存在, 因为 $f(0-0) = -1, f(0+0) = 1$.

8. (1) $-\dfrac{1}{5}$;   (2) 4;   (3) 0;   (4) $\dfrac{1}{2\sqrt{x}}$;   9. 3.

习题 1.3

1. $\dfrac{2}{3}$; 2. $\dfrac{2}{3}$; 3. $\dfrac{\sqrt{2}}{2}$; 4. 1; 5. e^4; 6. e^2; 7. e^{-1}; 8. $\mathrm{e}^{-\frac{1}{3}}$; *9. 1; *10. $\dfrac{2}{3}$.

习题 1.4

1. (1)、(4) 不连续; (2)、(3) 连续.

2. (1) $[2, +\infty)$; (2) $|x| > 3$, 或 $(-\infty, -3)$ 和 $(3, \infty)$;

   (3) $(-\infty, 1)$ 和 $(1, \infty)$;   (4) $(0, 1)$ 和 $[1, +\infty)$.

3. (1) 9; (2) $\dfrac{\pi}{2}$; (3) $\cos 1$; (4) $\dfrac{1}{9}$.

*5. 在区间 $[0, 2]$ 上考虑 $g(x) = \mathrm{e}^x - 2 - x$.

习题 2.1

1. $2x$.   2. 0 或 $\dfrac{2}{3}$.

3. $x - 3y + 2 = 0$, $3x + y - 4 = 0$.

4. 连续, 可导, 且 $f'(0) = 1$.

5. 连续, 不可导.　　　　6. $-x^{-2}$.

7. 前者是指产值的一阶导数, 是产值本身的变化率, 是"速度"; 后者是指产值的二阶导数, 是产值增加幅度的变化率, 是"加速度".

习题 2.2

1. (1) $4x^3 + \dfrac{4}{3}x^{\frac{1}{3}} + 2x^{-3}$;　　(2) $\cos x + \sin x$;　　(3) $(2^x \ln 2)\ln x + 2^x \dfrac{1}{x}$;

(4) $\sec x \tan^2 x + \sec^3 x$, 或 $\dfrac{1 + \sin^2 x}{\cos^3 x}$, 或 $2\sec^3 x - \sec x$;

(5) $\dfrac{4x}{(1-x^2)^2}$;　　(6) $\dfrac{\mathrm{e}^x \sin x - \mathrm{e}^x \cos x}{\sin^2 x}$;　　(7) $\dfrac{2}{1+4x^2}$;

(8) $-x(2-x^2)^{-\frac{1}{2}}$;　　(9) $\dfrac{2x}{1+x^2}$;　　(10) $\dfrac{2x}{\sqrt{1-x^4}}$;

(11) $(\ln x)^x \left[\ln(\ln x) + \dfrac{1}{\ln x} \right]$;　　(12) $\dfrac{1-x-x^2}{1-x^2}\sqrt{\dfrac{1-x}{1+x}}$;

(13) $\mathrm{e}^{2x}(\sin 2x + \cos 2x)$;

(14) $x\sin^2 x(2\ln x + 1) + x^2\sin 2x\ln x$.

2. $(2, 2)$; $\left(\dfrac{3}{4}, \dfrac{17}{16} \right)$

习题 2.3

2. (1) 先考虑 $x_1 = x_2$; 若 $x_1 \neq x_2$, 不妨设 $x_1 < x_2$. 在 $[x_1, x_2]$ 上运用拉格朗日中值定理. (2) 设 $f(x) = \mathrm{e}^x$, 利用拉格朗日中值定理并分别考虑 $x > 0$ 和 $x < 0$.

3. 设 $f(x) = \arctan x + \operatorname{arccot} x$, 考虑 $f'(x)$ 和 $f(0)$.

习题 2.4

1. (1) 2 ; (2) α;　(3) 0;　(4) $+\infty$;　(5) 0 ;　(6) $\dfrac{1}{2}$;　(7) e;　(8) $+\infty$.

2. (1) $(-\infty, 0)$ 和 $(2, +\infty)$ 为单调递增区间;$(0, 2)$ 为单调递减区间. 极大值点 $x = 0$, 极大值 7; 极小值点 $x = 2$, 极小值 3.

(2) 极大值点 $x = 0$, 极大值为 -1. $(-\infty, 0)$ 为单调递增区间;$(0, +\infty)$ 为单调递减区间.

3. (1) 最大值 13, 最小值 4;　　(2) 最大值 $\ln 5$, 最小值 0.

4. 剪掉的小正方形的边长为 $\dfrac{1}{6}a$,　$V_{\max} = \dfrac{2}{27}a^3$.　　　5. $\dfrac{15}{2 + \dfrac{\pi}{2}}$.

习题 2.5

1. 2.　　　2. 200 t.　　　3. 2 t.

*4. $\eta(8) = -\dfrac{1}{2}$, 若降价 10%, 需求上升 5%, 总收入下降 5.5%.

$\eta(16) = -1$, 若降价 1%, 需求上升 1%, 总收入下降 0.01%.

$\eta(48) = -3$, 若降价 1%, 需求上升 3%, 总收入上升 1.97%.

习题 2.6

1. (1) $(6x+1)\mathrm{d}x$;　(2) $-x(1-x^2)^{-1/2}\mathrm{d}x$;

(3) $\dfrac{1}{x\ln x}\mathrm{d}x$;　(4) $\cos(\sin x)\cos x\,\mathrm{d}x$.

2. (1) 设 $f(x) = (1+x)^{\frac{1}{n}}$;　(2) 设 $f(x) = \dfrac{1}{1+x}$.

3. 分别为 1.4; 9.986 6; 1.025; -0.01.

4. 精确值 30.301 m^3; 近似值 30 m^3.

5. 精确值 2.01π cm^2; 近似值 2π cm^2.

习题 3.1

2. (1) $2x^{\frac{1}{2}} + \dfrac{4}{3}x^{\frac{3}{2}} + \dfrac{2}{5}x^{\frac{5}{2}} + C$;　　(2) $3(x - \arctan x) + C$;

(3) $\tan x - x + C$;　(4) $x - \mathrm{e}^x + C$;　(5) $\dfrac{1}{2}(x + \sin x) + C$;

(6) $\dfrac{8^x}{\ln 8} - 3\dfrac{12^x}{\ln 12} + 3\dfrac{18^x}{\ln 18} - \dfrac{27^x}{\ln 27} + C$.

习题 3.2

1. $\dfrac{1}{18}(3x-2)^6 + C$.　2. $-(1-2x)^{\frac{1}{2}} + C$.　3. $\dfrac{1}{2}\ln|\sin(2x+1)| + C$.

4. $-\dfrac{1}{4}\ln|3 - 2u^2| + C$.　5. $\sin x - \dfrac{1}{3}\sin^3 x + C$.　6. $\dfrac{1}{2}\arctan^2 x + C$.

7. $2(1 + \ln x)^{\frac{1}{2}} + C$.　8. $2x^{\frac{1}{2}} + \dfrac{1}{3}\ln^3 x + C$.

9. $\ln(x + 1 + \sqrt{(x+1)^2 + 1}) + C$.

10. 令 $t = \sqrt{x}$, 得 $2[\sqrt{x} - \ln(\sqrt{x} + 1)] + C$.

*11. $\ln|\sqrt{x^2 + a^2} + x| + C$.

*12. 令 $t = \sqrt[6]{x}$, 得 $2x^{\frac{1}{2}} - 3x^{\frac{1}{3}} + 6x^{\frac{1}{6}} - 6\ln(x^{\frac{1}{6}} + 1) + C$.

习题 3.3

1. (1) $-x\cos x + \sin x + C$;　(2) $\dfrac{1}{3}x^3\ln x - \dfrac{1}{9}x^3 + C$;

(3)　$x\arcsin x+\sqrt{1-x^2}+C$;　　(4)　$x\ln(1+x^2)-2x+2\arctan x+C$;

(5)　$-x^2\mathrm{e}^{-x}+C$;　　(6)　令 $u=\sqrt{x}$, 得 $2\sqrt{x}\sin\sqrt{x}+2\cos\sqrt{x}+C$.

习题 3.4

1. (1)　正;　(2)　负;　(3)　负;　(4)　正.　　2. (1)　正确;　(2)　正确.

3. (1)　$\displaystyle\int_1^2\ln x\mathrm{d}x>\int_1^2\ln^2 x\mathrm{d}x$;　　　(2)　$\displaystyle\int_3^4\ln x\mathrm{d}x<\int_3^4\ln^2 x\mathrm{d}x$.

4. (1)　$2\leqslant I_1\leqslant 34$;　　(2)　$\dfrac{5}{24}\pi\leqslant I_2\leqslant\dfrac{7}{24}\pi$.

习题 3.5

1. (1)　$\dfrac{3}{4}(\sqrt[3]{16}-1)$;　　(2)　2;　　(3)　$\dfrac{\pi}{3}$;　　(4)　$\dfrac{1}{2}\ln 3$;

　　(5)　$\arctan\dfrac{1}{2}$;　　(6)　0.

2. (1)　$\cos x^2$;　(2)　$-f(x)$.

习题 3.6

1. 1.　　2. $\dfrac{3}{2}$.　　　3. 令 $t=\mathrm{e}^x$, 得 $\ln 3-\ln 2$.　　　4. $\pi/2$.

5. $\dfrac{1}{2}(1-\ln 2)$.　　6. $\dfrac{1}{4}\mathrm{e}^2+\dfrac{1}{4}$.　　　7. 8.　　　8. 令 $t=\sqrt{x}$, 得 2.

9. $\dfrac{\pi}{4}-\dfrac{1}{2}$.

10. $\dfrac{1}{2}(1-3\mathrm{e}^{-2})$.

习题 3.7

1. 1.　　2. $\dfrac{3}{2}-\ln 2$.　　3. $\dfrac{\pi}{2}+\dfrac{1}{3},\ \dfrac{3}{2}\pi-\dfrac{1}{3}$.　　4. $10\dfrac{2}{3}$.　　5. $\dfrac{8\pi}{3}$.　　6. $\dfrac{\pi^2}{2}$.　　7. $\dfrac{19\pi}{12}$.

8. $\dfrac{8}{27}(19^{\frac{3}{2}}-1)$.　　9. $3\dfrac{1}{3}$.　　　*10. $112\,500g\pi$　(J).

*11. (1)　$C(Q)=1.2+0.3Q^2-0.2Q$,　　$R(Q)=1.6Q$,

　　　　$L(Q)=1.8Q-1.2-0.3Q^2$;

　　(2)　$L_{\max}(Q)=1.5$ (万元).

习题 3.8

1. (1)　发散;　　(2)　发散;　　(3)　收敛, π.　　2. (1)　$\dfrac{1}{\ln 2}$;　　(2)　π.　　3. $\dfrac{\sqrt{2\pi}}{2}$.

*4. (1)　发散;　　(2)　发散 (注意 $x=0,1$ 是奇点).　　*5. 1.

习题 4.1

1. $(4),(6)$ 收敛, 其余发散.

2. $(1),(3),(4),(5)$ 收敛; (2) 绝对收敛; (6) 发散.

习题 4.2

1. $1, (-1,1)$.   2. $1, [-1,1]$.   3. $\infty, (-\infty,+\infty)$.   4. $\dfrac{1}{3}, \left[-\dfrac{1}{3}, \dfrac{1}{3}\right]$.

习题 4.3

1. (1) $\sum\limits_{n=0}^{\infty} x^{2n+1}, \quad |x| < 1$; (2) $\sum\limits_{n=1}^{\infty} nx^{n-1}, \quad |x| < 1$.

*2. (1) $1 + \sum\limits_{n=1}^{\infty} (-1)^n \dfrac{(2n-1)!!}{(2n)!!} x^n, \quad |x| < 1$;

(2) $\dfrac{1}{2}\left[1 + \sum\limits_{n=0}^{\infty} (-1)^n \dfrac{(2x)^{2n}}{(2n)!}\right], \quad x \in \mathbf{R}$;

(3) $\sum\limits_{k=0}^{\infty} \dfrac{2x^{2k+1}}{2k+1}, \quad |x| < 1$; (4) $\sum\limits_{k=0}^{\infty} \dfrac{x^{2k+1}}{(2k+1)!}, \quad x \in (-\infty,+\infty)$.

习题 5.1

1. (1) $\Omega = \{2,3,4,\cdots,12\}$;

(2) $A = \{2,4,6,8,10,12\}, B = \{2,3,4,5,6,7,8\}$;

(3) $AB = \{2,4,6,8\}, \qquad A-B = \{10,12\}$.

2. $\overline{A} = \{$ 三件均合格 $\}, \qquad \overline{C} = \{$ 三件中至少有一件不合格 $\}$,

$A\bigcup B = \{$ 三件中至少有一件不合格 $\}, \qquad AC = \varnothing$.

3. $B = \bigcup\limits_{i=1}^{5} A_i, \qquad C = \bigcap\limits_{i=1}^{5} A_i, \qquad D = \bigcap\limits_{i=1}^{5} \overline{A_i}, \qquad E = \overline{A}_1\overline{A}_2\overline{A}_3\overline{A}_4 A_5$.

4. (1) 正确; (2) 正确; (3) 正确; (4) 正确.

习题 5.2

1. $\dfrac{1}{10^5}$.   2. $\dfrac{1}{4!}$.   3. $\dfrac{10}{21}$.   4. $\dfrac{1}{12}$.   5. $\dfrac{28}{55}; \dfrac{3}{11}; \dfrac{8}{11}$.

6. 0.273.   7. $0.06; 0.9$.

习题 5.3

1. $0.9; 0.5; 0.8$.   2. $\dfrac{23}{24}$.   3. 0.4.   4. 0.048.   5. $\dfrac{2}{3}$.

6. 0.72.   7. 0.4.   8. (1) 0.72; (2) 0.26.   9. 0.087.   10. 0.6.

11. 至少应购 7 张.   12. (1) 0.6; (2) 0.5.   13. 0.63.

14. $0.1877, 0.0584, 0.0004$.   15. 出现一件次品的概率为 0.3697, 故未必出现.

习题 6.2

1. $P(X = k) = \dfrac{C_2^k C_{13}^{3-k}}{C_{15}^3}$, $\quad k = 0, 1, 2$, $\quad P(1 \leqslant X \leqslant 2) = \dfrac{13}{35}$.

2. $P(X = k) = C_{10}^k (0.7)^k (0.3)^{10-k}$, $\quad k = 0, 1, 2, \cdots, 10$.

*3. $X = k$ 表示直到第 k 次击中, $P(X = k) = (1 - p)^{k-1} p$, $\quad k = 1, 2, 3, \cdots$.

4. 至少 4 名. 　　5. (1) 0.146 2; 　(2) 0.986 3.

习题 6.4

1. (1) $A = \dfrac{1}{2}$; 　　(2) $\dfrac{\sqrt{2}}{2}$;

(3) $F(x) = \begin{cases} 0, & x \leqslant -\dfrac{\pi}{2}, \\ \dfrac{1}{2}(\sin x + 1), & -\dfrac{\pi}{2} < x < \dfrac{\pi}{2}, \\ 1, & x \geqslant \dfrac{\pi}{2}. \end{cases}$

2. 0.3. 　　3. (1) 0.472 4; 　(2) 0.778 8.

4. 0.483 1; 0.942 6; 0.994 3; 1.24. 　　5. 0.401 3, 0.788 8, 0.441 4.

习题 7.1

1. 乙机床较好. 　　2. $\dfrac{1}{3}$; $\dfrac{2}{3}$; $1\dfrac{11}{24}$. 　　3. $\dfrac{1}{3}(a^2 + ab + b^2)$; $\dfrac{2}{\lambda^2}$. 　　4. $\dfrac{\pi}{12}(a^2 + ab + b^2)$.

习题 7.2

2. $\dfrac{1}{12}(b - a)^2$. 　　3. $\dfrac{1}{3}$; $\dfrac{1}{18}$. 　　4. $\dfrac{1}{2}$; 0; 2; $1 - e^{-1}$. 　　5. 1; 9. 　　6. 2; 不存在.

习题 7.3

1. 0.045 6. 　　2. 71.23%. 　　3. 大约分别为 17 人, 283 人, 18 人.

4. 各组人数可以分别为 33 人, 217 人, 217 人, 33 人.

5. (1) 233 分; (2) 不可能.

6. 计算机应用. 　　7. 甲优于乙. 　　*8. 161 kW

习题 8.1

1. (1) $\bar{x} = 67.4$, $s^2 = 35.156$; 　(2) $\bar{x} = 99.93$, $s^2 = 1.433$.

3. $\bar{x} = 3\,875$ 元, 众数为 3 000 元, 中位数为 3 500 元, $s \approx 1\,552.73$ 元.

习题 8.2

1. $\dfrac{2}{n} \displaystyle\sum_{k=1}^{n} x_k$. 　　2. 0.48. 　　*3. $\hat{\mu}_1$ 比 $\hat{\mu}_2$ 有效.

4. $[108.99, 121.01]$. 　　5. $[111.97, \ 113.63]$.

6. [21.302, 21.498]　7. [1 485.69, 1 514.31], [13.76, 36.51].

习题 8.3

1. 可以认为是 15 g.　　3. 没有升高.　　*4. 能.　　*5. 不正确.

习题 9.1

$$\begin{pmatrix} 0 & 0 & 4 \\ -2 & -2 & 6 \end{pmatrix}; \begin{pmatrix} 2 & -2 & 0 \\ 2 & -4 & 0 \end{pmatrix}; \begin{pmatrix} 3 & -3 & 2 \\ 2 & -7 & 3 \end{pmatrix}; \begin{pmatrix} 9 & -1 \\ 15 & -15 \end{pmatrix};$$

$$\begin{pmatrix} 1 & -16 & 17 \\ -2 & -10 & 8 \\ 3 & 0 & 3 \end{pmatrix}; \begin{pmatrix} -7 & 8 & 15 \\ 15 & 0 & -15 \end{pmatrix}; \begin{pmatrix} 2 & 3 \\ 3 & 6 \end{pmatrix}.$$

习题 9.2

1. $\boldsymbol{A}^{-1} = \begin{pmatrix} \dfrac{2}{5} & \dfrac{-3}{5} \\ \dfrac{1}{5} & \dfrac{1}{5} \end{pmatrix}$; $\boldsymbol{B}^{-1} = \begin{pmatrix} 1 & -1 & -1 \\ \dfrac{-1}{3} & \dfrac{2}{3} & \dfrac{2}{3} \\ \dfrac{2}{3} & \dfrac{-4}{3} & \dfrac{-1}{3} \end{pmatrix}$; $\boldsymbol{C}^{-1} = \begin{pmatrix} 1 & \dfrac{1}{3} & -1 \\ -1 & -1 & 2 \\ -1 & \dfrac{-2}{3} & 2 \end{pmatrix}.$

习题 9.3

$r(\boldsymbol{A}) = 2, \quad r(\boldsymbol{B}) = 3.$

习题 10.2

1. $x_1 = 1, x_2 = -1.$　　2. $x_1 = \dfrac{5}{2} + \dfrac{3}{2}c, x_2 = \dfrac{5}{4} + \dfrac{1}{4}c, x_3 = c.$

3. $x_1 = 1, x_2 = 1, x_3 = -1.$　　4. 只有零解.

习题 10.3

1. $9; 7; -8.$　2. (1) $x_1 = \dfrac{17}{7}, x_2 = \dfrac{9}{7}$;　(2) $x_1 = 3, x_2 = 1, x_3 = -2.$

主要参考书

[1] 复旦大学数学系. 数学分析: 上. 上海: 上海科学技术出版社, 1962.

[2] 复旦大学数学系. 数学分析: 下. 上海: 上海科学技术出版社, 1962.

[3] 姚孟臣. 大学文科高等数学. 2 版. 北京: 高等教育出版社, 2007.

[4] 周明儒. 高等数学. 2 版. 南京: 南京大学出版社, 2013.

[5] 茆诗松. 统计学基础. 上海: 华东师范大学出版社, 2002.

[6] 魏宗舒等. 概率论与数理统计教程. 2 版. 北京: 高等教育出版社, 2008.

[7] 王萼芳, 石生明. 高等代数. 4 版. 北京: 高等教育出版社, 2013.

[8] 卢刚. 线性代数. 3 版. 北京: 高等教育出版社, 2009.

[9] 克莱因. 古今数学思想. 上海: 上海科学技术出版社, 2002.

[10] 克莱因. 西方文化中的数学. 张祖贵, 译. 上海: 复旦大学出版社, 2004.

[11] 吴文俊. 世界著名数学家传记. 北京: 科学出版社, 1995.

[12] 周明儒. 走近高斯. 北京: 高等教育出版社, 2010.

[13] 李文林. 数学史概论. 3 版. 北京: 高等教育出版社, 2011.

[14] 张奠宙. 20 世纪数学经纬. 上海: 华东师范大学出版社, 2002.

[15] 徐利治. 数学方法论教程. 南京: 江苏教育出版社, 1992.

[16] 张顺燕. 数学的源与流. 2 版. 北京: 高等教育出版社, 2003.

[17] 张楚廷. 数学文化. 北京: 高等教育出版社, 2000.

[18] 周明儒. 数学与音乐. 北京: 高等教育出版社, 2015.

[19] 冯志伟. 数学与语言. 长沙: 湖南教育出版社, 1991.

[20] 张金水. 数理经济学——理论与应用. 北京: 清华大学出版社, 1998.

[21] 中南财经政法大学信息学院. 数学与经济学. 北京: 中国财政经济出版社, 2002.

[22] 西蒙·辛格. 费马大定理——一个困惑了世间智者 358 年的谜. 薛密, 译. 上海: 上海译文出版社, 2005.

[23] 周明儒. 费马大定理的证明与启示. 北京: 高等教育出版社, 2007.

[24] 程民德. 中国现代数学家传: 第 1 卷. 南京: 江苏教育出版社, 1994.

[25] 洛伦兹. 混沌的本质. 刘式达等, 译. 北京: 气象出版社, 1997.

[26] 王树禾. 微分方程模型与混沌. 合肥: 中国科学技术大学出版社, 1999.

[27] 吴祥兴. 混沌学导论. 上海: 上海科学技术文献出版社, 1996.

[28] 王东生, 曹磊. 混沌、分形及其应用. 合肥: 中国科学技术大学出版社, 1995.

[29] 曼德尔布洛特. 分形对象——形、机遇和维数. 文志英, 苏虹, 译, 北京: 世界图书出版公司, 1999.

第一版后记

这本教材酝酿了多年, 完稿后在校内使用并在校内外广泛征求意见, 反复修改, 现在终于告一段落.

编写这本教材源于三方面的直接推动. 一是在学校领导岗位上工作的10年里, 对校内外教育教学改革的状况有了较多、较深的了解, 深感大学本科课程体系和教学内容的改革刻不容缓; 二是1998年2月至2001年12月, 我主持了江苏省普通高等教育面向21世纪教学内容和课程体系改革计划的一个重点项目——高师本科课程体系改革研究与实践, 更加深切地感到必须进一步加强文理学科的渗透, 全面提高学生的综合素质; 三是编者从教40余年来, 给数学系本科生和研究生讲授过10多门课程, 还教过5年普通物理, 讲过多次数学物理方法, 并给物理、化学、经济学、社会学、文科各专业、军队和经济管理干部讲授过多种版本的高等数学. 在教学过程中, 既深感尽可能扩大学生知识面、提高综合素质的必要性和迫切性, 也深感现有高等数学教材尚不尽如人意, 特别是在传授知识与揭示数学科学精神实质和思想方法上如何做到有机结合, 尚有很多工作应当去做. 离开行政领导工作岗位之后, 有了静下心来认真思考和梳理自己学习、研究和讲授数学切身体验的可能, 我在比较繁重的教学科研工作之余, 抓紧一切时间, 着手编写这本教材, 2003年8月底完成上篇, 付印使用, 2004年2月写完下篇, 付印使用, 此后根据教学情况和校内外专家的意见对书稿进行了反复修改.

对我来说, 本书的写作过程是自己一次难得的进一步学习数学和认识数学的过程, 虽然工作辛苦, 但乐在其中.

我衷心地感谢我的同事、数学教授吴报强、谢颖超、郭文彬、陈利国、周汝光、刘笑颖、孙世良, 计算机科学教授刘玉龙, 物理学教授石开屏、狄尧民, 语言学教授李申, 植物学教授华栋等, 衷心地感谢南京大学秦厚荣教授、上海财经大学副教授冒佩华博士、江南大学胡治华教授、江苏教育出版社喻纬编审等, 感谢他们对我的帮助和对书稿提出的很好的意见; 我也衷心地感谢学校教务处处长张仲谋教授、任越副教授等给予的大力支持.

刘古范老师打印了书稿的三分之二, 并提出了不少好的意见; 王广瓦和孙莉老师也给了我很大的帮助, 在此一并致以谢意.

    按照这样的内容和体系编写教材是一次尝试, 有待在使用中进一步修改和提高, 非常希望能够和同行们相互切磋、研讨, 以推动高校教学改革的进一步深入和发展.

周明儒

2004 年 6 月 28 日

于徐州师范大学

郑重声明

高等教育出版社依法对本书享有专有出版权。任何未经许可的复制、销售行为均违反《中华人民共和国著作权法》，其行为人将承担相应的民事责任和行政责任；构成犯罪的，将被依法追究刑事责任。为了维护市场秩序，保护读者的合法权益，避免读者误用盗版书造成不良后果，我社将配合行政执法部门和司法机关对违法犯罪的单位和个人进行严厉打击。社会各界人士如发现上述侵权行为，希望及时举报，我社将奖励举报有功人员。

反盗版举报电话　　（010）58581999　58582371
反盗版举报邮箱　　dd@hep.com.cn
通信地址　　北京市西城区德外大街4号　高等教育出版社法律事务部
邮政编码　　100120

读者意见反馈

为收集对教材的意见建议，进一步完善教材编写并做好服务工作，读者可将对本教材的意见建议通过如下渠道反馈至我社。

咨询电话　　400-810-0598
反馈邮箱　　hepsci@pub.hep.cn
通信地址　　北京市朝阳区惠新东街4号富盛大厦1座
　　　　　　高等教育出版社理科事业部
邮政编码　　100029

防伪查询说明

用户购书后刮开封底防伪涂层，使用手机微信等软件扫描二维码，会跳转至防伪查询网页，获得所购图书详细信息。

防伪客服电话　　（010）58582300